U0169588

测试技术基础

主　编 ◎ 杨　超

副主编 ◎ 谢锋云　谢三毛　邱　英　周继惠

西南交通大学出版社

·成　都·

内容简介

本书主要讲述机械工程中，动态信号测试的基础理论及非电量电测技术。全书共分 8 章，第 1 章为绪论，第 2 章为信号分析基础，第 3 章为测试系统的基本特性，第 4 章为常用传感器，第 5 章为信号的调理与显示记录，第 6 章为信号处理初步，第 7 章为现代测试技术简介，第 8 章为测试技术的工程应用。前 6 章为基本内容，后 2 章为选择性学习内容。为了加强读者对基础知识的理解和实践能力的培养，每章都总结了内容要点，并配有一定的思考与练习题；为了提高读者分析处理信号的能力和解决实际问题的动手能力，还提供了信号处理的 MATLAB 编程实验。

本书可作为高等院校机械类各专业本科、专科的教材，也可供机械工程相关专业研究生、广播电视大学、成人教育和相关领域的工程技术人员使用和参考。

图书在版编目（CIP）数据

测试技术基础 / 杨超主编. —成都：西南交通大学出版社，2023.5
ISBN 978-7-5643-9268-0

Ⅰ. ①测… Ⅱ. ①杨… Ⅲ. ①测试技术 – 高等学校 – 教材 Ⅳ. ①TB4

中国国家版本馆 CIP 数据核字（2023）第 075083 号

Ceshi Jishu Jichu
测试技术基础

主编 杨 超

责任编辑	何明飞
封面设计	曹天擎

出版发行	西南交通大学出版社
	（四川省成都市金牛区二环路北一段 111 号
	西南交通大学创新大厦 21 楼）
邮政编码	610031
发行部电话	028-87600564　028-87600533
网址	http://www.xnjdcbs.com
印刷	四川森林印务有限责任公司

成品尺寸	185 mm×260 mm
印张	21.5
字数	537 千
版次	2023 年 5 月第 1 版
印次	2023 年 5 月第 1 次
定价	42.50 元
书号	ISBN 978-7-5643-9268-0

课件咨询电话：028-81435775
图书如有印装质量问题　本社负责退换

前　言

　　测试技术是机械工程、机电工程、车辆工程各专业的学科基础课程。本书是在工程教育认证背景下、以成果导向教育（OBE）理念为指导，参考同类教材的优点编写而成，力求体现测试技术的基础理论，反映测试技术的工程应用，重在培养学习者获得自我学习和动手解决实际问题的能力。

　　编者多年为机械工程专业的本科生讲授"测试技术"课程，深知学生学习该课程的困难所在，所以，本书在内容的安排和讲述上，以搭建测试系统、进行信号测试和完成信号分析所需要的理论知识、传感器和测试仪器的相关知识和技能，以及进行信号分析所需的理论知识和技能为主线，注重基础理论、基本概念以及与实际应用的贯通，尽量简化公式的理论推导，力求理论性、应用性与易学性并举，便于学习者建立所学知识的前后逻辑，提高学习效率。为加强学习效果，提高读者对基础知识的理解和实践能力的培养，每章都总结了内容要点，并配有一定的思考与练习题。因此，本书既适用于普通工科院校本科生和专科生学习，也适合工程技术人员自学和相关专业的研究生参考。

　　全书共分 8 章，第 1 章为绪论，主要介绍测试的含义及其重要作用、非电量电测系统的一般组成、测试技术的实际应用，以及测试技术的发展；第 2 章为信号分析基础，主要介绍信号的分类及时域和频域描述方法、周期信号和非周期信号的频谱特点、随机信号的统计特征；第 3 章为测试系统的基本特性，主要介绍测试系统的静态特性和动态特性、常见一阶和二阶测试系统的相应特性、测试系统对任意输入的响应、测试系统实现不失真测试的条件，以及测试系统动态特性的测量；第 4 章为常用传感器，主要介绍电阻式、电容式、电感式、压电式、磁电式、热电式和光电式传感器，以及气敏、湿敏等新型传感器的工作原理、测量参数、测量范围、应用场合和传感器选用原则；第 5 章为信号的调理与显示记录，主要介绍电桥、调制与解调、滤波器的工作原理，以及信号的显示和记录装置；第 6 章为信号处理初步，主要介绍数字信号处理的基本步骤、信号数字化处理及出现的问题、信号的相关分析和功率谱分析及其应用；第 7 章为现代测试技术简介，主要介绍现代测试系统的组成及特点、虚拟测试仪器和智能仪器；第 8 章为测试技术的工程应用，主要介绍机械振动的测量与分析方法，位移的测量方法，应力、应变和力的测量方法，流体参量的测量方法，以及噪声的测量方法。前 6 章为基本内容，后 2 章为选择性学习内容；为了提高读者分析处理信号的能力和解决实际问题的动手能力，第 6 章介绍了信号处理的 MATLAB 编程实验基础，第 7 章介绍了虚拟仪器开发平台 LabView。

杨超编写了第 1 章和第 4 章第 1、3~7、9、11 节；谢锋云编写了第 6 章和第 8 章第 1、2节；谢三毛编写了第 5 章、第 7 章和第 4 章第 10 节；邱英编写了第 2 章、第 4 章第 2 节和第8 章的第 3、4 节；周继惠编写了第 3 章、第 4 章第 8 节和第 8 章第 5 节。本书由杨超担任主编并负责全书的统稿和修改。

　　由于编者水平有限，书中难免还存在不足和疏漏之处，恳请广大读者和同仁多提宝贵意见，以便今后改进。

编　者

2023 年 3 月

目 录

第1章 绪 论

1.1 测试技术的重要性

1. 信息与信号

人类对自然界的一切认识均离不开对自然界信息的获取。信息是客观世界中事物特征、状态、属性及其发展变化的直接或间接的反应，是对事物运动状态和方式的描述，是人们认识世界和改造世界必须获取的东西。例如，为了解决一台设备运转时产生强烈振动的问题，首先必须获得关于该设备强烈振动的有关信息，然后分析所获得的信息，得到对该设备必要的认识，找到该设备振动强烈的原因，才能着手解决该设备强烈振动的问题。

信息既不是物质，也不是能量，不容易测量，本身也不具备传输、交换的功能。但信息蕴含在信号之中，而信号是物理性的，是物质、能量，容易被测量、被感知，也容易被传输和转换。信号可以表现为数字、文字、语言、声音、光、电、符号、图形、报表等多种形式，这些信号里都包含有信息，人们通过对这些信号进行收集和分析，就可以获得其中包含的信息。

信息和信号是互相联系的两个不同的概念，信号不等于信息，它是信息的载体，而信息则是信号所承载的内容。

2. 测试的含义

通过收集信号来获得其中包含的信息，既可以通过人的感官来完成，也可通过专门的仪器、设备和方法来实现。但人类的感官收集信号的种类和范围有很大的局限性，且所获得的信息很难定量、准确；而采用专门的测量仪器可以收集更多种类和更大范围的信号，通过分析信号可以获得信息更准确的定量描述。

测量是以确定被测量属性量值为目的的全部操作；测试是具有试验性质的测量，即测量和试验的综合，是人们认识客观世界的手段，是依靠一定的科学技术手段来定量地获取研究对象原始信息的过程。测试的目的就是获取有用的信息。借助专门的仪器、设备，设计合理的测量方法来检测信号，再进行必要的信号分析与数据处理，从而获得与被测对象有关的信息。

3. 测试技术的重要作用

用以实现测试目的所运用的方式、方法称为测试技术，是测量技术及试验技术的总称。科学的基本目的在于客观地描述自然界，测试技术是实验科学的一部分，主要研究各种物理量的测量原理、测量信号的分析处理方法，是进行各种科学试验研究和生产过程参数检测必不可少的手段。通过测试可以揭示事物的内在联系和发展规律，进而加以利用和改造，推动科学技术的发展。科学探索离不开测试技术，用定量关系和数学语言来表达科学规律和理论需要测试技术，验证科学理论和规律的正确性同样需要测试技术。科学技术的进步和发展对测试技术提出了更高的要求，同时也为测试工作提供了新的方法和装备，促进了测试技术的发展；测试技术的发展，同样促进了科学技术的进步。事实上，在科学技术领域，许多新的发现、突破和技术发明往往是以测试技术的发展为基础的。精确的测试是科学的根基，可以认为，测试技术能达到的水平在很大程度上决定了科学技术的发展水平。

测试技术也是工程技术领域中的一项重要技术，在机械工程领域它具有以下功能：①确定产品性能。在装备设计及改造过程中，通过模型试验或现场实测，可以获得设备及其零部件的载荷、应力、变形，以及工艺参数和力能参数等，实现对产品质量和性能的客观评价，为产品技术参数优化提供基础数据。②控制质量和监督生产。在设备运行和环境监测中，经常需要测量设备的振动和噪声，分析振源及其传播途径，进行有效的生产监督，以便采取有效的减振、降噪措施；在工业自动化生产中，通过对有关工艺参数的测试和数据采集，可以实现对产品的质量控制和生产监督。③对设备进行状态监测和故障诊断。用机器在运行或试验过程出现的诸多现象，如温升、振动、噪声、应力应变变化、润滑油状态来分析、推测和判断，结合其他综合监测信息，如温度、压力、流量等，运用故障诊断技术可以实现故障的精确定位和故障分析。

总之，工程研究、产品开发、生产监督、质量控制和性能试验等都离不开测试技术。在自动化生产过程中，常常需要用多种测试手段获取多种信息，来监督生产过程和机器的工作状态并达到优化控制的目的。在广泛应用的自动控制中，测试装置已经成为控制系统的重要组成部分。在各种现代装备系统的设计制造和运行工作中，测试工作内容已经嵌入系统的各部分，并占据关键地位。测试技术已经成为现代装备系统日常监护、故障诊断和有效安全运行的不可缺少的重要手段。

1.2 测试系统的一般组成

1. 非电量电测法

表征物质特性或运动形式的参数很多，可分为电量和非电量两类。电量一般指物理学中的电学量，如电压、电流、电阻、电感、电容、电功率等，电量一般比较容易测量。非电量则是指除电量之外的一些参数，如压力、流量、尺寸、位移、速度、加速度、力、转速、温度、浓度、酸碱度等。人们在科学实验和生产活动中，大多数都是对非电量的测量，但是直接测量非电量往往并不容易，这就需要将非电量转换成电量之后再进行测量。把被测非电量转换成与非电量有一定关系的电量再进行测量的方法就是非电量电测法。实现这种转换技术的器件叫传感器。

非电量电测法的基本原理：通过传感器把所要测量的非电物理量（如位移、速度、加速度、压强、压力、应变、温度、流量、液位、光强等），转换成电量（如电压、电流、电阻、电容和电感等），并调理成稳定的电量（电压或电流信号），而后进行测量。

现代测试技术的一大特点就是采用非电量电测法，其测量结果通常是随时间变化的电量（电信号）。这些电信号包含着有用信息，也包含有大量不需要的干扰信号。干扰的存在给测试工作带来麻烦，测试工作中的一项艰巨任务就是要从复杂的信号中提取有用的信号，或者是从含有干扰的信号中提取有用的信息。

2. 非电量电测系统的构成

从应用的角度来讲，测试工作包括被测对象的激励、信号的检测、调理、分析和处理、显示记录或数据传输等。非电量电测系统主要由传感器、信号调理、信号分析与处理、显示记录等环节组成，如图 1.1 所示。

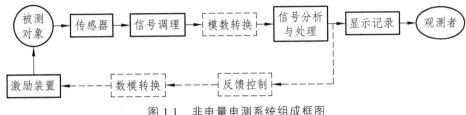

图 1.1　非电量电测系统组成框图

测试过程中，传感器将反映被测对象特性的量（如压力、加速度、温度等）检出并转换为电量，然后传输给信号调理环节（又称中间变换装置），信号调理环节对接收到的电信号用硬件电路进行分析处理，或者经过模数转换后用软件进行处理，再将处理结果以电信号或数字信号的形式传输给显示记录装置或其他自动控制装置，最后由显示记录装置将结果显示出来，提供给观测者。

传感器直接作用于被测量，其主要作用就是将被测量按照一定规律转换成同种或别种量值输出（这种输出通常都是电信号）。传感器是测试系统与被测对象直接发生联系的关键器件，它所测得的信号正确与否，直接关系到整个系统的测量精度，传感器的性能确定了测试系统获得信号的质量。

信号调理环节把来自传感器的电信号转换成便于传输和处理的形式。这时的信号转换在多数情况下是电信号之间的转换，如将幅值放大、将阻抗的变化变换成电压的变化，或将阻抗的变化转换成频率的变化、信号的调制与解调等。

信号分析与处理环节接受来自调理环节的信号，并进行各种运算、滤波、分析，将结果输出到显示记录，或者是控制系统。

信号显示记录环节以观测者易于认识的形式来显示测量的结果，或者将测量结果存储，供测试者进一步分析。测试者通过显示记录环节观察信号的变化、了解信号中包含的信息。

在所有这些环节中，必须遵行的基本原则是各个环节的输出量与输入量之间保持一一对应和尽量"不失真"的关系；组建测试系统时，应着重考虑尽可能减小或消除各种干扰。

测试技术是一种综合性技术，对新技术特别敏感。要做好测试工作，需要综合运用多种学科的知识，并注意新技术的运用。

3. 非电量电测法的优点

同其他方法相比，电测法具有如下优点：

（1）非电信号转变成电信号后，可以使用相同的测量仪表、记录仪器，从而能够使用丰富、成熟的电子测量手段对传感器输出的电信号进行各种处理和显示记录。电测法几乎可以测量各种非电量参数。

（2）非电信号变成电信号后，便于远距离传送和控制，可实现远距离测量和集中控制，便于远程操作及自动控制（遥测、遥控）；可以应用于高温、高压、高速、强磁场、液下等特殊场合。

（3）电子测量仪器的惯性小、精度高、频率响应好，不仅能够测量静态量和缓慢变化的量，选用适当的传感器和记录装置也可以测量快速变化的量，甚至进行瞬态测量。因此，采用电测技术具有很宽的测量频率范围（频带），可进行微小量的检测，能够连续、自动地对被测量进行测量和记录。

（4）便于采用电子技术，用放大和衰减的办法改变测量仪器的灵敏度，从而大大扩展仪器的测量幅值范围（量程），很容易实现大范围的测量。

（5）把非电量转化成数字信号，不仅能够实现测量结果的数字显示，而且可利用计算机对所测得的数据进行校正、变换、运算、存储及分析处理，实现测量的微机化、智能化。

（6）可实现无损检测，即在不破坏检测对象的条件下检测其可能存在的缺陷、损伤，从而为保证产品质量、设备服役安全，以及给设备和设施的维护维修提供支持。

总之，非电量电测法具有快速准确、连续记录、控制方便、灵敏度高等优点，不仅适用于静态测量，也可以用于动态测量甚至瞬态测量，易于实现非电量信号测量的实时化、数字化、便携化。

1.3 测试技术的应用

随着近代科学技术，特别是信息科学、材料科学、微电子技术和计算机技术的迅速发展，测试技术的应用范围更加广泛，遍及"农轻重、海陆空、吃穿用"各个领域；尤其在生物、海洋、航天、气象、地质、通信、控制、机械和电子等科学领域，测试技术起着越来越重要的作用。测试技术已经成为人类社会进步的一个重要的基础技术，是各类学科高级工程技术人员必须掌握的重要的基础技术。

1. 产品质量检测及新产品开发

产品质量是生产者和消费者都关注的首要问题。汽车、机床等设备的电动机、发动机等零部件出厂时，都必须进行性能测量和出厂检验，以了解产品的质量。对洗衣机等机电产品要做振动、噪声等试验；对柴油机、汽油机等要做噪声、振动、油耗、废气排放等实验；对某些在冲击振动环境下工作的整机或部件，还需要模拟其工作环境进行实验，以保证或改进它们在此环境下的工作可靠性。

机械加工和生产流程中的在线检测和控制技术，可保证每道工序和环节处于正常状态，从而保证产品合格。在线检测可以提高劳动生产率、减轻劳动强度、降低成本，因此在工业生产中获得了广泛的应用。图 1.2 所示是在线投影图像测量仪，可用于测量零件的外径与高度、轴的外径与缺陷尺寸、工具的摆动与位置等。图 1.3 所示是一款自动检重分选机，能按产品设定的重量大小规格分选等级，将每个产品单独称重并自动分选到指定的重量类别，提高了产品的标准化程度和分选速度，还可降低人工操作的失误率。

一个新产品，必须经过市场调研、设计开发、技术和设备准备、采购、试制、工序检测与控制、成品检验，到质量稳定的批量生产过程。为保证产品质量，从采购原材料开始，到成品出厂的各个环节都离不开检测；产品零件、部件、整机的性能实验是检验产品合格与否的唯一依据。

图 1.2　在线投影图像测量仪

图 1.3　自动检重分选机

2. 设备运行状态监测

现代工业生产对机器设备、机械零件的可靠性、利用率的要求越来越高，在电力、冶金、石油化工等行业领域，某些关键设备的工作状态关系到整条生产线的正常运行，如电动机、大电机、风机、泵等，一旦它们因故障而停机，将导致生产停顿，造成经济损失。对这些关键设备运行状态进行 24 小时实时动态监测，及时准确地掌握其运行状态的变化趋势，为工程技术人员提供详细全面的技术信息，是设备由事后维修或定期维修向预测维修转变的基础。

在设备运行过程中或不拆卸状态下，通过对其温度、振动、噪声、应力、应变、润滑油等进行测量，对测量结果进行分析和推理，可对设备内部状况进行诊断，如同医生为人诊病一样。设备某些重要测点的振动信号能非常真实地反映其运行状态，因此，完善的测试工作是正确进行故障诊断的基础。设备绝大部分故障都有一个渐进发展的过程，通过监测振动量级的变化，结合其他监测信息如温度、压力、流量等，运用精密故障诊断技术，可以及时预测设备故障的发生，甚至可以分析出故障发生的位置，为设备的提前停机和维修提供可靠依据。

3. 家电及电子产品

在家电产品设计中，人们大量地应用了传感器和测试技术来提高产品的性能和质量。洗衣机、冰箱中就使用了很多的传感器和检测仪表，空调、电冰箱和电饭煲中就使用了测试温度的传感器。全自动洗衣机以人们洗衣操作的经验作为模糊控制的规则，采用多种传感器（如检测洗衣时衣物量多少的布量传感器、检测衣物质地的布质传感器、控制水位的水位传感器、检测水温的水温传感器、检测是否漂洗干净的水浊度传感器等）检测洗衣状态信息，并用微机处理这些信息，选择出最佳的洗涤参数，对洗衣全过程进行自动控制，达到最佳的洗涤效果。

手机是使用范围最为广泛的电子产品。随着技术的进步，手机已经成为具有综合功能的便携式电子设备。手机的交互、游戏等虚拟功能，都是通过处理器强大的计算能力来实现的，但与现实结合的功能，则是通过传感器来实现。智能手机都安装有以下几种传感器来完成测试任务：

（1）光线传感器。接受外界光线，通常用于调节屏幕自动背光的亮度，使得屏幕看得更清楚，且不刺眼；也用于拍照时自动白平衡；还可以配合距离传感器检测手机是否在口袋里防止误触。

（2）距离传感器。用于检测手机是否贴在耳朵上正在打电话，以便自动熄灭屏幕达到省电的目的；也用于皮套、口袋模式下自动实现解锁与锁屏动作；一般有效距离在 10 cm 内。

（3）重力传感器。用于手机横竖屏智能切换、拍照照片朝向、重力感应类游戏（如滚钢珠）。

（4）加速度传感器。用于计步、手机摆放位置朝向角度。

（5）磁场传感器。用于指南针、地图导航方向、金属探测器 App。使用时，手机要旋转或晃动几下才能准确指示方向。

（6）陀螺仪。可同时测定 6 个方向的位置、移动轨迹及加速度，可用于体感、摇一摇（晃动手机实现一些功能）、平移/转动/移动手机可在游戏中控制视角、VR 虚拟现实、在 GPS 没有信号时（如隧道中）根据物体运动状态实现惯性导航。

（7）GPS。手机 GPS 模块通过天线接收到 GPS 卫星的信息。GPS 模块中的芯片根据高速运动的卫星瞬时位置作为已知的起算数据，根据卫星发射坐标的时间戳与接收时的时间差计算出卫星与手机的距离，采用空间距离后方交会的方法，确定待测点的位置坐标，用于地图、导航、测速、测距。

（8）气压传感器。GPS 计算海拔会有十米左右的误差，气压传感器主要用于修正海拔误差（降至 1 m 左右），也能用来辅助 GPS 定位立交桥或楼层位置。

此外，有些智能手机还装有用于加密、解锁、支付等用途的指纹传感器、用于测量心脏收缩频率的心率传感器、用于测量血氧含量的血氧传感器、用于检测紫外线强度的紫外线传感器，以及其他特殊用途的传感器。

4. 车辆和船舶

高级轿车的电子化控制系统水平高低，就在于所采用传感器的数量和水平。一辆普通家用轿车上大约安装有几十到近百个传感器及其配套的监测仪器，而豪华轿车上的传感器数量多达 200 多个，种类通常多达 30 余种，多则达百种，监测仪器可多达数十台。例如，汽车发动机用传感器就包括空气流量传感器、节气门位置传感器、水温传感器、凸轮轴位置传感器、曲轴位置传感器、进气压力传感器、旋转传感器、氧传感器、机油压力传感器和爆震传感器等；还有判断车门开闭状态的车门传感器、倒车防撞传感器、轮胎气压传感器、自动大灯感应器、ABS 传感器；另外，自动雨刷感应器能感应雨量并自动调整速度，无须手动调节雨刷，省去手工操作，时刻确保驾驶员的良好视线，出门更安全舒适，能够提升驾驶的舒适性和安全性。

火车尤其是高铁上，用了大量的传感器，如采用温度传感器测量车厢内外的温度、轴承的温度；采用速度传感器来测量列车的行进速度；采用烟雾传感器检测车厢内人员是否吸烟；洗脸盆水龙头处使用光电传感器判断人手是否伸出等。

船舶上也用了大量的传感器，如采用温度传感器测量船舱内外的温度、机舱等容易发生高温火灾的区域温度；采用烟雾传感器检测厨房、生活区、大舱等区域的烟雾浓度；在主机设备附近使用感光传感器用以探测设备感光强度判断火情；还有其他传感器如压力、电压、液位、速度、扭矩等传感器的安装使用，都是用以检测船舶设备的状态、诊断故障，实现自动控制和安全报警等功能。

5. 航空航天

为了保证飞机安全飞行，需要安装多个多种类型的传感器，对飞机内外各种重要参数进行检测，这些参数被送至并显示在飞机的航空仪表上，机长及时了解飞机的运行状态，以便采取必要的措施。如客舱有温度传感器、湿度传感器、火警传感器等，油箱有油量传感器，液压系统有压力、温度传感器，舱门、起落架处有位置传感器，有测量飞机飞行速度的空速管，测量飞机所处位置大气压力的"静压"传感器（静压孔），测量飞机翼弦与气流之间夹角的迎角传感器，测量空速方向和飞机中轴线竖直方向夹角的侧滑角传感器，测量飞机周围环境大气"总温"的总温传感器，检测飞机表面是否结冰的防结冰探测器，测量飞机对地绝对高度的高度测量器等，一架飞机需要 2 000~4 000 只传感器及其配套的监测仪器来为飞机的安全运行保驾护航。图 1.4 所示是某型飞机的航空仪表（飞行仪表）。

图 1.4　飞机的航空仪表

　　航天飞行器上也大量使用传感器进行参数检测，如宇宙飞船上有温度控传感器、湿度传感器、压力传感器、氧气含量传感器、声控传感器、光控传感器、电控传感器、感觉控制传感器、速度控传感器、力度传感器，以及激光陀螺仪等。美国"阿波罗 10"飞船上装有大量传感器：火箭部分装有 2 077 个传感器，飞船部分装有 1 218 个传感器，可检测加速度、温度、压力、振动、流量、应变、声学等参数；我国"神舟十四"号载人飞船上（图 1.5），装有 20余种百余只传感器，测量各系统内的压力、温度、湿度、气体、生理、位移、加速度、应变、位置、噪声、振动等信号，这些传感器，如同人的五官，将感知到的外部环境，形成各种数据参数，对载人飞船舱内的环境稳定和在轨运行起到检测作用，保障航天员生命安全和任务的顺利进行。

图 1.5　神舟十四号载人飞船

6. 军事国防

未来的战场一定程度上可以称为传感器战场，将大量使用各种传感器和侦察探测系统，包括电视摄像仪、摄像机、激光雷达、成像雷达、微光夜视仪、热成像仪等可视设备，声传感器、振动传感器、磁传感器、气象传感器和探测生化足迹的传感器等，以及这些传感器和设备组成的系统。这些传感器和系统将为指挥人员和士兵识别收集大量的战场态势信息，最大限度地增强他们的攻击威力和减少己方的损失。很多国家研发的高精狙击枪上就使用了风速传感器、温度传感器、热成像仪、激光测距仪、子弹弹道计算机等，将外界环境的干扰降到了最低，显著地提升狙击作战的成功率。

（1）在主战坦克中的应用。坦克的电子化是衡量坦克先进性的一个重要标志，发动机系统中使用的有绝压、速度、流量、温度、氧分压等传感器，用来检测、控制发动机，从而使坦克达到加速快、控制自如，以最少能耗保证最大的动力；火力系统中使用倾斜、药温及环境温度、压力、风向、风速传感器等，以保证火力系统的自动瞄准目标，并根据火炮及外界环境条件及时修正；故障诊断系统主要需要温度、压力、压差、转速、扭矩等传感器，对战车整体进行故障诊断；红外传感器则是主战坦克中热成像仪的关键部件，保证其全天候下的作战能力。

（2）在舰船上的应用。现代舰艇装备的传感器群中包括压力、位置、速度、温度、扭矩、流量、偏航速率等。每万吨级使用温度传感器 150 多个，压力传感器 150 多个。吨位越大，用量越多。在猎雷和灭雷武器技术装备中使用声、磁、光电传感器。另外，为了了解自然环境对系统性能的影响需要配备检测自然环境的各种传感器。以声呐为重点的舰艇传感器是保障武器实施有效攻击的先决条件之一，因此由压电材料制成的声呐在舰艇上也是不可缺少的。

（3）在军用航空中。目前，每架军用飞机需 20 多种力学量的传感器，对操纵杆拉力、起落着陆冲击力、发动机的推动力、救生装置弹射力、进气管压力场分布及动态中各种压力、振动、加速度、角加速度、位移等参量的测量，还有对过载和燃油密度及飞行员呼吸的流量等参数的测量，检测机舱内含氧量、舱内烟雾报警、机载火控系统的设计、隐形用传感器等。

7. 楼宇自动化

楼宇自动化系统或称建筑物自动化系统，是将建筑物或者建筑群内的消防、安全、防盗、电力系统、照明、空调、卫生、给排水、电梯等设备以集中监视、控制和管理为目的而构成的一个综合系统，使建筑物成为安全、舒适、温馨的生活环境和高效的工作环境，并保证系统运行的经济性和管理的智能化。

（1）智能家居。门禁传感器（系统）根据人的声音、视网膜、掌纹或指纹对人进行识别；通过布置于房间内的温度、湿度、光照、声音、空气成分、监控摄像头等传感器感知居室不同部分的状况，从而对空调、门窗、照明和安防报警系统进行自动控制，提供给人们健康、舒适、安全的居住环境。

（2）建筑安全。通过布置于建筑物内的图像、声音、气体检测、温度、压力、辐射等传感器，发现异常事件及时报警，自动启动应急措施。

8. 环境监测

环境监测就是运用物理、化学、生物、医学、遥测、遥感、计算机等现代科技手段监视、测定、监控反映环境质量及其变化趋势的各种标志数据，从而对环境质量做出综合评价。环境监测既包括对化学污染物的检测（化学监测）和对物理（能量）因子如噪声、振动、热能、电磁辐射和放射性等污染的监测（物理监测），也包括对生物因环境质量变化所发出的各种反映和信息测试的生物监测，以及对区域群落、种群迁移变化进行观测的生态监测等。

（1）洪灾的预警。通过在水坝、山区中关键地点合理布置一些水压、土壤湿度等传感器，可以在洪灾到来之前发布预警信息，从而及时排除险情或者减少损失。

（2）农作物管理。在农作物种植区域部署一定密度的空气湿度、土壤湿度、土壤肥料含量、光照强度、风速等传感器，可以更好地对相关因素进行监测并进行微观调控，以促进农作物的生长。温室大棚就是建立一个模拟适合生物生长的气候条件，创造一个人工气象环境，来消除温度、湿度等对生物生长的限制，能使不同的农作物在不适合生长的季节产出，完全摆脱农作物对自然条件的依赖。温室大棚内所需要的设备有：温湿度传感器、光照传感器、气象站、智能水肥一体机、摄像机等，当大棚内的环境参数超出设置范围，农户就会在手机、计算机等信息终端收到推送的预警信息及监测信息，查看数据分析结果；农户也可以远程或自动控制灌溉、湿帘、风机、喷淋、滴灌、内外遮阳、顶窗、侧窗、加温、补光等设备，保证温室大棚内的环境最适宜作物生长，实现温室大棚集约化、网络化远程管理。图 1.6 所示为一现代化蔬菜温室大棚。

图 1.6　蔬菜温室大棚

（3）养殖业监测。环境因素对养殖业生产有着重要的影响，尤其在封闭式的畜牧舍，光照有限、温度、湿度波动比较大、有害气体不容易散发，这些均对畜牧的生长繁殖影响比较大。环境因素包括温度、湿度、噪声、光照、有害气体（氨气、硫化氢、二氧化碳）等。为了实现科学养殖，需要运用各类传感器，自动检测各环境参数，联动控制通风机、取暖设备、除湿机、开窗机、自动饮水机、投料机、粪便清除、自动取蛋等设备，控制养殖场的温湿度恒定，自动喂水喂料，清除粪便，保持空气新鲜、灯光亮度合适等，实现养殖自动化，大大提高养殖环境的管理效率，同时减少传染疾病的发生。通过智能化操作终端实现养殖产前、产中、产后的过程监控，实现养殖高产、高效、优质、生态和安全的目标。图 1.7 所示为一智能养猪场。

传感器在环境监测领域的其他应用实例还有：对海岛类生海岛鸟类生活规律的观测，气象现象的观测和天气预报、森林火警、生物群体的微观观测等。

图 1.7　智能养猪场

9. 医疗及食品安全

医疗领域使用的大量设备，都采用了大量的传感器，如医用超声波检测和 CT、CR、DR 等医疗设备外，从医用设备呼吸机、血液分析仪、多参数监护仪、核磁共振仪、心脑电导联系统、心血管系统装置，到目前热门的移动互联医疗、远程医疗、人工智能 AI 医疗、手术机器人等。图 1.8 所示为人工智能 CT 扫描仪。

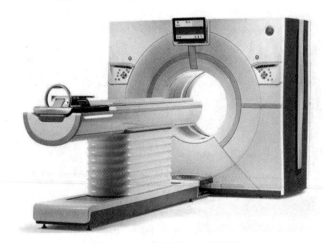

图 1.8　人工智能 CT 扫描仪

近年发展的可穿戴医疗器械（可以直接穿戴在身上的便携式医疗或健康电子设备），通过佩戴/穿戴在人体身上，或贴附在皮肤表面，在软件支持下可实时监测用户身体状况、运动状况、新陈代谢状况（如心电、体温、血糖、血压等），实现生命体征数据化，便于用户实时了解自身健康状况，发现潜在健康隐患。在现代医学领域中，传感器的应用正越来越广泛和深入。

食品安全关系到人民群众的身体健康，关系到经济发展和社会和谐稳定，食品安全检测非常重要。食品安全检测需要检测多种食品安全项目，包含非食用化学物质的检测、滥用食品添加剂的检测、农药残留的检测、兽药残留的检测、重金属的检测、病害肉的检测、营养强化剂的检测、抗生素类残留的检测、激素类残留的检测、真菌毒素类残留的检测、化学类残留的检测，也包括食品包装及容器的检测等。图 1.9 所示是食品安全检测仪。

图 1.9   食品安全检测仪

在机械工程领域的各个方面，从产品设计开发、性能实验、自动化生产、智能制造、质量控制、加工动态过程、机电设备状态监测，到故障诊断和智能维修等，都以先进的测试技术为重要支撑。测试技术是一个企业、一个国家参与国际国内市场竞争的一项重要基础技术，测试技术先进性也是一个地区、一个国家科技发达程度的重要标志之一。测试技术的应用领域在今后将更加宽广。

1.4   测试技术的发展趋势

现代科技的发展不断地向测试技术提出新的要求，推动着测试技术的发展；测试技术迅速吸取和综合各个学科（如物理学、化学、生物学、材料科学、微电子学、计算机科学和工艺学）的成就，并随着传感器技术、计算机技术、通信技术和自动控制技术等技术的发展，不断应用新的测量原理，提出新的信号分析理论，开发出新的测试方法和新型高性能的测试装置。与此同时，高水平的测试技术和测试系统又会促进各学科科技成果的不断发现和创新，推动科技的进步。

测试技术包括传感器技术、信息处理技术和仪器仪表技术三个方面。新技术、新材料的兴起加快了测试技术的蓬勃发展，主要表现在传感器技术、仪器仪表技术和测量方式的多样化等方面。

1. 传感器向新型、微型、智能型方向发展

传感器是信息的源头，拥有良好而多样的传感器，才能有效地使用这些设备和技术；能不能开发出上乘的测试装置和测试系统，关键在于传感器的开发。

当今传感器开发中，以下三个方面的发展最引人注目：

1）物性型传感器的大量涌现

材料科学的快速发展，使得越来越多材料的物理性质为人们所熟知，人们根据材料的性质，将敏感材料按照需要的性能设计、制作成传感器，利用敏感材料本身物理性质的变化来实现信号的检测和转换——物性型传感器。例如，用水银温度计测温，是利用了水银的热胀冷缩现象。因此，这类传感器的开发，实质上就是新型敏感材料的研发。目前，发展迅速的新材料主要有半导体、陶瓷、高分子合成材料、光导纤维、压电材料、磁性材料，以及智

能材料（如形状记忆合金、生物功能材料）等。人们已经使用这些新材料开发出来许多新型传感器。

2）化学传感器的开发

工农业生产、环境监测、医疗卫生及日常生活领域，都广泛应用了化学传感器。化学传感器将化学量转换成电量，大部分化学传感器是在被测气体或溶液分子与敏感元件接触或被其吸附之后才开始感知，而后产生相应的电流或电位。目前，市场上供应的化学传感器以气体传感器、湿度传感器、离子传感器和生物化学传感器为主，如煤气探测报警器、氰化氢传感器。

3）集成化、智能化传感器的开发

随着微电子学、微细加工技术及集成化工艺的发展，可以将某些测量电路、微处理器及传感测量部分做成一体，或将多种不同功能的敏感元件集成在一起，组成可同时测量多种参数的传感器。这类传感器具有精度高、微型化、集成化、功能多样化和智能化、测量范围大等优点，是未来传感器的重要发展方向。传感器与微计算相结合，能自动选择量程和增益，能自动、实时校准，能进行非线性校正、漂移等误差补偿和复杂的计算处理，能实现自动故障监控和过载保护等，成为智能化传感器。

2. 测量仪器向高精度、快速和多功能方向发展

测量仪器及测量系统的精度不断提高，提高了所测数据的可信度。仪器精度的提高可减少实验次数、减少实验经费、降低产品成本。数字信号处理方法、计算机技术和信息处理技术的迅速发展使测试仪器发生了根本性的变革。以微处理器为核心的数字式仪器大大提高了测试系统的精度、速度、测试能力、工作效率及可靠性，功能更全，已成为当前测试仪器的主流。目前，数字式仪器正向标准接口总线的模块化、插件式发展，向具有逻辑判断、自校准、自适应控制和自动补偿能力的智能化仪器发展，向用户自己构造所需功能的所谓虚拟器发展。

用 PC 机+仪器卡板+应用软件构成的虚拟仪器，采用计算机开放体系结构来取代传统的单机测量仪器，即将传统测量仪器中的公共部分，如电源、操作面板、显示屏幕、通信总线和CPU 集中起来用计算机共享，通过计算机仪器扩展板卡和应用软件在计算机上实现多种物理仪器的功能和效果。虚拟仪器的突出优点是与计算机技术相结合，仪器就是计算机主机，价格低、维修费用少、便于升级换代；虚拟仪器的功能由软件确定，用户可以根据实际测试需要的变化，通过更换应用软件来拓展虚拟仪器的功能，满足测试要求。另外，虚拟仪器能与计算机的文件存储、数据库、网络通信等功能相结合，具有很大的灵活性和扩展空间。在网络化、计算机化的生产制造环境中，虚拟仪器更能适应现代制造业复杂多变的应用需求，能迅速、经济、灵活地解决工业生产新产品实验中的测试问题。

3. 参数测量与数据处理向自动化方向发展

采用高智能化软件，参数测量与数据处理以计算机为核心，使测量、信号调制、多路采集、分析处理、绘图、打印、状态显示、校准与修正、故障预报与诊断向自动化、集成化、网络化、通用化和标准化方向发展。目前，信号分析处理技术的发展目标是：在线实时能力的进一步加强；分辨率和运算精度提高；扩大和发展新的专用功能；专用机结构小型化、性能标准化、价值低廉。

4. 测量方式向多样化方向发展

测试范围继续向两个极端（相对于现在测量尺寸的大尺寸和小尺寸）发展。国民经济的快速发展和迫切需要，使得很多方面的生产和过程中测试的要求超过了我们所能测试的范围，如飞机外形的测量、大型机械关键部件的测量、高层建筑电梯导轨的校准值测量、油罐车的现场校准等要求进行大尺寸测量，为此需要开发便携式测量仪器用于解决现场大尺寸的测量问题，如便携式光线干涉测量仪、便携式大量程三维测量系统等；微电子技术、生物技术的快速发展对探索物质微观世界提出了新要求，为了提高测量精度，需要进行微米、纳米级的测量。

多传感器融合是测量过程中获取信息的新方法，它可以提高测量信息的准确性。由于多传感器是以不同的方法从不同的角度获取信息，因此可以通过它们之间的信息融合，去伪存真，提高测量精度和测量信息的准确性。

采用积木式、组合式测量方法，实现不同层次、不同目标的测试目的，此类测量方法能有效增加测试系统的柔性，降低测量工作的成本。

视觉测试技术是建立在计算机视觉基础上的一门新型测试技术，与计算机视觉研究的视觉模式识别、视觉理解等内容不同，重点研究物体的几何尺寸及物体的位置测量，如三维面形的快速测量、大型工件同轴度测量、共面性测量等。视觉测试技术可以广泛应用于在线测量、逆向工程等主动、实时测量过程。

采用无损检测技术，在不破坏检测对象的条件下检测其可能存在的缺陷、损伤。

融合智能技术、传感技术、信息技术、仿生技术、材料科学等技术的智能结构，使监测的概念过渡到在线、动态、主动地实时监测与控制。

1.5　本课程的内容与学习要求

1. 课程性质

测试技术课程是高等学校机械工程类各专业的一门技术基础课，是数学、物理学、电工学、自动控制原理、振动理论以及计算机技术等综合应用的一门课程。

2. 学习内容和要求

本课程主要讨论机械工程动态测试中常用的传感器、信号调理电路及记录装置的工作原理和工作方法、测试装置动态特性的评价方法、测试信号的分析和处理以及常见物理量的测量方法与应用。

通过本课程的学习，学生能够正确选用测试仪器来配置测试系统和进行动态测试所需要的基本知识和技能，为进一步学习、研究和处理机械工程技术问题打下基础。从动态测试工作所必备的基本条件出发，学生在学完本科程后应具备下列几个方面的知识和能力：

（1）掌握信号的时域和频域描述方法，建立起明确的信号频谱结构的概念；掌握信号频谱分析和相关分析的基本原理和方法，掌握数字信号分析中的一些最基本的概念和方法。

（2）掌握测试系统基本特性的评价方法和不失真测试条件，能正确分析和选用测试装置；掌握一阶、二阶系统的动态特性及其测定方法。

（3）掌握常用传感器、常用信号调理电路的工作原理及适用范围，并能根据测试要求进行合理的选用。

（4）对动态测试工作的基本问题有一个比较完整的概念，初步具备分析测试要求、选用合适测试装置、组建测试系统、完成机械工程中常见物理量测试任务及数据处理的能力。

3. 学习方法

本课程具有很强的实践性和应用性，所以学生不但要熟悉与本课程有关的理论知识，还必须参加必要的实验，只有在学习过程中密切联系实际、注意物理概念、加强实验，才能真正掌握有关知识。学生通过足够的和必要的实验、受到应用的实验能力的训练，才能获得有关动态测试工作的比较完整的概念，也只有这样，才能初步具有处理实际测试工作的能力。

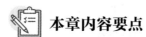 本章内容要点

1. 测试技术的重要性

1）信息和信号

信息是客观世界中事物特征、状态、属性及其发展变化的直接或间接的反应，是对事物运动状态和方式的描述。

信号是信息的载体，信息蕴含在信号之中。

2）测试及其在机械工程中的重要作用

测量是以确定被测量属性量值为目的的全部操作；测试是具有试验性质的测量。

测试的目的就是获取有用的信息。

用以实现测试目的所运用的方式、方法称为测试技术，是测量技术及实验技术的总称。

科学技术的进步和发展对测试技术提出更高的要求，也为测试工作提供了新的方法和装备，促进了测试技术的发展；测试技术的发展，同样促进了科学技术的进步；测试技术能达到的水平在很大程度上决定了科学技术的发展水平。

工程研究、产品开发、生产监督、质量控制、性能试验、设备的状态监测和故障诊断等都离不开测试技术。

2. 测试系统的组成

1）非电量电测法

非电量电测法——通过传感器把所要测量的非电物理量（如位移、速度、加速度、压强、压力、应变、温度、流量、液位、光强等），转换成电量（如电压、电流、电阻、电容和电感等），并调理成稳定的电量（电压或电流信号），而后进行测量。

2）测试系统的组成

被测对象→ 传感器 → 信号调理 → 信号分析与处理 → 显示记录 （数据、曲线）。

各组成环节，必须遵行的基本原则是各个环节的输出量与输入量之间保持一一对应和尽量"不失真"的关系；组建测试系统时，应着重考虑尽可能减小或消除各种干扰。

3. 测试技术的应用

测试技术大量应用于产品质量检测及新产品开发、设备运行状态监测、家电及电子产品、

车辆和船舰、航空航天、军事国防、楼宇自动化、环境监测、医疗及食品安全等领域。

4. 测试技术的发展趋势

（1）传感器向新型、微型、智能型方向发展。物性型传感器，化学传感器，集成化、智能化传感器。

（2）测量仪器向高精度、快速和多功能方向发展。以微处理器为核心的数字式仪器成为当前测试仪器的主流，数字式仪器正在向 PC 机+仪器卡板+应用软件构成的虚拟仪器发展。

（3）参数测量与数据处理向自动化方向发展。

（4）测量方式向多样化方向发展。极大尺寸和极小尺寸的测量技术，多传感器融合技术，积木式、组合式测量方法，视觉测试技术，无损检测技术等。

思考与练习

1. 信息与信号是何关系？

2. 什么是测试？测试技术在机械工程领域有哪些用途？

3. 结合生活中的实例，思考如何通过测试技术获得想要的信息？

4. 何为非电量电测法？有何优点？

5. 非电量电测系统由哪几部分组成？各组成部分有何功用？

6. 结合实际生产和日常生活，列举 5 个测试技术的应用实例。

7. 水银温度计是一种常用的温度测量系统，试说明该温度测量系统的各级构成和测温过程。

在生产实践和科学实验中，需要观测大量的现象及其参量的变化。这些变化量可以通过测量装置变成容易测量、记录和分析的电信号。一个信号包含反映被测系统的状态或特性的某些有用的信息，它是人们认识客观事物内在规律、研究事物之间相互关系、预测未来发展的依据。这些信号通常用时间的函数（或序列）来表述，这些信号的图形称为信号的波形。

2.1　信号的分类与描述

2.1.1　信号的分类

信号可以从不同角度进行分类，常用的有下面几种分类方式。

1. 确定性信号与随机信号

按信号时间函数的确定与否，信号可划分为确定性信号与随机信号。

若信号可表示为一个确定的时间函数，因而可确定其在任何时刻的量值，这种信号称为确定性信号，如正弦信号、直流信号等。确定性信号又分为周期信号和非周期信号。

1）周期信号

周期信号是按一定时间间隔周而复始出现，无始无终的信号，可用数学表达式表示为

$$x(t) = x(t + nT_0) \qquad (n = 1, 2, 3, \cdots) \tag{2.1}$$

式中，T_0 为周期。

图 2.1 所示为周期为 T_0 的锯齿波与正弦波整流信号。

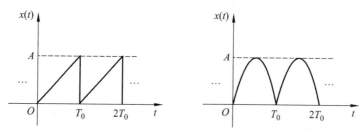

图 2.1　周期信号

正弦信号 $x(t) = x_0 \sin(\omega_0 t + \varphi_0)$ 或余弦信号是最简单的周期信号，这种频率单一的信号称为简谐信号（又称谐波信号，谐波），ω_0 为信号频率，其与周期的关系为 $T_0 = 2\pi / \omega_0$。

复杂周期信号是由多个甚至无穷多个频率成分叠加而成的信号，叠加后存在公共周期，如 $x(t) = A\sin(5t + \varphi_1) + B\sin(8t + \varphi_2)$ 是复杂周期信号。图 2.1 中的周期锯齿波以及常见的周期

性方波就属于复杂周期信号。机械系统中，旋转不平衡质量引起的振动，通常是周期信号。

2）非周期信号

将确定性信号中那些不具有周期重复性的信号称为非周期信号。它有两种：准周期信号和瞬变非周期信号。准周期信号是由两种以上的周期信号合成的，但其组成分量间无法找到公共周期，因而无法按某一时间间隔周而复始重复出现，如 $x(t) = A\sin(5t + \varphi_1) + B\sin(3\pi t + \varphi_2)$ 就是准周期信号。除准周期信号之外的其他非周期信号，是一些或在一定时间区间内存在，或随着时间的增长而衰减至零的信号，称为瞬变非周期信号。图 2.2 所示为衰减指数信号，图 2.2（a）为实指数信号，图 2.2（b）为复指数信号。

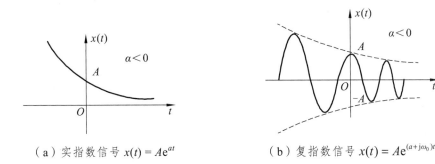

（a）实指数信号 $x(t) = Ae^{at}$　　（b）复指数信号 $x(t) = Ae^{(a+j\omega_0)t}$

图 2.2　衰减指数信号

例 2.1　判断下列信号是否为周期信号，若是，确定其周期。

（1）$f_1(t) = \sin 2t + \cos(3t)$，（2）$f_2(t) = \cos 2t + \sin(\pi t)$

解：两个周期信号 $x(t)$、$y(t)$ 的周期分别为 T_1 和 T_2，若其周期之比 T_1/T_2 为有理数，则其和信号 $x(t) + y(t)$ 仍然是周期信号，其周期为 T_1 和 T_2 的最小公倍数。

$\sin 2t$ 是周期信号，其角频率和周期分别为 $\omega_1 = 2$ rad/s，$T_1 = 2\pi/\omega_1 = \pi$ s，$\cos 3t$ 是周期信号，其角频率和周期分别为 $\omega_2 = 3$ rad/s，$T_2 = 2\pi/\omega_2 = (2\pi/3)$ s。由于 $T_1/T_2 = 3/2$ 为有理数，故 $f_1(t)$ 为周期信号，其周期为 T_1 和 T_2 的最小公倍数 2π。

$\cos 2t$ 和 $\sin\pi t$ 的周期分别为 $T_1 = \pi$ s，$T_2 = 2$ s，由于 T_1/T_2 为无理数，故 $f_2(t)$ 为非周期信号。

非确定性信号又称为随机信号，是一种无法用数学表达式描述又不能准确预测其未来瞬时值的信号，所描述的物理现象是一种随机过程。但是，随机信号具有某些统计特征，可以用概率统计方法由其过去来估计其未来。随机信号所描述的现象是随机过程，自然界和生活中有许多随机过程，如汽车奔驰时产生的振动、环境噪声等。

2. 连续信号和离散信号

若信号数学表示式中的独立变量取值是连续的，则称为连续信号，如图 2.3（a）所示。若独立变量取离散值，则称为离散信号，如图 2.3（b）所示。图 2.3（b）所示是将连续信号等时距采样后的结果，它就是离散信号。离散信号可用离散图形表示，或用数字序列表示。连续信号的幅值可以是连续的，也可以是离散的。若独立变量和幅值均取连续值的信号称为模拟信号。若离散信号的幅值也是离散的，则称为数字信号，如图 2.3（c）所示。数字计算机的输入、输出信号都是数字信号。在实际应用中，连续信号和模拟信号两个名词常常不予区分、离散信号和数字信号往往通用。

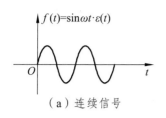

（a）连续信号

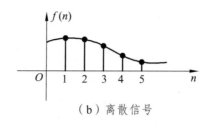

（b）离散信号

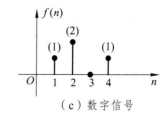

（c）数字信号

图 2.3　连续信号和离散信号

3. 能量信号和功率信号

将信号 $f(t)$ 施加于 $1\,\Omega$ 电阻上，它所消耗瞬时功率为 $|f(t)|^2$，在区间（$-\infty$，$+\infty$）的能量和平均功率定义为

信号 $f(t)$ 的能量：

$$E \overset{\Delta}{=} \int_{-\infty}^{\infty} |f(t)|^2 \,\mathrm{d}t$$

信号 $f(t)$ 的平均功率：

$$P = \frac{1}{t_2 - t_1} \int_{t_1}^{t_2} |f(t)|^2 \,\mathrm{d}t$$

若信号 $f(t)$ 的能量有界，即 $E<\infty$，则称其为能量有限信号，简称能量信号，此时 $P = 0$。如矩形脉冲信号、衰减指数函数等。

若信号 $f(t)$ 的平均功率有界，即 $P<\infty$，则称为功率有限信号，简称功率信号，此时 $E = \infty$。但是必须注意，信号的功率和能量，未必具有真实物理功率和能量的量纲。

2.1.2　信号的时域描述和频域描述

信息是存在于客观世界的一种事物现象，通常以文字、声音或图像的形式来表现。而信号作为信息的载体，是指带有信息的随时间或其他自变量变化的物理量或物理现象。数学上，信号可以表示为一个或多个自变量的函数。

根据描述信号的自变量不同，信号描述可分为时域描述与频域描述。

1. 时域描述法（时域分析）

直接观测或记录到的信号，一般是以时间为独立变量的，称其为信号的时域描述。时域描述可用函数表示，也可用波形表示。信号时域描述能反映信号幅值随时间变化的关系，从时域波形中可以知道信号的周期、峰值与平均值等统计参数，可以反映信号变化的快慢与波动情况。

例如，图 2.4 所示为一个周期方波的一种时域波形描述，而下式则是其时域描述的函数表达形式。

$$\begin{cases} x(t) = x(t + nT_0) \\ x(t) = \begin{cases} A & 0 \leqslant t < T_0/2 \\ -A & -T_0/2 < t \leqslant 0 \end{cases} \end{cases}$$

时域描述不能明显揭示信号的频率组成关系。为了研究信号的频率结构和各频率成分的幅值、相位关系，应对信号进行频谱分析，把信号的时域描述通过适当方法变成信号的频域描述，即以频率为独立变量来表示信号。

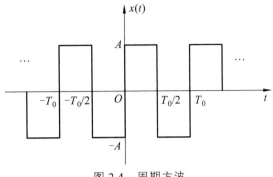

图 2.4　周期方波

2. 频域描述法（频域分析）

频域描述是以频率 f 或 ω 为自变量，建立信号的幅值、相位与频率之间的关系。频谱分析是常用的频域分析。

将图 2.4 所示周期方波应用傅里叶级数展开，即得

$$x(t)=\frac{4A}{\pi}\left(\sin\omega_0 t+\frac{1}{3}\sin3\omega_0 t+\frac{1}{5}\sin5\omega_0 t+\cdots\right)=\frac{4A}{\pi}\sum_{n=0}^{\infty}\frac{1}{2n+1}\sin(2n+1)\omega_0 t$$

式中，$\omega_0=2\pi/T_0$。

此式表明该周期方波是由一系列幅值和频率不等、相角为零的正弦信号叠加而成的。若视 t 为参变量，以 ω 为独立变量，则此式即为该周期方波的频域描述。

在信号分析中，将组成信号的各频率成分找出来，按序排列，得出信号的"频谱"。若以频率为横坐标、分别以幅值或相位为纵坐标，便分别得到信号的幅频谱或相频谱。图 2.5 所示为该周期方波的时域图形、幅频谱和相频谱三者的关系。

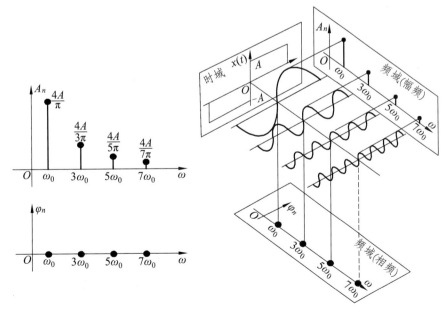

图 2.5　周期方波的时域图形、幅频谱和相频谱

信号时域描述直观地反映出信号瞬时值随时间变化的情况；频域描述则反映信号的频率组成及其幅值、相角的大小。它们是从不同的侧面来观察，两者之间有着密切的关系且互为补充。为了解决不同问题，往往需要掌握信号不同方面的特征，因而可采用不同的描述方式。例如，评定机器振动烈度，需用振动速度的均方根值作为判据。若速度信号采用时域描述，就能很快求得均方根值；而在寻找振源时，需要掌握振动信号的频率分量，这就需采用频域描述。实际上，两种描述方法能相互转换，而且包含同样的信息量。

2.2 周期信号及其离散频谱

在周期信号中，简谐信号是最简单最特殊的，它是一个单频率信号。由高等数学知识可知，利用傅里叶级数可以将满足狄里克雷条件的一般周期信号分解成多个不同频率的谐波信号的线性叠加，傅里叶级数是周期信号频谱分析的数学工具。

2.2.1 周期信号

周期信号是其振幅按一定时间间隔 T（周期）做有规则的连续变化的信号，可表示为

$$x(t) = x(t + nT)$$

式中，n 为正整数，T 为周期。

正弦信号与余弦信号是最简单的周期信号，其函数表达式为

$$x(t) = x_0 \sin(\omega_0 t + \varphi_0)$$

根据幅值 x_0、角频率 ω_0 和初相位 φ_0，可以确定一个正弦或余弦信号。除简谐信号外，常见的周期信号还有周期方波、周期三角波、周期锯齿波、正弦波整流信号等，这些信号都为多频率结构的复杂周期信号，要了解这些信号的频率成分，必须用傅里叶级数对信号进行频谱分析。

2.2.2 周期信号傅里叶级数的三角函数展开

在有限区间内，一个周期函数（信号）如果满足狄里克雷（Dirichet）条件，即满足：

（1）在一周期内，连续或只有有限个第一类间断点。

（2）在一周期内，极大值和极小值数目为有限个。

（3）在一周期内，信号绝对可积，即 $\int_{t_0}^{t_0+T} |x(t)| \, \mathrm{d}t < \infty$。

则该周期函数就可以展开成三角傅里叶级数或复指数傅里叶级数。傅里叶级数的三角函数展开式如下

$$x(t) = a_0 + \sum_{n=1}^{\infty} (a_n \cos n\omega_0 t + b_n \sin n\omega_0 t) \tag{2.2}$$

式中，n 为正整数；T_0 为周期；ω_0 为圆频率，$\omega_0 = 2\pi/T_0$；常值分量 $a_0 = \dfrac{1}{T_0} \int_{-T_0/2}^{T_0/2} x(t) \mathrm{d}t$；余弦分量的幅值 $a_n = \dfrac{2}{T_0} \int_{-T_0/2}^{T_0/2} x(t) \cos n\omega_0 t \mathrm{d}t$；正弦分量的幅值 $b_n = \dfrac{2}{T_0} \int_{-T_0/2}^{T_0/2} x(t) \sin n\omega_0 t \mathrm{d}t$。

将式（2.2）中同频项合并，可以改写成

$$\begin{cases} x(t) = A_0 + \sum_{n=1}^{\infty} A_n \sin(n\omega_0 t + \varphi_n) \\ A_0 = a_0 \\ A_n = \sqrt{a_n^2 + b_n^2} \\ \varphi_n = \arctan\left(\dfrac{a_n}{b_n}\right) \end{cases} \tag{2.3}$$

式中，A_0 是信号的均值，也是信号的直流分量；A_n 是第 n 次谐波的幅值；φ_n 是第 n 次谐波的初相角。

从式（2.3）可以看出，周期信号是由一个或几个，乃至无穷多个不同频率的谐波叠加而成。以圆频率为横坐标，幅值 A_n 或相角 φ_n 为纵坐标作图，则分别得其幅频谱和相频谱图。由于 n 是整数序列，各频率 ω_n 成分都是 ω_0 的整倍数，相邻频率的间隔 $\Delta\omega = \omega_0 = 2\pi/T_0$，对周期信号来说，谱线只会在这些离散的频率点上，因而谱线是离散的，这种频谱称为离散频谱。通常把 ω_0 称为基频，把 $A_0\sin(\omega_0 t + \varphi_0)$ 称为基波，并把成分 $A_n\sin(n\omega_0 t + \varphi_n)$ 称为 n 次谐波。

例 2.2　求图 2.6 中周期性三角波的傅里叶级数。

解：（1）$x(t)$ 在一个周期内的表达式为

$$x(t) = \begin{cases} A + \dfrac{2A}{T_0}t & -\dfrac{T_0}{2} \leqslant t \leqslant 0 \\ A - \dfrac{2A}{T_0}t & 0 \leqslant t \leqslant \dfrac{T_0}{2} \end{cases}$$

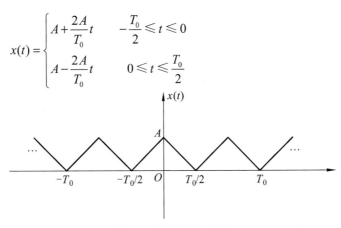

图 2.6　周期性三角波

（2）计算傅里叶常值分量

$$a_0 = \frac{1}{T_0} \int_{-T_0/2}^{T_0/2} x(t)\,\mathrm{d}t = \frac{2}{T_0} \int_0^{T_0/2} \left(A - \frac{2A}{T_0}t\right)\mathrm{d}t = \frac{A}{2}$$

余弦分量的幅值

$$a_n = \frac{2}{T_0} \int_{-T_0/2}^{T_0/2} x(t)\cos n\omega_0 t\,\mathrm{d}t = \frac{4}{T_0}\int_0^{T_0/2}\left(A - \frac{2A}{T_0}t\right)\cos n\omega_0 t\,\mathrm{d}t$$

$$= \frac{4A}{n^2\pi^2}\sin^2\frac{n\pi}{2} = \begin{cases} \dfrac{4A}{n^2\pi^2} & n = 1, 3, 5, \cdots \\ 0 & n = 2, 4, 6, \cdots \end{cases}$$

正弦分量的幅值

$$b_n = \frac{2}{T_0} \int_{-T_0/2}^{T_0/2} x(t) \sin n\omega_0 t \, \mathrm{d}t = 0$$

上式是因为 $x(t)$ 为偶函数，$\sin n\omega_0 t$ 为奇函数，所以 $x(t)\sin n\omega_0 t$ 也为奇函数，而奇函数在上下限对称区间积分之值等于零。这样，该周期性三角波的傅里叶级数展开式为

$$x(t) = \frac{A}{2} + \frac{4A}{\pi^2} \left(\cos n\omega_0 t + \frac{1}{3^2} \cos 3\omega_0 t + \frac{1}{5^2} \cos 5\omega_0 t + \cdots \right)$$
$$= \frac{A}{2} + \frac{4A}{\pi^2} \sum_{n=1}^{\infty} \frac{1}{n^2} \cos n\omega_0 t = \frac{A}{2} + \frac{4A}{\pi^2} \sum_{n=1}^{\infty} \frac{1}{n^2} \sin\left(n\omega_0 t + \frac{\pi}{2} \right) \qquad (n = 1, 3, 5, \cdots)$$

周期性三角波的频谱如图 2.7 所示，其幅频谱只包含常值分量、基波和奇次谐波的频率分量，谐波的幅值以 $1/n^2$ 的规律收敛。在其相频谱中基波和各次谐波的初相位均为 $\pi/2$。

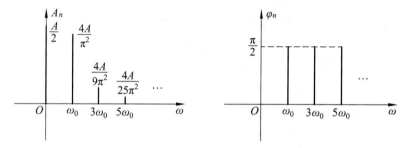

图 2.7　周期性三角波的频谱

三角频谱中的角频率 ω（或频率 f）从 0 到 $+\infty$ 变化，谱线总是在横坐标的一边，因此三角频谱又称为单边谱。

2.2.3　周期信号傅里叶级数的复指数函数展开

傅里叶级数也可以写成复指数函数形式。根据欧拉公式

$$\mathrm{e}^{\pm jn\omega_0 t} = \cos n\omega_0 t \pm j\sin n\omega_0 t \qquad\qquad (2.4)$$

$$\cos n\omega_0 t = \frac{1}{2}(\mathrm{e}^{-jn\omega_0 t} + \mathrm{e}^{jn\omega_0 t}) \qquad\qquad (2.5)$$

$$\sin n\omega_0 t = j\frac{1}{2}(\mathrm{e}^{-jn\omega_0 t} - \mathrm{e}^{jn\omega_0 t}) \qquad\qquad (2.6)$$

式中，$j = \sqrt{-1}$，为虚数单位。

因此，三角函数展开式（2.2）可改写为

$$x(t) = a_0 + \sum_{n=1}^{\infty} \left[\frac{1}{2}(a_n + jb_n)\mathrm{e}^{-jn\omega_0 t} + \frac{1}{2}(a_n - jb_n)\mathrm{e}^{jn\omega_0 t} \right]$$

令

$$C_n = \frac{1}{2}(a_n - \mathrm{j}b_n), \quad C_{-n} = \frac{1}{2}(a_n + \mathrm{j}b_n), \quad C_0 = a_0$$

则

$$x(t) = C_0 + \sum_{n=1}^{\infty}(C_{-n}\mathrm{e}^{-\mathrm{j}n\omega_0 t} + C_n \mathrm{e}^{\mathrm{j}n\omega_0 t})$$

或

$$x(t) = \sum_{n=-\infty}^{\infty} C_n \mathrm{e}^{\mathrm{j}n\omega_0 t} \qquad (n = 0, \pm 1, \pm 2, \cdots) \tag{2.7}$$

这就是傅里叶级数的复指数函数形式。

$$C_n = \frac{1}{T_0}\int_{-T_0/2}^{T_0/2} x(t)\mathrm{e}^{-\mathrm{j}n\omega_0 t}\mathrm{d}t \tag{2.8}$$

在一般情况下 C_n 是复数，可以写成

$$C_n = C_{n\mathrm{R}} + \mathrm{j}C_{n\mathrm{I}} = |C_n|\mathrm{e}^{\mathrm{j}\varphi_n} \tag{2.9}$$

式中，$C_{n\mathrm{R}}$ 为复数 C_n 的实部，$C_{n\mathrm{I}}$ 为 C_n 的虚部，$|C_n|$ 为 C_n 的模，φ_n 为幅角。因此

$$|C_n| = \sqrt{(C_{n\mathrm{R}})^2 + (C_{n\mathrm{I}})^2} = \frac{1}{2}A_n = \frac{1}{2}\sqrt{(a_n)^2 + (b_n)^2} \tag{2.10}$$

$$\begin{cases} \varphi_n = \arctan\dfrac{C_{n\mathrm{I}}}{C_{n\mathrm{R}}} \\ C_n = C_{-n}^{*}, \qquad \varphi_n = -\varphi_{-n} \end{cases} \tag{2.11}$$

把周期函数 $x(t)$ 展开为傅里叶级数的复指数函数式后，以频率 ω 为横坐标，分别以 $|C_n|$、φ_n 为纵坐标，可作信号的幅频谱图和相频谱图；也可以分别以 C_n 的实部或虚部与频率的关系作幅频图，并分别称为实频谱图和虚频谱图。比较傅里叶级数的两种展开形式可知：复指数函数形式的频谱为双边谱（ω 从 $-\infty$ 到 $+\infty$）。双边幅频谱为偶函数，双边相频谱为奇函数。

在式（2.7）中，n 取正、负值。当 n 为负值时，谐波频率 $n\omega_0$ 为"负频率"。出现"负"的频率似乎不好理解，实际上角速度按其旋转方向可以有正有负，一个矢量的实部可以看成是两个旋转方向相反的矢量在其实轴上投影之和，而虚部则为其在虚轴上投影之差（见图 2.8）。

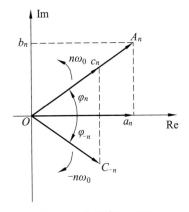

图 2.8　负频率的说明

例 2.3   画出余弦函数 $\cos\omega_0 t$、正弦函数 $\sin\omega_0 t$ 的实、虚部频谱图。

解：根据欧拉公式有

$$\cos\omega_0 t = \frac{1}{2}(e^{-j\omega_0 t} + e^{j\omega_0 t})$$

$$\sin\omega_0 t = \frac{j}{2}(e^{-j\omega_0 t} - e^{j\omega_0 t})$$

故余弦函数只有实频谱图，与纵轴偶对称；正弦函数只有虚频谱图，与纵轴奇对称。其频谱如图 2.9 所示。

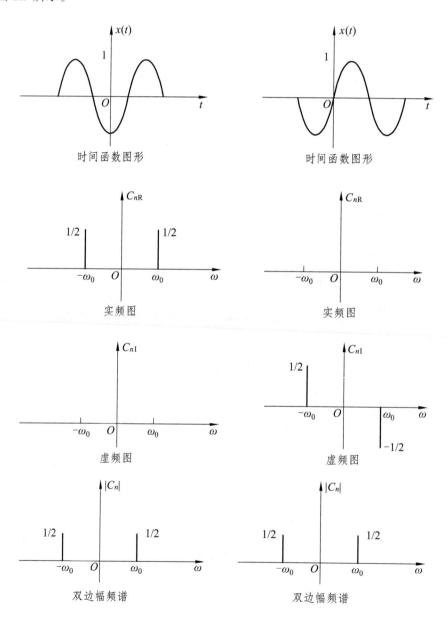

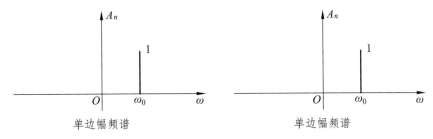

图 2.9   余弦、正弦函数的频谱图

一般周期函数按傅里叶级数的复指数函数形式展开后，其实频谱总是偶对称的，其虚频谱总是奇对称的。

例 2.4   对图 2.10 所示周期方波，以复指数形式求频谱，并作频谱图。

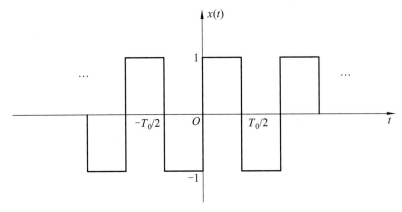

图 2.10   周期方波信号

解：在 $x(t)$ 的一个周期内，其表达式为

$$x(t) = \begin{cases} -1 & -T_0/2 \leqslant t \leqslant 0 \\ 1 & 0 \leqslant t \leqslant T_0/2 \end{cases}$$

计算其系数为

$$C_0 = \frac{1}{T_0} \int_{-T_0/2}^{T_0/2} x(t)\mathrm{d}t = 0$$

$$C_n = \frac{1}{T_0} \int_{-T_0/2}^{T_0/2} x(t)\mathrm{e}^{-\mathrm{j}n\omega_0 t}\mathrm{d}t = \frac{1}{T_0} \int_{-T_0/2}^{T_0/2} x(t)(\cos n\omega_0 t - \mathrm{j}\sin n\omega_0 t)\mathrm{d}t$$

$$= \begin{cases} -\mathrm{j}\dfrac{2}{n\pi} & n = \pm 1, \pm 3, \pm 5, \cdots \\ 0 & n = \pm 2, \pm 4, \pm 6, \cdots \end{cases}$$

于是，幅值谱

$$|C_n| = \begin{cases} \dfrac{2}{n\pi} & n = \pm 1, \pm 3, \pm 5, \cdots \\ 0 & n = \pm 2, \pm 4, \pm 6, \cdots \end{cases}$$

相位谱：
$$\varphi_n = \arctan\dfrac{-\dfrac{2}{\pi n}}{0} = \begin{cases} -\dfrac{\pi}{2} & n > 0, n = 1,3,5,\cdots \\ \dfrac{\pi}{2} & n < 0, n = -1,-3,-5,\cdots \end{cases}$$

其幅值谱与相位谱如图 2.11 所示

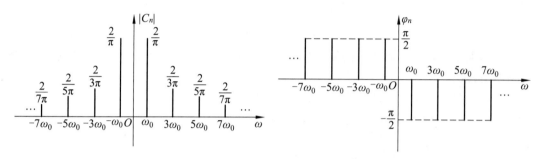

图 2.11　周期方波的幅值谱与相位谱

周期信号的频谱具有三个特点：

（1）离散性。周期信号的频谱是离散的，每条谱线表示一个正弦分量的幅值。

（2）谐波性。每条谱线只出现在基波频率的整倍数上，基波频率是诸分量频率的公约数。

（3）收敛性。各频率分量的谱线高度表示该谐波的幅值或相位角。工程中常见的周期信号，其谐波幅值总的趋势是随谐波次数的增高而减小的。因此，在频谱分析中没有必要取那些次数过高的谐波分量。

工程上通常把频谱中幅值下降到最大幅值的 1/10 时所对应的频率作为信号的频带宽度，称为 1/10 法则。在信号的有效带宽内，集中了信号绝大部分谐波分量，若信号丢失有效带宽以外的谐波成分，不会对信号产生明显的影响。

2.2.4　周期信号的强度指标

周期信号的强度以峰值、均值、有效值和平均功率等来表述（见图 2.12）。

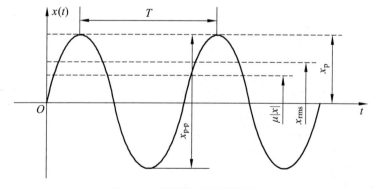

图 2.12　周期信号的强度表示

1. 峰　值

峰值 x_p 是信号可能出现的最大瞬时值，是指波形上与零线的最大偏离值，即

$$x_p = |x(t)|_{max} \tag{2.12}$$

峰-峰值 x_{p-p} 是在一个周期中最大瞬时值与最小瞬时值之差。对信号的峰值和峰-峰值应有足够的估计,以便确定测试系统的动态范围。一般希望信号的峰-峰值在测试系统的线性区域内,使所观测(记录)到的信号正比于被测量的变化状态。如果进入非线性区域,则信号将发生畸变,结果不但不能正比于被测信号的幅值,而且会增生大量谐波。

2. 均 值

周期信号的均值 μ_x 是信号的常值分量,是指信号在一个周期内幅值对时间的平均,即

$$\mu_x = \frac{1}{T} \int_0^T x(t)dt \tag{2.13}$$

周期信号全波整流后的均值就是信号的绝对均值 $\mu_{|x|}$,即

$$\mu_{|x|} = \frac{1}{T} \int_0^T |x(t)|dt \tag{2.14}$$

3. 有效值

有效值 x_{rms} 是信号的均方根值,即

$$x_{rms} = \sqrt{\frac{1}{T} \int_0^T x^2(t)dt} \tag{2.15}$$

有效值的平方就是信号的均方值,也就是信号的平均功率 P_{av},即

$$P_{av} = \frac{1}{T} \int_0^T x^2(t)dt \tag{2.16}$$

它反映信号的功率大小,也表达了信号的强度。在工程信号测量中,一般仪器的表头示值显示的就是信号的均方值。

信号的峰值 x_p、绝对均值 $\mu_{|x|}$ 和有效值 x_{rms} 可用三值电压表来测量,也可用普通的电工仪表来测量。峰值 x_p 可根据波形折算或用能记忆瞬峰示值的仪表测量,也可以用示波器来测量。均值可用直流电压表测量。因为信号是周期交变的,如果交流频率较高,交流成分只影响表针的微小晃动,不影响均值读数。当频率低时,表针将产生摆动,影响读数。这时可用一个电容器与电压表并接,将交流分量旁路,但应注意这个电容器对被测电路的影响。几种典型信号的强度见表 2.1。

表 2.1 几种典型信号的强度

名称	波形图	傅里叶级数展开式	峰值 x_p	均值 μ_x	绝对均值 $\mu_{|x|}$	有效值 x_{rms}
正弦波		$x(t) = A\sin\omega_0 t$, $T_0 = 2\pi/\omega_0$	A	0	$\dfrac{2A}{\pi}$	$\dfrac{A}{\sqrt{2}}$
方波		$x(t) = \dfrac{4A}{\pi}\left(\sin\omega_0 t + \dfrac{1}{3}\sin 3\omega_0 t + \dfrac{1}{5}\sin 5\omega_0 t + \cdots\right)$	A	0	A	A

续表

名称	波形图	傅里叶级数展开式	峰值 x_p	均值 μ_x	绝对均值 $\mu_{|x|}$	有效值 x_{rms}
三角波		$x(t) = \dfrac{8A}{\pi^2}\left(\sin\omega_0 t - \dfrac{1}{9}\sin 3\omega_0 t \right.$ $\left. + \dfrac{1}{25}\sin 5\omega_0 t - \cdots \right)$	A	0	$\dfrac{A}{2}$	$\dfrac{A}{\sqrt{3}}$
锯齿波		$x(t) = \dfrac{A}{2} - \dfrac{A}{\pi}\left(\sin\omega_0 t + \dfrac{1}{2}\sin 2\omega_0 t \right.$ $\left. + \dfrac{1}{3}\sin 3\omega_0 t + \cdots \right)$	A	$\dfrac{A}{2}$	$\dfrac{A}{2}$	$\dfrac{A}{\sqrt{3}}$
全波整流		$x(t) = \dfrac{2A}{\pi} - \dfrac{4A}{\pi}\left(\dfrac{1}{3}\cos 2\omega_0 t + \dfrac{1}{15}\cos 4\omega_0 t \right.$ $\left. + \dfrac{1}{35}\cos 6\omega_0 t + \cdots \right)$	A	$\dfrac{2A}{\pi}$	$\dfrac{2A}{\pi}$	$\dfrac{A}{\sqrt{2}}$

值得指出，虽然一般的交流电压表均是有效值刻度，但其输出量（例如指针的偏转角）并不一定和信号的有效值成比例，而是随着电压表的检波电路的不同，其输出量可能与信号的有效值成正比例，也可能与信号的峰值或绝对均值成比例。不同检波电路的电压表上的有效值刻度，都是依照单一简谐信号来刻度的。这就保证了用各种电压表在测量单一简谐信号时都能正确测得信号的有效值，获得一致的读数。然而，由于刻度过程实际上相当于把检波电路输出和简谐信号有效值的关系"固化"在电压表中。这种关系不适用于非单一简谐信号，因为随着波形的不同，各类检波电路输出和信号有效值的关系已经改变了，从而造成电压表在测量复杂信号有效值时的系统误差。这时应根据检波电路和波形来修正有效值读数。

2.3 非周期信号及其频谱

2.3.1 概 述

如前所述，周期信号可展开成许多乃至无限多项简谐信号之和，其频谱具有离散性且诸简谐分量的频率具有一个公约数（基频）。但两个或两个以上的正、余弦信号叠加，如果存在两个分量的频率比不是有理数，或者说各分量的周期没有公倍数，那么合成的信号就不一定是周期信号。例如，$x(t) = 5\sin(\pi t) + 3\sin(2t)$，这种由没有公共整数倍周期的多个分量合成的信号是一种非周期信号。但是，这种信号具有离散频谱（见图 2.13），保持着周期信号的频谱特点，故称为准周期信号。在工程技术领域内，多个独立振源激励起某对象的振动往往是这类信号。

除了准周期信号以外的非周期信号称为瞬变信号，通常习惯上所说的非周期信号是指瞬变信号。

瞬变信号在工程中有广泛的应用（常见的瞬变信号见图 2.14），图 2.14（a）为矩形脉冲信号，图 2.14（b）为指数衰减信号，图 2.14（c）为衰减振荡信号，图 2.14（d）为冲击力信号。

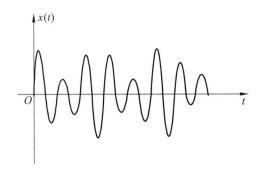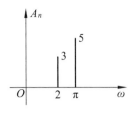

图 2.13　准周期信号 $x(t) = 5\sin(\pi t) + 3\sin(2t)$ 的时域波形图及其频谱

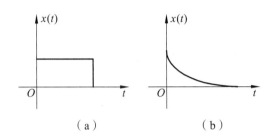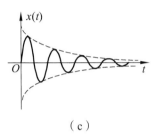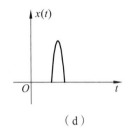

（a）　　　　　　　（b）　　　　　　　（c）　　　　　　　（d）

图 2.14　瞬变信号

2.3.2 非周期信号的频谱

1. 傅里叶变换

周期信号的频谱具有离散性、谐波性、收敛性三个特点。

当周期 T 趋于无穷大时，则周期信号变为非周期信号，谱线间隔 $\Delta\omega = \omega_0 = 2\pi/T$ 趋于无穷小，谱线无限靠近，连续取值以致离散谱线的顶点最后演变成一条连续曲线。所以非周期信号的频谱是连续的。可以将非周期信号理解为无限多个、频率无限接近的频率成分所组成的，即谱线长度 A_n 趋于零（无穷小）。此时，原分析方法失效，但谱线长度（幅值）虽同为无穷小，但它们的大小并不相同，相对值仍有差别。为了表明无穷小的振幅间的相对差别，有必要引入一个新的量——"频谱密度函数"。

设周期信号 $x(t) = \sum\limits_{n=-\infty}^{\infty} C_n e^{jn\omega_0 t}$，$C_n = \dfrac{1}{T}\int_{-T/2}^{T/2} x(t) e^{-jn\omega_0 t} dt$，将 C_n 代入 $x(t)$，则有

$$x(t) = \sum_{n=-\infty}^{\infty}\left[\frac{1}{T}\int_{-T/2}^{T/2} x(t) e^{-jn\omega_0 t} dt\right] e^{jn\omega_0 t}$$

对于非周期信号 $x(t)$，可以把它当成是周期为无限大的函数，在 $T\to\infty$ 时，$\Delta\omega = \omega_0 \to d\omega$，$1/T \to d\omega/2\pi$，离散频率 $n\omega_0 \to$ 连续频率 ω，无限多项的累加 $\sum \to$ 连续积分 $\int$，于是得

$$\lim_{T\to\infty} x(t) = \lim_{T\to\infty}\sum_{n=-\infty}^{\infty} C_n e^{jn\omega_0 t} = \lim_{T\to\infty}\sum_{n=-\infty}^{\infty}\left(\frac{1}{T}\int_{-T/2}^{T/2} x(t)e^{-jn\omega_0 t}dt\right)e^{jn\omega_0 t}$$
$$= \int_{-\infty}^{\infty}\frac{d\omega}{2\pi}\left(\int_{-\infty}^{\infty} x(t)e^{-j\omega t}dt\right)e^{j\omega t} = \frac{1}{2\pi}\int_{-\infty}^{\infty}\left(\int_{-\infty}^{\infty} x(t)e^{-j\omega t}dt\right)e^{j\omega t}d\omega$$

（2.17）

式中，括号中的部分类似于傅里叶级数复指数形式中的 C_n 项，它是 ω 的函数，记为

$$X(\omega) = \int_{-\infty}^{\infty} x(t)e^{-j\omega t}dt \qquad (2.18)$$

则

$$x(t) = \frac{1}{2\pi}\int_{-\infty}^{\infty} X(\omega)e^{j\omega t}d\omega \qquad (2.19)$$

这样，$X(\omega)$ 与 $x(t)$ 就建立了确定的对应关系，$X(\omega)$ 称为 $x(t)$ 的频谱密度或傅里叶正变换，$x(t)$ 称为 $X(\omega)$ 的傅里叶逆变换（反变换）。两者组成变换对，记作

$$X(j\omega) = F[x(t)], \quad x(t) = F^{-1}[X(j\omega)] \text{ 或 } x(t) \leftrightarrow X(j\omega)$$

把 $\omega = 2\pi f$ 代入式（2.17），则式（2.18）与式（2.19）变为

$$X(f) = \int_{-\infty}^{\infty} x(t)e^{-j2\pi ft}dt \qquad (2.20)$$

$$x(t) = \int_{-\infty}^{\infty} X(f)e^{j2\pi ft}df \qquad (2.21)$$

且有 $X(f) = 2\pi X(\omega)$

这样就避免了在傅里叶变换中出现的常数因子 $1/(2\pi)$，使公式形式简化。一般 $X(f)$ 是实变量 f 的复函数，可以写成

$$X(f) = X_R(f) + jX_I(f) = |X(f)|e^{j\varphi(f)} \qquad (2.22)$$

式中，$|X(f)|$ 为信号 $x(t)$ 的连续幅值谱；$\varphi(f)$ 为信号 $x(t)$ 的连续相位谱。

必须着重指出，尽管非周期信号的幅值谱 $|X(f)|$ 和周期信号的幅值谱 $|C_n|$ 很相似，但两者是有差别的。其差别突出表现在 $|C_n|$ 的量纲与信号幅值的量纲一样，而 $|X(f)|$ 的量纲则与信号幅值的量纲不一样，它是单位频宽上的幅值，所以更确切地说，$X(f)$ 是频谱密度函数。工程测试中为方便，在不会引起混乱的情况下，仍称 $X(f)$ 为频谱。

最后必须指出，从理论上讲，FT 也应满足类似狄里赫利条件。

例 2.5 求矩形窗函数的频谱函数。

解：矩形窗函数的时域表达式为

$$w(t) = \begin{cases} 1 & |t| < T/2 \\ 0 & |t| > T/2 \end{cases}$$

式中，T 为窗宽，其时域波形如图 2.15（a）所示。

其频谱为

$$W(f) = \int_{-\infty}^{\infty} x(t)e^{-j2\pi ft}dt = \int_{-T/2}^{T/2} e^{-j2\pi ft}dt$$

$$= \frac{-1}{j2\pi f}(e^{-j\pi fT} - e^{j\pi fT}) = T\frac{\sin \pi fT}{\pi fT} = T\sin c(\pi fT)$$

其频谱图如图 2.15（b）所示。上式中 $\sin c(\theta) = \sin(\theta)/\theta$ 称为抽样函数，该函数在信号分析中很有用。$\sin c(\theta)$ 的图像如图 2.16 所示。$\sin c(\theta)$ 的函数值有专门的数学表可查得，它以 2π 为周期并随 θ 的增加而作衰减振荡。$\sin c(\theta)$ 函数是偶函数，在 $n\pi(n = \pm1, \pm2, \cdots)$ 处其值为零。

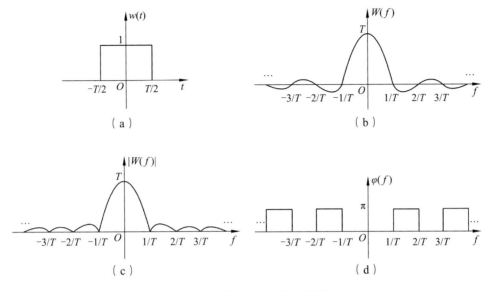

图 2.15 矩形窗函数及其频谱

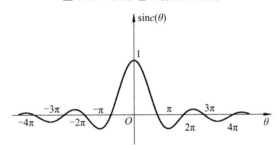

图 2.16 抽样函数的图像

$W(f)$函数只有实部，没有虚部。其幅值频谱为$|W(f)| = T|\text{sinc}(\pi fT)|$。

其相位频谱 $\varphi(f)$视 $\text{sinc}(\pi fT)$的符号而定。当 $\text{sinc}(\pi fT)$为正值时相角为零，当 $\text{sinc}(\pi fT)$为负值时相角为 π。

非周期信号频域描述的数学基础是傅里叶变换，其频谱是连续的，这是与周期信号频谱的最大区别，非周期信号的幅值谱从总体变化趋势看也具有收敛性，随着频率的增大，其幅值密度减小。

2. 傅里叶变换的主要性质

傅里叶变换是信号分析与处理中，时域与频域之间转换的基本数学工具。熟悉并掌握傅里叶变换的主要性质，有助于了解信号在某个域中的变化和运算将在另一域中产生何种相应的变化和运算关系，最终有助于对复杂工程问题的分析和简化计算工作。

傅里叶变换的主要性质列于表 2.2，以下对主要性质做必要的证明和解释。

1）奇偶虚实性

一般 $X(f)$是实变量 f的复变函数。由欧拉公式有

$$X(f) = \int_{-\infty}^{\infty} x(t)\mathrm{e}^{-\mathrm{j}2\pi f}\mathrm{d}t = \int_{-\infty}^{\infty} x(t)\cos(2\pi f)\mathrm{d}t - \mathrm{j}\int_{-\infty}^{\infty} x(t)\sin(2\pi f)\mathrm{d}t$$
$$= \mathrm{Re}\,X(f) - \mathrm{j}\mathrm{Im}\,X(f)$$

表 2.2　傅里叶变换的主要性质

性　质	时　域	频　域
函数的奇偶虚实性	$x(t)$是实偶函数	$X(f)$是实偶函数
	$x(t)$是实奇函数	$X(f)$是虚奇函数
	$x(t)$是虚偶函数	$X(f)$是虚偶函数
	$x(t)$是虚奇函数	$X(f)$是实奇函数
线性叠加性	$ax(t) + by(t)$	$aX(f) + bY(f)$
对称性	$X(t)$	$x(-f)$
尺度改变	$x(kt)$	$\dfrac{1}{k}X\left(\dfrac{f}{k}\right)$
时移	$x(t \pm t_0)$	$X(f)\mathrm{e}^{\pm \mathrm{j}2\pi f t_0}$
频移	$x(t)\mathrm{e}^{\mp \mathrm{j}2\pi f_0 t}$	$X(f \pm f_0)$
翻转	$x(-t)$	$X(-f)$
共轭	$x^*(t)$	$X^*(-f)$
时域卷积	$x_1(t) * x_2(t)$	$X_1(f)X_2(f)$
频域卷积	$x_1(t)x_2(t)$	$X_1(f) * X_2(f)$
时域微分	$\dfrac{\mathrm{d}^n x(t)}{\mathrm{d}t^n}$	$(\mathrm{j}2\pi f)^n X(f)$
频域微分	$(-\mathrm{j}2\pi t)^n x(t)$	$\dfrac{\mathrm{d}^n X(f)}{\mathrm{d}f^n}$
积分	$\displaystyle\int_{-\infty}^{t} x(t)\mathrm{d}t$	$\dfrac{X(f)}{\mathrm{j}2\pi f}$

余弦函数是偶函数，正弦函数是奇函数。由上式可知，如果：$x(t)$是实函数，则 $X(f)$一般为具有实部和虚部的复函数，且实部为偶函数，即 $\mathrm{Re}X(f) = \mathrm{Re}X(-f)$；虚部为奇函数，即 $\mathrm{Im}X(f) = -\mathrm{Im}X(-f)$。

如果 $x(t)$为实偶函数，则 $\mathrm{Im}X(f) = 0$，$X(f)$将是实偶函数，即 $X(f) = \mathrm{Re}X(f) = X(-f)$。

如果 $x(t)$为实奇函数，则 $\mathrm{Re}X(f) = 0$，$X(f)$将是虚奇函数，即 $X(f) = -\mathrm{j}\mathrm{Im}X(f) = -X(-f)$。

如果 $x(t)$为虚函数，则上述结论的虚实位置也相互交换。

显然根据时域函数的奇偶性，容易判断其实频谱与虚频谱的奇偶性。了解这个性质有助于估计傅里叶变换对的相应图形性质，减少不必要的变换计算。

2）对称性

若 $x(t) \leftrightarrow X(f)$，则 $X(t) \leftrightarrow x(-f)$

证明：$x(t) = \displaystyle\int_{-\infty}^{\infty} X(f)\mathrm{e}^{\mathrm{j}2\pi f t}\mathrm{d}f$，所以 $x(-t) = \displaystyle\int_{-\infty}^{\infty} X(f)\mathrm{e}^{-\mathrm{j}2\pi f t}\mathrm{d}f$

将 t 与 f 互换，即得 $X(t)$的傅里叶变换为

$$x(-f) = \int_{-\infty}^{\infty} X(t)\mathrm{e}^{-\mathrm{j}2\pi f t}\mathrm{d}t$$

应用这个性质，利用已知的傅里叶变换对即可得出相应的变换对。图 2.17 是对称性应用举例。

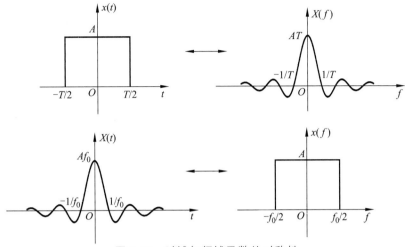

图 2.17　时域与频域函数的对称性

3）时间尺度改变特性

若 $x(t) \leftrightarrow X(f)$，则 $x(kt) \leftrightarrow \dfrac{1}{k} X\left(\dfrac{f}{k}\right)$

证明：$F[x(kt)] = \displaystyle\int_{-\infty}^{\infty} x(kt) \mathrm{e}^{-\mathrm{j}2\pi ft} \mathrm{d}t$

令 $\tau = kt$，当 $k>0$ 时

$$\int_{-\infty}^{\infty} x(kt) \mathrm{e}^{-\mathrm{j}2\pi ft} \mathrm{d}t = \frac{1}{k} \int_{-\infty}^{\infty} x(\tau) \mathrm{e}^{-\mathrm{j}\frac{2\pi f}{k}\tau} \mathrm{d}\tau = \frac{1}{k} X\left(\frac{f}{k}\right)$$

当时间尺度压缩（$k>1$）时[见图 2.18（a）]，频谱的频带加宽、幅值降低；当时间尺度扩展（$k<1$）时[见图 2.18（c）]，其频谱变窄、幅值增高。

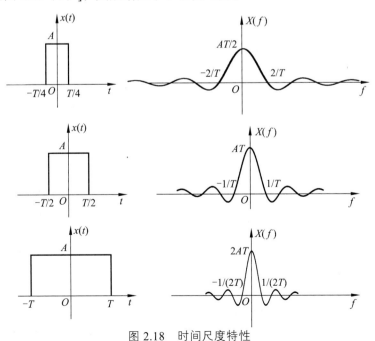

图 2.18　时间尺度特性

例如，把记录磁带慢录快放，即使时间尺度压缩，这样虽可以提高处理信号的效率，但是所得到的信号（放演信号）频带就会加宽。倘若后续处理设备（放大器、滤波器等）的通频带不够宽，就会导致失真。反之，快录慢放，则放演信号的带宽变窄，对后续处理设备的通频带要求可以降低，但信号处理效率也随之降低。

4）时移特性

若 $x(t) \leftrightarrow X(f)$，在时域中信号 $x(t)$ 沿时间轴平移一常值 t_0 变成 $x(t-t_0)$ 时，则

$$x(t-t_0) \leftrightarrow X(f)\mathrm{e}^{-\mathrm{j}2\pi f t_0}$$

证明：

$$
\begin{aligned}
F(x(t \pm t_0)) &= \int_{-\infty}^{\infty} x(t \pm t_0)\mathrm{e}^{-\mathrm{j}2\pi f t}\mathrm{d}t \\
&= \int_{-\infty}^{\infty} x(t \pm t_0)\mathrm{e}^{-\mathrm{j}2\pi f(t \pm t_0)}\mathrm{e}^{\pm \mathrm{j}2\pi f t_0}\mathrm{d}(t \pm t_0) \\
&= X(f)\mathrm{e}^{\pm \mathrm{j}2\pi f t_0}
\end{aligned}
$$

此性质说明：将信号在时域中平移，其幅频谱不变（见图 2.19），而相频谱中相角的改变量 $\Delta\varphi$ 和频率 f 成正比，$\Delta\varphi = -2\pi f t_0$。

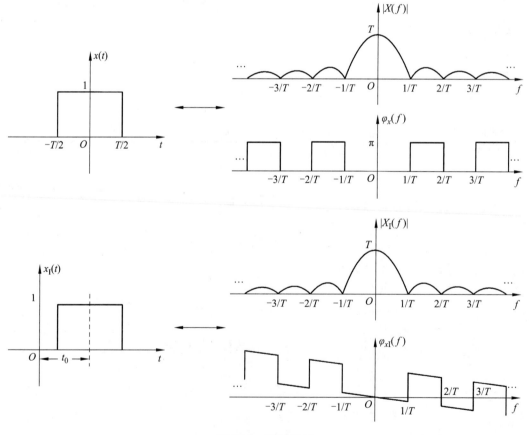

图 2.19　时移特性

应用：要使一个信号通过一个系统传输后仅延时 t_0，则系统设计的每个频率都要延时 $2\pi f t_0$，否则会失真；测试幅频谱时，可不考虑测试时间的起点（忽略相频谱）。

5）频移特性

在频域中信号沿频率轴平移一常值 f_0 时，若 $x(t) \leftrightarrow X(f)$ ，则

$$x(t)\mathrm{e}^{\pm \mathrm{j}2\pi f_0 t} \leftrightarrow X(f \mp f_0)$$

证明从略。此性质表明，一个信号在时域中乘以 $\mathrm{e}^{\mathrm{j}2\pi f_0 t}$ ，则等效于在频域中将整个谱沿频率轴往右移了 f_0 ，利用此性质实现的频谱搬移技术在通信系统中有广泛应用。频谱搬移的实现原理就是将信号乘以高频载波信号 $\cos(\omega_0 t)$ 或 $\sin(\omega_0 t)$ ，因为

$$\cos 2\pi f_0 t = \frac{1}{2}(\mathrm{e}^{-\mathrm{j}2\pi f_0 t} + \mathrm{e}^{\mathrm{j}2\pi f_0 t})$$

$$\sin 2\pi f_0 t = \frac{\mathrm{j}}{2}(\mathrm{e}^{-\mathrm{j}2\pi f_0 t} - \mathrm{e}^{\mathrm{j}2\pi f_0 t})$$

根据移频性质可推导出

$$F[x(t)\cos 2\pi f_0 t] = \frac{1}{2}[X(f + f_0) + X(f - f_0)]$$

$$F[x(t)\sin 2\pi f_0 t] = \frac{\mathrm{j}}{2}[X(f + f_0) - X(f - f_0)]$$

调幅与同步解调利用的就是该性质。

6）卷积特性

任意两个函数 $x_1(t)$ 与 $x_2(t)$ 的卷积定义为

$$x_1(t) * x_2(t) = \int_{-\infty}^{\infty} x_1(\tau)x_2(t-\tau)\mathrm{d}\tau = \int_{-\infty}^{\infty} x_2(\tau)x_1(t-\tau)\mathrm{d}\tau$$

在很多情况下，卷积积分用直接积分的方法来计算是有困难的，但它可以利用变换的方法来解决，从而使信号分析工作大为简化。若

$$x_1(t) \leftrightarrow X_1(f), x_2(t) \leftrightarrow X_2(f)$$

则

$$x_1(t) * x_2(t) \leftrightarrow X_1(f)X_2(f), \quad x_1(t)x_2(t) \leftrightarrow X_1(f) * X_2(f)$$

现以时域卷积为例。证明如下：

$$\begin{aligned} F[x_1(t) * x_2(t)] &= \int_{-\infty}^{\infty}\left[\int_{-\infty}^{\infty} x_1(\tau)x_2(t-\tau)\mathrm{d}\tau\right]\mathrm{e}^{-\mathrm{j}2\pi ft}\mathrm{d}t \\ &= \int_{-\infty}^{\infty} x_1(\tau)\left[\int_{-\infty}^{\infty} x_2(t-\tau)\mathrm{e}^{-\mathrm{j}2\pi ft}\mathrm{d}t\right]\mathrm{d}\tau \\ &= \int_{-\infty}^{\infty} x_1(\tau)X_2(f)\mathrm{e}^{-\mathrm{j}2\pi f\tau}\mathrm{d}\tau \\ &= X_1(f)X_2(f) \end{aligned}$$

卷积特性在信号分析中占有重要的地位。

7）微分和积分特性

若 $x(t) \leftrightarrow X(f)$ ，则

$$\frac{\mathrm{d}x(t)}{\mathrm{d}t} \leftrightarrow \mathrm{j}2\pi f X(f)$$

$$\frac{\mathrm{d}^n x(t)}{\mathrm{d}t^n} \leftrightarrow (\mathrm{j}2\pi f)^n X(f)$$

证明：因为　　　$x(t) = \int_{-\infty}^{\infty} X(f)\mathrm{e}^{\mathrm{j}2\pi f t}\mathrm{d}f$

上式两边对时间 t 求导数，可得　　$\dfrac{\mathrm{d}x(t)}{\mathrm{d}t} = \int_{-\infty}^{\infty}[\mathrm{j}2\pi f X(f)]\mathrm{e}^{\mathrm{j}2\pi f t}\mathrm{d}f$

所以，$\dfrac{\mathrm{d}x(t)}{\mathrm{d}t} \leftrightarrow \mathrm{j}2\pi f X(f)$

同理，可以推导出　　$\dfrac{\mathrm{d}^n x(t)}{\mathrm{d}t^n} \leftrightarrow (\mathrm{j}2\pi f)^n X(f)$

在振动测试中，如果测得振动系统的位移、速度或加速度中的任一参数，应用微分、积分特性就可以获得其他参数的频谱。

傅里叶变换建立了信号的时域与频域间的一般关系。实际上，通过数学运算求解一个信号的傅里叶变换不是最终的目的，重要的是在信号分析的理论研究与实际设计中，能够了解当信号在时域进行某种运算后在频域将发生何种变化，或反过来从频域的运算推测时域信号的变动。利用傅里叶变换的基本性质求解复杂信号变换，不仅计算过程简单，而且物理概念清楚。

3. 几种典型信号的频谱

1）单边指数衰减函数

单边指数衰减函数的表达式为

$$x(t) = \begin{cases} \mathrm{e}^{-\alpha t} & (t \geqslant 0) \\ 0 & (t < 0) \end{cases} \qquad \text{或 } x(t) = \mathrm{e}^{-\alpha t}\varepsilon(t)$$

式中，$\alpha > 0$，其波形如图 2.20（a）所示

$X(t)$的频谱函数为

$$X(\omega) = \int_{-\infty}^{\infty} x(t)\mathrm{e}^{-\mathrm{j}\omega t}\mathrm{d}t = \int_{0}^{\infty}\mathrm{e}^{-(\alpha+\mathrm{j}\omega)t}\mathrm{d}t = \frac{1}{\alpha+\mathrm{j}\omega} = \frac{1}{\sqrt{\alpha^2+\omega^2}}\mathrm{e}^{-\mathrm{j}\varphi(\omega)}$$

$$|X(\omega)| = \frac{1}{\sqrt{\alpha^2+\omega^2}}, \quad \varphi(\omega) = \arctan\left(\frac{\omega}{\alpha}\right)$$

其频谱函数的幅值谱与相位谱分别如图 2.20（b）、图 2.20（c）所示。

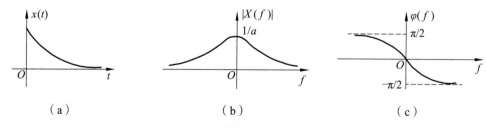

（a）　　　　　　　　　　（b）　　　　　　　　　　（c）

图 2.20　单边指数衰减函数及其频谱

2）矩形窗函数的频谱

矩形窗函数的频谱已经在例 2.5 中讨论，其频谱函数为

$$W(f) = \int_{-\infty}^{\infty} x(t)\mathrm{e}^{-\mathrm{j}2\pi ft}\mathrm{d}t = \int_{-T/2}^{T/2} \mathrm{e}^{-\mathrm{j}2\pi ft}\mathrm{d}t$$

$$= \frac{-1}{\mathrm{j}2\pi f}(\mathrm{e}^{-\mathrm{j}\pi fT} - \mathrm{e}^{\mathrm{j}\pi fT}) = T\frac{\sin \pi fT}{\pi fT} = T\sin c(\pi fT)$$

从其频谱图（见图 2.15）中可以看到，一个在时域有限区间内有值的信号，其频谱却延伸至无限频率。若在时域中截取信号的一段记录长度，则相当于原信号和矩形窗函数之乘积，因而所得频谱将是原信号频域函数和 sinc 函数的卷积，它将是连续的、频率无限延伸的频谱。在 $f = 0{\sim}{\pm}1/T$ 之间的谱峰，幅值最大，称为主瓣。两侧其他各谱峰的峰值较低，称为旁瓣。主瓣宽度为 $2/T$，与时域窗宽度 T 成反比。可见时域窗宽 T 越大，即截取信号时长越大，主瓣宽度越小。

3）单位脉冲函数 $\delta(t)$ 及其频谱

（1）单位脉冲函数 $\delta(t)$ 一般定义为，在 ε 时间内激发一个矩形脉冲 $S_\varepsilon(t)$（或三角形脉冲、双边指数脉冲、钟形脉冲等），其面积为 1。当 $\varepsilon{\to}0$ 时 $S_\varepsilon(t)$ 的极限就称为 $\delta(t)$ 函数。其数学表达式为

$$\delta(t) = \lim_{\varepsilon\to 0} S_\varepsilon(t) = \begin{cases} \infty & t = 0 \\ 0 & t \neq 0 \end{cases}$$

从面积（通常也称其为 $\delta(t)$ 函数的强度）的角度来看

$$\int_{-\infty}^{\infty} \delta(t)\mathrm{d}t = \int_{-\infty}^{\infty} \lim_{\varepsilon\to 0} S_\varepsilon(t)\mathrm{d}t = \lim_{\varepsilon\to 0}\int_{-\infty}^{\infty} S_\varepsilon(t)\mathrm{d}t = 1 \qquad （2.23）$$

其波形如图 2.21 所示。

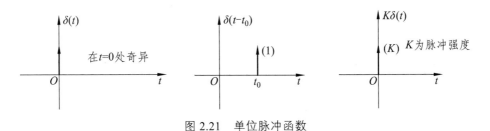

图 2.21　单位脉冲函数

（2）$\delta(t)$ 函数的基本性质。

① 采样性质。

如果 $\delta(t)$ 函数与某一连续函数 $x(t)$ 相乘，显然其乘积仅在 $t = 0$ 处为 $x(0)\delta(t)$，其余各点($t{\neq}0$)之乘积均为零。

$$x(t)\delta(t) = x(0)\delta(t)$$
$$\qquad\qquad\qquad\qquad\qquad （2.24）$$
$$x(t)\delta(t \pm t_0) = x(\mp t_0)\delta(t)$$

其中，$x(0)\delta(t)$ 是一个强度为 $x(0)$ 的 $\delta(t)$ 函数，也就是说，从函数值来看，该乘积趋于无限大，从面积（强度）来看，则为 $x(0)$。如果 $\delta(t)$ 函数与某一连续函数 $x(t)$ 相乘，并在$(-\infty, \infty)$

区间中积分，则有

$$\int_{-\infty}^{\infty} x(t)\delta(t)\mathrm{d}t = x(0)\int_{-\infty}^{\infty} \delta(t)\mathrm{d}t = x(0) \tag{2.25}$$

同理，对于有延时 t_0 的冲击函数 $\delta(t-t_0)$，它与连续函数 $x(t)$ 的乘积只有在 $t = t_0$ 处不等于零，而等于强度为 $f(t_0)$ 的 $\delta(t)$ 函数；在 $(-\infty, \infty)$ 区间内，该乘积的积分

$$\int_{-\infty}^{\infty} x(t)\delta(t \pm t_0)\mathrm{d}t = x(\mp t_0)\int_{-\infty}^{\infty} \delta(t \pm t_0)\mathrm{d}t = x(\mp t_0) \tag{2.26}$$

式（2.24）和式（2.26）表示 $\delta(t)$ 函数的采样性质。此性质表明任何函数 $x(t)$ 和 $\delta(t-t_0)$ 的乘积是一个强度为 $x(t_0)$ 的脉冲函数 $\delta(t-t_0)$，而该乘积在无限区间的积分则是 $x(t)$ 在 $t = t_0$ 时刻的函数值 $x(t_0)$。这个性质对连续信号的离散采样是十分重要的。

② 卷积性质。

$\delta(t)$ 函数与其他任何函数的卷积是一种最简单的卷积积分。

$$x(t)*\delta(t) = \int_{-\infty}^{\infty} x(\tau)\delta(t-\tau)\mathrm{d}\tau = \int_{-\infty}^{\infty} x(\tau)\delta(\tau-t)\mathrm{d}\tau = x(t) \tag{2.27}$$

同理

$$x(t)*\delta(t \pm t_0) = \int_{-\infty}^{\infty} x(\tau)\delta((t \pm t_0)-\tau)\mathrm{d}\tau = x(t \pm t_0) \tag{2.28}$$

例如，一个矩形函数 $x(t)$ 与脉冲函数 $\delta(t)$ 的卷积为（见图 2.22）

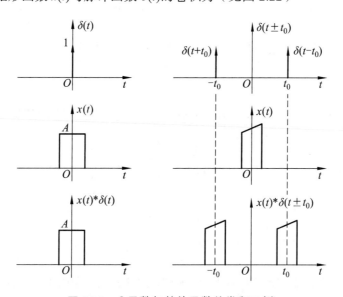

图 2.22 δ 函数与其他函数的卷积示例

由图可见，$\delta(t)$ 函数与其他函数的卷积结果，简单地将 $x(t)$ 函数的坐标原点移到 $\delta(t)$ 函数所在的位置上。

（3）$\delta(t)$ 函数的频谱。

对 $\delta(t)$ 取傅里叶变换，并利用 $\delta(t)$ 的取样性质

$$F\left[\delta(t)\right]=\int_{-\infty}^{\infty}\delta(t)\mathrm{e}^{-\mathrm{j}2\pi ft}\mathrm{d}t=\mathrm{e}^{-\mathrm{j}2\pi f\cdot 0}=1$$

由此可知时域的单位脉冲函数 $\delta(t)$ 在频域中具有无限宽广的频谱,而且在所有的频段 $(-\infty,$ $+\infty)$ 上都是等强度的（见图 2.23）,这种频谱常称为"均匀谱"。

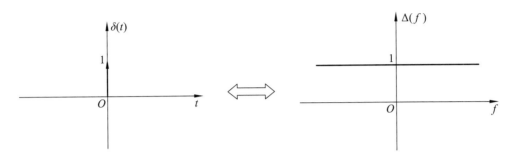

图 2.23　δ 函数的频谱

$\delta(t)$ 函数是偶函数,即 $\delta(-t)=\delta(t)$,$\delta(-f)=\delta(f)$,则根据傅里叶变换的对称性质和时移、频移性质,可以得到表 2.3 中的傅里叶变换对。

表 2.3　傅里叶变换对

时　域	频　域
$\delta(t)$（单位冲击函数）	1（均匀谱密度函数）
1（幅值为 1 的直流信号）	$\Delta(f)$（只在 $f=0$ 处有冲击谱线）
$\delta(t\pm t_0)$（单位冲击函数时移 t_0）	$\mathrm{e}^{\pm\mathrm{j}2\pi ft_0}$（各频率成分全都相移 $2\pi ft_0$）
$\mathrm{e}^{\mp\mathrm{j}2\pi f_0 t}$（复指数函数）	$\Delta(f\pm f_0)$（将 $\Delta(f)$ 移到 f_0）

4）正、余弦函数的频谱密度函数

由于正、余弦函数不满足傅里叶变换绝对可积的条件,因而需要在傅里叶变换时引入 $\delta(t)$ 函数。

根据欧拉公式,正、余弦函数可以写成

$$\cos 2\pi ft=\frac{1}{2}(\mathrm{e}^{-\mathrm{j}2\pi ft}+\mathrm{e}^{\mathrm{j}2\pi ft})$$

$$\sin 2\pi ft=\frac{\mathrm{j}}{2}(\mathrm{e}^{-\mathrm{j}2\pi ft}-\mathrm{e}^{\mathrm{j}2\pi ft})$$

可认为正、余弦函数是把频域中的两个 δ 函数向不同方向频移后之差或和的傅里叶逆变换。因而可求得正、余弦函数的傅里叶变换如下（见图 2.24）。

$$\begin{cases} F[\sin 2\pi f_0 t]=\dfrac{\mathrm{j}}{2}[\delta(f+f_0)-\delta(f-f_0)] \\ F[\cos 2\pi f_0 t]=\dfrac{1}{2}[\delta(f+f_0)+\delta(f-f_0)] \end{cases} \qquad (2.29)$$

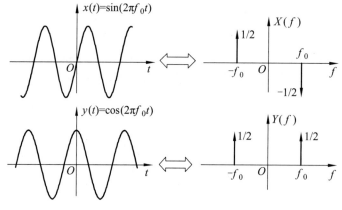

图 2.24　正、余弦函数及其频谱

5）周期单位脉冲序列的频谱

等间隔的周期单位脉冲序列常称为梳状函数 $\mathrm{comb}(t,T_s)$，如图 2.25 所示，其函数表达式为

$$\mathrm{comb}(t,T_s) = \sum_{n=-\infty}^{\infty} \delta(t-nT_s) \tag{2.30}$$

式中，T_s 为周期；n 为整数，$n = 0, \pm1, \pm2, \pm3, \cdots$

因为此函数是周期函数，所以可以把它表示为傅里叶级数的复指数函数形式

$$\mathrm{comb}(t,T_s) = \sum_{n=-\infty}^{\infty} c_n \mathrm{e}^{\mathrm{j}2\pi nf_s t} \qquad (f_s = 1/T_s) \tag{2.31}$$

系数 c_n 为

$$c_n = \frac{1}{T_s}\int_{-T_s/2}^{T_s/2} \mathrm{comb}(t,T_s)\mathrm{e}^{-\mathrm{j}2\pi nf_s t}\mathrm{d}t$$

因为在 $(-T_s/2, T_s/2)$ 区间内，式（2.30）只有一个 $\delta(t)$ 函数，而当 $t=0$ 时，$\mathrm{e}^{\mathrm{j}2\pi nf_s t} = \mathrm{e}^0 = 1$，所以

$$c_n = \frac{1}{T_s}\int_{-T_s/2}^{T_s/2} \delta(t)\mathrm{e}^{-\mathrm{j}2\pi nf_s t}\mathrm{d}t = \frac{1}{T_s} = f_s$$

这样，式（2.31）可写成

$$\mathrm{comb}(t,T_s) = \frac{1}{T_s}\sum_{n=-\infty}^{\infty} \mathrm{e}^{\mathrm{j}2\pi nf_s t} \tag{2.32}$$

根据式　　　　$\mathrm{e}^{\mathrm{j}2\pi nf_s t} \leftrightarrow \delta(f-nf_s)$

可得

$$\mathrm{Comb}(f,F_s) = f_s\sum_{n=-\infty}^{\infty} \delta(f-nf_s) = \frac{1}{T_s}\sum_{n=-\infty}^{\infty} \delta\left(f-\frac{n}{T_s}\right) \tag{2.33}$$

由此可见，周期单位脉冲序列的频谱也是一个周期脉冲系列，其强度和频率间隔均为 f_s，若时域周期为 T_s，则频域脉冲序列的周期为 $1/T_s$；时域脉冲强度为 1，频域中强度为 $1/T_s$，如图 2.25 所示。

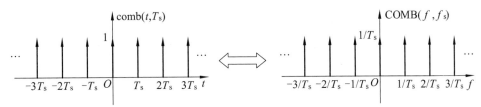

图 2.25　周期单位脉冲序列及其频谱

2.4　随机信号

随机信号是不能用确定的数学关系式来描述的，不能预测其未来任何瞬时值，任何一次观测值只代表在其变动范围中可能产生的结果之一，但其值的变动服从统计规律。描述随机信号必须用概率和统计的方法。

2.4.1　样本函数、样本记录和随机过程

随机信号是非确定性信号，随机信号具有不重复性（在相同条件下，每次观测的结果都不一样）、不确定性、不可预知性。随机信号必须采用概率和统计的方法进行描述。下面介绍用来描述随机信号的相关概念。

随机现象：产生随机信号的物理现象。

样本函数：随机现象的单个时间历程，即对随机信号按时间历程所做的各次长时间观测记录，记作 $x_i(t)$（见图 2.26），i 表示第 i 次观测。

样本记录：在有限时间区间内观测得到的样本函数。

随机过程：在相同试验条件下，随机现象可能产生的全体样本函数的集合（总体）。记作 $\{x(t)\}$，即

$$\{x(t)\} = \{x_1(t), x_2(t), \cdots, x_i(t), \cdots\}$$

随机变量：随机过程在某一时刻 t_1 之取值 $x(t_1)$ 是一个随机变量，随机变量一般定义在样本空间上。

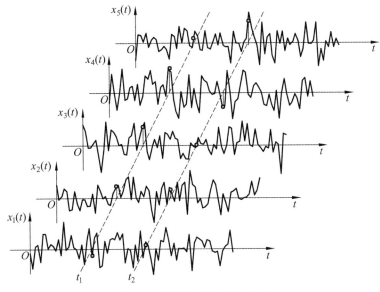

图 2.26　随机过程与样本函数

2.4.2　集合平均和时间平均

随机过程的各种平均值（均值、方差、均方值和均方根值等）是按集合平均来计算的。集合平均的计算不是沿某单个样本的时间轴进行，而是将集合中所有样本函数对同一时刻 t_i 的观测值取平均。为了与集合平均相区别，把按单个样本的时间历程进行平均的计算叫作时间平均。

集合平均：一般而言，任何一个样本函数都无法恰当地代表随机过程 $\{x(t)\}$，随机过程在任何时刻的统计特性须用其样本函数的集合平均来描述。集合平均就是将集合中所有样本函数对同一时刻的观测值取平均，其计算式如下：

$$\mu_{x,t_1} = \lim_{M \to \infty} \frac{1}{M} \sum_{i=1}^{M} x_i(t_1) \tag{2.34}$$

式中，M 为样本函数总数；i 为样本函数序号；t_1 为观测时刻。

时间平均：按单个样本函数的时间历程进行平均计算。如第 i 个样本函数的时间平均值为

$$\mu_{x_i} = \lim_{T \to \infty} \frac{1}{T} \int_0^T x_i(t) \mathrm{d}t \tag{2.35}$$

式中，T 为样本函数的时间历程。

2.4.3　随机过程的分类

随机过程有平稳过程和非平稳过程之分。所谓平稳随机过程是指其统计特征参数不随时间而变化的随机过程，否则为非平稳随机过程。在平稳随机过程中，若任一单个样本函数的时间平均统计特征等于该过程的集合平均统计特征，这样的平稳随机过程叫各态历经（遍历性）随机过程。工程上所遇到的很多随机信号具有各态历经性，有的虽不是严格的各态历经过程，但也可以当作各态历经随机过程来处理。事实上，一般的随机过程需要足够多的样本函数（理论上应为无限多个）才能描述它，而要进行大量的观测来获取足够多的样本函数是非常困难或做不到的。实际的测试工作常把随机信号按各态历经过程来处理，进而以有限长度样本记录的观察分析来推断、估计被测对象的整个随机过程。也就是说，在测试工作中常以一个或几个有限长度的样本记录来推断整个随机过程，以其时间平均来估计集合平均。在本书中我们仅限于讨论各态历经随机过程的范围。

随机信号广泛存在于工程技术的各个领域。确定性信号一般是在一定条件下出现的特殊情况，或者是忽略了次要的随机因素后抽象出来的模型。测试信号总是受到环境噪声污染的，故研究随机信号具有普遍、现实的意义。

2.4.4　随机信号的统计特征参数

描述各态历经随机信号的主要特征参数有：

（1）均值、方差和均方值，这些参数用来描述信号强度。

（2）概率密度函数，描述信号在幅值域中的特征。

（3）自相关函数，描述信号在时域中的特征。

1. 均值 μ_x、方差 σ_x^2 和均方值 ψ_x^2

各态历经信号的均值 μ_x 是信号在整个时间坐标上的积分平均，其表达式为

$$\mu_x = \lim_{T \to \infty} \frac{1}{T} \int_0^T x(t)\mathrm{d}t \tag{2.36}$$

式中，$x(t)$ 为样本函数；T 为观测时间。

均值表示随机信号变化的中心趋势，也是信号的常值分量（或直流分量）。

方差描述随机信号的波动分量，它是 $x(t)$ 偏离均值平方的均值，即

$$\sigma_x^2 = \lim_{T \to \infty} \frac{1}{T} \int_0^T [x(t) - \mu_x]^2 \mathrm{d}t \tag{2.37}$$

方差的正平方根叫标准偏差 σ_x，是随机数据分析的重要参数。

均方值 ψ_x^2 描述随机信号的强度，它是 $x(t)$ 平方的均值，即

$$\psi_x^2 = \lim_{T \to \infty} \frac{1}{T} \int_0^T x^2(t)\mathrm{d}t \tag{2.38}$$

均方值的正平方根称为均方根值，也称为有效值，即

$$x_{rms} = \sqrt{\lim_{T \to \infty} \frac{1}{T} \int_0^T x^2(t)\mathrm{d}t} \tag{2.39}$$

均值、方差和均方值的相互关系是

$$\psi_x^2 = \mu_x^2 + \sigma_x^2 \tag{2.40}$$

当均值 $\mu_x = 0$ 时，$\sigma_x^2 = \psi_x^2$。

在实际测试工作中，要获得观察时间 T 为无限长的样本函数是不可能实现的，因此通常取有限长度的样本记录来代替，以此来计算相应的特征参数。这样计算出的平均值、方差和均方值都是估计值。

2. 概率密度函数

随机信号的概率密度函数是表示信号幅值落在指定区间内的概率。对图 2.27 所示的信号，对长度为 T 的随机信号样本记录，$x(t)$ 的幅值落在 $(x, x + \Delta x)$ 区间内的时间为 T_x，则

$$T_x = \Delta t_1 + \Delta t_2 + \Delta t_3 + \cdots \Delta t_n = \sum_{i=1}^n \Delta t_i \tag{2.41}$$

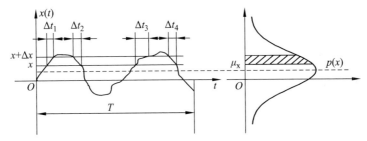

图 2.27　概率密度函数

当样本函数的记录时间 T 趋于无穷大时，T_x/T 的比值就是幅值落在 $(x, x + \Delta x)$ 区间的概率，即

$$P[x < x(t) \leqslant (x + \Delta x)] = \lim_{T \to \infty} \frac{T_x}{T} \tag{2.42}$$

定义随机信号的幅值概率密度函数 $p(x)$ 为

$$p(x) = \lim_{\Delta x \to 0} \frac{P[x < x(t) \leqslant (x + \Delta x)]}{\Delta x} = \lim_{\Delta x \to 0} \frac{1}{\Delta x} \lim_{T \to \infty} \frac{T_x}{T} \tag{2.43}$$

概率密度函数提供了随机信号幅值分布的信息，是随机信号的主要特征参数之一。不同的随机信号有不同的概率密度函数图形，可以借此来识别信号的性质。图 2.28 是常见的四种随机信号（假设这些信号的均值为零）的概率密度函数图形。

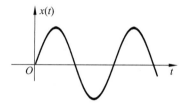 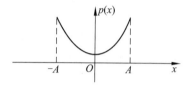

（a）正弦信号（初始相角为随机量）

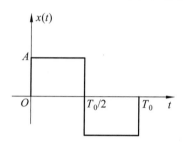 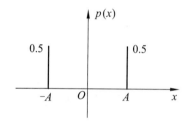

（b）方波信号

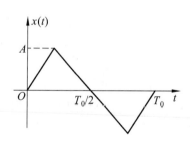 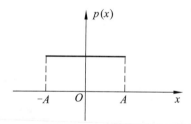

（c）三角波信号

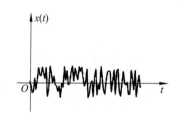 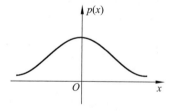

（d）白噪声信号

图 2.28　四种随机信号

当不知道所处理的随机数据服从何种分布时，可以用统计概率分布图和直方图法来估计概率密度函数。这些方法可参阅有关的数理统计专著。

另外两个描述随机信号的主要特征参数（自相关函数与互相关函数）将在后续章节中讲述。

📋 本章内容要点

测试工作的目的是从被测对象中获取反映其变化规律的动态信息，而信号是信息的载体，信号中包含表征被测对象状态或特征的有关信息。信号分析是工程测试的核心任务之一，研究信号的特征及其随时间/频率变化的规律，探索有用信息的提取方法等内容是信号分析的基础。

1. 信号的分类

信号按随时间的变化规律可分为确定性信号与非确定性信号；按信号的时间连续和幅值连续性可分为连续信号与离散信号；按信号的能量可分为能量信号与功率信号。

2. 信号的描述方法

对于复杂的信号，通常需要在两个领域中进行描述。

（1）信号的时域描述。以时间 t 为独立变量来描述信号的方法。可用波形直观反映它的形态，它仅反映信号幅值随时间变化的关系规律（变化快慢），不能解释信号频率组成关系。

（2）信号的频域描述。以频率 ω 或 f 为独立变量来描述信号的方法。可用频谱图来直观反映信号的频率组成和幅值与相角大小的关系。

注意：信号在不同域中的描述，只是为了解决不同问题的需要，也可以说是从不同角度来看待同一信号，使解决具体问题所需的特征信号更为突出。信号在不同域中的描述并不增加新的信息，其总信息量不变。

3. 信号的频谱分析

将信号的时域描述通过数学处理变换为频域分析的方法称为频谱分析。根据信号的性质及变换方法的不同，可以表示为幅值谱、相位谱、功率谱、幅值谱密度、能量密度、功率谱密度等。

1）周期信号频谱分析

周期信号的频谱分析，需要进行信号的时频变换，进行变换的数学工具是傅里叶级数展开。周期信号的频谱是离散的。

周期信号频谱分析方法有两种：一种是将周期信号的时域表达式进行傅里叶级数的三角函数展开；另一种是将周期信号的时域表达式进行傅里叶复指数函数展开。

2）非周期瞬变信号频谱分析

（1）进行变换的数学工具是傅里叶变换。

正变换　$X(f)=\int_{-\infty}^{\infty}x(t)\mathrm{e}^{-\mathrm{j}2\pi ft}\mathrm{d}t$

逆变换　$x(t)=\int_{-\infty}^{\infty}X(f)\mathrm{e}^{\mathrm{j}2\pi ft}\mathrm{d}f$

（2）傅里叶变换的性质。

（3）瞬变信号的频谱是连续的，即频谱密度。

（4）工程上常见信号的频谱：矩形窗函数、δ 函数和正、余弦函数以及周期单位脉冲序列的频谱。

4. 随机信号及其统计特征参数

随机信号可以在时域描述，如时间区域上的样本记录、相关函数，也可在频域描述，如功率谱密度函数，但更具特点的是用统计特征参数描述，如均值、方差、均方值及概率密度函数等。概率密度函数提供了随机信号沿幅值域分布的信息，是随机信号的主要特征参数之一。

思考与练习

1. 试从接触到的实际测试工作中列举一些本章讲述的各类型信号。

2. 周期信号的时域定义及其判断方法。

3. 周期信号的单边频谱与双边频谱有何异同？为什么？

4. 什么是白噪声信号？其频谱有何特点？

5. 叙述脉冲函数的采样性质、卷积性质和频谱。

6. 傅里叶级数与傅里叶变换有什么差别和联系？

7. 傅里叶变换有哪些主要性质？指出其中某些性质的用途。

8. 随机信号有哪些主要的统计特征参数？如何理解各态历经（遍历性）随机信号可以用样本时间平均代替集合平均统计特征？

9. 求周期方波（见图 2.29）的傅里叶级数，画出 A_n-ω 和 φ_n-ω 图。

10. 求指数函数 $x(t) = Ae^{-at}(a > 0, t \geqslant 0)$ 的频谱。

11. 求正弦信号 $x_0\sin\omega t$ 的绝对均值 $\mu_{|x|}$ 和方均根值 x_{rms}。

12. 求截断的余弦函数 $\cos\omega_0 t$（见图 2.30）的傅里叶变换。

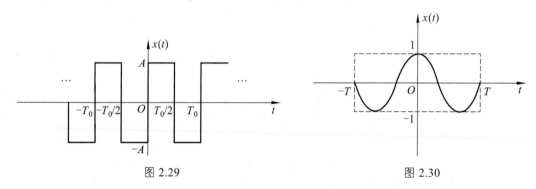

图 2.29　　　　　　　　　　　　图 2.30

13. 求指数衰减振荡信号 $x(t) = Ae^{-at}\sin\omega_0 t(a > 0, t \geqslant 0)$ 的频谱。

14. 设有一时间函数 $f(t)$ 及其频谱如图 2.31 所示。现乘以余弦振荡 $\cos\omega_0 t$。在这个关系中，函数 $f(t)$ 叫作调制信号，$\cos\omega_0 t$ 叫作载波。试求调幅信号 $f(t)\cos\omega_0 t$ 的傅里叶变换，示意画出调幅信号及其频谱。又问：若 $\omega_0 < \omega_m$ 时将会出现什么情况？

图 2.31

第 3 章 测试系统的基本特性

3.1 概 述

3.1.1 测试系统的描述

系统是由若干相互作用、相互依赖的事物组合而成的具有特定功能的整体，它遵从某些物理规律。在测量工作中，一般把测试装置作为一个系统来看待。测试系统是执行测试任务的传感器、仪器仪表和设备的总称。被处理的信号称为系统的激励或输入，处理后的信号为系统的响应或输出（见图 3.1），任一系统的响应取决于系统本身及其输入。在测试信号传输过程中，连接输入、输出的并有特定功能的部分，均可视为测试系统。随着测试目的和要求的不同，测试系统的组成、复杂程度都有很大的区别。每个测试系统都有其基本特性，这种由测试装置自身的物理结构所决定的测试系统对信号传输变换的影响称为"测试系统的传输特性"，简称"系统的传输特性"或"系统的特性"。系统的特性是指系统的输出与输入的关系。

图 3.1 测试系统、输入、输出的关系

理想的测试系统其传输特性应该具有单值的、确定的输入-输出关系。对于每一输入量都应该只有单一的输出量与之对应，知道其中一个量就可以确定另一个量。其中，以输出和输入成线性关系最佳。

实际测试系统通常无法在大范围内满足这种要求，而只能在较小工作范围内和在一定误差允许范围内满足这项要求。

3.1.2 线性系统及其主要性质

当测试系统的输入和输出之间的关系可以用下列常系数线性微分方程来描述时，即

$$
\begin{aligned}
a_n \frac{\mathrm{d}^n y(t)}{\mathrm{d}t^n} &+ a_{n-1} \frac{\mathrm{d}^{n-1} y(t)}{\mathrm{d}t^{n-1}} + \cdots + a_1 \frac{\mathrm{d}y(t)}{\mathrm{d}t} + a_0 y(t) \\
&= b_m \frac{\mathrm{d}^m x(t)}{\mathrm{d}t^m} + b_{m-1} \frac{\mathrm{d}^{m-1} x(t)}{\mathrm{d}t^{m-1}} + \cdots + b_1 \frac{\mathrm{d}x(t)}{\mathrm{d}t} + b_0 x(t)
\end{aligned}
\tag{3.1}
$$

其中，系数 $a_i(i = 0, 1, \cdots, n)$ 和 $b_j(j = 0, 1, \cdots, m)$ 均为常数，这种系统的内部参数不随时间变化而变化，输出信号 $y(t)$ 的波形与输入 $x(t)$ 加入的时间无关，这样的系统称为线性时不变（或线性定常）系统，是理想的测试系统（见图 3.2）。当 $n = 1$ 时，称为一阶系统；当 $n = 2$ 时，称为二阶系统，这两种系统是最常见的测试系统。

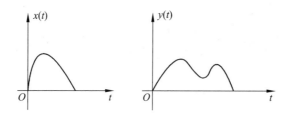

（a）输入 $x(t) \rightarrow$ 响应 $y(t)$

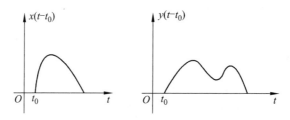

（b）输入 $x(t-t_0) \rightarrow$ 响应 $y(t-t_0)$

图 3.2 时不变系统举例

线性定常系统主要有以下性质。

1. 叠加性

若

$$x_1(t) \rightarrow y_1(t), x_2(t) \rightarrow y_2(t)$$

则有

$$x_1(t) + x_2(t) \rightarrow y_1(t) + y_2(t) \tag{3.2}$$

叠加性表明：同时作用于系统的几个输入量所引起的输出，等于各个输入量单独作用时引起的输出之和，说明线性系统的各个输入量所引起的输出是互不影响的。

因此，当分析线性系统在复杂输入作用下的总输出时，可先将复杂输入分解成许多简单的输入分量，分别求出各简单输入分量输入时所对应的输出，然后求出这些输出之和，即得总的输出。这就给试验工作带来很大的方便，测试系统的正弦试验就是采用这种方法。

2. 比例特性

若 $x(t) \rightarrow y(t)$，则对于任意常数 k，必有

$$kx(t) \rightarrow ky(t) \tag{3.3}$$

比例特性又称为均匀性或齐次性，它表明当输入增加时，其输出也以同样的比例增加。

3. 微分特性

若 $x(t) \rightarrow y(t)$，则

$$\mathrm{d}x(t) / \mathrm{d}t \rightarrow \mathrm{d}y(t) / \mathrm{d}t \tag{3.4}$$

即系统对输入微分的响应等于系统对原输入信号响应的微分。

4. 积分特性

如果系统的初始状态为零，则系统对输入积分的响应等于系统对原输入的响应的积分，即若 $x(t) \to y(t)$，则

$$\int_0^{t_0} x(t)\mathrm{d}t \to \int_0^{t_0} y(t)\mathrm{d}t \qquad\qquad (3.5)$$

5. 频率保持性

若输入信号为单一频率的谐波信号（正弦或余弦信号），则系统的稳态输出必是、也只能是同一频率的谐波信号。

按线性系统的比例特性，对于某一已知频率 ω，有

$$\omega^2 x(t) \to \omega^2 y(t)$$

又根据线性系统的微分特性，有

$$\frac{\mathrm{d}^2 x(t)}{\mathrm{d}t^2} \to \frac{\mathrm{d}^2 y(t)}{\mathrm{d}t^2}$$

再应用叠加性，得

$$\frac{\mathrm{d}^2 x(t)}{\mathrm{d}t^2} + \omega^2 x(t) \to \frac{\mathrm{d}^2 y(t)}{\mathrm{d}t^2} + \omega^2 y(t)$$

令输入信号为单一频率的谐波信号，记作

$$x(t) = X_0 \mathrm{e}^{\mathrm{j}\omega t}$$

那么其二阶导数应为

$$\frac{\mathrm{d}^2 x(t)}{\mathrm{d}t^2} = (\mathrm{j}\omega)^2 X_0 \mathrm{e}^{\mathrm{j}\omega t} = -\omega^2 x(t)$$

由此，得

$$\frac{\mathrm{d}^2 x(t)}{\mathrm{d}t^2} + \omega^2 x(t) = 0$$

相应的输出也应为

$$\frac{\mathrm{d}^2 y(t)}{\mathrm{d}t^2} + \omega^2 y(t) = 0$$

于是输出 $y(t)$ 的唯一的可能解只能是

$$y(t) = y_0 \mathrm{e}^{\mathrm{j}(\omega t + \varphi_0)} \qquad\qquad (3.6)$$

或者说，若输入为正弦信号 $x(t) = A\sin(\omega t + \alpha)$，则其稳态输出信号必为

$$y(t) = B\sin(\omega t + \beta) \qquad\qquad (3.7)$$

该特性表明：当系统处于线性工作范围内时，若输入信号频率已知，则输出信号与输入信号具有相同的频率分量。如果输出信号中出现与输入信号频率不同的分量，说明系统中存在非线性环节（噪声等干扰）或者超出了系统的线性工作范围，应采用滤波等方法进行处理。

线性系统的这些主要特性，特别是符合叠加性和频率保持性，在测量工作中具有重要作用。

3.1.3 实际测试系统的线性近似

（1）实际测试系统，不可能在很大的工作范围内完全保持线性，但允许在一定的工作范围内和一定的误差允许范围内近似地作为线性处理。

（2）系统常系数线性微分方程中的系数 $a_i(i = 0, 1, \cdots, n)$ 和 $b_j(j = 0, 1, \cdots, m)$，严格地说，都是随时间而缓慢变化的微变量。例如，弹性材料的弹性模量，电子元件的电阻、电容等都会受温度的影响而随时间产生微量变化。但在工程上，常可以以足够的精度认为这些系数都是常数，即把时微变系统当作线性时不变系统。

（3）对于常见的实际物理系统，在描述其输入输出关系的微分方程式（3.1）中，m 和 n 的关系，一般情况下均为 $m<n$，并且通常其输入只有一项，即 $b_0x(t)$。

为评定测试系统的传输特性，需在静态特性、动态特性两方面对测试系统提出性能指标要求。

3.2 测试系统的静态特性

测试系统能否很好地完成预定的测试任务，由测试系统的特性所决定。测量期间，根据输入信号是否随时间变化，测试系统的基本特性分为静态特性和动态特性。用于静态测量的测试系统，只需要考虑静态特性。用于动态测试的系统，既要考虑静态特性，又要考虑动态特性，因为两方面的特性都将影响测量结果。

3.2.1 静态特性方程

静态特性：在静态测试时，输入信号和输出信号不随时间变化，或变化极慢，在所观察的时间间隔内可忽略时，测试系统输入与输出之间所呈现的关系，就是测试系统的静态特性。

此时，输入信号和输出信号对时间的各阶微分都等于 0，线性定常系统其微分方程变为

$$y = \frac{b_0}{a_0} x = Sx, \quad S = \frac{b_0}{a_0} \tag{3.8}$$

该方程就是理想测试系统的静态特性方程，简称静态方程。该方程表明，理想的静态测试系统，其输出与输入之间呈线性比例关系，即斜率 S 为常数。电子称即是一种静态称重装置。表示静态特性方程的曲线称为测试装置的静态特性曲线，也称为定度曲线（校准曲线、标定曲线）。习惯上，静态特性曲线是以输入作为自变量，对应输出作为因变量，在直角坐标系中绘出的图形。实际测量装置并非理想的线性定常系统，在静态测量中，静态特性方程实际变为

$$y = S_1x + S_2x^2 + S_3x^3 + \cdots = (S_1 + S_2x + S_3x^2 + \cdots)x$$

所以静态特性也就是在静态测量情况下，描述实际测试系统（装置）与理想定常线性系

统的接近程度。用以下几个静态特性参数来描述。

3.2.2　静态特性参数

1. 灵敏度

一般情况下，当系统的输入 x 有一个微小增量 Δx 时，将引起系统的输出 y 也发相应的微量变化 Δy，则定义该系统的灵敏度为

$$S = \lim_{\Delta x \to 0} \frac{\Delta y}{\Delta x} = \frac{\mathrm{d}y}{\mathrm{d}x}$$

理想情况下：

$$S = \frac{\Delta y}{\Delta x} = \frac{y}{x} = \frac{b_0}{a_0} = \text{constant} \tag{3.9}$$

即，测试系统的静态灵敏度（又称为绝对灵敏度），等于输入-输出曲线上指定点的斜率，如图3.3 所示。灵敏度表征测试系统对输入信号变化的一种反应能力。

但是，实际测试系统并非理想定常线性系统，其静态特性曲线也并非总是直线，曲线上各点的斜率也不是常数，说明灵敏度随输入量的变化而改变，不同的输入量对应的灵敏度大小是不相同的。尽管如此，通常用一条拟合直线来代替实际特性曲线，并用拟合直线的斜率作为该测试系统的灵敏度（又称为平均灵敏度）。

灵敏度是一个有量纲的量。灵敏度的量纲取决于输入、输出的量纲，只有当输入输出量纲相同时，灵敏度才是一个无量纲的比例常数，这时也称之为"放大比"或"放大倍数"。

一般说来，系统的灵敏度越高，其测量范围往往越窄，稳定性也会变差。

如果系统有多个环节串联组成，系统的灵敏度等于各环节灵敏度的乘积。

2. 非线性度

非线性度是指测试系统输出、输入之间偏离常值比例关系的程度。实际测试系统的静态特性大多是非线性的，为了使用简便，总是以线性关系来代替实际关系。为此，需用直线来拟合校准曲线，即用拟合直线来代替实际特性曲线。实际特性曲线偏离拟合直线的程度就是非线性度，如图 3.4 所示。

用装置标称输出范围（全量程）A 内，标定曲线与拟合直线的最大偏差 B 表示，表示成相对误差形式即为

$$\text{非线性度（线性误差）} = \frac{B}{A} \times 100\% \tag{3.10}$$

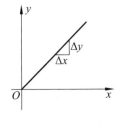

图 3.3　灵敏度

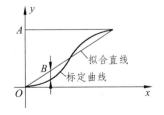

图 3.4　非线性度

至于拟合直线应如何确定，目前尚无统一的标准。较常用的有两种：端基直线和独立直线。端基直线是一条通过测量范围的上下限点的直线，并要求该直线与标定曲线间的最大偏差 B_{max} 为最小；独立直线则往往采用最小二乘法进行拟合，即要求拟合直线与标定曲线间偏差 B_i 的平方和 $\sum B_i^2$ 最小来求得，如图 3.5 所示。

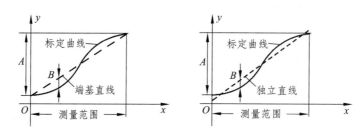

图 3.5　端基直线和独立直线的确定方法

3. 分辨力

分辨力是测试系统可能检测到的输入信号的最小变化量，即能引起输出量发生变化时，输入量的最小变化值，用 Δx 表示，反映仪表对输入量微小变化的检测能力。对数字式仪表，一般认为该仪表的最后一位所表示的数值就是它的分辨力。例如，数字温度计的温度显示为 180.6 ℃，则分辨力为 0.1 ℃；对于模拟式仪表，即输出量为连续变化的测试装置，分辨力为最小分度值的一半。

分辨力除以满量程称为分辨率。工程上规定，测试系统的分辨率应小于允许误差的 1/3、1/5 或 1/10。

4. 回程误差

回程误差也称为滞后、迟滞或变差，表征测试系统在全量程范围内，输入量由小到大（正行程）与由大到小（反行程）变化时，测试装置对同一输入量所得输出量不一致的程度。理想测试系统的输出、输入有完全单调的一一对应关系，不管输入是由小增大，还是由大减小，对一个给定的输入，输出总是相同的。但是实际的测试系统，当输入量由小增大和由大减小，对于同一个输入量所得到的两个输出量却往往存在着差值（见图 3.6）。把在测试系统的全量程 A 范围内，最大的差值 h_{max} 称为系统的回程误差（δ_H），即

$$\delta_H = \frac{h_{max}}{A} \times 100\% \tag{3.11}$$

产生回程误差的原因主要有两个：一是测试系统中有吸收能量的元件，如磁性元件（磁滞）和弹性元件（弹性滞后、材料的受力变形）；二是在机械结构中存在摩擦和间隙等缺陷，如仪表传动机构的间隙、运动部件的摩擦，也可能反映了仪器存在不工作区（死区）。所谓不工作区就是输入变化对输出无影响的范围。

5. 重复性

重复性表示在测试条件不变的情况下，测试系统按同一方向做全量程多次（3 次以上）测量时，对于同一个输入量，其测量结果的不一致程度，如图 3.7 所示。重复性误差可表示为

$$\delta_{\mathrm{H}} = \frac{\Delta R}{A} \times 100\% \qquad\qquad (3.12)$$

式中，ΔR 为同一个输入量对应同一方向多次测量结果的绝对误差。

重复性表征测试系统随机误差的大小。

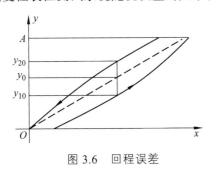

图 3.6　回程误差

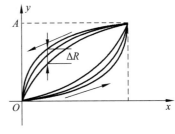

图 3.7　重复性

6. 稳定度和漂移

稳定度：测量装置在规定条件下保持其测量特性恒定不变的能力。

漂移：在一定工作条件下，保持输入信号不变，测试系统的输出量随时间或温度的缓慢变化。产生漂移的原因：一是仪器自身结构参数的变化；二是外界工作环境参数的变化对响应的影响。

由于外界工作温度的变化而引起输出的变化，称为温漂；标称范围最低值处的点漂（通常为输入量为零时测试系统输出量的漂移），称为零点漂移，简称零漂；测试系统输入-输出特性曲线的斜率随时间或温度的变化，称为灵敏度漂移。

稳定度和漂移通常表示为在相应条件下的示值变化。如 1.3 mV/8h 表示每 8 h 电压波动 1.3 mV。

在工程测试中，必须观测和度量漂移，减小其对测试系统的影响。

7. 信噪比

信号功率与干扰（噪声）功率之比，记为 SNR，表征信号的有用成分与干扰的强弱对比，单位为分贝（dB），即

$$\mathrm{SNR} = 10 \lg \frac{N_{\mathrm{s}}}{N_{\mathrm{n}}} \qquad\qquad (3.13)$$

或者

$$\mathrm{SNR} = 20 \lg \frac{V_{\mathrm{s}}}{V_{\mathrm{n}}} \qquad\qquad (3.14)$$

其中，N_{s} 为信号功率，N_{n} 为噪声功率，V_{s} 为信号电压，V_{n} 为噪声电压。

3.2.3　误差的几个概念

1. 真　值

真值即客观存在的真实值，通常被测量的真值未知，一般所说的真值包括理论真值、规定真值和相对真值。

（1）理论真值：也称为绝对真值，如平面三角形内角之和恒为 180°。

（2）规定真值：国际上公认的某些基准量值。如 1 m 是光在真空中 1/299 792 458 s 时间间隔内所经路径的长度。

（3）相对真值：满足规定准确度的可用来代替真值使用的量值，如在计量检测中，通常把高一等级计量标准器所测得的量值作为下一等级的真值，也称为相对真值。

2. 误差的分类

误差存在于一切测量中，误差可定义为测量结果减去被测量的真值。按照误差的性质和特点，可将误差分为系统误差、随机误差和粗大误差。

（1）系统误差：服从某一确定规律（定值、线性、多项式、周期性等函数规律）的误差，包括原理误差、设备误差、环境误差等。

（2）随机误差：由大量偶然因素引起的测量误差。可以通过在相同条件下，对同一被测量在同一行程方向上连续进行多次测量所得值的分散性来表述。通常也称为重复性误差。多次测量取平均值的随机误差比单个测量值的随机误差小，这种性质通常称为抵偿性。抵偿性只发生在本次实验过程中产生的许多随机误差中。

（3）粗大误差：误差数值特别大，超出规定条件下的预计值的误差，主要是因为测量者粗心大意或实验条件突变，通常判为无效。

3. 误差的表示方法

（1）绝对误差 Δx：测量某量所得值 x 与其真值 x^{*}（规定真值）之差。即

$$\Delta x = 测量结果\ x - 真值\ x^{*}$$

（2）相对误差 r：绝对误差 Δx 与真值 x^{*} 之比。用百分数表示，即

$$r = \frac{\Delta x}{x^{*}} \times 100\%$$

相对误差越小，测量精度越高。

（3）引用误差：测量仪器示值绝对误差 Δx 与仪器量程 A 之比称为测量仪器的引用误差，即

$$r_{\mathrm{m}} = \frac{\Delta x}{A} \times 100\%$$

引用误差实质上是一种相对误差，可用于评价测量仪器的准确度高低。国际上规定电测仪表的精度等级指数 α 分为 0.1、0.2、0.5、1.0、1.5、2.5 和 5.0 共七级，仪器的最大引用误差不超过其精度等级指数的百分数，即 $r_{\mathrm{m}} \leqslant \alpha\%$。例如，测量上限为 100 g 的电子秤，称重 60 g 的标准重量时，其示值为 60.2 g，该电子秤的引用误差为 $(60.2 - 60) \div 100 = 0.2\%$。

3.2.4　测试系统的三个度

（1）精密度（Precision）：表示在多次重复测量中所测数据的重复性或分散程度，即表示测量结果中随机误差大小的程度。随机误差小、重复测量的结果就密集，重复性好，即精密度高或重复精度高。

（2）准确度（Correctness）：表示测量结果与被测量真值之间的偏离程度，或表示测量结

果中的系统误差大小的程度。系统误差小，准确度高。

（3）精确度（Accuracy）：测量结果的精密度与准确度的综合反映，简称精度。或者说，测量结果中系统误差与随机误差的综合，表示测量结果与真值的一致程度。

精密度高，准确度不一定高，反之，准确度高，精密度也不一定高。只有精密度和准确度都高，测量的精确度才会高。通常所说的精度，实际上是精确度的概念，而常用的"重复精度"是精密度的概念。三种度之间的关系如图 3.8 所示。

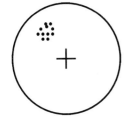 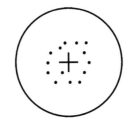 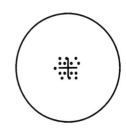

（a）精密度高，准确度低　　　　（b）准确度高，精密度低　　　（c）精密度高，准确度高，精度高

图 3.8　测试系统三个度的解释

3.3　测试系统的动态特性

在测量静态信号时，线性测试系统的输出-输入特性是一条直线，二者之间是一一对应的关系，而且因为被测量信号不随时间变化，测量和记录过程不受时间限制。在实际测试工作中，大量的被测量信号是随时间变化的动态信号，测试系统的动态特性反映其测量动态信号的能力。测试系统对动态信号的测量任务不仅需要精确地测出信号幅值的大小，而且需要测量和记录动态信号变化过程的波形，这就要求测试系统能够迅速准确地测出信号幅值的大小，并真实地再现被测信号的波形变化。

测试系统的动态特性是指对激励（输入）的响应（输出）特性。一个动态特性良好的测试系统，其输出随时间变化的规律（变化曲线）能再现输入随时间变化的规律，这是在动态测量中对测试系统提出的要求。但是，在实际测试系统中，由于总存在着诸如弹簧、质量（惯性）和阻尼等元件，因此输出量不仅与输入量、输入量的变化速度和加速度有关，而且还受测试系统的阻尼、质量等的影响。

测试系统的动态特性取决于测试系统的结构参数，研究测试系统的动态特性实质上就是建立输入信号、输出信号和测试系统结构参数三者之间的关系。通常，把测试系统这一物理系统抽象成数学模型，分析输入信号与输出信号之间的关系，以便描述其动态特性。

对于线性定常的测试系统，可用常系数线性微分方程来描述该系统以及它和输入 $x(t)$、输出 $y(t)$ 之间的关系，但使用时有许多不便。因此，常通过拉普拉斯变换建立其相应的"传递函数"，通过傅里叶变换建立其相应的"频率响应函数"，以便简便地描述测试系统的动态特性。

3.3.1　传递函数（系统动态特性的复频域描述）

1. 传递函数的定义

设 $X(s)$ 和 $Y(s)$ 分别为输入 $x(t)$、输出 $y(t)$ 的拉普拉斯变换，并假定输入 $x(t)$ 和输出 $y(t)$ 及它们的各阶时间导数的初值（$t = 0$ 时）都为零，则定义系统输出量的拉氏变换 $Y(s)$ 与引起该输

出的输入量的拉氏变换 $X(s)$ 之比为系统的"传递函数",并记为

$$H(s) = \frac{Y(s)}{X(s)}$$

考虑定常线性系统,其微分方程为

$$a_n \frac{\mathrm{d}^n y(t)}{\mathrm{d}t^n} + a_{n-1} \frac{\mathrm{d}^{n-1} y(t)}{\mathrm{d}t^{n-1}} + \cdots + a_1 \frac{\mathrm{d}y(t)}{\mathrm{d}t} + a_0 y(t)$$
$$= b_m \frac{\mathrm{d}^m x(t)}{\mathrm{d}t^m} + b_{m-1} \frac{\mathrm{d}^{m-1} x(t)}{\mathrm{d}t^{m-1}} + \cdots + b_1 \frac{\mathrm{d}x(t)}{\mathrm{d}t} + b_0 x(t)$$

当系统初始条件全为零时,对上式进行拉氏变换可得系统传递函数为

$$H(s) = \frac{Y(s)}{X(s)} = \frac{b_m s^m + b_{m-1} s^{m-1} + \cdots + b_1 s + b_0}{a_n s^n + a_{n-1} s^{n-1} + \cdots + a_1 s + a_0} \ (n \geqslant m) \tag{3.15}$$

2. 传递函数的特点

(1)$H(s)$ 与输入 $x(t)$ 的表达式及系统的初始状态无关,它表征系统内在的固有动态特性。如果 $x(t)$ 给定,则系统的输出完全由 $H(s)$ 决定。

(2)$H(s)$ 是把物理系统的微分方程经拉普拉斯变换而求得的,只反映系统传输特性,而和系统具体物理结构无关。同一形式的传递函数可表征具有相同传输特性的不同物理系统。

(3)对于实际的物理系统,输入 $x(t)$ 和输出 $y(t)$ 都具有各自的量纲。传递函数的量纲取决于系统的输入与输出。

(4)$H(s)$ 的分母取决于系统的结构,分子则反映系统与外界之间的关系,如输入(激励)点的位置、输入方式、被测量及测点布置。

(5)传递函数分母中 s 的阶数 n 一定大于或等于分子中 s 的阶数 m,即 $n \geqslant m$,这是因为实际系统总具有惯性的。

3.3.2 频率响应函数(系统动态特性的频域描述)

频率响应函数是在频率域中描述和考察系统特性的。传递函数是在复频域中描述和考察系统特性的,虽然比在时域中用微分方程来描述有许多优点,但是工程中的许多系统是很难建立其微分方程和传递函数的,而且传递函数的物理概念也很难理解。与传递函数相比,频率响应函数的物理概念更明确,也易通过实验来建立;利用它与传递函数的关系,由它极易求出传递函数。因此,频率响应函数就成为实验研究系统特性的重要工具。频率响应函数有时也称为频率特性。

1. 频率响应函数的定义

线性定常系统在简谐信号激励下,其稳态输出对输入的幅值比及相位差随激励频率变化的特性,称为系统的频率特性,记为 $H(\omega)$。它包含幅频特性和相频特性。

1)幅频特性

线性定常系统在简谐信号激励下,其稳态输出信号与输入信号的幅值比随激励频率变化的特性,称为幅频特性,记为 $A(\omega)$。

2）相频特性

线性定常系统在简谐信号激励下，其稳态输出信号与输入信号的相位差随激励频率变化的特性，称为相频特性，记为 $\varphi(\omega)$。

所以，频率响应函数可记为

$$H(\omega) = A(\omega)\mathrm{e}^{\mathrm{j}\varphi(\omega)} \qquad (3.16)$$

由此可见，频率响应函数 $H(\omega)$ 为复函数，也可以表示为

$$H(\omega) = A(\omega)\mathrm{e}^{\mathrm{j}\varphi(\omega)} = P(\omega) + \mathrm{j}Q(\omega)$$

其中，

$$A(\omega) = |H(\mathrm{j}\omega)| = \sqrt{P^2(\omega) + Q^2(\omega)}$$

$$\varphi(\omega) = \angle H(\mathrm{j}\omega) = \arctan\frac{Q(\omega)}{P(\omega)}$$

相应地，将 $H(\omega)$ 的实部 $P(\omega)$ 称为系统的实频特性，虚部 $Q(\omega)$ 称为系统的虚频特性。

2. 频率响应函数的求法

（1）在已知系统传递函数的情况下，只要令 $H(s)$ 中 $s = \mathrm{j}\omega$，便可求得系统的频率响应函数 $H(\omega)$。

（2）在初始条件全为零的情况下，同时测得输入 $x(t)$ 和输出 $y(t)$，由其傅里叶变换 $X(\omega)$ 和 $Y(\omega)$ 求得系统的频率响应函数 $H(\omega)$。

在 $t = 0$ 时刻将激励信号接入定常系数线性系统时，令 $s = \mathrm{j}\omega$ 代入拉普拉斯变换中，实际上就是将拉氏变换变成了傅里叶变换。同时考虑到系统在初始条件均为零时，有 $H(s)$ 为 $Y(s)$ 和 $X(s)$ 之比的关系，因而系统的频率响应函数 $H(\omega)$ 就成为输出 $y(t)$ 的傅里叶变换 $Y(\omega)$ 和输入 $x(t)$ 的傅里叶变换 $X(\omega)$ 之比，即 $H(\omega) = Y(\omega)/X(\omega)$。

（3）通过实验的方法确定频率响应函数。这是用频率响应函数来描述系统动态特性的最大优点。实验求频率响应函数的原理：依次用不同频率 ω_i 的正弦信号激励被测系统，同时测量激励和系统稳态输出的幅值 X_i 和 Y_i 以及相位差 φ_i，则 $A_i = Y_i/X_i$，$\varphi_i = \varphi_{yi} - \varphi_{xi}$，全部的 $A_i - \omega_i$ 和 $\varphi_i - \omega_i$（$i = 1, 2, 3, \cdots$）便可表达系统的频率响应函数。

注意：

（1）频率响应函数是描述系统的简谐输入和其稳态输出的关系。因此，在测量系统的频率响应函数时，应当在系统响应达到稳态阶段时再测量。

（2）尽管频率响应函数是对简谐信号而言的，但因任何信号都可分解成简谐信号的叠加。所以，系统频率特性也适用于一些复杂的输入信号。这时，幅频特性和相频特性分别表征系统对输入信号中各个频率分量幅值的缩放能力和相位角前后移动的能力。

3. 频率特性的图像描述

1）频率特性图

以频率 ω 为横坐标，幅值 $A(\omega)$ 为纵坐标绘图，即得幅频特性曲线。

以频率 ω 为横坐标，相位角 $\varphi(\omega)$ 为纵坐标绘图，即得相频特性曲线。

2）对数频率特性图（Bode 图）

以频率 $\lg\omega$ 为横坐标，$20\lg A(\omega)$ 为纵坐标绘图，即得对数频特性曲线。

以频率 $\lg\omega$ 为横坐标，相位角 $\varphi(\omega)$ 为纵坐标绘图，即得对数相频特性曲线。

两者统称为对数频率特性图或 Bode 图。

3）极坐标图、奈奎斯特图（Nyquist 图）

以实部 $P(\omega)$ 为横坐标，以虚部 $Q(\omega)$ 为纵坐标绘图，并在曲线某些点上分别注明相应的频率，则得到系统的极坐标图，也称奈奎斯特图（Nyquist 图）。

4）实频特性及虚频特性曲线

以频率 ω 为横坐标，实部 $P(\omega)$ 为纵坐标绘图，即得实频特性曲线。

以频率 ω 为横坐标，虚部 $Q(\omega)$ 为纵坐标绘图，即得虚频特性曲线。

3.3.3 脉冲响应函数（系统动态特性的时域描述）

在时域，系统的动态特性除了可以用微分方程描述外，还可以用脉冲响应函数来描述。

设系统的传递函数为 $H(s)$，若系统输入 $x(t) = \delta(t)$，即输入的是单位脉冲信号，因其拉普拉斯变换 $X(s) = 1$，则相应输出

$$Y(s) = X(s)H(s) = H(s)$$

所以

$$y(t) = L^{-1}[Y(s)] = L^{-1}[H(s)] = h(t) \tag{3.17}$$

$h(t)$ 称为系统的脉冲响应函数或权函数。脉冲响应函数是对系统动态响应特性的另一种时域描述。当初始条件为 0 时，给测试系统一单位脉冲信号，如果测试系统是稳定的，则经过一段时间后，系统将渐渐恢复到原来的平衡位置，即随着响应时间的增长，稳定系统的脉冲响应最终会趋于零。

综上，系统动态特性的三种描述方法分别为：传递函数 $H(s)$（系统动态特性的复频域描述），频率响应函数 $H(\omega)$（系统动态特性的频域描述）和微分方程或脉冲响应函数 $h(t)$（系统动态特性的时域描述）。三者之间存在一一对应的关系。脉冲响应函数 $h(t)$ 和传递函数 $H(s)$ 是一对拉普拉斯变换对，脉冲响应函数 $h(t)$ 和频率响应函数 $H(\omega)$ 是一对傅里叶变换对，传递函数 $H(s)$ 和频率响应函数 $H(\omega)$ 之间，只要令 $s = \mathrm{j}\omega$ 即可相互转换，三种描述方式之间的关系如图 3.9 所示。

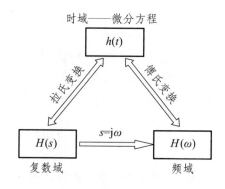

图 3.9　测试系统动态特性三种描述方式之间的关系

3.3.4　测试系统中环节的串联和并联

实际的测试系统，通常都是由若干环节组成的，测试系统的传递函数与各个环节的传递函数之间的关系取决于各环节的连接形式。若系统由多个环节串联而成（见图 3.10），且后续的环节对前一环节没有影响，各环节本身的传递函数为 $H_i(s)$，则串联后系统的总传递函数为

$$H(s) = H_1(s)H_2(s)\cdots H_n(s) = \prod_{i=1}^{n} H_i(s) \tag{3.18}$$

相应地，系统的频率响应为

$$H(j\omega) = H_1(j\omega)H_2(j\omega)\cdots H_n(j\omega) = \prod_{i=1}^{n} H_i(j\omega) \tag{3.19}$$

其中，幅频特性为

$$A(\omega) = A_1(\omega)A_2(\omega)\cdots A_n(\omega) = \prod_{i=1}^{n} A_i(\omega) \tag{3.20}$$

相频特性为

$$\varphi(\omega) = \varphi_1(\omega) + \varphi_2(\omega) + \cdots + \varphi_n(\omega) = \sum_{i=1}^{n} \varphi_i(\omega) \tag{3.21}$$

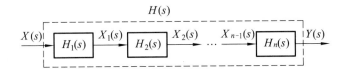

图 3.10　系统串联

若系统由多个环节并联而成（见图 3.11），则并联系统的总传递函数为

$$H(s) = H_1(s) + H_2(s) + \cdots + H_n(s) = \sum_{i=1}^{n} H_i(s) \tag{3.22}$$

相应地，系统的频率响应为

$$H(j\omega) = H_1(j\omega) + H_2(j\omega) + \cdots + H_n(j\omega) = \sum_{i=1}^{n} H_i(j\omega) \tag{3.23}$$

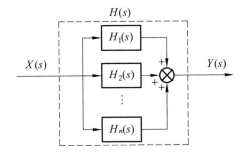

图 3.11　系统并联

系统的传递函数分母中 s 的幂次 n 值大于 2 时，称为高阶系统。任何一个高阶系统，总

可以看成是若干一阶、二阶系统的串联或并联。所以，对一阶和二阶系统的动态特性的研究具有普遍的意义。

3.4 常见测试系统的响应特性

测试系统的种类和形式很多，但它们一般属于或者可以简化为一阶或二阶系统。任何高阶系统都可以看作是若干个一阶和二阶系统的串联或并联，因此，掌握一二阶系统的动态特性是掌握高阶、复杂测试系统的基础。

3.4.1 一阶系统的响应特性

一阶系统的输入、输出关系可以用一阶微分方程来描述。如忽略质量的弹簧-阻尼系统、RC 低通滤波器、液柱式温度计、热电偶等，虽然它们分属于力学、电学、热学范畴，但它们均属于一阶系统，如图 3.12 所示。它们的输入、输出均可以用一阶微分方程来描述。

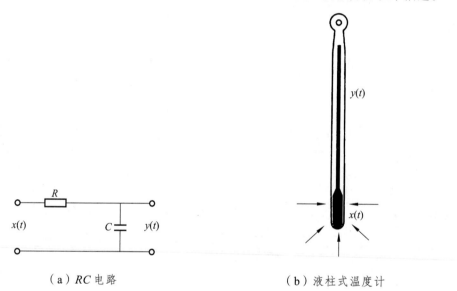

（a）RC 电路　　　　　　　　（b）液柱式温度计

图 3.12　一阶系统实例

一阶微分方程的一般形式为

$$a_1 \frac{\mathrm{d}y(t)}{\mathrm{d}t} + a_0 y(t) = b_0 x(t) \tag{3.24}$$

整理得

$$\frac{a_1}{a_0} \frac{\mathrm{d}y(t)}{\mathrm{d}t} + y(t) = \frac{b_0}{a_0} x(t) \tag{3.25}$$

式中，a_1/a_0 为系统的时间常数，具有时间的量纲，一般记为 τ；b_0/a_0 为系统的静态灵敏度 S，具有输出/输入的量纲，通常为常数。

对于线性测试系统，其静态灵敏度 S 不影响系统的动态特性的分析，为了分析方便起见，可令 $S=1$，这样归一化后，一阶系统的微分方程可写为

$$\tau\frac{\mathrm{d}y(t)}{\mathrm{d}t}+y(t)=x(t) \tag{3.26}$$

令系统的初始条件全为零，对方程两边进行拉普拉斯变换得其传递函数为

$$H(s)=\frac{1}{\tau s+1} \tag{3.27}$$

再令 $s=\mathrm{j}\omega$，可得其频率响应函数为

$$H(\omega)=\frac{1}{1+\mathrm{j}\omega\tau} \tag{3.28}$$

幅频特性为

$$A(\omega)=\frac{1}{\sqrt{1+(\omega\tau)^2}} \tag{3.29}$$

相频特性为

$$\varphi(\omega)=-\arctan(\tau\omega) \tag{3.30}$$

实频特性为

$$P(\omega)=\frac{1}{1+(\tau\omega)^2} \tag{3.31}$$

虚频特性为

$$Q(\omega)=\frac{-\tau\omega}{1+(\tau\omega)^2} \tag{3.32}$$

对数幅频特性为

$$L(\omega)=-20\lg\sqrt{1+(\omega\tau)^2} \tag{3.33}$$

对其传递函数式（3.27）进行拉普拉斯反变换可得脉冲响应函数为

$$h(t)=\frac{1}{\tau}\mathrm{e}^{-t/\tau},\ t\geqslant0 \tag{3.34}$$

一阶系统的伯德图、奈奎斯特图、幅频和相频特性曲线以及单位脉冲响应曲线图分别如图 3.13~图 3.16 所示。

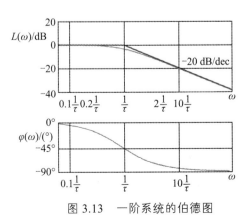

图 3.13　一阶系统的伯德图

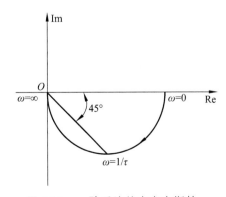

图 3.14　一阶系统的奈奈奎斯特

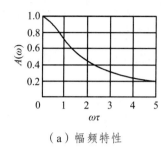 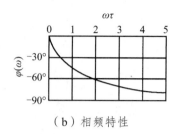

（a）幅频特性　　　　　　　　　　　（b）相频特性

图 3.15　一阶系统的幅频和相频特性曲线

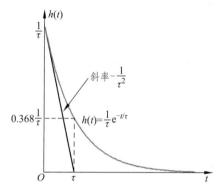

图 3.16　一阶系统的单位脉冲响应曲线

由图 3.13~图 3.16 可知，一阶系统具有以下特点：

（1）一阶系统是个低通环节，适用测量缓变或低频信号。当激励频率 ω 远小于 $1/\tau$（约 $\omega<0.2/\tau$）时，$A(\omega)\approx1$（幅值误差不超过 2%），$\varphi(\omega)\approx0$，输出输入幅值、相位几乎相等；随着激励频率 ω 的增大，$A(\omega)$逐渐减小，相位差逐渐增大，这表明测试系统输出信号的幅值衰减增大，相位误差也增大。

（2）若已知系统简谐输入信号的幅值为 A，相位角为 φ_1；稳态输出信号的幅值为 B，相位角为 φ_2；通常定义系统的幅值误差为

$$\delta = \left|\frac{B-A}{A}\right|\times100\% = \left|\frac{B}{A}-1\right|\times100\% = |A(\omega)-1|\times100\% \tag{3.35}$$

相位误差

$$\varphi(\omega) = \varphi_2-\varphi_1 \tag{3.36}$$

幅值误差、相位误差统称为稳态响应动态误差。

（3）时间常数 τ 决定一阶系统适用的频率范围。在 $\omega = 1/\tau$ 处，$A(\omega) = 0.707$（ $20\lg A(\omega) = -3(\text{dB})$ ），相位角滞后 45°。此时的频率 ω 常称为系统的截止频率或转折频率。

时间常数 τ 越小，测试系统的动态范围越宽，频率响应特性越好。因此，时间常数 τ 是反映一阶系统动态特性的重要参数。为了减小一阶系统的稳态响应动态误差，增大工作频率范围，应尽可能采用时间常数 τ 小的测试系统。

（4）一阶系统伯德图可用渐近折线近似描述：在 $\omega<1/\tau$ 段，为 $20\lg A(\omega) = 0$ dB 的水平线；在 $\omega>1/\tau$ 段，对数幅频特性为-20 dB/dec 斜率的直线。近似折线与实际曲线的最大误差在转折频率 $1/\tau$ 处，为-3 dB。

例 3.1　一个时间常数 $\tau = 0.5$ s 的一阶测试系统，当输入信号分别为 $x_1(t) = \sin(\pi t)$，$x_2(t) = \sin(4\pi t)$ 时，试分别求系统的稳态输出，并比较它们的幅值变化和相位变化。

解： 由题可知，系统的传递函数为

$$H(s) = \frac{1}{\tau s + 1}$$

令 $s = j\omega$，可得其频率响应函数为 $H(\omega) = \dfrac{1}{1 + j\omega\tau}$，其幅频特性和相频特性分别为

$$A(\omega) = \frac{1}{\sqrt{1 + (\omega\tau)^2}}, \quad \varphi(\omega) = -\arctan(\tau\omega)$$

因为

$$x_1(t): \omega_1 = \pi(\text{rad/s}), \ f_1 = 0.5 \text{ Hz}, \ A(\omega_1) = 0.537, \ \varphi(\omega_1) = -57.52°;$$

$$x_2(t): \omega_2 = 4\pi(\text{rad/s}), \ f_2 = 2 \text{ Hz}, \ A(\omega_2) = 0.157, \ \varphi(\omega_2) = -80.96°。$$

所以，系统稳态输出分别为

$$y_1(t) = 0.537\sin(\pi t - 57.52°), \quad y_2(t) = 0.157\sin(4\pi t - 80.96°)$$

比较分析：该测试系统是一阶系统，当频率为 0.5 Hz 的信号 $x_1(t)$ 经过该测试系统后，幅值由 1 衰减为 0.537；而信号 $x_2(t)$ 经过该测试系统后，幅值由 1 衰减为 0.157。这表明，测试系统的动态特性对输入信号的幅值和相位的影响是可以通过输入、系统的动态特性（幅频特性和相频特性）及输出三者之间的关系来分析和掌控的。

例 3.2　已知一阶系统的传递函数为 $1/(0.04s + 1)$，若用它测量频率为 0.5 Hz、1 Hz、2 Hz 的正弦信号，试求其幅值误差。

解： 该一阶系统的频率响应函数幅频特性为 $A(f) = 1/\sqrt{1 + (2\pi f\tau)^2}$

当 $\tau = 0.04$ s 时

$$A(f) = \frac{1}{\sqrt{1 + (0.08\pi f)^2}}$$

而幅值误差为

$$\delta = |A(f) - 1| \times 100\%$$

根据已知条件，有

$$f = 0.5 \text{ Hz}, \ A(f) = 0.9845, \ \delta = 1.55\%$$

$$f = 1.0 \text{ Hz}, \ A(f) = 0.9699, \ \delta = 3.01\%$$

$$f = 2.0 \text{ Hz}, \ A(f) = 0.89836, \ \delta = 10.64\%$$

3.4.2　二阶系统的响应特性

当系统的输入、输出可用一个常系数二阶微分方程来描述的系统，称为二阶系统，如千分表、电感式测量头、压电式加速度计、电容式拾音计、电阻应变式测力仪、压力计、磁电式电流表、弹簧-质量-阻尼系统、RLC 电路等，如图 3.17 所示。

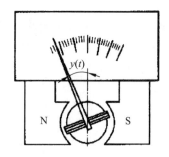

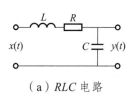

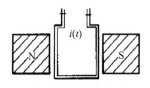

（a）RLC 电路　　　　　　（b）动圈式仪表振子

图 3.17　二阶系统实例

二阶常系数微分方程的一般形式为

$$a_2\frac{\mathrm{d}^2y(t)}{\mathrm{d}t^2}+a_1\frac{\mathrm{d}y(t)}{\mathrm{d}t}+a_0y(t)=b_0x(t) \tag{3.37}$$

整理得

$$\frac{\mathrm{d}^2y(t)}{\mathrm{d}t^2}+\frac{a_1}{a_2}\frac{\mathrm{d}y(t)}{\mathrm{d}t}+\frac{a_0}{a_2}y(t)=\frac{b_0}{a_0}\frac{a_0}{a_2}x(t) \tag{3.38}$$

令 $\omega_n=\sqrt{a_0/a_2}$ ， $\xi=a_1/(2\sqrt{a_0/a_2})$ ， $S=b_0/a_0$

则上式可以改写为

$$\frac{\mathrm{d}^2y(t)}{\mathrm{d}t^2}+2\xi\omega_n\frac{\mathrm{d}y(t)}{\mathrm{d}t}+\omega_n^2y(t)=S\omega_n^2x(t) \tag{3.39}$$

式中，ω_n 称为测试系统的固有频率，ξ 称为测试系统的阻尼比，而 S 为系统的静态灵敏度，对具体的测试系统而言，S 是一个常数，不会影响测试系统的动态特性。通常归一化，取 $S=1$，便可得到归一化的二阶系统的微分方程，即

$$\frac{\mathrm{d}^2y(t)}{\mathrm{d}t^2}+2\xi\omega_n\frac{\mathrm{d}y(t)}{\mathrm{d}t}+\omega_n^2y(t)=\omega_n^2x(t) \tag{3.40}$$

令系统的初始条件全为零，对方程两边进行拉普拉斯变换得二阶系统的传递函数为

$$H(s)=\frac{\omega_n^2}{s^2+2\xi\omega_ns+\omega_n^2} \tag{3.41}$$

再令 $s=\mathrm{j}\omega$，可得其频率响应函数为

$$H(\omega) = \frac{\omega_n^2}{(j\omega)^2 + 2\xi\omega_n(j\omega) + \omega_n^2} = \frac{\omega_n^2}{1 - (\omega/\omega_n)^2 + j2\xi\omega/\omega_n} \tag{3.42}$$

幅频特性为

$$A(\omega) = |H(\omega)| = \frac{1}{\sqrt{[1 - (\omega/\omega_n)^2]^2 + 4\xi^2(\omega/\omega_n)^2}} \tag{3.43}$$

相频特性为

$$\varphi(\omega) = \begin{cases} -\arctan\dfrac{2\xi\omega/\omega_n}{1 - (\omega/\omega_n)^2} & \omega \leqslant \omega_n \\[3mm] -180° - \arctan\dfrac{2\xi\omega/\omega_n}{1 - (\omega/\omega_n)^2} & \omega > \omega_n \end{cases} \tag{3.44}$$

对传递函数进行拉普拉斯反变换可得脉冲响应函数为

$$h(t) = \frac{\omega_n}{\sqrt{1 - \xi^2}} e^{-\xi\omega_n t} \sin\sqrt{1 - \xi^2}\,\omega_n t, \quad (t \geqslant 0, 0 \leqslant \xi < 1) \tag{3.45}$$

二阶系统的伯德图、奈奎斯特图，幅频特性和相频特性曲线以及单位脉冲响应曲线图分别如图 3.18~图 3.20 所示。

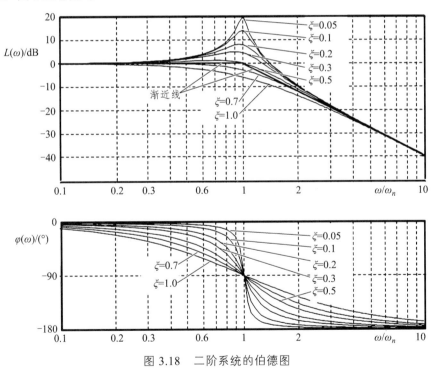

图 3.18　二阶系统的伯德图

由图 3.18~图 3.20 可知，二阶系统具有以下特点：

（1）二阶系统也是一个低通环节。$\xi < 1$，$\omega \ll \omega_n$ 时，$A(\omega) \approx 1$，幅频特性接近常数，输出与输入幅值近似相等，相频特性近似和频率呈线性关系。此时，系统的输出能够真实再现输入的波形。

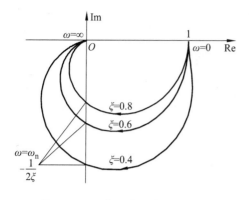

图 3.19　二阶系统的奈奎斯特图

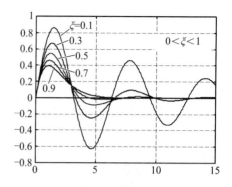

图 3.20　二阶系统的单位脉冲响应曲线

（2）影响二阶系统动态特性的参数是固有频率 ω_n 和阻尼比 ξ，且在通常使用的频率范围中，ω_n 的影响最为重要。当 $\omega = \omega_n$ 时，$A(\omega) = 1/(2\xi)$，$\varphi(\omega) = -90°$，且在 $\omega = \omega_n$ 附近，系统发生共振。可利用此特性测量系统本身的参数。

（3）在二阶系统的阻尼比 ξ 不变时，系统的固有频率 ω_n 越大，工作频率范围越宽。

综上所述，二阶系统频率响应特性的好坏，主要取决于系统的固有频率 ω_n 和阻尼比 ξ。通常推荐采用阻尼比 $\xi \approx 0.7$，且信号频率在 $0 \sim 0.6\omega_n$ 范围内变化，此时测试系统的动态特性较好，其幅值误差不超过 5%，相频特性 $\varphi(\omega)$ 接近于直线，即测试系统的动态特性误差较小。如果给定了允许的幅值误差 δ 和系统的阻尼比 ξ，就能确定系统的可用频率范围。

为了使测试结果能精确地再现被测信号的波形，在设计时，必须使测试系统的阻尼比 $\xi < 1$，一般取 $\xi = 0.6 \sim 0.8$，固有频率 ω_n 至少应大于被测信号频率 ω 的 (3~5) 倍，即 $\omega_n \geqslant (3 \sim 5)\omega$。

例 3.3　一个二阶测试系统，受激励力 $A_0 \sin\omega t$ 作用，共振时测得振幅为 20 mm，在 0.8 倍的共振频率时测得振幅为 12 mm，求系统的阻尼系数 ξ（提示：假设在 0.8 倍的共振频率，阻尼项可以忽略）。

解：二阶系统受正弦激励力作用，设 $\lambda - \omega/\omega_n$，根据式（3.43），可知二阶系统的幅频特性为

$$A(\omega) = |H(\omega)| = \frac{1}{\sqrt{[1-(\omega/\omega_n)^2]^2 + 4\xi^2(\omega/\omega_n)^2}}$$

即

$$A(\lambda) = |H(\lambda)| = \frac{1}{\sqrt{(1-\lambda^2)^2 + 4\xi^2\lambda^2}}$$

由

$$\left.\frac{\mathrm{d}A(\omega)}{\mathrm{d}\omega}\right|_{\omega=\omega_r} = 0 \Rightarrow \omega_r = \omega_n\sqrt{1-2\xi^2}$$

即共振时的频率：$\omega_r = \omega_n\lambda_r$，$\lambda_r = \sqrt{1-2\xi^2}$，代入幅频特性的计算公式得

$$A(\lambda_r) = \frac{1}{2\xi\sqrt{1-\xi^2}}$$

依题意可得

$$A_0 \cdot A(\lambda_r) = A_0 \cdot \frac{1}{2\xi\sqrt{1-\xi^2}} = 20 \tag{3.46}$$

当频率为 0.8 倍的共振频率时，$\omega = 0.8\omega_r$，$\lambda = 0.8\lambda_r = 0.8\sqrt{1-\xi^2}$。

根据提示，忽略阻尼项，得

$$A_0 \frac{1}{\sqrt{(1-\lambda^2)^2 + 4\xi^2\lambda^2}} \approx A_0 \frac{1}{1-\lambda^2} = 12$$

将 $\lambda = 0.8\lambda_r = 0.8\sqrt{1-2\xi^2}$，$\lambda = 0.64(1-2\xi^2)$ 代入上式得

$$A_0 \frac{1}{1-0.64(1-2\xi^2)} = 12 \tag{3.47}$$

联解式（3.46）和式（3.47）得

$$459\xi^4 - 366.82\xi^2 + 4.66 = 0$$

即 $\xi^2 = 0.012\,9$ 或 0.786，最后得 $\xi = 0.113\,6$ 或 $\xi = 0.886\,6$。

3.5　测试系统对任意输入的响应

根据工程控制学理论可知：系统对任意输入的响应 $y(t)$ 等于输入 $x(t)$ 和系统的脉冲响应函数 $h(t)$ 的卷积。即

$$y(t) = x(t) * h(t) = \int_0^t x(\tau)h(t-\tau)\mathrm{d}\tau \tag{3.48}$$

它是系统输入-输出关系的最基本表达式。但是，卷积计算是一件麻烦的事，通常利用拉普拉斯变换和傅里叶变换将卷积计算转换成复频域或频率域的乘法运算，从而大大简化计算工作。

测试系统的动态特性也可用时域中瞬态响应和过渡过程来分析。单位脉冲信号和单位阶跃信号是最常用的激励信号。由于单位阶跃信号可以看成是单位脉冲信号的积分，因此，单位阶跃信号输入下的输出就是测试系统脉冲响应的积分。对系统突然加载或突然卸载均属于阶跃输入，这种输入方式既简单易行，又能充分揭示系统的动态特性，故常被采用。

3.5.1　一阶系统对单位阶跃输入的响应

当系统的输入信号是理想的单位阶跃函数时，系统的输出称为系统的单位阶跃响应函数（或单位阶跃响应）。单位阶跃信号及其频谱如图 3.21 所示。

因为系统的输入 $x(t) = \begin{cases} 0 & t < 0 \\ 1 & t \geqslant 0 \end{cases}$，$X(s) = 1/s$，所以

$$Y(s) = H(s)X(s) = H(s) \cdot (1/s)$$

$$y(t) = L^{-1}[Y(s)] = L^{-1}[H(s)X(s)] = L^{-1}\left[\frac{1}{1+\tau s} \cdot \frac{1}{s}\right]$$

所以

$$y(t) = 1 - \mathrm{e}^{-t/\tau} \tag{3.49}$$

显然，$y(t)$稳态分量为 1，当 $t = 0$ 时，$y(t) = 0$，且有

$$\dot{y}(t) = \frac{1}{\tau}\mathrm{e}^{-t/\tau}$$

$$\dot{y}(t)\big|_{t=0} = \frac{1}{\tau}\mathrm{e}^{-t/\tau}\big|_{t=0} = \frac{1}{\tau}$$

一阶系统在单位阶跃激励下的响应是一个单调递增的指数函数，其过渡过程定义为曲线由初值上升到稳态值的 98% 之前的过程（见图 3.22），过渡过程所需要的时间称为系统的调整时间 T_s，一阶系统的调整时间约为时间常数的 4 倍，即 $T_s \approx 4\tau$。一阶系统的时间常数不同，其单位阶跃响应曲线上升的速度不同，时间常数 τ 越大，上升速度越慢（惯性越大），反之，上升速度越快。

一阶系统在单位阶跃激励下的稳态输出误差理论上为零。虽然一阶系统的响应只在 T_s 趋于无穷大时才到达稳态值，但实际上，当 $t = 4\tau$ 时系统输出和稳态响应间的误差已小于 2%，可认为基本上已达到稳态，所以，一阶系统时间常数 τ 越小越好。

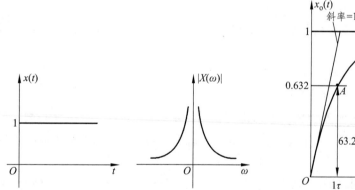

图 3.21　单位阶跃信号及其频谱

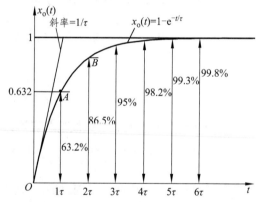

图 3.22　一阶系统的单位阶跃响应曲线

一阶系统在单位阶跃激励下的稳态输出误差理论上为零。虽然一阶系统的响应只在 T_s 趋于无穷大时才到达稳态值，但实际上，当 $t = 4\tau$ 时系统输出和稳态响应间的误差已小于 2%，可认为基本上已达到稳态，所以，一阶系统时间常数 τ 越小越好。

3.5.2　二阶系统对单位阶跃输入的响应

二阶系统的传递函数为

$$H(s) = \frac{Y(s)}{X(s)} = \frac{\omega_n^2}{s^2 + 2\xi\omega_n s + \omega_n^2}$$

式中，ω_n 是固有频率，ξ 是阻尼比，且通常是欠阻尼系统，即 $0<\xi<1$。

当输入单位阶跃信号时，即 $x(t)=\begin{cases} 0 & t<0 \\ 1 & t \geqslant 0 \end{cases}$，$X(s)=1/s$

$$Y(s)=H(s)X(s)=\frac{\omega_n^2}{s^2+2\xi\omega_n s+\omega_n^2}\cdot\frac{1}{s}$$

$$y(t)=L^{-1}\left[Y(s)\right]=1-\frac{e^{-\xi\omega_n t}}{\sqrt{1-\xi^2}}\sin\left(\omega_d t+\arctan\frac{\sqrt{1-\xi^2}}{\xi}\right) \tag{3.50}$$

式中，$\omega_d=\omega_n\sqrt{1-\xi^2}$ 称为有阻尼振荡频率。

二阶系统在单位阶跃信号激励下的响应曲线如图 3.23 所示。

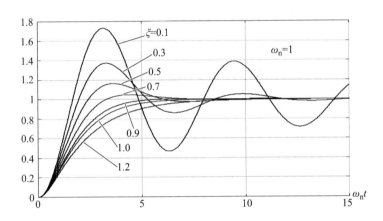

图 3.23　二阶系统的单位阶跃响应曲线

由图 3.23 可知，二阶系统单位阶跃响应曲线有以下特点：

（1）二阶系统在单位阶跃激励下的稳态输出误差为零，但是其响应很大程度上取决于阻尼比 ξ 和固有频率 ω_n。选择合适的过渡过程，即选择合适的 ω_n 和 ξ。

（2）固有频率 ω_n 越高，系统的响应越快。

（3）在无振荡单调上升的曲线中，$\xi=1$ 时的过渡时间 T_s 最短。

（4）当 $\xi=0$ 时，超调量为 100%，且持续不断地振荡，达不到稳态。

（5）在欠阻尼系统中，当 $\xi=0.6\sim0.8$ 时，不仅其过渡过程时间比 $\xi=1$ 时更短，而且振荡不太严重。

（6）当 $\xi>1$ 时，系统蜕化到等同于两个一阶环节的串联，此时虽然不产生振荡（即不发生超调），但也需经过较长时间才能达到稳态。

当 $\xi=0.6\sim0.8$ 时，系统具有振荡特性适度并且持续时间又较短的过渡过程，这是很多测试系统在设计时，常选择阻尼比 $\xi=0.6\sim0.8$ 的理由之一。

另外，根据给定性能指标设计系统时，二阶系统与一阶系统相比，更容易得到较短的 T_s，通常选择二阶系统。

3.6　系统实现不失真测试的条件

当信号通过测试系统时，系统输出响应波形与激励波形通常是不同的，即产生了失真。测试的目的是使测试系统的输出信号能够真实地反映被测对象的信息，这种测试称为不失真测试。从时域上看，所谓不失真测试就是指系统输出信号的波形与输入信号的波形完全相似的测试，如图 3.24 所示。

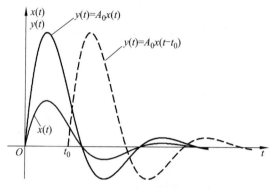

图 3.24　波形不失真复现

输出 $y(t)$ 和输入 $x(t)$ 满足下列关系：

$$y(t) = A_0 x(t - t_0) \tag{3.51}$$

其中，A_0 和 t_0 都是常数。

式（3.51）表明，若输出与输入间只是幅值放大了 A_0 倍和在时间上延迟了 t_0（理想情况下 $t_0 = 0$），则表明系统能够实现不失真测试。这是系统不失真测试的时域条件。

当系统初始条件为 0 时，对式（3.51）进行傅里叶变换，并利用傅里叶变换的时移特性可得

$$Y(\omega) - A_0 \mathrm{e}^{-\mathrm{j}t_0 \omega} X(\omega) \tag{3.52}$$

于是可得不失真测试系统的频率响应函数为

$$H(\omega) = \frac{Y(\omega)}{X(\omega)} = \frac{A_0 \mathrm{e}^{-\mathrm{j}\omega t_0} X(\omega)}{X(\omega)} = A_0 \mathrm{e}^{-\mathrm{j}\omega t_0} \tag{3.53}$$

所以，若要求测试系统的输出波形不失真，则系统的幅频特性和相频特性应分别满足：

$$A(\omega) = A_0, \varphi(\omega) = -t_0 \omega（理想情况下，t_0 = 0） \tag{3.54}$$

即系统的幅频特性 $A(\omega)$ 为常数；相频特性 $\varphi(\omega)$ 与 ω 成线性关系，为一经过原点的直线。这是系统不失真测试的频域条件。不失真测试系统的频率特性如图 3.25 所示。

实际测量中，绝对的不失真测试是不可能实现的，只能把失真的程度控制在允许范围内。

$A(\omega)$ 不等于常数时引起的失真称为幅值失真。

$\varphi(\omega)$ 与 ω 的非线性引起的失真称为相位失真。

一般对于单频率成分的信号，只要其幅值处于系统的线性区，输出信号无所谓失真问题；对于含有多种频率成分的信号，既存在幅值失真，也存在相位失真，特别是频率成分跨越固

有频率 ω_n 前后的信号失真最为严重。多频率成分信号通过测试装置后的输出如图 3.26 所示。

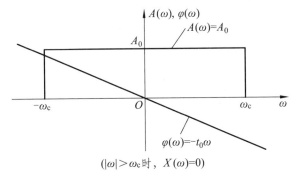

$$(|\omega| > \omega_c \text{时}, \ X(\omega) = 0)$$

图 3.25　不失真测试系统的频率特性

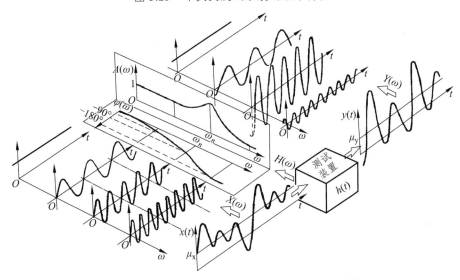

图 3.26　多频率成分信号通过测试装置后的输出

实际测试时，难以完全理想地实现不失真测试，只能尽量把波形失真限制在一定的误差范围内。减少失真的措施：

（1）根据测试信号的频带选择合适的测试系统（固有频率 ω_n 尽可能高），保证在测试信号频率范围内，测试系统的幅频特性近似等于常数，相频特性尽量和频率成线性关系。

（2）对输入信号做必要的前置处理，及时滤去非信号频带内的噪声，以免某些频率位于测试系统共振区的噪声的进入，而使信噪比变坏。

具体分析一阶系统和二阶系统实现不失真测试的条件。

对于一阶系统：时间常数 τ 越小，系统响应越快，近于满足不失真测试条件的通频带越宽。所以，一阶系统的时间常数 τ 越小越好。

对于二阶系统：

（1）当 $\omega < 0.3\omega_n$ 时，$\varphi(\omega)$ 较小，且 $\varphi(\omega)$ 与 ω 近似线性；$A(\omega)$ 变化不超过 10%，用于测试时，波形失真较小。

（2）当 $\omega > (2.5\sim3)\omega_n$ 时，$\varphi(\omega)$ 接近 $-180°$，且随 ω 变化很小，若在实际测试电路或在数据处理中减去固定的相位差、或对测试信号反相，则相位失真很小，但此时 $A(\omega)$ 过小，输出幅值衰减太大，即幅值失真大。

（3）当 $\omega = (0.3\sim2.5)\omega_n$ 时，测试系统频率特性受阻尼比 ζ 影响很大。

分析表明：当 $\zeta = 0.6\sim0.8$ 时，可以获得较为合适的综合特性。当 $\zeta = 0.7$ 时，在 $\omega = (0\sim0.6)\omega_n$ 的频段内，$A(\omega)$ 变化小于 5%，而 $\varphi(\omega)$ 也接近直线，产生的相位失真也很小。

当然，系统的幅值失真与相位失真的影响应权衡考虑，如在振动测试中，有时仅关心振动的频率成分及其强度，则可以允许有相位失真。而如若需要测量特定波形的延迟时间，则需要满足相位不失真条件。甚至，在某些测试情形下，可能并不关心幅值失真问题，如两个输入信号间相位差的测量。原则上构成一个测试系统的每个环节都应当基本满足不失真测试条件。设计不失真测试系统时，组成环节尽可能少。

例 3.4 某测试系统的幅频特性、相频特性曲线如图 3.27 所示。请问：当输入信号为 $x_1(t) = A_1\sin\omega_1 t + A_2\sin\omega_2 t$ 时，输出信号是否失真？当输入信号为 $x_2(t) = 5A_1\sin\omega_1 t + 3A_2\sin\omega_2 t + 0.5A_3\sin\omega_4 t$ 时，输出信号是否失真？为什么？

解： 由测试系统不失真测试的条件可知，为了使得输出波形与输入波形一致而没有失真，则测试系统的幅频特性和相频特性应满足式（3.54），即 $A(\omega) = A_0$，$\varphi(\omega) = -t_0\omega$。

从图 3.27 可以看出，当输入信号的频率 $\omega \leqslant \omega_2$ 时，测试系统的幅频特性为常数，且相频特性为线性，当输入信号的频率 $\omega \geqslant \omega_3$ 时，幅频特性不是直线（不是常数）、相频特性曲线也不是直线（呈非线性）。因此在输入信号频率 $\omega \leqslant \omega_2$ 的范围内，能保证输出不失真；当输入信号的频率 $\omega \geqslant \omega_3$ 时，输出将失真。

所以，对于本题而言，输入信号为 $x_1(t)$ 时，输出信号不会失真；在输入信号为 $x_2(t)$ 时，因存在频率 $\omega_4 > \omega_3$，输出信号会发生失真。

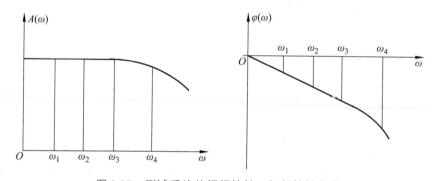

图 3.27 测试系统的幅频特性、相频特性曲线

3.7 测试系统动态特性的测量

任何一个测试系统，都要求必须对其测量的可靠性进行验证，即需要通过实验的方法来确定系统的输入/输出关系，这个过程称为定标。要使测量结果精确可靠，所采用的经过校准的"标准"输入量，其误差应是系统测量结果规定误差的 1/3～1/5 或更小。而且，即使是已经定标的测试系统，也应当定期校准，这实际上就是要测定系统的特性参数。

对于系统静态特性的测定，一般以经过校准的"标准"静态量作为输入，在满量程范围内均匀地等分成个 n 输入点，按正反行程进行相同的 m 次测量（一次测量包括一个正行程和一个反行程），得到 $2m$ 条输入、输出特性曲线（见图 3.28），再求出其正反行程平均输入输出特性曲线。根据这些曲线确定系统的回程误差，整理和确定其校准曲线、非线性误差和灵敏度等，过程如下：

（1）分别求作正、反行程的平均输入-输出曲线。

（2）求回程误差。

（3）求作标定曲线。

（4）求作拟合直线，计算非线性度和灵敏度。

测试系统的动态特性参数的测定，通常采用试验的方法：频率响应法和阶跃响应法。即用正弦信号或阶跃信号作为标准激励源，分别绘出频率响应曲线或阶跃响应曲线，从而确定测试系统的时间常数 τ、阻尼比 ξ 和固有频率 ω_n 等动态特性参数。

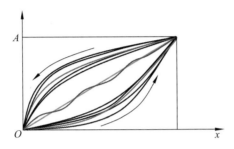

图 3.28　正、反行程的输入、输出曲线

3.7.1　频率响应法

通常对测试系统施加峰-峰值为 20%量程左右的正弦信号，其频率自足够低的频率开始，以增量方式逐点增加到较高频率，直到输出量减少到初始输出幅值的一半为止，即可得 $A(\omega)$ 和 $\varphi(\omega)$。

对于一阶系统，主要的动态特性参数是时间常数 τ。可根据 $A(\omega) = \dfrac{1}{\sqrt{1+(\omega\tau)^2}}$ 或 $\varphi(\omega) = -\arctan(\tau\omega)$ 直接确定 τ 值。

对于二阶系统，可以从相频特性曲线直接估计其动态特性参数：阻尼比 ξ 和固有频率 ω_n。因为

$$\varphi(\omega) = -\arctan\frac{2\xi\omega/\omega_n}{1-(\omega/\omega_n)^2}$$

$$\left.\frac{\mathrm{d}\varphi(\omega)}{\mathrm{d}(\omega/\omega_n)}\right|_{\omega=\omega_n} = \left.\frac{-2\xi[1+(\omega/\omega_n)^2]}{[1-(\omega/\omega_n)^2]^2+4\xi^2(\omega/\omega_n)^2}\right|_{\omega=\omega_n} = -\frac{1}{\xi} \tag{3.55}$$

式（3.55）表明，在 $\omega = \omega_n$ 处，$\varphi(\omega)$ 的斜率直接反映系统阻尼比 ξ 的大小，即可以根据 $\varphi(\omega) = -90°$ 确定固有频率 ω_n，再根据该点斜率确定阻尼比 ξ。但相角测量较困难，故较少采用该方法。

通常根据幅频特性曲线来估计其动态特性参数。

对于欠阻尼系统（$0<\xi<1$），幅频特性曲线的峰值在稍偏离 ω_n 的 ω_r 处，由

$$A(\omega) = \frac{1}{\sqrt{[1-(\omega/\omega_n)^2]^2 + 4\xi^2(\omega/\omega_n)^2}}$$

得

$$\left.\frac{\mathrm{d}A(\omega)}{\mathrm{d}\omega}\right|_{\omega=\omega_r} = 0 \Rightarrow \omega_r = \omega_n\sqrt{1-2\xi^2} \tag{3.56}$$

二阶系统的幅频特性曲线如图 3.29 所示。

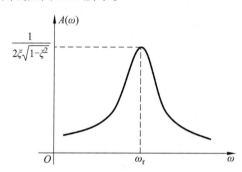

图 3.29　二阶系统的幅频特性曲线

当 ξ 很小时，峰值频率 $\omega_n \approx \omega_r$，可直接确定固有频率 ω_n。

确定阻尼比 ξ 有两种方法。

方法一：直接根据

$$\frac{A(\omega_r)}{A(0)} = \frac{1}{2\xi\sqrt{1-\xi^2}} \tag{3.57}$$

和实验中最低频的幅频特性值 $A(0)$，通常 $A(0) \approx 1$，可求得阻尼比 ξ。

方法二：当 $\omega = \omega_n$ 时，$A(\omega_n) = 1/(2\xi)$。当 ξ 很小时，$A(\omega_n)$ 非常接近峰值。令 $\omega_1 = (1-\xi)\omega_n$，$\omega_2 = (1+\xi)\omega_n$ 分别代入 $A(\omega)$ 可得：

$$A(\omega_1) = \frac{1}{\sqrt{8\xi^2 - 12\xi^3 + 5\xi^4}} \approx \frac{1}{2\sqrt{2}\xi} \tag{3.58}$$

$$A(\omega_2) = \frac{1}{\sqrt{8\xi^2 + 12\xi^3 + 5\xi^4}} \approx \frac{1}{2\sqrt{2}\xi} \tag{3.59}$$

即

$$A(\omega_1) \approx A(\omega_2) \approx \frac{1}{\sqrt{2}}A(\omega_n) \approx \frac{1}{\sqrt{2}}A(\omega_r) \tag{3.60}$$

二阶系统阻尼比的估计如图 3.30 所示。

这样，在幅频特性曲线峰值的 $1/\sqrt{2}$ 处作一水平线，其与幅频特性曲线的交点 a、b 将分别对应频率 ω_1 和 ω_2，从而阻尼比 ξ 的估计值可取为

$$\xi = \frac{\omega_2 - \omega_1}{2\omega_n} \tag{3.61}$$

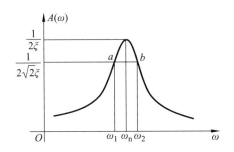

图 3.30　二阶系统阻尼比的估计

3.7.2　阶跃响应法

用阶跃响应法求测试系统的动态特性是一种时域测试动态特性的易行方法。实践中，无法获得理想的单位脉冲输入，从而无法获得测试系统的精确的单位脉冲响应函数；但是，实践中却能获得足够精确的单位阶跃函数及单位阶跃响应函数，因为对系统突然加载或突然卸载均属于阶跃输入。

对于一阶系统，只要测得其单位阶跃响应，就可取阶跃响应曲线达到其最终稳态值的 63.2%所经过的时间作为时间常数 τ。不过，此方法仅利用测量所得响应的个别瞬时值，且零时刻很难准确确定，可靠性较差。改用下述方法确定时间常数 τ，可以获得较可靠的结果。

因为一阶系统的阶跃响应表达式为

$$y(t) = 1 - e^{-t/\tau}$$

可整理为

$$1 - y(t) = e^{-t/\tau}$$

两边取对数，得

$$-t / \tau = \ln[1 - y(t)]$$

即

$$z = -t / \tau = \ln[1 - y(t)] \quad z = -\frac{t}{\tau} = \ln[1 - y(t)] \tag{3.62}$$

式（3.62）表明：$\ln[1-y(t)]$ 和 t 成线性关系。因此可根据测得的 $y(t)$ 值作出 $\ln[1-y(t)]$ 和 t 的曲线，并根据其斜率值确定系统的时间常数 τ（见图 3.31）。该方法运用了全部测试数据，即考虑了瞬态响应的全过程。

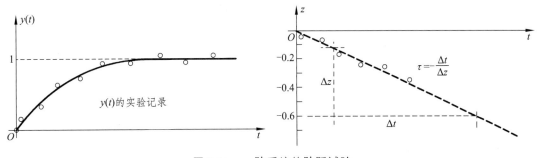

图 3.31　一阶系统的阶跃试验

对于典型的欠阻尼二阶系统，其阶跃响应的表达为

$$y(t) = 1 - \frac{e^{-\xi\omega_n t}}{\sqrt{1-\xi^2}}\sin\left(\omega_n\sqrt{1-\xi^2}\,t + \arctan\frac{\sqrt{1-\xi^2}}{\xi}\right)$$

上式表明，欠阻尼二阶系统的阶跃响应其瞬态响应是以圆频率 $\omega_n\sqrt{1-\xi^2}$ 做衰减振荡的，该圆频率称为有阻尼振荡频率 ω_d，如图 3.32 所示。按照求极值的通用方法，可求得各振荡峰值所对应的时间 $t_p = 0, \pi/\omega_d, 2\pi/\omega_d, \cdots$。将 $t_p = \pi/\omega_d$ 代入阶跃响应的表达式，求得最大超调量 M 和阻尼比 ξ 的关系为（见图 3.33）：

$$M = e^{-\frac{\xi\pi}{\sqrt{1-\xi^2}}}$$

或

$$\xi = \sqrt{\frac{1}{\left(\dfrac{\pi}{\ln M}\right)^2 + 1}} \tag{3.63}$$

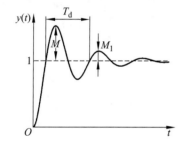

图 3.32　欠阻尼二阶系统的阶跃响应

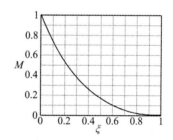

图 3.33　欠阻尼二阶系统的 M-ξ 关系图

因此，在测得 M 之后，便可按上式求取阻尼比 ξ。再由 $t_p = \pi/\omega_d = \pi/(\omega_n\sqrt{1-\xi^2})$，确定系统的固有频率 ω_n。

如果测得响应的较长瞬变过程，则也可利用任意两个超调量 M_i 和 M_{i+n} 求取阻尼比 ξ，其中 n 为该两个超调量之峰值相隔的周期数（整数）。

令 M_i 对应的峰值时间为 t_i，则 M_{i+n} 对应的峰值时间：

$$t_{i+n} = t_i + nT_d = t_i + \frac{2n\pi}{\omega_d}$$

将其代入二阶系统阶跃响应的表达式得

$$\ln\frac{M_i}{M_{i+n}} = \ln\frac{e^{-\xi\omega_n t_i}}{e^{-\xi\omega_n(t_i+2n\pi/\omega_d)}} = \frac{2n\pi\xi}{\sqrt{1-\xi^2}}$$

整理后可得

$$\xi = \sqrt{\frac{\delta_n^2}{\delta_n^2 + 4n^2\pi^2}} = \frac{\delta_n/n}{\sqrt{(\delta_n/n)^2 + 4\pi^2}} \tag{3.64}$$

式中，　$\xi_n = \ln \dfrac{M_i}{M_{i+n}}$ 。

根据上两式，即可按实际测得的任意两个超调量 M_i 和 M_{i+n}，经 δ_n 而求得阻尼比 ξ。当 $\xi < 0.3$ 时，式(3.64)可简化为

$$\xi = \frac{\delta_n}{2n\pi} \tag{3.65}$$

对于精确的二阶装置，不同的 n 所得的 ξ 不会有差别，否则，系统即非二阶的系统。最后再由求得的阻尼比 ξ 和测得的峰值时间确定固有频率 ω_n。

例 3.5　对一个典型的二阶系统输入一个单位阶跃信号，从响应的记录曲线上测得其振荡周期为 4 ms，第 3 个和第 11 个振荡的单峰幅值分别为 12 mm 和 4 mm。试求该系统的固有频率和阻尼比。

解：第 3 个和第 11 个振荡的单峰幅值之间相隔 8 个振荡周期，它们的超调量的对数衰减率为

$$\frac{\delta_n}{n} = \frac{\ln(12/4)}{8} = 0.137\,326\,5$$

振荡频率为

$$\omega_d = \frac{2\pi}{T_d} = \frac{2\pi}{4 \times 10^{-3}} = 1\,570.79 \text{ rad/s}$$

该系统的阻尼比为

$$\xi = \frac{\delta_n/n}{\sqrt{(\delta_n/n)^2 + 4\pi^2}} = \frac{0.137\,326\,5}{\sqrt{0.137\,326\,5^2 + 4\pi^2}} = 0.021\,85$$

得系统的固有频率为

$$\omega_n = \frac{\omega_d}{\sqrt{1-\xi^2}} = \frac{1\,570.79}{\sqrt{1 - 0.021\,85^2}} = 1\,571.17 \text{ rad/s}$$

3.8　组成测试系统应考虑的因素

1. 技术性能指标

（1）精度：测量系统的示值和被测量的真值相符合的程度。精度是与评价测试系统产生的测量误差大小有关的指标，其高低取决于测量误差的大小值。

（2）分辨力：指能引起输出量发生变化时输入量的最小变化量，表明测试系统分辨输入量微小变化的能力。

（3）测量范围：指测试系统能正常测量最小输入量和最大输入量之间的范围。静态测量——幅值的范围；动态测量——幅值和频率的范围。

（4）稳定性：是指在一定工作条件下，当输入量不变时，输出量随时间变化的程度，包括温漂、零漂和灵敏度漂移。

（5）可靠性：是与测试系统无故障工作时间长短有关的一种描述。

（6）信噪比：信号功率与干扰（噪声）功率之比。记为 SNR，单位为分贝（dB）。

2. 测试系统的经济指标

测试系统的经济指标，是指在满足系统检测性能要求的条件下，测试系统的活劳动和物化劳动的消耗情况，主要包括费用指标、收益指标及时间指标等，如测试系统购置费和营运成本、测试系统直接收益和使用费用节约额、测试系统设备寿命周期等。

3. 测试系统的使用环境条件

测试系统的使用环境条件，是指测试系统所处周围的物理、化学和生物的条件，包括诸如环境温度、环境相对湿度、环境压力、电磁场、重力、倾斜、电源电压及频率变化、谐波、辐射、冲击、振动、腐蚀、侵蚀和易燃易爆等。

4. 环节互联的负载效应与适配条件

当一个装置连接到另一个装置上，并发生能量交换时，就会发生两种现象：① 前装置的连接处甚至整个装置的状态和输出都将发生变化。② 两个装置共同形成一个新的整体，该整体虽然保留其两组成装置的某些主要特征，但其传递函数不符合串联或并联的规律。这种一装置由于后接另一装置导致的种种现象，称为负载效应。减轻负载效应的方法有：

（1）提高后续环节（负载）的输入阻抗。

（2）在原来两相连接的环节之中，插入高输入阻抗、低输出阻抗的放大器，以便一方面减少从前面环节吸取能量，另一方面在承受后一环节（负载）后又能减小电压输出的变化，从而减轻总的负载效应。

（3）使用反馈或零点测量原理，使后面环节几乎不从前环节吸取能量。例如，用电位差计测量电压等。

适配条件是指为了避免或减轻负载效应，要求前后互联环节的阻抗等电气特性相匹配。

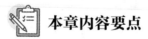 **本章内容要点**

本章围绕测试结果能否如实反映被测信号这一测试中最重要的问题，探讨了测试系统的静态、动态特性和不失真测试条件。

测试是从客观事物取得有关信息的过程，在此过程中须借助测试系统。选择或设计测试系统时，必须考虑测试系统能否准确获取被测量的量值及其变化，即实现准确测量。而能否实现准确测量，则取决于测试系统的传输特性。这些特性包括动态特性、静态特性、负载特性等。

理想的测试系统，其传输特性应该具有单值的、确定的输入输出关系，确定其中一个量即可确定另一个量。其中以输入输出呈线性关系为最佳。

线性时不变系统具有叠加性、比例特性、微分特性、积分特性和频率保持性。

测试系统的静态特性指标包括灵敏度、非线性度、回程误差（滞后）、分辨率、漂移等。

描述测试系统动态特性的方法有传递函数 $H(s)$、频率响应函数 $H(j\omega)$ 和脉冲响应函数 $h(t)$。重点是频率响应函数、幅频特性曲线和相频特性曲线。

　　测试的目的是获得被测对象的原始信息，这就要求在测试过程中采取相应的技术手段，使测试系统的输出信号能够真实、准确地反映出被测对象的信息，这种测试称为不失真测试。

　　测试系统不失真测试的幅频特性 $A(\omega)$ 和相频特性 $\varphi(\omega)$ 应分别满足：$A(\omega)$ 为水平直线、$\varphi(\omega)$ 为过原点的斜直线，即 $A(\omega) = A_0$、$\varphi(\omega) = -t_0\omega$。

　　输出信号产生失真的原因为幅值失真、相位失真、非线性失真。

　　一阶、二阶系统是最常见的测试系统，高阶复杂系统可以由一阶 、二阶系统组合（串联、并联）而成。

　　典型系统实现不失真测试的条件如下 ：

　　（1）一阶系统。时间常数 τ 越小，越不容易失真。

　　（2）二阶系统。系统的固有频率 ω_n 尽可能高，阻尼比 $\xi = 0.6 \sim 0.8$，且信号频率 $\omega = (0 \sim 0.6)\omega_n$。

思考与练习

　　1. 什么叫线性时不变系统？它具有哪些主要性质？

　　2. 什么叫测试系统的静态特性？主要定量指标有哪些？

　　3. 测试系统动态特性的描述方法有哪几种？它们之间的关系是什么？

　　4. 什么是传递函数？有何特点？

　　5. 什么是频率响应函数？如何用复指数形式表示？

　　6. 一阶测量系统的微分方程式如何表示？一阶系统的频率特性如何表示？

　　7. 二阶测量系统的微分方程式如何表示？二阶系统的频率特性如何表示？

　　8. 什么是频率响应法？如何用它测定一二阶系统的动态特性参数？

　　9. 如何应用阶跃响应法测定一二阶系统的动态特性参数？

　　10. 什么是不失真测试？实现不失真测试需要满足什么条件？

　　11. 组成测试系统应考虑哪些因素？

　　12. 某个压电式力传感器的灵敏度为 93 pC/MPa，电荷放大器的灵敏度为 0.06 V/pC，若压力变化 20 MPa，为使记录笔在记录纸上的位移不大于 50 mm，则笔式记录仪的灵敏度应选多大？

　　13. 图 3.34 所示为一测试系统的框图，试求该系统的总灵敏度。

图 3.34

　　14. 用一个时间常数 $\tau = 0.35$ s 的一阶测试系统，测量周期分别为 5 s、1 s、2 s 的正弦信号，求测量的幅值误差各是多少？

　　15. 用时间常数 $\tau = 2$ s 的一阶装置测量烤箱内的温度，箱内的温度近似地按周期为 160 s 做正弦规律变化，当温度在 500~1 000 ℃变化，试求该装置所指示的最大值和最小值各是多少？

　　16. 设用时间常数 $\tau = 0.2$ s 的一阶装置测量正弦信号：$x(t) = \sin 4t + 0.4 \sin 40t$，试求其输出信号。

17. 用一阶系统做 200 Hz 正弦信号的测量，如果要求振幅误差在 10%以内，则时间常数应取多少？如用具有该时间常数的同一系统做 50 Hz 正弦信号的测试，问此时的振幅误差和相位差是多少？

18. 将温度计从 20 ℃的空气中突然插入 100 ℃的水中，若温度计的时间常数 $\tau = 2.5$ s，则 2 s 后的温度计指示值是多少？

19. 用时间常数 $\tau = 0.5$ s 的一阶装置进行测量，若被测参数按正弦规律变化，若要求装置指示值的幅值误差小于 2%，问被测参数变化的最高频率是多少？如果被测参数的周期是 2 s 和 5 s，问幅值误差是多少？

20. 对一个二阶系统输入单位阶跃信号后，测得响应中产生的第 1 个过冲量 $M = 1.5$，同时测得其周期为 6.28 s。已知装置的静态增益为 3，试求：（1）该装置的传递函数？（2）该装置在欠阻尼固有频率处的频率响应。

21. 一种力传感器可作为二阶系统处理。已知传感器的固有频率为 800 Hz，阻尼比为 0.14。问使用该传感器做频率为 500 Hz 和 1 000 Hz 正弦变化的外力测试时，其振幅和相位角各为多少？

22. 求周期信号 $x(t) = 6\cos(10t + 30°) + 3\cos(100t - 60°)$ 通过传递函数为 $H(s) = 1/(0.005s + 1)$ 的测试装置后所得到的稳态响应。

第4章 常用传感器

4.1 概 述

4.1.1 传感器的定义和作用

传感器是能感受规定的被测量、并按照一定的规律转换成可用输出信号的器件或装置，通常由敏感元件和转换元件组成。

从传感器的定义可以看出，"能感受规定的被测量"意为传感器对规定的被测量具有最大的灵敏度和最好的选择性，如温度传感器只能用于测温，不希望其同时受其他被测量的影响；"可用输出信号"意为便于传输、转换、处理和显示的输出信号，最常见的是电信号；"按照一定的规律"意为输入和输出之间存在确定的关系，具有确定规律的静态特性和动态特性关系。敏感元件直接感受被测量并将其转换成其他物理量，转换元件将敏感元件输出的物理量转换成电量；所以传感器具有敏感作用和转换作用，其基本功能就是检测信号（信号检测）和转换信号（信号转换）。

传感器处于测试系统的输入端，是测试系统的第一个环节，感受和拾取被测信号，把被测量，如力、位移、温度等物理量转换为易测信号或易传输信号，传送给测试系统的调理环节，其性能直接影响整个测试系统，对测试精度至关重要。

传感器可认为是人类感官的延伸，因为借助传感器可以去探测那些人们无法用或不便用感官直接感知的事物，如高温、高压、振动频率、海水深度、与太阳的距离、地面形貌、河流状态及植被的分布，等等。可以说传感器是人们认识自然界事物的有力工具，是测量仪器与被测事物之间的接口。

传感器普遍应用于军事、公安、纺织、商业、环保、医疗卫生、气象、海洋、航空、航天、家用电器等领域和部门。传感器是生产自动化、科学测试、计量核算、监测诊断等系统中不可缺少的环节。总之，当前，传感器已渗透到诸如工业生产、宇宙开发、海洋探测、环境保护、资源调查、医疗保健、生物工程，甚至文物保护等极为广泛的领域，可以毫不夸张地说，从茫茫的太空，到浩瀚的海洋，以至各种复杂的工程系统，几乎每一个现代化项目，都离不开各种各样的传感器。在论及传感器的重要地位时，有些专家评论："如果没有传感器检测各种信息，那么支撑现代文明的科学技术，就不可能发展""谁掌握和支配了传感器技术，谁就能够支配新时代"。

4.1.2 传感器的分类

工程中常用传感器的种类繁多，往往一种物理量可用多种类型的传感器来测量，而同一种传感器也可用于多种物理量的测量。

传感器的分类方法很多，概括起来，可按以下几个方面进行分类。

1. 按被测物理量分类

按被测物理量的不同，可分为位移传感器、速度传感器、加速度传感器、力传感器、温度传感器等。

2. 按变换原理分类

按传感器变换原理的不同，可分为机械式传感器、电阻式传感器、电感式传感器、电容式传感器、光电式传感器、压电式传感器、磁电式传感器等。

3. 按信号变换特征分类

按信号变换特征，传感器可分为物性型传感器和结构型传感器。

物性型传感器，利用敏感元件材料本身物理性质的变化来实现信号的检测。例如，用水银温度计测温，是利用了水银的热胀冷缩的现象；用光电传感器测速，是利用了光电器件本身的光电效应；用压电测力计测力，是利用了压电材料的压电效应等。

结构型传感器，通过传感器本身结构（形状、尺寸、位置等）参数的变化来实现信号的转换。例如，电容式传感器，是通过极板间距离发生变化而引起电容量的变化；电感式传感器，是通过活动衔铁的位移引起自感或互感的变化等。

4. 按能量传递方式分类

按能量传递方式，可将传感器可分为能量转换型、能量控制型和能量传递型。

能量转换型传感器，也称有源传感器，直接由被测对象输入能量（从被测对象吸收能量）进行工作，具有换能功能，能将被测物理量直接转换成电量，无须外加电源，故有时也称为发电型传感器。例如，热电偶温度计、弹性压力计等。

能量控制型传感器，也称无源传感器，是从外部供给能量使传感器工作的，并且由被测量来控制外部供给能量的变化，使用这类传感器时，必须加上外部电源才能工作。例如，电阻应变计中电阻接于电桥上，电桥工作能源由外部供给，而由被测量变化所引起电阻变化来控制电桥输出；电阻温度计、电容式测振仪等均属此种类型。所以，能量控制型传感器也称为参量型传感器。

能量传递型传感器，由外部能源供给激励（能量）信号发生器，激励信号发生器以信号激励被测对象。传感器获取的信号是被测对象对激励信号的响应，它反映被测对象的性质或状态。例如，超声波探伤仪、核辐射探测仪、γ射线测厚仪、X射线衍射仪等。

5. 按输出量的性质分类

按输出量的性质，可分为模拟式传感器和数字式传感器两种，前者的输出量为连续变化的模拟量，而后者的输出量为数字量。由于计算机在工程测试中的应用，数字式传感器的应用越来越广泛。当然，模拟量也可以通过模-数转换器转换为数字量。

需要指出的是，不同情况下，传感器可能只有一个，也可能有几个换能元件，也可能是一个小型装置。例如，电容式位移传感器是位移-电容变化的能量控制型传感器，可以直接测量位移。而电容式压力传感器，则经过压力-膜片弹性变形（位移）-电容变化的转换过程。此时膜片是一个由机械量-机械量的换能件，由它实现第一次变换；同时它又与另一极板构成电容器，用来完成第二次转换。再如，电容型伺服式加速度计（也称力反馈式加速度计），实际上是一个具有闭环回路的小型测量系统，如图 4.1 所示。这种传感器较一般开环式传感器具有更高的精确度和稳定性。

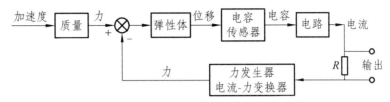

图 4.1　伺服式加速度计原理框图

表 4.1 汇总了机械工程中常用传感器的基本类型及其名称、被测量、性能指标等。

表 4.1　常用传感器的基本类型

类型	名称	变换量	被测量	应用举例	性能指标（参考）
机械式	测力环	力-位移	力	三等标准测力仪	测量范围 $10\sim10^5$ N，示值误差 $\pm(0.3\sim0.5)\%$
	弹簧	力-位移	力	弹簧秤	—
	波纹管	压力-位移	压力	压力表	测量范围 500 Pa~0.5 MPa
	波登管	压力-位移	压力	压力表	测量范围 0.5 Pa~10^3 MPa
	波纹膜片	压力-位移	压力	压力表	测量范围小于 500 Pa
	双金属片	温度-位移	温度	温度计	测量范围 0~300 ℃
	微型开关	力-位移	物体尺寸、位置、有无		位置精度可达微米级
电磁及光电子式	电位计	位移-电阻	位移	直线电位计	分辨力 0.025~0.05 mm，线性误差(0.05~0.1)%
	电阻丝应变片	形变-电阻	力、位移、应变	应变仪	最小应变 1~2 με
	半导体应变片	形变-电阻	加速度		最小测力 0.1~1 N
	电容	位移-电容	位移、力、声	电容测微仪	分辨力 0.025 μm
	电涡流	位移-自感	位移、厚度、硬度	涡流式测振仪	测量范围 0~15 mm，分辨力 1 μm
	磁电	速度-电势	速度	磁电式速度计	频率 2~500 Hz，振幅±1 mm
	电感	位移-自感	位移、力	电感测微仪	分辨力 0.5 μm
	差动变压器	位移-互感	位移、力	电感比较仪	分辨力 0.5 μm
	压电元件	力-电荷	力、加速度	测力计	分辨力 0.01 N
	压电元件	力-电荷	力、加速度	加速度计	频率 0.1~20 kHz，测量范围 $10^{-2}\sim10^5$ m/s^2
	压磁元件	力-磁导率	力、扭矩	测力计	—
	热电偶	温度-电势	温度	热温度计	测量范围 0~1 600 ℃
	霍尔元件	位移-电势	位移、探伤	位移传感器	测量范围 0~2 mm，直线性 1%

续表

类型	名称	变换量	被测量	应用举例	性能指标（参考）
电磁及光电子式	热敏电阻	温度-电阻	温度	半导体温度计	测量范围-10~300 ℃
	气敏电阻	气体浓度-温度	可燃气体	气敏检测仪	
	光敏电阻	光-电阻	开、关量		
	光电池	光-电压		硒光电池	灵敏度 500 μA/lm
	光敏晶体管	光-电流	转速、位移	光电转速仪	最大截止频率 50 kHz
	光纤	声-光相位调制传光型	声压 温度	水听器，光纤辐射温度计	检测最小声压 1 μPa，测量范围 700~1 100 ℃，测量误差小于 5 ℃
	光电管	光电、数显	长度、角度	光学测长仪	测量范围 0~500 mm，最小划分值 0.1 μm
	光栅	光-电	长度 角度	长光栅，圆光栅	测程 3 m，分辨力 0.05 μm，分辨力 0.1″
辐射式	红外	热-电	温度、物体有无	红外测温仪	测量范围-10~1 300 ℃，分辨力 0.1 ℃
	X 射线	散射、干涉、穿透	测厚、探伤、应力成分分析	X 射线应力仪	
	γ 射线	对物质穿透	测厚、探伤	γ 射线测厚仪	
	激光	光波干涉	长度、位移转角、加速度	激光测长仪，激光干涉测振仪	测距 2 m，分辨力 0.2 μm，振幅±(3~5)×10⁻⁴ mm，频率 5~3 kHz
	超声	超声波反射、穿透	测厚、探伤	超声波测厚仪	测量范围 4~40 m，测量精度±0.25 mm
	β 射线	穿透作用	测厚		
流体式	气动	尺寸-压力	尺寸、物体大小	气动量仪	可测最小直径，0.05~0.076 mm
	气动	间隙-压力	距离	气动量仪	测量间隙 6 mm，分辨力 0.025 mm
	气动	压力-尺寸	尺寸、间隙	浮标式气动量仪	放大倍率 1 000~10 000，测量间隙 0.05~0.2 mm
	液体	压力平衡	压力	活塞压力计	测量精度(0.02~0.2)%
	液体	液体静压变化	流量	节流式流量计	
	液体	液体阻力变化	流量	转子式流量计	

4.1.3 对传感器的性能要求

无论何种传感器，尽管它们的原理、结构不同，使用环境、条件、目的不同，其技术指标也不尽相同，但基本要求却是相同的。

（1）灵敏度高，输入和输出之间应具有较好的线性关系。

（2）噪声小，并且具有抗外部噪声的性能。

（3）滞后、漂移误差小。

（4）动态特性良好。

（5）接入测量系统时对被测量产生影响小。

（6）功耗小，复现性好，有互换性。

（7）防水及抗腐蚀等性能好，能长期使用。

（8）结构简单，容易维修和校正。

（9）低成本，通用性强。

实际的传感器往往很难满足这些性能要求，应根据应用的目的、使用环境、被测对象状况、精度要求和信号处理等具体条件做全面综合考虑。表 4.2 为常用传感器的技术指标。

表 4.2　常用传感器的技术指标

基本参数指标	环境参数指标	可靠性指标	其他指标
量程指标： 量程范围、过载能力等； 灵敏度指标： 灵敏度、分辨率、满量程输出、输入阻抗等； 精度有关指标： 精度、误差、线性、滞后、重复性、灵敏度误差、稳定性等； 动态特性指标： 固有频率、阻尼比、时间常数、频率响应范围、频率特性、临界频率、临界速度、稳定时间、过冲量、稳态误差等	温度指标： 工作温度范围、温度误差、温度漂移、温度系数、热滞后等； 抗冲振指标： 允许各向抗冲振的频率、振幅及加速度、冲振所引入的误差等； 其他环境参数： 抗潮湿、抗介质腐蚀能力、抗电磁干扰能力等	工作寿命、平均无故障时间、保险期、疲劳性能、绝缘电阻、耐压及抗飞弧等	使用有关指标： 供电方式（交流、直流、频率及波形等）、功率、各项分布参数值、电压范围及稳定度等； 结构方面参数： 外形尺寸、重量、课题材质、结构特点等； 安装连接方面指标： 安装方式、馈线电缆等

4.1.4　改善传感器性能的途径

传感器的性能指标包括很多方面，企图使某一传感器的各个指标都优良，不仅设计制造困难，在使用上也没有必要，因此应根据实际的需要和可能，确保主要性能指标，放宽对次要性能指标的要求，以提高传感器的性价比。在选择使用传感器时，应根据实际测试目的恰当地选用，能满足使用要求的产品，切忌盲目追求高指标。在设计、使用传感器时，可采用下列技术措施来改善传感器的性能。

1. 差动技术

通常要求传感器输出-输入关系成线性，但实际上难以做到。如果输入量变化范围不大，且非线性项的方次不高，可以用切线或割线来代替实际曲线的某一段，这种方法为静态特性的线性化，但是这种方法存在很大的局限性。

差动技术是传感器中普遍采用的技术，它可显著减少温度变化、电源波动、外界干扰等对传感器精度的影响，既可抵消共模误差、减少非线性误差等，还可提高传感器的灵敏度。

2. 平均技术

在传感器中常用的平均技术有误差平均效应和数据平均处理。误差平均效应的原理是利用 n 个传感器，同时感受被测量，输出为这些传感器输出总和的平均值。若将每个传感器可能带来的误差看作随机误差，且服从正态分布，根据误差理论，总的误差将大大减少。例如，当 $n = 10$ 时误差将减少为 31.6%，当 $n = 500$ 时误差减少为 4.3%。数据平均处理的做法是，在同样条件下进行 n 次重复测量或采样，然后求其平均值，随机误差将减小 $n^{-0.5}$。

3. 稳定性处理

传感器作为长期测量或反复使用的器件，其稳定性特别重要，甚至胜过精度指标，尤其是在很难或无法定期鉴定的场合。精度只需知道误差的规律，就可以进行补偿或修正，稳定性则不然。

造成传感器性能不稳定的原因是随着时间的推移和环境条件的变化，构成传感器的各种材料与元器件性能发生变化。为了提高传感器性能的稳定性，应对材料、元器件或传感器整体进行必要的稳定性处理，如结构材料的时效处理、冰冷处理，永磁材料的时间老化、温度老化、机械老化及交流稳磁处理，电气元件的老化与筛选等。

4. 干扰抑制

传感器大都需要在现场工作，现场的条件往往难以充分预料，有时是极其恶劣的，传感器输入信号中，除了被测量外，外界各种干扰因素会影响传感器的精度及其他性能。为了减小测量误差，保证其原有性能，应设法削弱或消除外界干扰因素对传感器的影响。方法有二：① 减少传感器对影响因素的灵敏度或影响传感器灵敏度的因素；② 降低外界干扰因素对传感器实际作用的强度。

对电磁干扰可采用屏蔽、隔离措施，也可用滤波方法加以抑制。由于传感器是感受非电量的器件，故需采用隔离措施（如隔热，密封，隔振等）来减小温度、湿度、机械振动、辐射、气流等因素对被测量的影响，或者在非电量变为电量后对干扰信号进行分离或抑制，以减少其影响。

5. 补偿、修正技术

若传感器的误差变化规律过于复杂，采取一定的技术措施后仍难满足要求，或虽可满足要求，在经济上不合算或技术过于复杂而无现实意义时，可以利用电子线路（硬件）或者通过软件进行补偿与修正。

补偿与修正技术在传感器中的应用较多，尤其适用于下面两种情况：①针对传感器本身特性，找出误差的变化规律或者测出其大小和方向，采用适当的方法加以补偿或修正；②针对传感器的工作条件或外界环境进行误差补偿，这种方法是提高传感器精度的有效措施，不少传感器对温度敏感，温度变化引起的误差较大。为了解决这个问题，较可行的方法是先找出温度对测量值影响的规律，然后在传感器内引入温度误差补偿措施，根据外界环境情况修正误差以满足要求。

6. 集成化与智能化技术

对传感器采用集成化、智能化技术，可扩大其功能，改善其特性，提高其性价比。

4.1.5　传感器的发展趋势

传感器在科学技术领域、工农业生产以及日常生活中正发挥着越来越重要的作用。目前，传感器无论是在数量、质量还是功能上，远远不能满足社会多方面发展的需要。人类社会对传感器提出越来越高的要求，是传感器技术发展的强大动力，现代科学技术的突飞猛进，为传感器的发展提供了坚强的后盾。传感技术领域的发展，不外乎两个方面：一是最大限度地提高与改善现有传感器的性价比，二是寻求新原理、新材料、新工艺及新功能等。

1. 开发新型传感器

传感器的工作机理是基于各种效应和定律，随着人们对自然认识的深化，会不断发现一些新的物理效应、化学效应、生物效应等，用这些新的效应可开发出相应的新型传感器，从而为提高传感器性能和拓展传感器的应用范围提供新的可能。这启发人们进一步探索具有新效应的敏感功能材料，改变材料的组成、结构、添加物或采用各种工艺技术，利用材料形态变化来提高材料对电、磁、热、声、力、光以及化学、生物等的敏感功能，并以此研制出新型的传感器。

结构型传感器发展得较早，目前日趋成熟，但是其结构复杂、体积较大、价格偏高；物性型传感器则与之相反，世界各国都在物性型传感器方面投入大量人力、物力加强研究，成为一个值得关注的发展方向。此外，利用化学效应、生物效应开发的化学传感器和生物传感器更是有待开拓的新领域。

狗的嗅觉，鸟的视觉，蝙蝠、飞蛾、海豚的听力等，远远超过人类，是当今传感器技术所望尘莫及的。研究它们的机理，开发仿生传感器，也是引人注目的方向。

2. 开发新材料

传感器材料是传感器技术的重要基础，材料科学的进步使得新型传感器的开发成为可能。近年来对传感器材料的研究主要涉及以下几个方面：从单晶体到多晶体、非晶体；从单一型材料到复合材料；原子（分子）型材料的人工合成。用复合材料来制造性能更加良好的传感器是今后的发展方向之一。

1）半导体敏感材料

半导体敏感材料在传感器技术中具有较大优势，将在今后相当长时间占据主导地位。半导体硅在力敏、热敏、光敏、磁敏、气敏、离子敏以及其他敏感元件上具有广泛用途。

硅材料可分为单晶硅、多晶硅和非晶硅。目前，压力传感器仍以单晶硅为主，但有向多晶和非晶硅薄膜方向发展的趋势。多晶硅传感器具有温度特性好、制造容易、易小型化、成本低等优点；非晶硅由于具有光吸收系数大、可用作薄膜光电器件、对整个可见光区域都敏感、薄膜形成温度低等诱人的特性将获得迅速发展。

用金属材料和非金属材料结合成化合物半导体是另一个思路。化合物半导体的发光效率高、耐高温、抗辐射、电子迁移率大，可制成高频率器件，预计在光敏、磁敏中会得到越来越多的应用。

2）陶瓷材料

陶瓷敏感材料在敏感技术中具有较大的技术潜力。具有电功能的电子陶瓷（可分为绝缘陶瓷、压电陶瓷、介电陶瓷、热电陶瓷、光电陶瓷和半导体陶瓷），在工业测量方面都有应用，其中压电陶瓷、半导体陶瓷的应用最为广泛。半导体陶瓷是传感器常用的材料，尤以热敏、湿敏、气敏、电压敏最为突出，陶瓷敏感材料的发展趋势是继续探索新材料、发展新品种，向高稳定、高精度、长寿命和小型化、薄膜化、集成化和多功能化方向发展。

3）磁性材料

很多传感器采用磁性材料。目前，磁性材料正向非晶化、薄膜化方向发展。非晶磁性材料具有磁导率高、电阻率高、耐腐蚀、硬度大等特点，将获得越来越广泛的应用。非晶体不具有磁的各向同性，是一种高磁导率和低损耗的材料，很容易获得旋转磁场，且在各个方向都可得到高灵敏度的磁场，可用来制作磁力计、磁通敏感元件、高灵敏度的应力传感器。基于磁致伸缩效应的力敏元件也将得到发展。

4）智能材料

智能材料是指通过设计和控制材料的物理、化学、机械、电学等参数，研制出生物体材料所具有的特性或者优于生物体材料性能的人造材料。有人认为，具备对环境的判断可自适应、自诊断、自修复、自增强等功能的材料可称为智能材料。

生物体材料的最突出特点是具有时基功能，它能适应环境调节其灵敏度。除了生物体材料外，形状记忆合金、形状记忆陶瓷和形状记忆聚合物都是引人注目的智能材料。对智能材料的探索工作刚刚开始，相信不久的将来会有很大的发展。

3. 采用新工艺

发展新型传感器，离不开新工艺的采用。离子束、电子束、分子束、激光束和化学刻蚀等用于微电子加工的技术，目前已越来越多地用于传感器领域。新工艺的采用，提高了传感器的多项性能。

4. 集成化、多功能化与智能化

传感器集成化包括两种定义：① 将多个相同的敏感元件集成在同一芯片上，成为一维、二维或三维阵列型传感器，如 CCD 图像传感器；② 多功能一体化，即将传感器与放大、运算以及温度补偿等电路集成在一块芯片上，使之具有校准、补偿、自诊断和网络通信的功能，增强抗干扰能力，消除仪表带来的二次误差，具有很大的使用价值。

随着集成电路和集成技术的发展，越来越多的半导体传感器及其后续电路被制作在同一芯片上，形成集成传感器。它既具有传感器的功能，又能完成后续电路的部分功能。集成传感器的出现，不仅使测量装置的体积缩小、重量减轻，而且增强了功能、改善了性能。例如，温度补偿电路和传感器元件集成在一起，能有效地感知并跟踪传感元件的温度，可取得很好的补偿效果；阻抗变换、放大电路和传感元件集成在一起，可有效减小两者之间传输导线引进的外来干扰，改善信噪比；多传感器的集成，可同时进行多参量的测量，并能对测量结果进行综合处理，从而得出被测系统的整体状态信息；信号发送和接收电路与传感元件集成在一起，使传感器有可能放置于危险环境、封闭空间甚至植入生物体内而接收外界的控制，并自动输送出测量结果。

通常情况下一个传感器只能用来探测一种物理量，但在许多场合，为了完整、准确地反映客观事物和环境，往往需要同时测量几种不同的参数，把多个功能不同的敏感元件集成在一起，做成集成块就能同时测量多项参数，还可对这些参数的测量结果进行综合处理和评价，实现传感器的多功能化。传感器的多功能化可以降低生产成本、减小体积以及提高传感器的稳定性、可靠性等性能指标。多功能传感器是当前传感器技术发展中一个全新的研究方向，将某种类型的传感器进行适当组合，可成为新的传感器。

传感器与微处理器相结合，具有检测及转换功能、记忆、存储、分析、处理、逻辑思考和结论判断等人工智能，称为传感器的智能化。智能传感器（Intelligent Sensor），相当于微型机与传感器的综合体，其组成部分包括主传感器、辅助传感器及微型机硬件。例如，智能压力传感器的主传感器是压力传感器，用来检测压力参数，辅助传感器通常为温度传感器（可以校正由于温度变化引起的测量误差）、环境压力传感器（可以测量工作环境的压力变化并对测定结果进行校正），硬件系统除了能够对传感器的微弱输出信号进行放大、处理和存储外，还执行与计算机之间的通信联络。

借助于半导体集成化技术把传感器部分与信号预处理电路、输入输出接口、微处理器等制作在同一块芯片上，形成集成智能传感器，它具有如下特殊功能：

（1）自补偿功能。能够对信号检测过程中的非线性误差、温度变化及其导致的信号零点漂移和灵敏度漂移、响应时间延迟、噪声与交叉感应等进行补偿，改进测试精度。

（2）自诊断功能。接通电源时系统的自检，系统工作时的运行自检。当工作环境临近其极限条件时，发出报警信号，并给出相应的诊断信息。系统发生故障时能够找出异常现象、确定故障的位置与部件等。

（3）自校正功能。系统中参数的设置与检查，测试中量程的自动转换，被测参量的自动运算等。

（4）数据自动采集与处理功能。自动地对被测对象（或被控对象）采集数据，并对所采集的数据自动进行处理，如数据的自动存储、分析、处理、剔除异常值与传输等，能很方便地实时处理所探测到的大量数据。

（5）双向通信功能。通过数字式通信接口可以直接与计算机进行通信联络和信息交换，可以对检测系统进行远距离控制或在锁定方式下工作，也可以将测得的数据发送给远程用户。

与传统传感器比较，智能传感器具有以下几个优点：① 精度高；② 可靠性与稳定性高；③ 信噪比与分辨率高；④ 具有较强的适应性；⑤ 具有高的性能价格比。

已经应用的智能传感器种类很多，在物体的位置、距离、厚度、状态测量以及和目标识别等方面检测用的智能传感器尤其受到重视。

5. 操作简单化

在用户需求催生出越来越多传感器新品的同时，传感器制造商也开始重视让产品更适于用户的操作和需要，让用户能够更简单地使用传感器已经成为传感器产品发展的一个方向。

6. 微型化

各种控制仪器、设备的功能越来越强大，要求各个部件体积越小越好，因而传感器本身的体积也是越小越好。纳米/微米技术的进步、微机械加工技术的出现，使三维工艺日趋完善，为微型传感器的研制铺平的道路。微型传感器的特征是体积微小、质量较轻，其敏感元件的尺寸一般为微米级。

4.2　机械式传感器

在工程测试技术中，常常以弹性体作为传感器的敏感元件，故又称之为弹性敏感元件。

它的输入量可以是力、压力、温度等物理量，而输出则为弹性元件本身的弹性变形。这种变形经放大后可成为仪表指针的偏转，借助刻度指示出被测量的大小。这种传感器的典型应用例有：用于测力或称重的环形测力计、弹簧秤等；用于测量流体压力的波纹膜片、波纹管等；用于温度测量的双金属片等，如图 4.2 所示。

机械式传感器做成的机械式指示仪表具有结构简单、可靠、使用方便、价格低廉、读数直观等优点，应用广泛。但弹性变形不宜大，以减小线性误差。此外，由于放大和指示环节多为机械传动，不仅受间隙影响，而且惯性大，固有频率低，只宜用于检测缓变或静态被测量。

为了提高测量的频率范围，可先用弹性元件将被测量转换成位移量，然后用其他型式的传感器（如电阻、电容、电涡流式等）将位移量转换成电信号输出。

弹性元件具有蠕变、弹性后效等现象。材料的蠕变与承载时间、载荷大小、环境温度等因素有关；而弹性后效则与材料应力-松弛和内阻尼等因素有关。这些现象最终都会影响输出与输入的线性关系。因此，应用弹性元件时，应从结构设计、材料选择和处理工艺等方面采取有效措施。

近年来，在自动检测、自动控制技术中广泛应用的微型探测开关也被看作机械传感器。这种开关能把物体的运动、位置或尺寸变化，转换为接通、断开信号。图 4.3 所示为这种开关中的一种。它由两个簧片组成，在常态下处于断开状态。当它与磁性块接近时，簧片被磁化而接合，成为接通状态。图 4.3 中，只有当钢制工件通过簧片和电磁铁之间时，簧片才会被磁化而吸合，从而表达了有一件工件通过。这类开关，可用于探测物体有无、位置、尺寸、运动状态等。

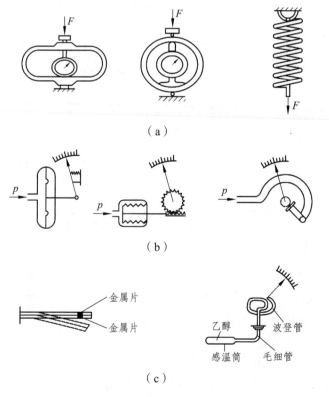

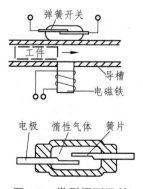

图 4.2　典型机械式传感器　　　　图 4.3　微型探测开关

4.3　电阻式传感器

电阻式传感器种类繁多，应用广泛，是一类根据电阻定律而设计的传感器，其基本原理就是将被测物理量（如位移、力等）的变化转换成电阻值的变化，再经相应的测量电路显示或记录被测量值的变化。常用的电阻式传感器有变阻器式、电阻应变式、热敏电阻式、光敏电阻式等多种。

4.3.1　变阻器式传感器

滑动触点式变阻器也称为变阻器式传感器或电位差计式传感器，常用的滑动触点式变阻器有直线位移型、角位移型和非线性型等，其结构如图 4.4 所示。不管是哪种类型的传感器，都由线圈、骨架和滑动触头等组成。线圈绕于骨架上，触头可在绕线上滑动，当滑动触头在绕线上的位置改变时，位移变化就转换为电阻变化。根据电阻定律

$$R = \rho \frac{l}{A} \tag{4.1}$$

式中，R 为电阻值（Ω）；ρ 为电阻率（$\Omega \cdot mm^2/m$）；l 为电阻丝长度（m）；A 为电阻丝截面积（mm^2）。

如果电阻丝直径和材质一定，则电阻值的大小随电阻丝长度而变化。

1. 直线位移型变阻器式传感器

如图 4.4a 所示，当被测直线位移变化时，滑动触头的触点 C 沿变阻器移动。若移动位移为 x，则 C 点与 A 点之间电阻值为

$$R = k_1 x \tag{4.2}$$

式中，k_1 为单位长度内的电阻值。

传感器的灵敏度：

$$S_g = \frac{dR}{dx} = k_1 \tag{4.3}$$

当电阻丝分布均匀时，k_1 为一常数，这时传感器的输出（电阻）与输入（位移）成线性关系。

2. 角位移型变阻器式传感器

如图 4.4（b）所示，角位移型变阻器输出阻值的大小随角度位移的大小而变化，该传感器的灵敏度为

$$S_g = \frac{dR}{d\alpha} = k_\alpha \tag{4.4}$$

式中，α 为转角（rad）；k_α 为单位弧度对应的电阻值。

3. 非线性变阻器式传感器

非线性变阻器式传感器也称为函数电位器，如图 4.4（c）所示，传感器的骨架形状根据要求的输出来决定。例如，若要求输出 $f(x)$ 与输入位移 x 的变化规律为 $f(x) = kx^2$，为了使输出电阻值 $R(x)$ 与 $f(x)$ 成线性关系，变阻器骨架应做成直角三角形；如果要求输出 $f(x)$ 与输入位移

x 的变化规律为 $f(x) = kx^3$，则应采用抛物线形骨架。

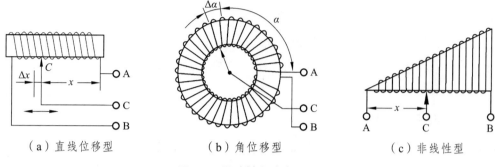

（a）直线位移型　　　　　（b）角位移型　　　　　（c）非线性型

图 4.4　滑动触点式变阻器

滑动触点式变阻器的后接电路，一般采用电阻分压电路，图 4.5 所示为线性变阻器的电阻分压电路。在直流激励电压 u_0 作用下，这种变阻器将位移变成输出电压的变化。当滑动触头移动 x 距离后，变阻器的输出电压 u_y，可用式（4.5）计算

$$u_y = \frac{u_0}{x_p / x + (R_p / R_L)(1 - x / x_p)} \qquad (4.5)$$

式中，R_p 为变阻器的总电阻；x_p 为变阻器的总长度；R_L 为后接电路的输入电阻。

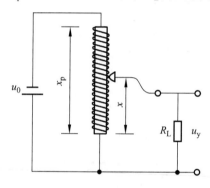

图 4.5　电阻分压电路

式（4.5）表明，传感器经过后接电路后的实际输出和输入为非线性关系，为减小后续电路的影响，应使 $R_L \gg R_p$，此时，$u_y \approx u_0 x / x_p$。

滑动触点式变阻器的优点：结构简单，性能稳定，受环境因素（如温度、湿度、电磁场干扰等）影响小，价格低廉，使用方便，可以实现输出-输入间任意函数关系，输出信号大，一般不需放大。缺点：分辨力不高，因为受到骨架尺寸和电阻丝直径的限制，提高分辨力需使用更细的电阻丝，绕制较困难。

由于结构上的特点，这种传感器还有较大的噪声。触头和电阻丝之间接触面的变动和磨损、尘埃附着等，都会使触头在滑动中的接触电阻发生不规则的变化，从而产生噪声。磨损不仅影响使用寿命和降低可靠性，而且会降低测量精度，使分辨力较低；动态响应较差，适合于测量变化较缓慢的量。

变阻器传感器往往用在测量精度要求不高、动作不太频繁的场合，可测量较大的线位移、角位移及能转变成位移的压力、液位、振动等参数。

4.3.2 电阻应变式传感器

电阻应变式传感器是通过应变片将被测物理量转换成电阻变化的器件，其敏感元件为电阻应变片。将电阻应变片粘贴在被测试件表面或各种弹性敏感材料上，可构成测量应变、位移、加速度、力、力矩、压力等各种参数的电阻应变式传感器。

电阻应变式传感器具有以下特点：① 精度高，测量范围广；② 使用寿命长，性能稳定可靠；③ 结构简单、体积小、重量轻；④ 动态响应较好，既可用于静态测量又可用于动态测量；⑤ 价格低廉，品种多样，便于选择和大量使用。在航空、船舶、机械、化工、建筑等行业里获得广泛应用，成为目前应用最广泛的传感器之一。

电阻应变式传感器可分为金属电阻应变式传感器与半导体应变式传感器两类。

1. 工作原理——电阻应变效应

把电阻应变片用特制胶水粘固在弹性结构体或需要测量变形的物体表面上，当弹性体受外力作用而成比例地发生机械变形（在弹性范围内）时，应变片也随同该物体一起变形，其电阻值也发生相应变化，由此将被测量转换为电阻变化。由于电阻值 $R = \rho l / A$，其中长度 l、截面积 A、电阻率 ρ 均将随电阻丝的变形而变化，而 l、A、ρ 的变化又将引起 R 的变化。金属或半导体在外力作用下产生机械变形（伸长或缩短）时，引起金属或半导体的电阻值发生变化的物理现象称为电阻应变效应，电阻应变片就是基于电阻应变效应工作的。

当每一可变因素分别有一增量 dl、dA 和 $d\rho$ 时，所引起的电阻增量为

$$dR = \frac{\partial R}{\partial l}dl + \frac{\partial R}{\partial A}dA + \frac{\partial R}{\partial \rho}d\rho \tag{4.6}$$

若导体截面为圆形，则 $A = \pi r^2$，r 为电阻丝半径，式（4.6）可写为

$$dR = \frac{\rho}{\pi r^2}dl - 2\frac{\rho l}{\pi r^3}dr + \frac{l}{\pi r^2}d\rho = R\left(\frac{dl}{l} - \frac{2dr}{r} + \frac{d\rho}{\rho}\right)$$

电阻的相对变化

$$\frac{dR}{R} = \frac{dl}{l} - \frac{2dr}{r} + \frac{d\rho}{\rho} \tag{4.7}$$

式中，$dl/l = \varepsilon$ 为电阻丝轴向相对变形，或称纵向应变；dr/r 为电阻丝径向相对变形，或称横向应变；$d\rho/\rho$ 为电阻丝电阻率相对变化，与电阻丝轴向所受正应力 σ 有关

$$\frac{d\rho}{\rho} = \lambda\sigma = \lambda E\varepsilon \tag{4.8}$$

式中，E 为电阻丝材料的弹性模量；λ 为压阻系数，与材质有关。

当电阻丝沿轴向伸长时，必沿径向缩小，两者之间的关系为

$$\frac{dr}{R} = -v\frac{dl}{l} \tag{4.9}$$

式中，v 为电阻丝材料的泊松比。

将式（4.8）、式（4.9）代入式（4.7），则有

$$dR / R = \varepsilon + 2v\varepsilon + \lambda E\varepsilon = (1 + 2v + \lambda E)\varepsilon \tag{4.10}$$

或

$$S_g = \frac{\mathrm{d}R/R}{\varepsilon} = (1+2v) + \lambda E \qquad (4.11)$$

式中，S_g 称为电阻丝的应变系数或灵敏度，其物理意义是单位应变所引起的电阻相对变化。

分析式（4.11）可以明显看出，电阻丝的灵敏度受两个因素影响：一个是受力后材料的几何尺寸变化所引起的，即 $(1+2v)$ 项，对于同一电阻材料，$(1+2v)$ 是常数；另一个是受力后材料的电阻率变化所引起的，即 λE 项。

由于测试中 R 的变化量微小，可认为 $\mathrm{d}R \approx \Delta R$，则式（4.10）可表示为

$$\Delta R/R \approx S_g \varepsilon \qquad (4.12)$$

2. 金属电阻应变片

对于金属电阻丝来说，式（4.11）中 λE 项比 $(1+2v)$ 项小得多，可忽略。大量实验表明，在电阻丝拉伸比例极限范围内，电阻的相对变化与其所受的轴向应变成正比，式（4.11）简化为

$$S_g = \frac{\mathrm{d}R/R}{\varepsilon} \approx 1+2v \qquad (4.13)$$

用于制造电阻应变片的电阻丝的灵敏度 S_g 多在 1.7~3.6。

常用的金属电阻应变片分为丝式、箔式和金属膜式。前两种为黏接式应变片（见图 4.6），由绝缘的基片、绝缘覆盖层、具有高电阻系数的金属丝（绕成栅栏形状的敏感栅）及引出线 4 部分组成。

金属丝式电阻应变片（又称电阻丝应变片）出现得较早，现在仍广泛采用，采用直径为 0.025 mm 左右、具有高电阻率的电阻丝制成的。为了获得高的电阻值，将电阻丝排列成栅状，称为敏感栅，并粘贴在绝缘的基底上，电阻丝的两端焊接引线，敏感栅上面粘贴有起保护作用的覆盖层[见图 4.6(a)]。应变片的规格一般以使用面积和电阻值表示，使用面积用 $b \times l$ 表示，其中，l 为栅长（标距），b 为栅宽（基宽）；如 3 mm×20 mm，120 Ω。金属丝式电阻应变片有回线式和短接式两种。

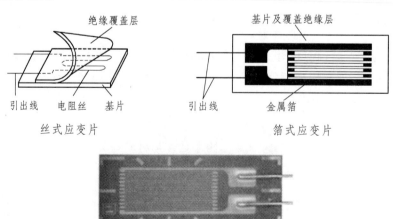

丝式应变片　　　　　　　　　　箔式应变片

图 4.6　黏接式应变片的基本结构及应变片产品

图 4.7 所示为常见应变片，图 4.7（a）、（b）、（c）、（d）、（i）、（j）所示为丝式应变片，它

们制作简单、性能稳定、成本低、易粘贴，但因圆弧部分参与变形，故横向效应较大。图 4.7（b）为短接式应变片，它的敏感栅平行排列，两端用直径比栅线直径大 5~10 倍的镀银丝短接而成，其优点是克服了横向效应。

金属箔式应变片则是用栅状金属箔片代替栅状金属丝，利用照相制版或光刻技术，将厚为 0.001~0.01 mm 的金属箔片制成敏感栅，如图 4.7（f）、（g）、（k）所示。箔式应变片具有如下优点：① 可制成多种复杂形状、线条均匀、尺寸准确的敏感栅，其栅长最小可做到 0.2 mm，以适应不同的测量要求；② 横向效应小、阻值一致性好；③ 散热性能好，允许电流大，提高了输出灵敏度；④ 蠕变和机械滞后小，疲劳寿命长；⑤ 敏感栅薄而宽，黏接性能和传递试件应变性能好；⑥ 便于实现大批量自动化生产。

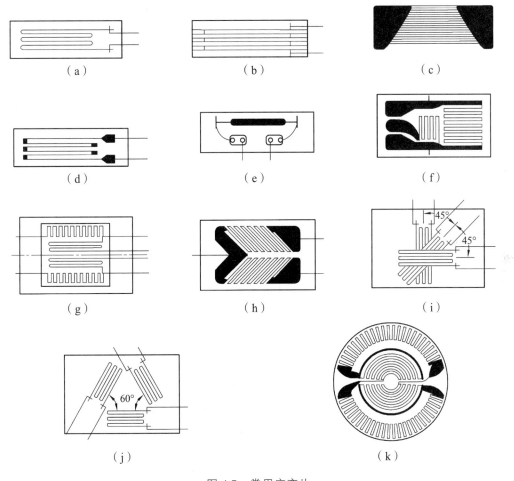

图 4.7　常用应变片

金属膜式应变片是采用真空镀膜（真空蒸发或真空沉积）等方法，在薄的绝缘基片上（如表面有绝缘层的金属、有机绝缘材料或玻璃、石英、云母等无机材料）形成厚度小于 0.1 μm 的敏感电阻膜，最后再加上保护层制成的一种应变片。其优点是应变灵敏度大，允许电流密度大，工作温度范围广，可达 -197~317 ℃。

按被测量应力场之不同，应变片可分为测量单向应力的应变片[见图 4.7（a）、（b）、（c）、（d）等]和测量平面应力的应变计[见图 4.7（f）、（g）、（h）、（i）、（j）等]。也可用两片以上的应变片组成测量平面应力的应变花,如测量主应力已知的互成 90°的二轴应变花[见图 4.7(f)];测量主应力未知的应变花一般由三个方向的应变片组成,如图 4.7(i)、(j)所示。图 4.8 所示为几种应变花产品。

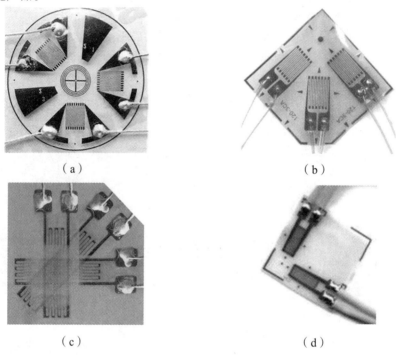

（a）   （b）

（c）   （d）

图 4.8   应变花产品

例 4.1   一拉力传感器,用钢柱作为敏感元件,其上贴一电阻应变片。已知钢柱的截面积 $A = 1\ cm^2$,弹性模量 $E = 20×10^{10}\ Pa$,应变片的灵敏度 $S_g = 2$。若测量电路对应变片电阻相对变化 dR/R 的分辨率为 10^{-7},试计算该传感器能测出的最小拉力 F_{min}。

解:应变片的灵敏度为

$$S_g = (dR / R) / \varepsilon = 2$$

故

$$\varepsilon = (dR / R) / S_g = (dR / R) / 2$$

应变片对钢柱应变的分辨率为

$$\varepsilon = (dR / R) / S_g = 10^{-7} / 2 = 5×10^{-8}$$

因为 $F / A = \sigma = \varepsilon E$,所以,该传感器能测出的最小拉力 F_{min}（传感器对力的分辨率）为

$$F_{min} = \varepsilon E A = 5×10^{-8} × 20×10^{10} × 1×10^{-4} = 1（N）$$

3. 半导体应变片

半导体应变片的工作原理是基于半导体材料的压阻效应。所谓压阻效应是指半导体材料在沿某一轴向受到外力作用时,其电阻率 ρ 发生变化的现象。实际上,任何材料都不同程度地呈现压阻效应,但半导体材料的这种效应特别强。式（4.10）同样适用于半导体电阻材料,但对于半导体材料而言,$\lambda E \gg (1 + 2\nu)$,即因机械变形引起的电阻变化可以忽略,电阻的变化

率主要是由 λE 引起的，故式（4.10）可简化为

$$dR / R = \lambda E \varepsilon \qquad\qquad\qquad\qquad（4.14）$$

半导体应变片的灵敏度为

$$S_g = \frac{dR / R}{\varepsilon} = \lambda E \qquad\qquad\qquad\qquad（4.15）$$

半导体应变片的灵敏度 $S_g = 60 \sim 170$，这一数值比金属丝电阻应变片大 $50 \sim 70$ 倍。

半导体应变片有体型、薄膜型和扩散型三种，如图 4.9 所示，主要由胶膜基片、半导体敏感栅、内外引线、焊接电极板等组成，其使用方法与金属电阻应变片相同，即粘贴在弹性构件或被测物体上，其电阻值随被测试件的应变而变化。

半导体应变片最突出的优点是灵敏度高、机械滞后小、横向效应小、体积小，这些优点为其广泛应用提供了条件。其缺点是对温度的稳定性能差，当灵敏度、离散度大时，以及在较大应变作用下，会使应变片的非线性误差大，这一点给使用带来了一定的困难。

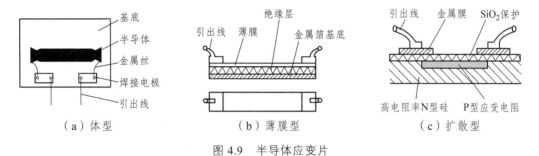

（a）体型　　　　　　（b）薄膜型　　　　　　（c）扩散型

图 4.9　半导体应变片

金属电阻应变片与半导体应变片的主要区别在于：前者主要利用导体机械变形引起电阻的变化，后者主要利用半导体电阻率变化引起电阻的变化。

4. 注意事项

（1）电阻应变片测出的是构件或弹性元件上某处的应变，而不是该处的应力、力或位移，只有通过换算或标定，才能得到相应的应力、力或位移量。

（2）注意机械滞后、蠕变、零漂、绝缘电阻等问题。出现这些问题的原因往往与应变片的粘贴工艺有关，如黏合剂的选择、粘贴技术、应变片的保护等。因此，黏合剂的选择，黏合前试件表面的清理、黏合的方法和黏合后的固化处理、防潮处理都必须认真做好。尽量选择黏结强度较高、传递应变准确、蠕变小、机械滞后小、耐疲劳性能耗、稳定性好使用温度范围较大、粘贴时间短、无化学腐蚀性的黏合剂；黏合前试件表面要清理干净，光滑无防锈漆、毛刺等；黏合时要保证应变片与试件之间紧密贴合在一起，不能有气泡；粘贴完成后，应变片不要有破损（一旦出现破损，则对试件黏合面重新打磨、清洁处理，重新粘贴应变片），并做防潮处理，如覆盖凡士林等防潮材料。

（3）在测试中，选用金属电阻应变片应注意以下两点：① 选择合适电阻值的应变片：一般市售电阻应变片的标准阻值有 $60\,\Omega$、$90\,\Omega$、$120\,\Omega$、$200\,\Omega$、$300\,\Omega$、$500\,\Omega$、$1\,000\,\Omega$ 等。当选配动态电阻应变仪组成测试系统进行测试时，为了避免对测量结果进行修正计算，以及在没有特殊要求的情况下，选择应变片的电阻值与动态电阻应变仪使用的电阻值一致为最好。除此以外，可根据测量的要求选择其他阻值的应变片。② 选择合适的应变片灵敏度：当选配

动态电阻应变仪进行测量时，尽量选用与其灵敏度一致的应变片；静态应变仪配有灵敏度调节装置，故允许选用灵敏度不一致的应变片。对于那些不使用应变仪的测试，应变片的灵敏度值越大，输出也越大，此时可选用灵敏度值较大的应变片。

（4）电阻应变片用于动态测量时，应当考虑应变片本身的动态响应特性。其中，限制应变片上限测量频率是所使用的电桥激励电源的频率和应变片的基长，一般上限测量频率应在电桥激励电源频率的 1/5 ~ 1/10 以下。基长越短，上限测量频率可以越高；一般基长为 10 mm 时，上限测量频率可高达 25 kHz。

（5）温度的变化会引起电阻值的变化，由温度变化所引起的电阻变化与由应变引起的电阻的变化往往具有同等数量级，如不采取措施消除温度变化带来的影响，会造成应变测量结果的误差。因此，通常要采取相应的温度补偿措施，以消除温度变化所造成的误差。温度补偿法有桥路补偿法、应变片自补偿两大类，其中桥路补偿法应用较多。

（6）半导体在温度及光辐射作用下，也能使其电阻率 ρ 发生很大变化。因此，使用半导体电阻应变片时，应注意环境温度及光辐射作用的影响。

5. 电阻应变式传感器的应用实例

一般说来，电阻应变式传感器有以下两种应用方式。

（1）直接用来测定结构的应变或应力。例如，为了研究机械、桥梁、建筑等的某些构件在工作状态下的受力、变形情况，可利用不同形状的应变片，粘贴在构件的预测部位，可以测得构件的拉、压应力、扭矩或弯矩等，为结构设计、应力校核或构件破坏的预测等提供可靠的实验数据。图 4.10 所示为几种应用实例。

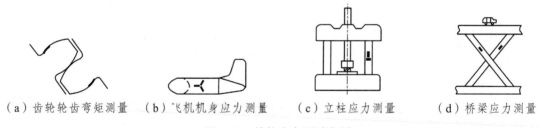

（a）齿轮轮齿弯矩测量　（b）飞机机身应力测量　（c）立柱应力测量　（d）桥梁应力测量

图 4.10　结构应力测试实例

（2）将应变片贴于弹性元件上，作为测量力、位移、压力、加速度等物理参数的传感器。在这种情况下，弹性元件得到与被测量成正比的应变，再由应变片转换为电阻的变化后输出，典型应用如图 4.11 所示。

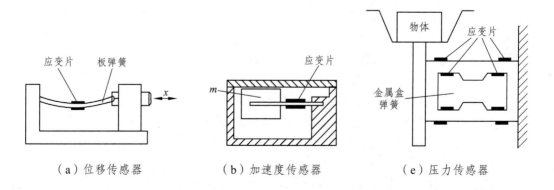

（a）位移传感器　　　　（b）加速度传感器　　　　（e）压力传感器

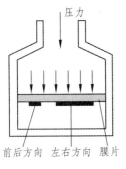

（c）质量传感器

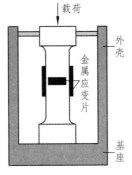

（d）压力传感器

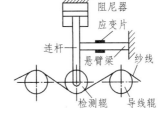

（f）动态张力传感器

图 4.11 应变片电阻传感器

图 4.11（a）所示为位移传感器。位移 x 使板簧产生与之成比例的弹性变形，板上的应变片感受板的应变并将其转换成电阻的变化量。

图 4.11（b）所示为加速度传感器。它由质量块 m、悬臂梁、基座组成。测量时，基座固定在振动体上。振动加速度使质量块产生惯性力，悬臂梁则相当于惯性系统的"弹簧"，在惯性力的作用下产生弯曲变形。梁的应变与振动体间外壳的加速度在一定频率范围内成正比，贴在梁上的应变片把应变转换成为电阻的变化。

图 4.11（c）所示为质量传感器。质量引起金属盒的弹性变形，贴在盒上的应变片也随之变形，从而引起其电阻变化。

图 4.11（d）所示为压力传感器。压力使膜片变形，应变片也相应变形，使其电阻发生变化。

图 4.11（e）所示为压力传感器。载荷使立柱变形，应变片也相应变形，使其电阻发生变化。

图 4.11（f）所示为动态张力传感器。检测辊通过连杆与悬臂梁的自由端相连，连杆同阻尼器的活塞相连，纱线通过导线辊与检测辊接触。当纱线张力变化时，悬臂梁随之变形，使应变片的阻值变化，并通过电桥将其转换为电压的变化后输出。

电阻应变片在使用时通常将其接入测量电桥，以便将电阻的变化转换成电压量输出，如图 4.12 所示（详见"第 5 章 信号的调理与显示记录"）。图 4.12（a）所示就是运用桥路补偿法来消除测量时温度变化带来的不利影响，其中，R_1 为工作片，R_2 为补偿片。

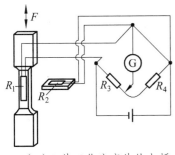

（a）1片工作应变片的电桥

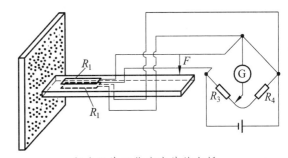

（b）2片工作应变片的电桥

图 4.12 应变片的测量电桥

4.3.3 热电阻传感器（电阻式温度计）

电阻式温度计就是利用热敏金属材料的温度电阻效应的热电阻传感器，用于温度检测。

导电物体电阻率随本身温度变化而变化的现象叫温度电阻效应。

常用的热敏金属丝材料有铂、铜、镍等，它们都具有正的温度系数，即在一定的温度范围内，它们的电阻值随温度的升高而增加。电阻式温度计在工业上广泛应用于-200～+500 ℃范围的温度检测，其电阻与温度的关系可近似表示为

$$R_T = R_0[1+\alpha(T-T_0)] = R_0(1+\alpha\Delta T)$$ （4.16）

式中，R_T 表示温度为 T 时的电阻值；R_0 表示温度为 T_0 时的电阻值；α 表示电阻的温度系数。

由式（4.16）可知，通过测量金属丝的电阻就可确定被测物体的温度值。

为了提高测温的灵敏度和准确度，所选的热敏金属材料应具有尽可能大的温度灵敏系数和稳定的物理、化学性能，并具有良好的抗腐蚀性和线性（常用的铂材料具有这些优点）。

图 4.13 所示为几种电阻式温度计的结构。这些温度计的传感元件采用不同材料的电阻丝，电阻丝将温度（热量）的变化转变成电阻的变化，由信号转换调理电路将电阻的变化转换成电流或电压的变化，再经放大或直接由显示仪表显示被测温度值。常用的显示仪表有测温比率计、动圈式温度指示器、手动或自动平衡桥、数字仪表等。

图 4.14 所示为几种电阻式温度计产品。

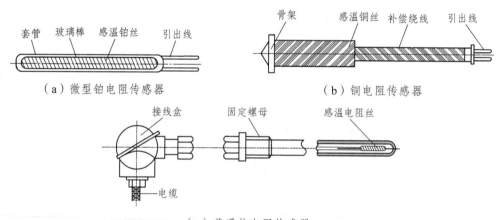

（a）微型铂电阻传感器　　　　　　（b）铜电阻传感器

（c）普通热电阻传感器

图 4.13　电阻式温度计结构

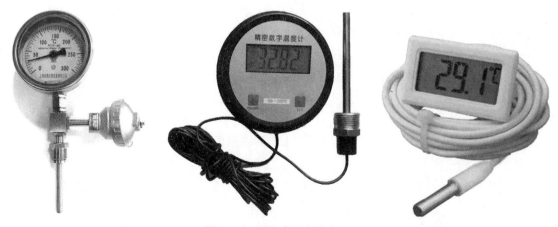

图 4.14　电阻式温度计产品

4.3.4 热敏电阻传感器

热敏电阻是一种半导体温度传感器，由金属氧化物（NiO、MnO_2、CuO、TiO_2 等）的粉末按一定比例混合经 1 000 ~ 1 500 ℃高温烧结而成。热敏电阻具有很大的负温度系数，是非线性元件，通过热敏电阻的电流和热敏电阻两端的电压不服从欧姆定律。

根据热敏电阻温度特性的不同，可将热敏电阻分为以下三种类型：

（1）随温度升高其阻抗下降的 NTC 型热敏电阻。

（2）当温度超过某一温度后其阻抗急剧增加的 PTC 型热敏电阻。

（3）当温度超过某一温度后其阻抗减少的 CTR 型热敏电阻。

这三种热敏电阻的温度特性曲线，如图 4.15 所示。在温度测量方面，多采用 NTC 型热敏电阻，其电阻-温度关系为指数关系（见图 4.16）。

$$R = R_0 e^{\beta(1/T-1/T_0)} \tag{4.17}$$

式中，T 为被测温度（K）；R 为被测温度下的阻值（Ω）；T_0 为参考温度（K）；R_0 为参考温度下的阻值（Ω）；β 为材料的特征常数（K）。

参考温度 T_0 常取 298 K（25 ℃），而 β 最好为 4 000 左右，通过计算$(dR/dT)/R$，可得电阻的温度系数为$-\beta/T^2$。若 β 取值为 4 000，则室温（25 ℃）下的温度系数为-0.045。

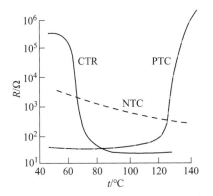

图 4.15 NTC、PTC、CTR 热敏电阻的温度特性

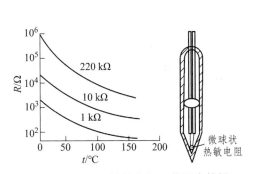

图 4.16 NTC 热敏电阻及其温度特性

半导体热敏电阻与金属电阻相比，具有下述优点：

（1）灵敏度高，可测 0.001 ~ 0.005 ℃的微小温度变化。灵敏度一般为±6 mV/℃以下及-150 ~ -20 Ω/℃，比电阻式温度计的灵敏度高许多。

（2）热敏电阻元件可制作成珠状、杆状和片状（见图 4.17）。其中微珠式热敏电阻的珠头直径可做到小于 0.1 mm，因而可测量微小区域的温度。由于体积小、热惯性小、响应时间很短，时间常数可小到毫秒级。

（3）在室温（25 ℃）条件下，热敏元件本身的电阻值可在 $100 ~ 10^6$ Ω 内选择。即使长距离测量，导线的电阻影响也可以不考虑。

（4）热敏电阻可测量的温度范围为-200 ~ +1 000 ℃，并且在-50 ~ +350 ℃具有较好的稳定性。

热敏电阻的缺点是非线性大、对环境温度敏感性大、测量时易受到干扰。

热敏电阻元件可用于液体、气体、固体以及海洋、高空、冰川等领域的温度测量，也被广泛用于测量仪器、自动控制、自动检测等装置中。

热敏电阻的连接方法如图 4.18 所示，其适用温度为-50 ～ +350 ℃。

图 4.19 所示为几种热敏电阻温度计产品。

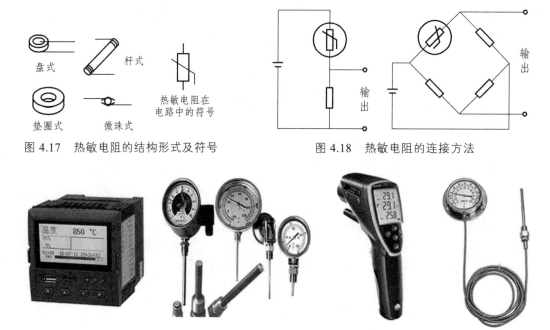

盘式　杆式

垫圈式　微珠式

热敏电阻在
电路中的符号

输出

输出

输出

图 4.17　热敏电阻的结构形式及符号　　　　图 4.18　热敏电阻的连接方法

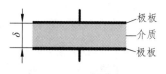

图 4.19　热敏电阻温度计产品

4.4　电容式传感器

电容式传感器是将被测量（如尺寸、压力等）的变化转换成电容量变化的一种传感器，具有结构简单、轻巧、灵敏度高、动态响应好、能在高低温及强辐射的恶劣环境中工作等优点。这种传感器广泛应用在位移、压力、流量、液位等测试中。

4.4.1　工作原理及类型

由物理学可知，在忽略边缘效应的情况下，平板电容器（见图 4.20）的电容量为

$$C = \frac{\varepsilon A}{\delta} = \frac{\varepsilon_0 \varepsilon_r A}{\delta} \tag{4.18}$$

式中，ε 为极板间介质的介电系数；ε_0 为真空介电常数，$\varepsilon_0 = 8.854 \times 10^{-12}$ F/m；ε_r 为极板间介质的相对介电系数，在空气中，$\varepsilon_r = 1$；A 为极板的覆盖面积（m^2）；δ 为两平行极板间的距离（m）。

极板

介质

极板

图 4.20　平板电容器

式（4.18）表明，当被测量 δ、A 或 ε 发生变化时，都会引起电容的变化。如果保持其中的两个参数不变，而仅改变另一个参数，就可把该参数的变化变换为单一电容量的变化，再通过配套的测量电路，将电容的变化转换为电信号输出。根据电容器参数变化的特性，电容式传感器可分为极距变化型、面积变化型和介质变化型（介电常数变化型）三种，其中极距变化型和面积变化型应用较广。

4.4.2　极距变化型电容式传感器

如果电容器两极板相互覆盖面积 A 及极板间介质 ε 不变，则电容量 C 与极距 δ 呈非线性关系，如图 4.21 所示。设电容器的初始极距为 δ_0，则电容器的初始电容量 C_0 为

$$C_0 = \frac{\varepsilon A}{\delta_0} \tag{4.19}$$

当两极板在被测参数作用下极距 δ_0 变化 $-\Delta\delta$ 时，电容量的增加 ΔC 为

$$\Delta C = C - C_0 = \frac{\varepsilon A}{\delta_0 - \Delta\delta} - C_0 = \frac{\varepsilon A}{\delta_0}\frac{1}{1 - \Delta\delta/\delta_0} - C_0 = C_0\left(\frac{\Delta\delta/\delta_0}{1 - \Delta\delta/\delta_0}\right) \tag{4.20}$$

$$\frac{\Delta C}{C_0} = \left(\frac{\Delta\delta/\delta_0}{1 - \Delta\delta/\delta_0}\right) = \frac{\Delta\delta}{\delta_0}\left[1 + \left(\frac{\Delta\delta}{\delta_0}\right) + \left(\frac{\Delta\delta}{\delta_0}\right)^2 + \left(\frac{\Delta\delta}{\delta_0}\right)^3 + \cdots + \left(\frac{\Delta\delta}{\delta_0}\right)^n\right] \tag{4.21}$$

式（4.21）表明，极距变化型电容式传感器的输入（$\Delta\delta$）和输出（ΔC）之间的关系是非线性的；当 $\Delta\delta/\delta_0 \ll 1$ 时，可略去高阶小量而认为是线性的，此时

$$\frac{\Delta C}{C_0} = \frac{\Delta\delta}{\delta_0} \tag{4.22}$$

考虑到极距变化方向与电容量增量的方向相反，传感器的灵敏度为

$$S = \frac{\mathrm{d}(\Delta C)}{\mathrm{d}(\Delta\delta)} = \frac{\varepsilon A}{\delta_0^2} \tag{4.23}$$

将式（4.18）对 δ 求导，也可得到灵敏度表达式

$$S = \frac{\mathrm{d}C}{\mathrm{d}\delta} = -\frac{\varepsilon A}{\delta^2}$$

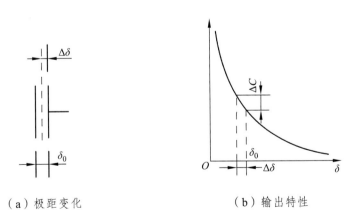

（a）极距变化　　　　　　　　（b）输出特性

图 4.21　极距变化型电容传感器及其输出特性

可以看出，灵敏度 S 与极距平方成反比，极距越小，灵敏度越高，一般通过减小初始极距 δ_0 来提高灵敏度。由于电容 C 与极距 δ 呈非线性关系，故将引起非线性误差。为了减小这

一误差，通常规定在较小的间隙变化范围内工作，以便获得近似线性关系。一般取极距变化范围 $\Delta\delta/\delta_0 \approx \pm0.1$，此时传感器的灵敏度近似为常数。对于精密仪器的电容式传感器，$|\Delta\delta/\delta_0| < 0.01$。

实际应用中，为了提高传感器的灵敏度，增大线性工作范围，克服外界条件（如电源电压、环境温度等）的变化对测量精度的影响，常常采用差动型电容式传感器。采用差动式应用后，传感器的灵敏度可提高1倍，非线性也得到很大改善。

极距变化型电容式传感器的优点是可进行动态非接触式测量，对被测系统的影响小；灵敏度高，适用于较小位移（十分之一微米至数百微米）的测量。但这种传感器有非线性特性、传感器的杂散电容也对灵敏度和测量精确度有影响，与传感器配合使用的电子线路也比较复杂，由于这些缺点，其使用范围受到一定限制。

例 4.2 已知某极距变化型电容传感器，其极板面积为 $A = 1\,\text{cm}^2$，极板间介质为空气，极板间距为 1 mm，当极距减小 0.1 mm 时，其电容变化量和传感器灵敏度各是多少？若参数不变，将另一相同参数的电容传感器与其组成差动连接，当极距变化 0.1 mm 时，求电容变化量和传感器灵敏度各是多少？

解： 极距变化型电容传感器的电容变化量为

$$\Delta C = C - C_0 = \frac{\varepsilon A}{\delta_0}\frac{1}{1 - \Delta\delta/\delta_0} - C_0 = \frac{\varepsilon A}{\delta_0}\left(\frac{\Delta\delta/\delta_0}{1 - \Delta\delta/\delta_0}\right)$$

$$= \frac{8.85\times10^{-12}\times10^{-4}}{9\times10^{-3}} = 0.983\times10^{-13}\,\text{F}$$

灵敏度为

$$S = \frac{\Delta C}{\Delta\delta} = \frac{0.983\times10^{-13}\,\text{F}}{0.1\times10^{-3}\,\text{m}} = 9.83\times10^{-10}\,\text{F/m}$$

采用差动连接时，一个传感器的极距减小 0.1 mm，其电容量增大 $0.983\times10^{-13}\,\text{F}$；另一个传感器的极距增大 0.1 mm，其电容量减小约 $0.983\times10^{-13}\,\text{F}$；故电容量的总变化量为

$$\Delta C = |\Delta C_1| + |\Delta C_2| = 2\times0.983\times10^{-13}\,\text{F} = 1.966\times10^{-13}\,\text{F}$$

灵敏度为

$$S = \frac{\Delta C}{\Delta\delta} = \frac{1.966\times10^{-13}\,\text{F}}{0.1\times10^{-3}\,\text{m}} = 19.66\times10^{-10}\,\text{F/m}$$

4.4.3 面积变化型电容式传感器

面积变化型电容式传感器的工作原理是在被测参数的作用下来改变极板的有效面积，按其极板相互遮盖的方式不同，常用的有角位移型和线位移型两种。

1. 直线位移型

图 4.22（a）所示为平面线位移型电容式传感器，当宽度为 b 的动板沿箭头 x 方向移动时，极板相互覆盖面积变化，电容量也随之改变，其输出特性为

$$C = \frac{\varepsilon b x}{\delta} \tag{4.24}$$

式中，b 为极板宽度；x 为位移；δ 为极板间距。

其灵敏度为

$$S = \frac{dC}{dx} = \frac{\varepsilon b}{\delta} = \text{常数} \tag{4.25}$$

由于平板型传感器的动板沿极距方向稍有移动就会影响测量精度，因此，一般情况下，面积变化型线位移传感器常做成圆柱形。图 4.22（b）所示为单边圆柱体线位移型电容式传感器，动板（圆柱）与定板（圆筒）相互覆盖，其电容量为

$$C = \frac{2\pi\varepsilon x}{\ln(r_2/r_1)} \tag{4.26}$$

式中，r_1 为圆柱外半径（m）；r_2 为圆筒孔半径（m）；x 为覆盖长度（m）。

当覆盖长度 x 变化时，电容量 C 发生变化，其灵敏度为

$$S = \frac{dC}{dx} = \frac{2\pi\varepsilon}{\ln(r_2/r_1)} \tag{4.27}$$

2. 角位移型

图 4.22（c）为角位移型，当动板有一转角时，与定板之间相互覆盖的面积发生变化，因而导致电容量变化。当覆盖面积对应的中心角为 α、极板半径为 r 时，覆盖面积为

$$A = \alpha r^2 / 2 \tag{4.28}$$

电容为

$$C = \frac{\varepsilon \alpha r^2}{2\delta} \tag{4.29}$$

其灵敏度为

$$S = \frac{dC}{d\alpha} = \frac{\varepsilon r^2}{2\delta} \tag{4.30}$$

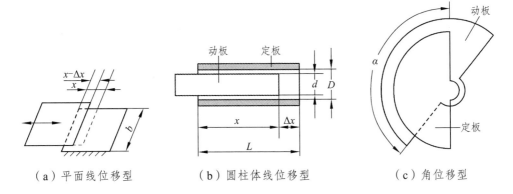

（a）平面线位移型　　　　（b）圆柱体线位移型　　　　（c）角位移型

图 4.22　面积变化型电容传感器

综上所述，面积变化型电容式传感器的优点是输出与输入成线性关系，但与极距变化型相比，灵敏度较低，适用于较大角位移及直线位移的测量。

图 4.23 所示为面积变化型电容式传感器的其他几种形式。

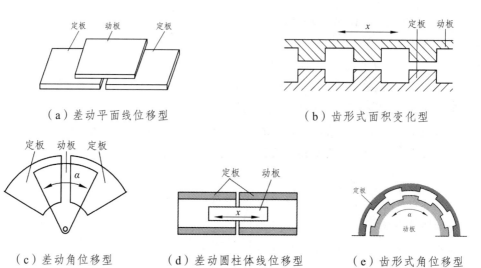

（a）差动平面线位移型　　　　　　　（b）齿形式面积变化型

（c）差动角位移型　　　（d）差动圆柱体线位移型　　　（e）齿形式角位移型

图 4.23　面积变化型电容传感器的其他几种形式

4.4.4　介质变化型电容式传感器

介质变化型电容式传感器是利用介质介电常数变化将被测量转换为电量的一种传感器，其结构原理如图 4.24 所示。这种传感器大多用于测量电介质的厚度、位移、液位，还可根据极板间介质的介电常数随温度、湿度、容量改变而改变来测量温度、湿度、容量等。

图 4.24（a）所示的电容器具有两层介质（一层是被测介质，一层是空气），当介质层的厚度、温度、湿度发生变化时，极板间介电常数发生变化，引起电极之间的电容量变化。

如图 4.24（b）所示，当介质层的位移发生变化时，极板间介电常数发生变化，引起电极之间的电容量变化。

如图 4.24（c）所示，当被测液面位置发生变化时，两电极浸入高度也发生变化，引起电极之间电容量的变化。

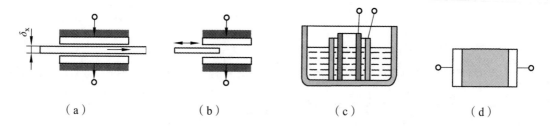

（a）　　　　　　　（b）　　　　　　　（c）　　　　　　　（d）

图 4.24　介电常数变化型电容传感器

若忽略边缘效应，则图 4.24（a）、（b）、（c）所示传感器的电容量与被测量的关系分别为

$$C = \frac{lb}{(\delta - \delta_x)/\varepsilon_a + \delta_x/\varepsilon} \tag{4.31}$$

$$C = \frac{ba_x}{(\delta - \delta_x)/\varepsilon_a + \delta_x/\varepsilon} + \frac{b(1 - a_x)}{\delta/\varepsilon_a} \tag{4.32}$$

$$C = \frac{2\pi\varepsilon_a h}{\ln(r_2/r_1)} + \frac{2\pi(\varepsilon - \varepsilon_a)h_x}{\ln(r_2/r_1)} \qquad (4.33)$$

式中，δ、h、ε_a 分别为两固定极板间的距离、极间高度及间隙中空气的介电常数；δ_x、h_x、ε 分别为被测物的厚度、被测液面高度和它的介电常数；l、b、a_x 分别为固定极板长、宽及被测物进入两极板中的长度（被测值）；r_1、r_2 分别为内、外极筒的工作半径。

上述测量方法中，若电极间存在导电介质，则电极表面应涂盖绝缘层（如涂 0.1 mm 厚的聚四氟乙烯等），防止电极间短路。

图 4.25 所示为几种电容式传感器产品。

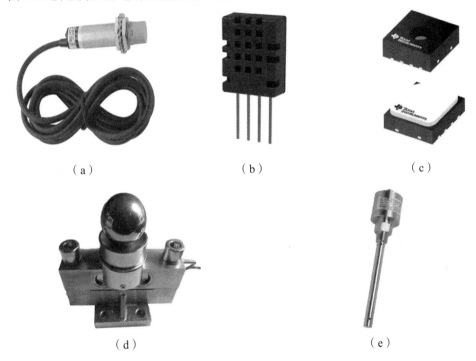

（a）　　　　　　　　　　（b）　　　　　　　　　　（c）

（d）　　　　　　　　　　　　　　　　　（e）

图 4.25　几种电容式传感器产品

4.4.5　电容式传感器的测量电路

电容式传感器将被测物理量转换为电容量的变化以后，由后续电路转换为电压、电流或频率信号。常用的电路有下列几种。

1. 电桥型电路

电容式传感器作为桥路的一部分，将电容变化转换为电桥的电压输出，通常采用电阻、电容或电感、电容组成的交流电桥。图 4.26 是一种由电感、电容组成的差动连接桥路，电桥的输出为一调幅波，经放大、相敏解调、滤波后获得输出。

2. 运算放大器电路

由前述已知，极距变化型电容式传感器的极距变化与电容变化量成非线性关系，这一缺点使电容式传感器的应用受到一定限制。为此采用比例运算放大器电路可以得到输出电压 u_y 与位移量的线性关系，如图 4.27 所示。输入阻抗采用固定电容 C_0，反馈阻抗采用电容式传感

器 C_x，根据比例器的运算关系，当激励电压为 u_0 时，有

$$u_y = -u_0 \frac{C_0}{C_x} = -u_0 \frac{C_0}{\varepsilon A} \delta \qquad (4.34)$$

由式（4.34）可知，输出电压 u_y 与电容式传感器间隙 δ 成线性关系。这种电路用于位移测量传感器。

3. 直流极化电路

直流极化电路又称为静压电容式传感器电路，多用于电容传声器或压力传感器。如图 4.28 所示，弹性膜片在外力（气压、液压等）作用下发生位移，使电容量发生变化。电容器接于具有直流极化电压 E_0 的电路中，电容的变化由高阻值电阻 R 转换为电压变化。

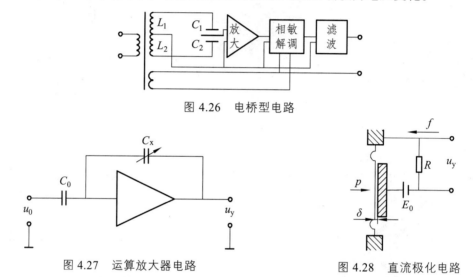

图 4.26 电桥型电路

图 4.27 运算放大器电路

图 4.28 直流极化电路

由图 4.28 可知，电压输出为

$$u_y = RE_0 \frac{dC}{dt} = -RE_0 \frac{\varepsilon A}{\delta^2} \frac{d\delta}{dt} \qquad (4.35)$$

显然，输出电压与膜片位移速度成正比，因此这种传感器可以测量气流（或液流）的振动速度，进而得到压力。

4.4.6 电容式传感器的特点与应用

1. 主要优点

（1）输入能量小而灵敏度高。极距变化型电容式压力传感器只需很小的能量就能改变电容极板的位置，如在一对直径为 1.27 cm 的圆形电容极板上施加 10 V 电压，极板间隙为 2.54×10^{-3} cm，只需 3×10^{-5} N 的力就能使极板产生位移。因此电容式传感器可以测量很小的力、振动加速度，而且很灵敏。

（2）电参量相对变化大。电容式压力传感器电容的相对变化 $\Delta C/C \geqslant 100\%$，有的甚至可达 200%，这说明传感器的信噪比大，稳定性好。

（3）动态特性好。电容式传感器活动零件少，而且质量很小，本身具有很高的自振频率，

加之供给电源的载波频率很高，因此电容式传感器可用于动态参数的测量。

（4）能量损耗小。电容式传感器的工作是变化极板的间距或覆盖面积，而电容变化并不产生热量。

（5）结构简单，适应性好。电容式传感器的主要结构是两块金属极板和绝缘层，结构很简单，在振动、辐射环境下仍能可靠工作，如采用冷却措施，还可在高温条件下使用。

2. 主要缺点

（1）非线性度大。对于极距变化型电容式传感器，从机械位移 $\Delta\delta$ 变为电容变化 ΔC 是非线性的，利用测量电路将电容转换成电压变化也是非线性的。因此，输出与输入之间的关系出现较大的非线性。采用差动式结构可以适当改善非线性，但不能完全消除。当采用比例运算放大器电路时，可以得到输出电压与位移量的线性关系。

（2）电缆分布电容影响大。传感器两极板之间的电容很小，仅几十皮法，小的甚至只有几皮法。而传感器与电子仪器之间的连接电缆却具有很大的电容，如屏蔽线的电容，最小的 1 m 也有几皮法，最大的可达上百皮法。这不仅使传感器的电容相对变化大大降低，灵敏度也降低，更严重的是电缆本身放置的位置和形状不同，或因振动等原因，都会引起电缆本身电容的较大变化，使输出不真实，给测量带来误差。由于电缆分布电容对传感器的影响，使电容式传感器的应用受到一定的限制。

3. 电容式传感器的应用举例

目前，电容式传感器已广泛应用于位移、角度、速度、压力、转速、流量、液位、料位以及成分分析等方面的测量，下面再给出三个应用例子。

1）电容式测厚仪

图 4.29 所示为测量金属带材在轧制过程中厚度的电容式测厚仪的工作原理。工作极板与带材之间形成两个电容，即 C_1、C_2，其总电容 $C = C_1 + C_2$。当金属带材在轧制中厚度发生变化时，将引起电容量的变化。通过检测电路可以反映这个变化，并转换和显示出带材的厚度。

2）电容式转速传感器

电容式转速传感器的工作原理如图 4.30 所示。图中齿轮外沿面为电容器的动极板，当电容器定极板与齿顶相对时，电容量最大，而与齿隙相对时，则电容量最小。当齿轮转动时，电容量发生周期性变化，通过测量电路转换为脉冲信号，则频率计显示的频率代表转速大小。设齿数为 z，频率为 f，则转速为 $n = 60 f/z$（r/min）。

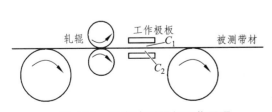

图 4.29　电容式测厚仪工作原理

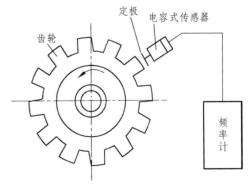

图 4.30　电容式转速传感器

3）电容式位移传感器

图 4.31 所示为电容传感器用于振动位移或微小位移测量的例子。用于测量金属导体表面振动位移的电容传感器只含有一个电极，而把被测对象作为另一个电极使用。图 4.31（a）是测量振动体的振动；图 4.31（b）是测量转轴回转精度，利用垂直安放的两个电容式位移传感器，可测出回转轴轴心的动态偏摆情况，这两例所示电容传感器都是极距变化型的。

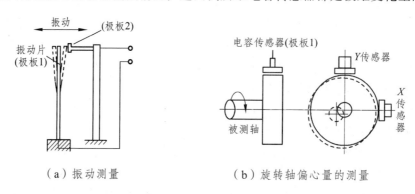

（a）振动测量 （b）旋转轴偏心量的测量

图 4.31　电容式位移传感器工作原理

4.5　电感式传感器

电感式传感器是基于电磁感应原理，将被测非电量（如位移、压力、振动等）转换为电感量变化的一种结构型传感器，其敏感元件是电感线圈。按其转换方式的不同，可分为自感型（包括可变磁阻式与涡流式）、互感型（如差动变压器式与低频透射式）等两大类型。

4.5.1　自感型电感传感器

1. 可变磁阻式电感传感器

典型的可变磁阻式电感传感器的结构如图 4.32 所示，它主要由线圈、铁心和活动衔铁所组成。在铁心和活动衔铁之间有一定的空气隙 δ，被测运动构件与活动衔铁相连，当被测构件产生位移时，活动衔铁随着移动，空气隙 δ 发生变化，引起磁阻变化，从而使线圈的电感值发生变化。当线圈通以激磁电流时，其自感 L 与磁路的总磁阻 R_m 有关，即

$$L = W^2 / R_m \tag{4.36}$$

式中，W 为线圈匝数；R_m 为磁路总磁阻。

当空气隙 δ 较小，而且不考虑磁路的铁损时，则磁路总磁阻由两部分组成：空气隙的磁阻、衔铁和铁心的磁阻

$$R_m = \frac{l}{\mu A} + \frac{2\delta}{\mu_0 A_0} \tag{4.37}$$

式中，$l/(\mu A)$ 为空气隙磁阻；$2\delta/(\mu_0 A_0)$ 为衔铁和铁心的磁阻；l 为铁心导磁长度（m）；μ 为铁心导磁率（H/m）；A 为铁心导磁横截面积（m^2）；δ 为空气隙长度（m）；μ_0 为空气导磁率（H/m）；$\mu_0 = 4\pi \times 10^{-7}$；$A_0$ 为空气隙导磁横截面积（m^2）。

由于铁芯的磁阻远小于空气隙的磁阻，即 $l/(\mu A) \ll 2\delta/(\mu_0 A_0)$，计算时铁芯的磁阻可以忽略不计，故

$$R_{\mathrm{m}} \approx \frac{2\delta}{\mu_0 A_0} \tag{4.38}$$

因此，自感 L 可写为

$$L = \frac{W^2 \mu_0 A_0}{2\delta} \tag{4.39}$$

式（4.39）表明，自感 L 与空气隙 δ 成反比，与空气隙导磁横截面积 A_0 成正比。当固定 A_0 不变，改变 δ 时，L 与 δ 呈非线性（双曲线）关系，如图 4.32 所示。此时，传感器的灵敏度为

$$S = \frac{\mathrm{d}L}{\mathrm{d}\delta} = -\frac{W^2 \mu_0 A_0}{2\delta^2} \tag{4.40}$$

灵敏度 S 与空气隙长度 δ 的平方成反比，δ 越小，灵敏度 S 越高。为了减小非线性误差，通常规定传感器在较小间隙范围内工作。设间隙变化范围为 $(\delta_0, \delta_0 + \Delta\delta)$，一般取 $|\Delta\delta/\delta_0| \leqslant 0.1$。这种传感器适用于较小位移的测量，一般为 0.001 ~ 1 mm。

如果将 δ_0 固定，改变空气隙导磁横截面积 A_0，则自感 L 与 A_0 呈线性关系（见图 4.33）。

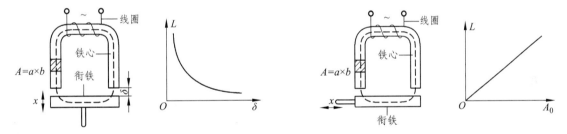

图 4.32　变磁阻式传感器的结构及原理　　　　图 4.33　变面积型传感器的结构及原理

图 4.34 列出了几种常用可变磁阻式传感器的典型结构。

图 4.34（a）所示为可变导磁面积型，其自感 L 与 A_0 成线性关系，这种传感器灵敏度较低，灵敏度为

$$S = \frac{\mathrm{d}L}{\mathrm{d}A} = \frac{W^2 \mu_0}{2\delta} \tag{4.41}$$

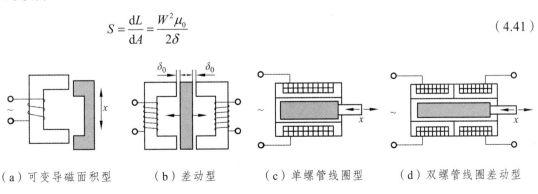

（a）可变导磁面积型　　（b）差动型　　（c）单螺管线圈型　　（d）双螺管线圈差动型

图 4.34　可变磁阻式传感器的典型结构

图 4.34（b）所示为差动型，当衔铁位于空气隙的中间位置时，两线圈的电感值相等，$L_1 = L_2$，总的电感值等于 $L_1 - L_2 = 0$；当衔铁偏离中间位置时，可以使两个线圈的间隙按 $\delta_0 + \Delta\delta$ 和 $\delta_0 - \Delta\delta$ 变化。将两线圈接于电桥的相邻桥臂时，一个线圈的电感值增加，$L_1 = L_0 + \Delta L$；另一个线圈的电感值减小，$L_2 = L_0 - \Delta L$，总的电感变化量等于 $L_1 - L_2 = \Delta L - (-\Delta L) = 2\Delta L$，于是差动型电感传感器的灵敏度 S 为

$$S = \frac{\mathrm{d}L}{\mathrm{d}\delta} = -\frac{W^2 \mu_0 A_0}{\delta^2} \tag{4.42}$$

传感器的线性特性得到了明显改善。

图 4.34（c）所示为单螺管线圈型，当铁心在线圈中运动时，将改变磁阻，使线圈自感发生变化。这种传感器结构简单，制造容易，但灵敏度低，适用于较大位移（数毫米）测量。

图 4.34（d）所示为双螺管线圈差动型，较之单螺管线圈型有较高灵敏度及线性，被用于电感测微计上，其测量范围为 0 ~ 300 μm，最高分辨力为 0.5 μm。这种传感器的线圈接于电桥上，构成两个桥臂[见图 4.35（a）]，线圈电感 L_1、L_2 随铁心位移而变化，其输出特性如图 4.35（b）所示。

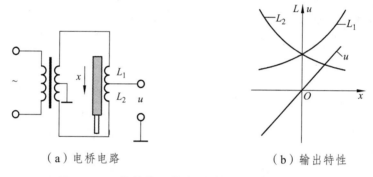

（a）电桥电路　　　　　　　　　　（b）输出特性

图 4.35　双螺管线圈差动型电桥电路及输出特性

2. 涡流式电感传感器

涡流式电感传感器的变换原理，是利用金属导体在交流磁场中的涡电流效应。金属板置于一只线圈的附近，相互间距为 x。根据电磁感应定律，当线圈中有一交变电流 I_1 通过时，便产生交变磁通 Φ_1（见图 4.36）。此交变磁通通过邻近的金属板，金属板表层上便产生感应电流 I_2。这种电流在金属体内是闭合的，称之为"涡电流"或"涡流"。这种涡电流也将产生交变磁通 Φ_2，根据楞次定律，涡电流的交变磁场与线圈的磁场变化方向相反，Φ_2 总是抵抗 Φ_1 的变化。由于涡流磁场对导磁材料的作用以及气隙对磁路的影响，使原线圈的等效阻抗 Z 发生变化。传感器线圈阻抗的变化与被测金属的性质（电阻率 ρ、磁导率 μ 等）、传感器线圈的几何参数、激励电流 I_1 的大小其角频率 ω、被测金属的厚度 h 以及线圈到被测金属之间的距离 x 等有关。因此，把传感器线圈作为传感器的敏感元件，固定其他参数，仅仅改变其中某一参数，就可通过其阻抗的变化来测定导体的位移、振幅、厚度、转速、导体的表面裂纹、缺陷、硬度和强度等。

涡流式传感器可分为高频反射式和低频透射式两种。

1）高频反射式涡流传感器

高频反射式涡流传感器的工作原理如图 4.36（a）所示。在金属板一侧的电感线圈中通以

高频（兆赫以上）激励电流时，线圈便产生高频磁场，该磁场作用于金属板，由于集肤效应及高频磁场不能透过有一定厚度 h 的金属板，而是作用于表面薄层，并在这薄层中产生涡电流。涡电流 I_1 又会产生交变磁通 Φ_2 反过来作用于线圈，使得线圈中的磁通 Φ_1 发生变化而引起自感量变化，在线圈中产生感应电势。电感的变化随涡流而变，而涡流又随线圈与金属板之间的距离 x 而变化。因此，可以用高频反射式涡流传感器来测量位移量的变化。通常，还可以通过对高频反射式传感器的等效电路[见图 4.36（b）]的分析来证实这一点。

由图 4.36（b）可列出回路方程为

$$\begin{cases} R_1 I_1 + j\omega L_1 I_1 - j\omega M I_2 = u \\ -j\omega M I_1 + R_2 I_2 + j\omega L_2 I_2 = 0 \end{cases}$$ （4.43）

由式（4.43）可导出受涡流影响后线圈的等效阻抗为

$$Z = \left[R_1 + R_2 \frac{\omega^2 M^2}{R_2^2 + \omega^2 L_2^2} \right] + j\left[\omega L_1 - \omega L_2 \frac{\omega^2 M^2}{R_2^2 + \omega^2 L_2^2} \right]$$ （4.44）

式中，实部的第二项为涡流对线圈的影响项，称为涡流反射电阻；虚部的第二项为涡流对线圈电感的影响项，称为涡流反射电感。

当传感器与被测金属都确定后，线圈阻抗只与 L_1、L_2、M 有关，而 L_1、L_2、M 都与传感器线圈和被测金属体之间的距离 x 有关，即

$$Z = f(x)$$ （4.45）

因此，如固定传感器的位置，当被测金属产生位移使 x 发生变化时，传感器线圈的阻抗就发生变化，从而达到以传感器线圈的阻抗变化值来检测被测金属位移量的目的。

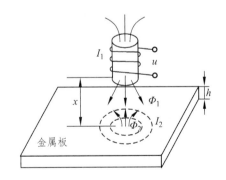

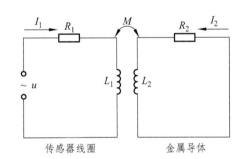

（a）高频反射式涡流传感器原理　　　（b）高频反射式涡流传感器的高效电路图

图 4.36　高频反射式涡流传感器

涡流式传感器的测量电路一般有阻抗分压式调幅电路及调频电路。图 4.37 是用于涡流测振仪上的分压式调幅电路原理，图 4.38 所示为其谐振曲线及输出特性。传感器线圈 L 和电容 C 组成并联谐振回路，其谐振频率为

$$f = \frac{1}{2\pi\sqrt{LC}}$$ （4.46）

电路中由振荡器提供稳定的高频信号电源。当谐振频率与该电源频率相同时，输出电压 u 最大。测量时，传感器线圈阻抗随间隙 δ 而改变，LC 回路失谐，输出信号 $u(t)$ 的频率虽然仍为振荡器的工作频率 f，但幅值随 δ 而变化（见图 4.38），它相当于一个被 δ 调制的调幅波，再经放大、检波、滤波后，即可得到间隙 δ 的动态变化信息。

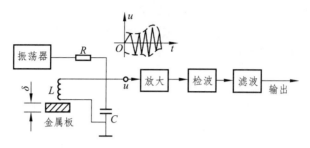

图 4.37 分压式调幅电路原理

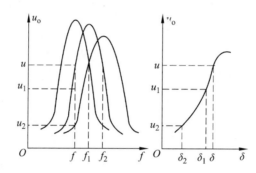

图 4.38 分压式调幅电路的谐振曲线及输出特性

调频电路的工作原理如图 4.39 所示。这种方法也是把传感器线圈接入 LC 振荡回路，与调幅法不同之处是取回路的谐振频率作为输出量。当金属板至传感器之间的距离 δ 发生变化时，将引起线圈电感变化，从而使振荡器的振荡频率 f 发生变化，再通过鉴频器进行频率-电压转换，即可得到与 δ 成比例的输出电压。

图 4.39 调频电路的工作原理

2）低频透射式涡流传感器

低频透射式涡流传感器是利用互感原理工作的，它多用于测量材料的厚度。其工作原理如图 4.40（a）所示，发射线圈 W_1 和接收线圈 W_2 分别置于被测材料的上下两侧；由于低频磁场集肤效应小，渗透深，当低频（音频范围）电压 u_1 加到线圈 W_1 的两端后，线圈 W_1 产生一交变磁场，并在金属板中产生涡流，这个涡流损耗了部分磁场能量，使得贯穿 W_2 的磁力线减少，从而使 W_2 产生的感应电势 u_2 减少。金属板的厚度 h 越大，涡流损耗的磁场能量也越大，u_2 就越小，如图 4.40（b）所示。u_2 的大小与金属板的厚度 h 及材料的性质有关，试验表明，u_2 随材

料厚度 h 的增加按负指数规律减小。因此，若金属板材料的性质一定，则利用 u_2 的变化即可测量其厚度。

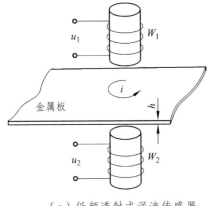 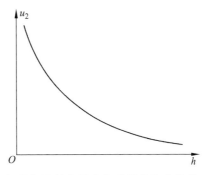

（a）低频透射式涡流传感器　　　　（b）低频透射式涡流传感器的输出特性

图 4.40　低频透射式涡流传感器

3）涡流式传感器的应用

涡流式传感器可用于动态非接触测量，测量范围视传感器结构尺寸、线圈匝数和励磁频率而定，一般从 ±(1~10) mm 不等，最高分辨力可达 0.1 μm。此外，这种传感器具有结构简单、使用方便、灵敏度较高、抗干扰能力较强、不受油污等介质的影响、测量快速等优点，在机械、冶金等工业领域中得到广泛应用。这种传感器可用于以下几个方面的测量：① 利用位移 x 作为变换量，做成测量位移、振动等传感器，也可做成接近开关、计数器、回转轴误差运动、转速和厚度测量等；② 利用材料电阻率 ρ 作为变换量，可以做成温度测量、材质判别等传感器；③ 利用材料导磁率 μ 作为变换量，可以做成测量应力、硬度等传感器；④ 利用变换量 μ、ρ、x 的综合影响，可以做成无损检测探伤仪。

图 4.41 所示为涡流式传感器工程应用实例。

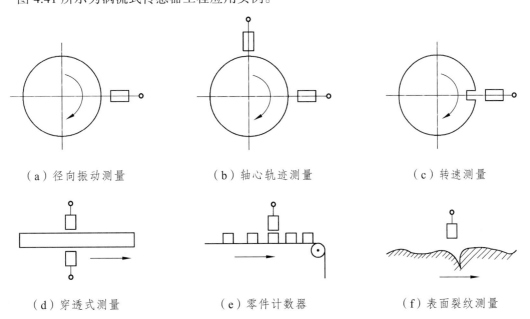

（a）径向振动测量　　　　（b）轴心轨迹测量　　　　（c）转速测量

（d）穿透式测量　　　　（e）零件计数器　　　　（f）表面裂纹测量

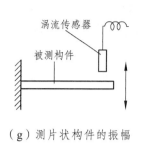

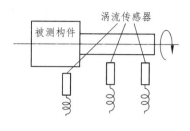

（g）测片状构件的振幅 　　　　　　　　（h）测构件的振型

图 4.41　涡流式传感器工程应用实例

4.5.2　互感型电感传感器

互感型电感传感器的工作原理是利用电磁感应中的互感现象，将被测位移量转换成线圈互感的变化。如图 4.42 所示，当线圈 W_1 输入交变电流 i_1 时，线圈 W_2 产生感应电势 u_2，其大小与电流 i_1 变化率成正比，即

$$u_2 = -M \frac{\mathrm{d}i_1}{\mathrm{d}t} \tag{4.47}$$

式中，M 为比例系数，称为互感（H），其大小与两线圈相对位置及周围介质的导磁能力等因素有关，它表明两线圈之间的耦合程度。

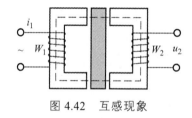

图 4.42　互感现象

它本身是一个变压器，其初级线圈接入稳定交流电源，次级为感应线圈，当被测参数使互感 M 变化时，次级线圈输出电压也产生相应变化。由于常常采用两个次级线圈组成差动式，故又称为差动变压器式电感传感器。实际应用较多的是螺管形差动变压器，其工作原理如图 4.43（a）、（b）所示。变压器由初级线圈 W 和两个参数完全相同的次级线圈 W_1、W_2 组成，线圈中心插入圆柱形铁心，次级线圈 W_1 及 W_2 反极性串联，当初级线圈 W 加上交流电压时，次级线圈 W_1 及 W_2 分别产生感应电势 u_1 和 u_2，其大小与铁心位置有关，当铁心在中心位置时，$u_1 = u_2$，输出电压 $u_o = 0$；铁心向上运动时，$u_1 > u_2$，$u_o > 0$；向下运动时，$u_1 < u_2$，$u_o < 0$，随着铁心偏离中心位置，输出电压 u_o 逐渐增大，其输出特性如图 4.43（c）所示。

差动变压器的输出电压是交流量，其幅值与铁心位移成正比，其输出电压如用交流电压表指示，输出值只能反映铁心位移的大小，不能反映移动的方向性。另外，交流电压输出存在一定的零点残余电压。零点残余电压是由于两个次级线圈结构不对称，以及初级线圈铜损电阻、铁磁质材料不均匀、线圈间分布电容等原因形成。所以，即使铁心处于中间位置时，输出也不为零。为此，差动变压器式传感器的后接电路形式，需要采用既能反映铁心位移方向性，又能补偿零点残余电压的差动直流输出电路。

图 4.44 所示为一种用于小位移测量的差动相敏检波电路工作原理。在没有输入信号时，

116

铁心处于中间位置，调节电阻 R，使零点残余电压减小；当有输入信号时，铁心上移或下移，其输出电压经交流放大、相敏检波、滤波后得到直流输出，由表头指示输入位移量大小和方向。

差动变压器式电感传感器具有精确度高（最高分辨力可达 0.1 μm）、线性范围大（可扩展到±100 mm）、稳定性好和使用方便的特点，被广泛用于直线位移测定。但其实际测量频率上限受到传感器机械结构的限制。

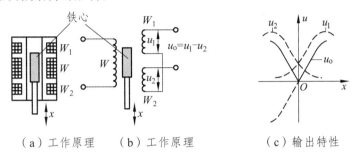

（a）工作原理　（b）工作原理　（c）输出特性

图 4.43　差动变压器式传感器工作原理

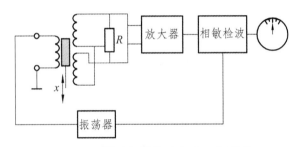

图 4.44　差动相敏检波电路工作原理

图 4.45 所示为几种电感式传感器产品。

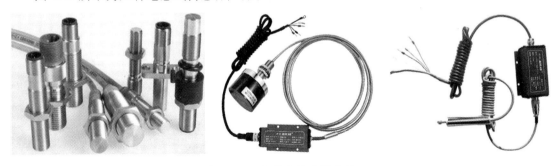

图 4.45　电感式传感器产品

图 4.46 所示为测量液位的原理。图 4.47 所示为电感式纸页厚度测量仪原理。E 形铁心上绕有线圈，构成一个电感测量头，衔铁实际上是一块钢质的平板。在工作过程中板状衔铁是固定不动的，被测纸张置于 E 形铁心与板状衔铁之间，磁力线从上部的 E 形铁心通过纸张而达到下部的衔铁。当被测纸张沿着板状衔铁移动时，压在纸张上的 E 形铁心将随着被测纸张的厚度变化而上下浮动，也即改变了铁心与衔铁之间的间隙，从而改变了磁路的磁阻。交流毫安表的读数与磁路的磁阻成比例，即与纸张的厚度成比例。毫安表通常接微米刻度，这样就可以直接显示被测纸张的厚度了。如果将这种传感器安装在一个机械扫描装置上，使电感

测量头沿纸张的横向进行扫描，则可用于自动记录纸张横向的厚度，并可利用此检测信号在造纸生产线上自动调节纸张厚度。

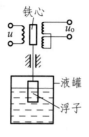

图 4.46　液位测量

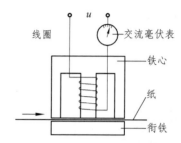

图 4.47　电感式纸页厚度测量仪原理图

借助弹性元件可以将压力、重量等物理量转换为位移的变化，故也将这类传感器用于压力、重量等物理量的测量。图 4.48 所示为差动变压器式电感测力传感器的结构。图中的弹性元件为两个圆片状弹簧，被测力 F 使差动变压器铁心产生位移。

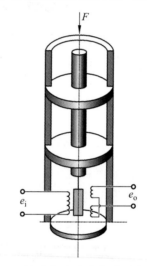

图 4.48　差动变压器式电感测力传感器

4.6　压电式传感器

压电式传感器的工作原理是基于某些物质的压电效应，它具有自发电和可逆两种重要特性，同时还具有体积小、重量轻、结构简单、工作可靠、固有频率高、灵敏度和信噪比高等优点，因此压电式传感器得到了飞跃式发展和广泛的应用。压电式传感器的传感元件是压电材料，它是一种典型的力敏元件，能测量最终能变换成力的那些物理量，如力、压力、加速度、机械冲击和振动等，因此在机械、声学、力学、医学和宇航等领域都可见到压电式传感器的应用。

4.6.1　压电效应

某些物质，如石英、钛酸钡等，在一定方向上受到外力作用时，不仅几何尺寸会发生变化，而且内部会被极化，在表面上产生电荷，形成电场，受力产生的电荷量与外力的大小成正比；当作用力改变方向时，电荷的极性也随之改变；外力去掉时，又重新回到原来的不带电状态，这种现象称为正压电效应。如果将这些物质置于电场中，其几何尺寸也会发生变化，这种由外电场作用导致物质产生机械变形的现象，称为逆压电效应，或称为电致伸缩效应。压电式传感器大多是利用正压电效应制成的。

具有压电效应的材料称为压电材料，石英是常用的压电材料。下面以石英晶体为例，说明压电效应的机理。

天然石英（SiO_2）晶体结晶形状为六角形晶柱，如图 4.49（a）所示。晶体两端为一对称的棱锥，六棱柱是它的基本组织，纵轴 z-z 称光轴，通过六角棱线而垂直于光轴的轴线 x-x 称为电轴，垂直于棱面的轴线 y-y 称机械轴，如图 4.49（b）所示。

如果从晶体中切下一个平行六面体，并使其晶面分别平行于 x-x、y-y、z-z 轴线，则这个晶片在正常状态下不呈现电性。当施加外力时，将沿 x-x 方向形成电场，其电荷分布在垂直于 x-x 轴的平面上，如图 4.50 所示。沿 x 轴方向加力产生纵向压电效应，沿 y 轴加力产生横向压电效应，沿相对两平面加力产生切向（压电）效应。沿 z 轴对晶片施加外力时，则不论外力的大小和方向如何，晶片的表面都不会极化。

实验证明，正压电效应和逆压电效应都是线性的，即晶体表面出现的电荷的多少和形变的大小成正比，当形变改变符号时，电荷也改变符号；在外电场作用下，晶体形变的大小与电场强度成正比，当电场反向时，形变改变符号。以石英晶体为例，当晶片在电轴 x 方向受到压力 F_x 作用时，所产生的电荷量 q_x 与作用力 F_x 成正比，而与切片的几何尺寸无关。

$$q_x = d_c F_x \qquad\qquad (4.48)$$

式中，d_c 为压电常数，与材质和切片方向有关。

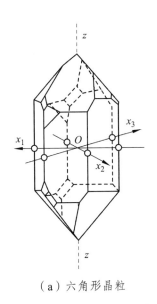

（a）六角形晶粒　　　（b）石英晶体的晶轴

图 4.49　石英晶体

当沿着机械轴 y 方向施加压力时，产生的电荷量与切片的几何尺寸有关，且电荷的极性与沿电轴 x 方向施加压力时产生的电荷极性相反，见图 4.50（b）。

若压电体受到多方向的作用力，晶体内部将产生一个复杂的应力场，会同时出现纵向压电效应和横向压电效应，压电体各表面都会积聚电荷。

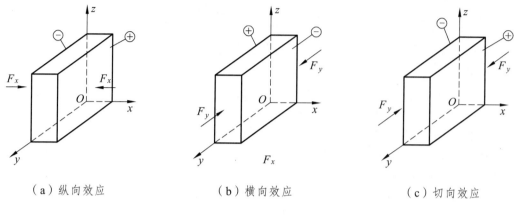

（a）纵向效应　　　　　　（b）横向效应　　　　　　（c）切向效应

图 4.50　压电效应模型

4.6.2　压电材料

常用的压电材料主要有压电晶体和压电陶瓷。常用的压电晶体有石英（SiO_2）、铌酸锂（$LiNbO_3$）、水溶性压电晶体（包括酒石酸钾钠、酒石酸二钾等）等。压电陶瓷多为多晶体，常用的有钛酸钡（$BaTiO_3$）、锆钛酸铅（PZT）等。

石英是压电晶体中最具有代表性的，应用广泛。天然石英的稳定性好，但资源少，并且大都存在一些缺陷，一般只用在校准用的标准传感器或精度很高的传感器中。除天然石英外，还大量应用人造石英。石英的压电常数不高，但具有较好的机械强度和时间、温度稳定性。其他压电晶体的压电常数为石英的 2.5 ~ 3.5 倍，但价格较贵。水溶性压电晶体，如酒石酸钾钠，压电常数较高，但易受潮，机械强度低，电阻率低，性能不稳定。

压电陶瓷是通过高温烧结的多晶体，具有制作工艺方便、耐湿、耐高温等优点，在检测技术、电子技术和超声等领域中有广泛应用。现代声学技术和传感技术中最普遍应用的是压电陶瓷。

压电陶瓷由许多铁电体的微晶组成，微晶再细分为电畴，因而压电陶瓷是许多畴形成的多畴晶体。当加上机械应力时，它的每一个电畴的自发极化会产生变化，但由于电畴的无规则排列，因而在总体上不现电性，没有压电效应。为了获得材料形变与电场呈线性关系的压电效应，在一定温度下对其进行极化处理，即利用强电场（1 ~ 4 kV/mm）使其电畴规则排列，呈现压电性。极化电场去除后，电畴取向保持不变，在常温下可呈压电性。压电陶瓷的压电常数比单晶体高得多，一般比石英高数百倍。现在的压电元件大多数采用压电陶瓷。

钛酸钡是使用最早的压电陶瓷，其居里温度（材料温度达到该点电畴将被破坏，失去压电特性）低，约为 120 ℃。现在使用最多的是锆钛酸铅（PZT）系列压电陶瓷。PZT 是一材料系列，随配方和掺杂的变化可获得不同的材料性能，它具有较高的居里点（350 ℃）和很高的压电常数（70 ~ 590 pC/N）。

近年来压电半导体也开发成功，它具有压电和半导体两种特性，很容易发展成新型的集成传感器。

4.6.3 压电式传感器工作原理及测量电路

1. 工作原理

在压电晶片的两个工作面上进行金属蒸镀，形成金属膜，构成两个电极，如图 4.51 所示。当晶片受到外力作用时，在两个极板上将积聚数量相等、而极性相反的电荷，形成电场。因此压电式传感器可以看作是一个电荷发生器，又是一个电容器，其电容量 C 为

$$C = \frac{\varepsilon_0 \varepsilon_r A}{\delta} \tag{4.49}$$

式中，ε_r 为压电材料的相对介电常数，石英晶体 $\varepsilon_r = 4.5$ F/m；钛酸钡 $\varepsilon_r = 1\,200$ F/m；δ 为极板间距，即晶片厚度（m）；A 为压电晶片工作面的面积（m^2）。

如果施加于晶片的外力不变，积聚在极板上的电荷无内部泄漏，外电路负载无穷大，那么在外力作用期间，电荷量将始终保持不变，直到外力的作用终止时，电荷才随之消失。如果负载不是无穷大，电路将会按指数规律放电，极板上的电荷无法保持不变，从而造成测量误差。因此，利用压电式传感器测量静态或准静态量时，必须采用极高阻抗的负载。在动态测量时，变化快、漏电量相对比较小，电荷可以得到不断补充，可以供给测量电路一定的电流，故压电式传感器适宜测量动态量，不宜测量静态量和缓变量。

在实际应用中，由于单片的输出电荷很小，因此，组成压电式传感器的晶片常常不止一片，一般采用两片或两片以上的晶片黏结在一起使用。由于压电元件是有极性的，因此黏结的方法有两种，即并联和串联。串接时[见图 4.51（c）]，正电荷集中在上极板，负电荷集中在下极板。串接法传感器本身电容小，响应较快，输出电压大，适用于以电压作为输出的信号和频率较高的信号。并接时[见图 4.51（d）]，两晶片负极集中在中间极板上，正电极在两侧的电极上。并接时电容量大、输出电荷量大，时间常数大，宜于测量缓变信号，适宜于以电荷量输出的场合。

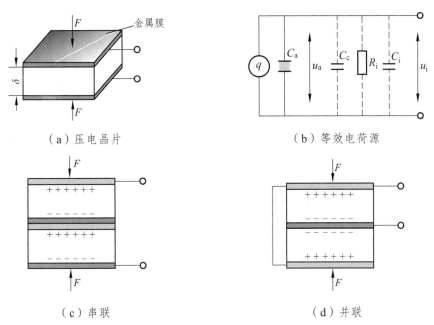

（a）压电晶片　　　　　　　　　　　　（b）等效电荷源

（c）串联　　　　　　　　　　　　　（d）并联

图 4.51　压电晶片及其等效电路

压电式传感器是一个具有一定电容的电荷源。电容器上的开路电压 u_a 与电荷 q、传感器电容 C_a 存在下列关系

$$u_a = \frac{q}{C_a} \tag{4.50}$$

当压电式传感器接入测量电路时,连接电缆的分布电容就形成传感器的并联分布电容 C_c,后续电路的输入阻抗和传感器中的漏电阻就形成泄漏电阻 R_0,如图 4.51(b)所示。为了防止漏电造成电荷损失,通常要求 $R_i > 10^{11} \Omega$,因此传感器可近似视为开路。

压电式传感器总是在有负载的情况下工作。设 C 为负载的等效电容,C_c 为压电式传感器与负载间的连接电缆的分布电容,R_i 为负载的输入电阻,R_a 为传感器本身的漏电阻,则压电式传感器接负载后等效电荷源电路中的等效电容为

$$C = C_a + C_c + C_i \tag{4.51}$$

式中,C_i 为后接电路并联电容。

等效电阻为

$$R_0 = \frac{R_a R_i}{R_a + R_i} \tag{4.52}$$

压电元件在外力作用下产生的电荷 q,除了给等效电容 C 充电外,还将通过等效电阻 R_0 泄漏掉。据电荷平衡建立的方程式为

$$q = Cu + \int i \mathrm{d}t \tag{4.53}$$

式中,$q = d_c F$;u 为接负载后压电元件的输出电压(也就是等效电容 C 上的电压值),$u = R_0 i$;i 为泄漏电流。

当 $F = F_0 \sin \omega t$(ω 为外力的圆频率)时,式(4.53)可写为

$$q = q_0 \sin \omega t = CR_0 i + \int i \mathrm{d}t \tag{4.54}$$

忽略过渡过程,其稳态解为

$$i = \frac{\omega q_0}{\sqrt{1+(\omega C R_0)^2}} \sin(\omega t + \varphi) \tag{4.55}$$

$$\varphi = \arctan \frac{1}{\omega C R_0} \tag{4.56}$$

接负载后压电元件的输出电压为

$$u_i = R_0 i = \frac{q_0}{C} \frac{1}{\sqrt{1+(\omega C R_0)^{-2}}} \sin(\omega t + \varphi)$$
$$= \frac{d_c}{C} \frac{1}{\sqrt{1+(\omega C R_0)^{-2}}} F_0 \sin(\omega t + \varphi) \tag{4.57}$$

由以上分析可看出:

(1)通过压电式传感器的输出电压 u_i 的测量所得到的被测力 $F_0 \sin(\omega t + \varphi)$ 的信息受到因子 $\dfrac{1}{\sqrt{1+(\omega C R_0)^{-2}}}$ 及 C 中 C_c(因电缆的长度不同 C_c 的大小也不一样)的影响。

（2）只有在被测信号频率 ω 足够高的情况下，压电式传感器的输出电压 u_i 才与频率无关，这时才有可能实现不失真测试，即

$$\omega C R_0 \gg 1$$

或

$$\omega \gg \frac{1}{CR_0} \tag{4.58}$$

这时，式（4.57）可写为

$$u_i = \frac{d_c F_0}{C} \sin(\omega t + \varphi) \tag{4.59}$$

式（4.58）表明，压电式传感器实现不失真测试的条件与被测信号的频率 ω 及回路的时间常数 $R_0 C$ 有关。为使测量信号频率的下限范围扩大，压电式传感器的后接测量电路必须有高输入阻抗，即很高的负载输入阻抗 R_i（由于 R_i 值很大，所以在图 4.51 所示的压电晶片的等效电路中可将其视为断开），并在后接电路（即后接的放大器）的输入端并入一定的电容 C_i 以加大时间常数 $R_0 C$，但并联电容 C_i 不能过大，否则，传感器的输出电压 u_i 会降低很多（降低传感器的灵敏度），这对测量是不利的。

（3）只有当被测信号频率足够高时，压电式传感器的输出电压值才与 R_i 无关。在测量静态信号或缓变信号时，为使压电晶片上的电荷不消耗或泄漏，负载电阻尼就必须非常大，否则将会由于电荷泄漏而产生测量误差。但 R_i 值不可能无限加大，因此用压电式传感器测量静态信号或缓变信号是比较难以实现的。压电式传感器用于动态信号的测量时，由于动态交变力的作用，压电晶片上的电荷可以不断补充，给测量电路一定的电流，使测量成为可能。

上述三点分析表明压电式传感器适用于动态信号的测量，但测量信号频率的下限受 $R_0 C$ 的影响，上限则受压电式传感器固有频率的限制。

压电式传感器的输出，理论上应当是压电晶片表面上的电荷 q。根据图 4.51（b）可知实际测试中往往是取等效电容 C 上的电压值，作为压电式传感器的输出。因此，压电式传感器就有电荷和电压两种输出形式。相应地，其灵敏度也有电荷灵敏度和电压灵敏度两种表示方法。两种灵敏度之间的关系为

$$S_u = \frac{S_q}{C} = \frac{S_q}{C_a + C_c + C_i} \tag{4.60}$$

式中，S_u 为电压灵敏度；S_q 为电荷灵敏度。

压电式传感器结构和材料确定之后，其电荷灵敏度便已确定。由于等效电容 C 受电缆电容 C_c 的影响，其电压灵敏度则会因所用电缆长度的不同而有所变化。

例 4.3　某压电式加速度计的固有电容 $C_a = 1\,000$ pF，电缆电容 $C_c = 100$ pF，后接前置放大器的输入电容 $C_i = 150$ pF，在此条件下标定得到的电压灵敏度 $S_u = 100$ mV/g，试求传感器的电荷灵敏度 S_q。若该传感器改接 $C_{c2} = 300$ pF 的电缆，求此时的电压灵敏度 S_{u2}。

解： 由 $S_q = C S_u$ 得

$$S_q = C S_u = (C_a + C_c + C_i) S_u = 1\,250 \times 10^{-12} \times 100 \times 10^{-3}$$

$$= 1.25 \times 10^{-10} \text{ FV/g}$$

因 S_q 不随外电路发生变化，故当传感器改接 $C_{c2} = 300\ \text{pF}$ 的电缆时，有

$$S_{u2} = S_q / C_2 = S_q / (C_a + C_c + C_i)$$
$$= 1.25 \times 10^{-10}\ (\text{FV/g})/(1\,450 \times 10^{-12}\ \text{F})/ = 86.2\ \text{mV/g}$$

可见，电缆电容对电压灵敏度的影响较大。

2. 前置放大器

由于压电式传感器的输出电信号很微弱，而且传感器本身有很大内阻，故输出能量甚微，这给后接电路带来一定困难，必须进行放大后才能显示和记录。为此，通常把传感器信号先输到高输入阻抗的前置放大器，经过阻抗变换以后，方可用一般的放大、检波电路将信号输给指示仪表或记录器。前置放大器的输入阻抗要尽量高，至少大于 $10^{11}\ \Omega$，这样才能减少由于漏电造成的电压或电荷损失，不致引起过大的测量误差。

前置放大器电路的主要用途有两点：① 阻抗转换功能，即将传感器的高阻抗输出变换为低阻抗输出；② 将传感器输出的微弱电信号放大。

前置放大器电路有两种形式：带电阻反馈的电压放大器，其输出电压与输入电压（即传感器的输出）成正比；另一种是带电容反馈的电荷放大器，其输出电压与输入电荷量成正比。

电压放大器具有很高的输入阻抗（1 000 MΩ 以上）和很低的输出阻抗（低于 100 Ω）。使用时，放大器的输入电压如式（4.61）所表达。由于电容 C 包括了 C_a、C_i 和 C_c，其中分布电容（电缆对地电容）C_c 比 C_a 和 C_i 都大，故整个测量系统对电缆对地电容 C_c 的变化非常敏感。连接电缆的长度和形态变化会引起 C_c 的变化，导致传感器输出电压 u 的变化，从而使仪器的灵敏度也发生变化。

图 4.52 所示为使用电压放大器时的传感器-电缆-放大器系统等效电路。放大器的输入电压（也即传感器的输出电压）为

$$u_i = \frac{q}{C_a + C_c + C_i} \tag{4.61}$$

系统的输出电压为

$$u_y = Ku_i = \frac{Kq}{C_a + C_c + C_i} \tag{4.62}$$

式（4.62）表明测量系统的输出电压对电缆电容 C_c 敏感。当电缆长度变化时，C_c 就变化，使得放大器输入电压变化，系统的电压灵敏度也将发生变化，这就增加了测量的困难。

电荷放大器则克服了上述电压前置放大器的缺点。它是一个高增益带电容反馈的运算放大器。图 4.53 所示为传感器-电缆-电荷放大器系统的等效电路图。略去传感器的漏电阻 R_a 和电荷放大器的输入电阻 R_i 影响时，有

$$q = u_i(C_a + C_c + C_i) + (u_i - u_y)C_f = u_iC + (u_i - u_y)C_f \tag{4.63}$$

式中，u_i 为放大器输入端电压；u_y 为放大器输出端电压，$u_y = -Ku_i$，其中 K 为电荷放大器开环放大倍数；C 为放大器输入电容；C_f 为电荷放大器反馈电容。

故有

$$u_y = \frac{-Kq}{(C + C_f) + AC_f} \tag{4.64}$$

如果放大器开环增益足够大，则 $KC_f >> (C+C_f)$，则上式可简化为

$$u_y \approx -\frac{q}{C_f} \qquad (4.65)$$

式（4.65）表明，在一定条件下，电荷放大器的输出电压与传感器的电荷量成正比，并且与电缆分布电容无关。因此，采用电荷放大器时，即使连接电缆长度达百米以上时，其灵敏度也无明显变化（传感器的灵敏度与电缆长度无关），这是电荷放大器突出的优点。但与电压放大器相比，其电路复杂，价格昂贵。

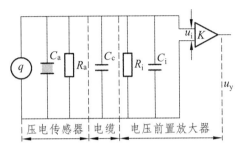

图 4.52　压电式传感器-电缆-电压前置放大器等效电路

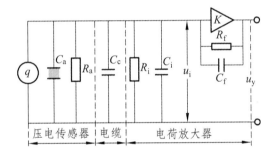

图 4.53　压电式传感器-电缆-电荷放大器系统的等效电路

4.6.4　压电式传感器的应用

压电式传感器具有体积小、重量轻、结构简单、工作可靠、固有频率高、灵敏度和信噪比高、使用方便等优点，使其应用发展迅速。压电式传感器常用来测量动态力、应力、压力、振动的速度或加速度，也用于声、超声和声发射等测量，在航空航天、土木工程、机械工程、交通工程及能源化工、医学等领域得到广泛的应用。

图 4.54 所示为压电式传感器产品。

图 4.54　压电式传感器产品

1. 压电式压力传感器

压电效应是一种力-电荷变换，可直接用作力的测量。现在已形成系列的压电式力传感器，测量范围从微小力值 10^{-3} N 到 10^4 kN，动态范围一般为 60 dB；测量方向有单方向的，也有多方向的。

压电式力传感器有两种形式：一种是利用膜片式弹性元件，通过膜片承压面积将压力转换为力。膜片中间有凸台，凸台背面放置压电晶片。力通过凸台作用于压电晶片上，使之产生相应的电荷量。另一种是利用活塞的承压面承受压力，并使活塞所受的力通过在活塞另一端的顶杆作用在压电晶片上，测得此作用力便可推算出活塞所受的压力。图 4.55 所示为压电式压力传感器及其特性曲线。当被测力 F（或压力 P）通过外壳上的传力上盖作用在压电晶片上时，压电晶片受力，上下表面产生电荷，电荷量与作用力 F 成正比。电荷由导线引出接入测量电路（电荷放大器或电压放大器）。

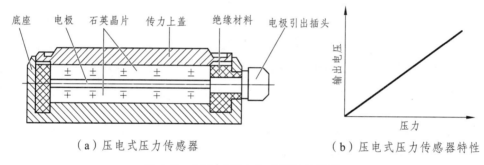

（a）压电式压力传感器　　　　　　（b）压电式压力传感器特性

图 4.55　压电式压力传感器及其特性

2. 压电式加速度传感器

现在广泛采用压电式传感器来测量加速度。此种传感器的压电晶片处于其壳体和一质量块之间，用强弹簧（或预紧螺栓）将质量块、压电晶片紧压在壳体上。图 4.56 所示为多种压电式加速度传感器的结构。图中，M 是质量块，K 是压电晶片。压电式加速度传感器实质上是一个惯性力传感器，运动时，传感器壳体推动压电晶片和质量块一起运动；加速时，压电晶片承受由质量块加速而产生的惯性力，作用在压电晶体上的力 $F = Ma$。当质量 M 一定时，压电晶体上产生的电荷与加速度 a 成正比。

压电晶片在传感器中必须有一定的预紧力，以保证作用力变化时，压电晶片始终受到压力；其次要保证压电晶片与作用力之间的全面均匀接触，获得输出电压（或电荷）与作用力的线性关系，但预紧力也不能太大，否则会影响其灵敏度。

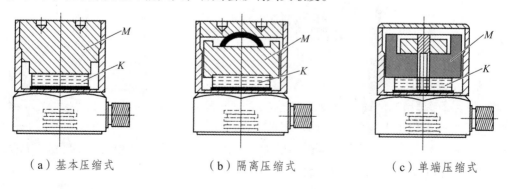

（a）基本压缩式　　　　　　（b）隔离压缩式　　　　　　（c）单端压缩式

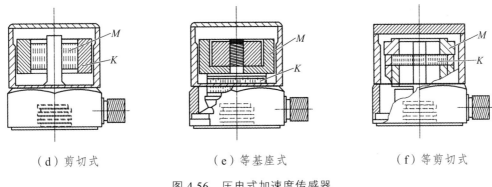

（d）剪切式　　　　　　　　（e）等基座式　　　　　　　　（f）等剪切式

图 4.56　压电式加速度传感器

3. 阻抗头

在对机械结构进行激振试验时，为了测量机械结构每一部位的阻抗值（力和响应参数的比值），需要在结构的同一点上激振并测定它的响应。阻抗头就是专门用来传递激振力和测定激振点的受力及加速度响应的特殊传感器，其结构如图 4.57（a）所示。使用时，阻抗头的安装面与被测机械紧固在一起，激振器的激振力输出顶杆与阻抗头的激振平台紧固在一起。激振器通过阻抗头将激振力传递并作用于被测结构上，如图 4.57（b）所示。激振力使阻抗头中检测激振力的压电晶片受压力作用产生电荷并从激振力信号输出口输出。机械受激振力作用后产生受迫振动，其振动加速度通过阻抗头中的质量块产生惯性力，使检测加速度的晶片受力作用产生电荷，从加速度信号输出端口输出。

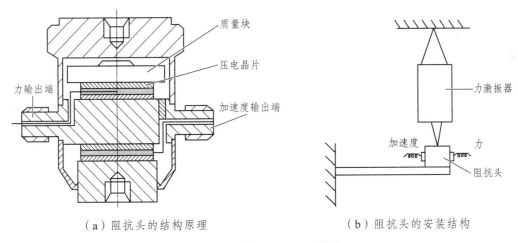

（a）阻抗头的结构原理　　　　　　　　（b）阻抗头的安装结构

图 4.57　阻抗头的原理及结构

4. 安全气囊用加速度计

作为汽车的一种安全装置，现在的汽车上都安装了安全气囊，当遇到碰撞时，它能起到保护乘员的作用。在汽车前副梁左右两边，各安装一个能够检测前方碰撞的加速度传感器，在液压支架底座连接桥洞的前室内，也安装有两个同样的传感器，前副梁上的传感器一般设置成当受到 12.3 g 以上的碰撞时能自动打开气囊开关。12.3 g 以上的碰撞，相当于汽车以 16 km/h 的速度，与前面障碍物相撞时产生的冲击。此外，室内传感器被设置成当从正面受到 12.3 g 以上的冲击时，能自动打开气囊开关。

汽车中使用的加速度传感器，因厂家、车型的不同，分为机械式与电子式两种。

压电式传感器按不同需要做成不同灵敏度、不同量程和不同大小，形成系列产品。大型高灵敏度加速度计灵敏阈可达 10^{-6} g（g 为标准重力加速度，1 g = 9.806 65 m/s^2），但其测量上限也很小，只能测量微弱振动。而小型的加速度计仅重 0.14 g，灵敏度虽低，但可测量上千克的强振动。

压电式传感器的工作频率范围广，理论上其低端从直流开始，高端截止频率取决于结构的连接刚度，一般为数十赫兹到兆赫兹的量级，这使它广泛用于各领域的测量。压电式传感器内阻很高，产生的电荷量很小，易受传输电缆分布电容的影响，必须采用前面已谈到的阻抗变换器或电荷放大器。已有将阻抗变换器和传感器集成在一起的集成传感器，其输出阻抗很低。

由于电荷的泄漏，使压电式传感器实际上低端工作频率无法达到直流，难以精确测量常值力。在低频振动时，压电加速度计振动圆频率小，受灵敏度限制，其输出信号很弱，信噪比差。尤其在需要通过积分网络来获取振动的速度和加速度值的情况下，网络中运算放大器的漂移及低频噪声的影响，使得难以在小于 1 Hz 的低频段中应用压电式加速度计。

压电式传感器一般用来测量沿其轴向的作用力，该力对压电晶片产生纵向效应并产生相应的电荷，形成传感器通常的输出。然而，垂直于轴向的作用力，也会使压电晶片产生横向效应和相应的输出，称为横向输出。与此相应的灵敏度，称为横向灵敏度。对于传感器而言，横向输出是一种干扰和产生测量误差的原因。使用时，应该选用横向灵敏度小的传感器。一个压电式传感器各方向的横向灵敏度是不同的。为了减少横向输出的影响，在安装使用时，应力求使最小横向灵敏度方向与最大横向干扰力方向重合。显然，关于横向干扰的讨论，同样适用于压电加速度计。

环境温度、湿度的变化和压电材料本身的时效，都会引起压电常数的变化，导致传感器灵敏度的变化。因此，经常校准压电式传感器是十分必要的。

压电式传感器的工作原理是可逆的，施加电压于压电晶片，压电晶片便产生伸缩。所以压电晶片可以反过来做"驱动器"。例如，对压电晶片施加交变电压，则压电晶片可作为振动源，可用于高频振动台、超声发生器、扬声器以及精密的微动装置。

4.7 磁电式传感器

磁电式传感器是一种将被测物理量转换成为感应电势的有源传感器，也称为电动式传感器或感应式传感器。它是一种机-电能量变换型传感器，不需要外部供电电源，电路简单，性能稳定，输出阻抗小，又具有一定的频率响应范围（一般为 10～1 000 Hz），适用于振动、转速、扭矩等测量，但这种传感器的尺寸和重量都较大。

根据电磁感应定律，一个匝数为 W 的运动线圈在磁场中切割磁力线时，穿过线圈的磁通量 Φ 发生变化，线圈两端就会产生出感应电势，其大小和方向为

$$u = -W\frac{\mathrm{d}\Phi}{\mathrm{d}t} \tag{4.66}$$

负号表明感应电势的方向与磁通变化的方向相反。线圈感应电势的大小在线圈匝数一定的情况下与穿过该线圈的磁通变化率 $\mathrm{d}\Phi/\mathrm{d}t$ 成正比。传感器的线圈匝数和永久磁铁选定（即磁场强度已定）后，使穿过线圈的磁通发生变化的方法通常有两种：一种是让线圈和磁力线做

相对运动，即利用线圈切割磁力线而使线圈产生感应电势；另一种则是把线圈和磁铁都固定，靠衔铁运动来改变磁路中的磁阻，从而改变通过线圈的磁通。

磁通变化率与磁场强度、磁路磁阻、线圈的运动速度有关，故若改变其中任一因素，都会改变线圈的感应电动势。

4.7.1　恒磁通式磁电传感器

恒磁通式磁电传感器中，永久磁铁产生磁场，工作气隙中的磁通保持不变，线圈与磁力线做相对运动（线圈切割磁力线）而产生感应电动势。这类结构的传感器有动圈式和动铁式两种。动圈式磁电传感器可按结构分为线速度型与角速度型（见图 4.58）。图 4.58（a）所示为线速度型传感器，在永久磁铁产生的直流磁场内，放置一个可动线圈，当线圈在磁场中随被测体的运动而做直线运动时，线圈便由于切割磁力线而产生感应电势，其感应电势的大小为

$$u = WBlv\sin\theta \tag{4.67}$$

式中，B 为线圈所在磁场的磁感应强度；l 为每匝线圈的平均长度；θ 为线圈运动方向与磁场方向的夹角；v 为线圈与磁场的相对运动速度。

在设计时，若使 $\theta = 90°$，则式（4.67）可写为

$$u = WBlv \tag{4.68}$$

图 4.58（b）所示为角速度型传感器工作原理图。线圈在磁场中转动时产生的感应电势为

$$u = kWBA\omega \tag{4.69}$$

式中，ω 为线圈转动的角速度；A 为单匝线圈的截面积；k 为与结构有关的系数，$k<1$。

式（4.69）表明，当传感器结构一定，W、B、A 均为常数时，感应电势 u 与线圈相对磁场的角速度 ω 成正比，这种传感器常用来测量转速。

显然，当磁场强度 B 和线圈的匝数 W 及有效长度 l 一定时，感应电势与线圈和磁场的相对运动速度成正比，因此，这种传感器又称为速度计。如果将线圈固定，让永久磁铁随被测体的运动而运动，则成为动铁式磁电传感器（见图 4.59）。

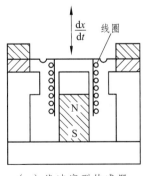

（a）线速度型传感器　　（b）角速度型传感器

图 4.58　动圈式磁电传感器

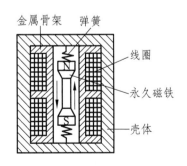

图 4.59　动铁式磁电传感器

图 4.60 所示为商用动圈式绝对速度传感器，它由工作线圈、阻尼器、芯棒和软弹簧片组合在一起构成传感器的惯性运动部分。弹簧的另一端固定在壳体上，永久磁铁用铝架与壳体固定。使用时，将传感器的外壳与被测机体联结在一起，传感器外壳随机件的运动而运动。

当壳体与振动物体一起振动时，由于芯棒组件质量很大，产生很大的惯性力，阻止芯棒组件随壳体一起运动。当振动频率高到一定程度时，可以认为芯棒组件基本不动，只是壳体随被测物体振动。这时，线圈以振动物体的振动速度切割磁力线而产生感应电势，此感应电势与被测物体的绝对振动速度成正比。

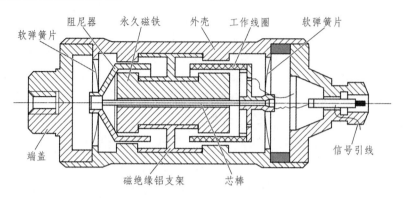

图 4.60 CD-1 型绝对式速度传感器

图 4.61 所示为商用动圈式相对速度传感器。传感器活动部分由顶杆、弹簧和工作线圈联结而成，活动部分通过弹簧联结在壳体上。磁通从永久磁铁的一极出发，通过工作线圈、空气隙、壳体再回到永久磁铁的另一极构成闭合磁路。工作时，将传感器壳体与机件固接，顶杆顶在另一构件上，当此构件运动时，使外壳与活动部分产生相对运动，工作线圈在磁场中运动而产生感应电势，此电势反映了两构件的相对运动速度。

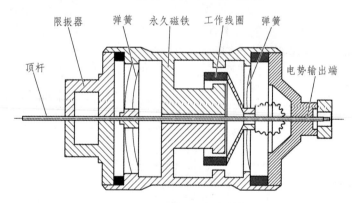

图 4.61 CD-2 型相对式速度传感器

4.7.2 变磁通式磁电传感器

变磁通式磁电传感器也叫磁阻式磁电传感器，由永久磁铁及缠绕其上的线圈组成，其基本原理是，处于交变磁场中的线圈两端的感应电动势，与线圈的磁通变化率 $\mathrm{d}\Phi/\mathrm{d}t$ 成正比。传感器在工作时，线圈与永久磁铁都不动，由运动着的物体（导磁材料）改变磁路的磁阻，引起通过线圈的磁力线增强或减弱，使线圈感应出交变电动势。图 4.62 表示了变磁通式磁电传感器应用于转速、偏心量、振动的测量。

变磁通式传感器对环境条件要求不高，能在-50 ~ +100 ℃的温度下有效工作，也能在油、水雾、灰尘等条件下工作。

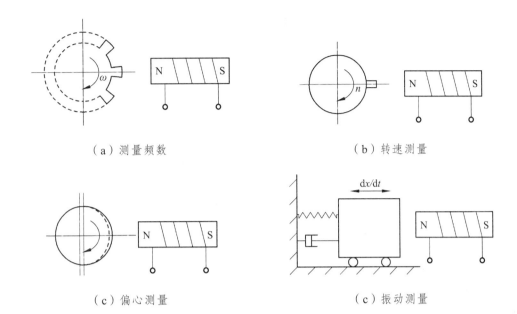

（a）测量频数　　　　　　　　　　　（b）转速测量

（c）偏心测量　　　　　　　　　　（c）振动测量

图 4.62　磁阻式磁电传感器的应用

图 4.63 所示为几种磁电式传感器产品。

图 4.63　磁电式传感器产品

4.7.3　霍尔式传感器

霍尔式传感器是一种利用霍尔元件基于霍尔效应将被测量转换成电动势输出的磁电式传感器。霍尔元件是一种半导体磁电转换元件，一般由锗（Ge）、锑化铟（InSb）、砷化铟（InAs）等半导体材料制成，利用霍尔效应进行工作。如图 4.64 所示，将霍尔元件置于磁场 B 中，如果在 a、b 端通以电流 i，在 c、d 端就会出现电位差，称为霍尔电势 U_H，这种现象称为霍尔效应。霍尔元件结构、符号及其基本电路如图 4.65 所示。

霍尔效应的产生是由于运动电荷受到磁场中洛伦兹力的作用结果。若把 N 型半导体薄片放在磁场中，通以固定方向的电流 i，那么半导体中的载流子（电子）将沿着与电流方向相反的方向运动。任何带电质点在磁场中沿着和磁力线垂直的方向运动时，都要受到磁场力 F_L（洛仑兹力）的作用。由于 F_L 的作用，电子向一边偏移，并形成电子积累，与其相对的一边则积累正电荷，于是形成电场。该电场将阻止运动电子的继续偏移，当电场作用在运动电子上的

力 F_E 的作用与洛伦兹力 F_L 相等时，电子的积累便达到动态平衡。这时在元件 c、d 端之间建立的电场称为霍尔电场，相应的电势称为霍尔电势 U_H，其大小为

$$U_H = k_B i B \sin \alpha \tag{4.70}$$

式中，k_B 为霍尔常数，取决于材质、温度和元件尺寸；B 为磁感应强度；α 为电流与磁场方向的夹角。

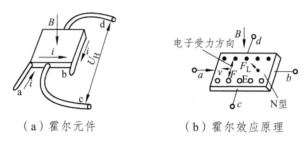

（a）霍尔元件　　　　（b）霍尔效应原理

图 4.64　霍尔元件及霍尔效应原理

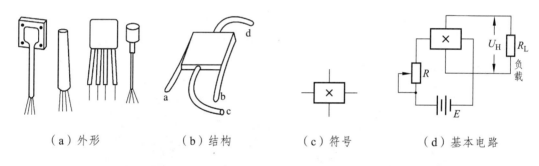

（a）外形　　　　（b）结构　　　　（c）符号　　　　（d）基本电路

图 4.65　霍尔元件

根据式（4.70），如果改变 B 或 i，或者两者同时改变，就可以改变 U_H 值。运用这一特性，就可以把被测参数转换成电压量的变化。

霍尔元件有分立元件型和集成型两种，分立元件型霍尔元件是由单晶体材料制成，已普遍应用。近来生产的锑化铟薄膜霍尔元件是用镀膜法制造的，其厚度约为 0.2 mm，被用于极窄缝隙中的磁场测量。

集成霍尔元件是利用硅集成电路工艺制造，它的敏感部分与变换电路制作在同一基片上，乃至包括敏感、放大、整形、输出等部分，其工作原理是，当外界磁场作用于霍尔片上时，其敏感部分将产生一定的霍尔电势，此信号经差分放大，再输入施密特触发器，整形后形成方波。该方波可控制输出管的导通与截止，则输出端为 1、0 两种状态。整个集成电路可制作在约 1 mm^2 的硅片上，外部由陶瓷片封装，尺寸约为 6 mm×5.2 mm×2 mm。

集成元件与分立元件相比，不仅体积大大缩小，而且灵敏度提高了。例如，在工作电流为 20 mA，磁感应强度 $B = 0.1$ T 的情况下，集成霍尔元件的输出达 25 mV，而分立元件仅为 1.2 mV。

另一种 MOS 型霍尔元件是利用硅平面工艺把 MOS 霍尔元件和差分放大器集成在一个芯片上，其灵敏度可达 20 000 mV/(mA·T)以上。

图 4.66 所示为霍尔传感器产品。

图 4.66　霍尔传感器产品

霍尔元件在工程测量中有着广泛的应用。图 4.67 所示为霍尔元件用于测量的各种实例。可以看出，将霍尔元件置于磁场中，当被测物理量以某种方式改变了霍尔元件的磁感应强度时，就会导致霍尔电势的变化。例如，图 4.67（f）所示为一种霍尔压力传感器，液体压力 p 使波纹管的膜片变形，通过杠杆使霍尔片在磁场中位移，其输出电势将随压力 p 而变化。

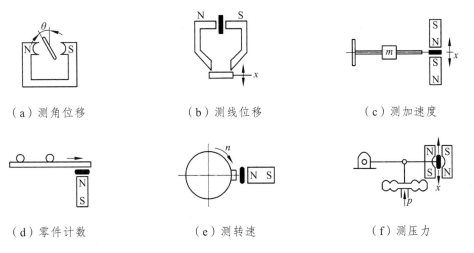

（a）测角位移　　　　　　　（b）测线位移　　　　　　　（c）测加速度

（d）零件计数　　　　　　　（e）测转速　　　　　　　（f）测压力

图 4.67　霍尔元件工程应用实例

以微小位移测量为基础，霍尔元件还可以应用于微压、压差、高度、加速度和振动的测量。

图 4.68 所示为一种利用霍尔元件探测 MTC 钢丝绳断丝的工作原理。这种探测仪的永久磁铁使钢丝绳磁化，当钢丝绳有断丝时，在断口处出现漏磁场，霍尔元件通过漏磁场将获得一个脉动电压信号。此信号经放大、滤波、A/D 转换后进入计算机分析，识别出断丝根数和断口位置。该项技术已成功应用于矿井提升钢丝绳、起重机械钢丝绳、载人索道钢丝绳等断丝检测，获得了良好的效益。

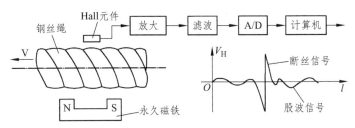

图 4.68　MTC 型钢丝绳断丝检测工作原理

由于霍尔元件在静止状态下具有感受磁场的独特能力，并且具有结构简单、体积小、噪声小、频率范围宽（从直流到微波）、动态范围大（输出电动势变化范围可达 1 000∶1）、寿命长等特点，因此获得了广泛应用。例如，在测量技术中用于将位移、力、加速度等量转换为电量的传感器，在计算技术中用于作加、减、乘、除、开方、乘方以及微积分等运算的运算器等。

图 4.69 所示为一种霍尔效应位移传感器工作原理示意图。将霍尔元件置于磁场中，左半部磁场方向向上，右半部磁场方向向下，从 a 端通入电流 i，根据霍尔效应，左半部产生霍尔电动势 U_{H1}，右半部产生霍尔电动势 U_{H2}，其方向相反。则 c、d 两端电动势为 $U_{H1}-U_{H2}$。如果霍尔元件在初始位置时 $U_{H1} = U_{H2}$，则输出为零；当改变磁极系统与霍尔元件的相对位置时，即可得到输出电压，其大小正比于位移量。

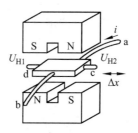

图 4.69　霍尔式位移传感器

图 4.70 所示为霍尔乘法器原理。霍尔元件置于由坡莫合金制成的铁心气隙中，激磁线圈绕于中间心柱上，当输入直流激磁电流 I 时，形成恒定磁场。如果通入霍尔元件的控制电流为 i，则霍尔电动势 $U_H = S \cdot i \cdot B \propto Ii$，正比于 i 与 I 的乘积，因此霍尔元件可作为乘法器。

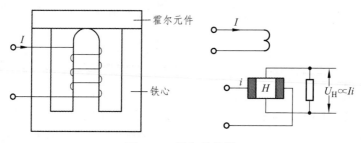

图 4.70　霍尔乘法器

保持霍尔元件的控制电流恒定，而使霍尔元件在一个均匀梯度的磁场中沿 x 方向移动，则输出霍尔电动势 $U_H = Sx$，其中 S 为位移传感器的灵敏度。电势的极性表示了元件位移的方向。磁场梯度越大，灵敏度越高；磁场梯度越均匀，输出线性度就越好。这种传感器可用来测量±0.5 mm 的小位移，特别适用于微位移、机械振动等测量。若霍尔元件在均匀磁场内转动，则产生与转角的正弦函数成比例的霍尔电势，自此可用来测量角位移。

图 4.71 所示为霍尔转速传感器的工作原理，实际上是利用霍尔开关测转速。在待测转盘上有一对或多对小磁钢，小磁钢越多，分辨率越高。霍尔开关固定在小磁钢附近。待测转盘以角速度 ω 旋转时，每当一个小磁钢转过霍尔开关集成电路，霍尔开关便产生一个相应的脉冲；检测出单位时间内的脉冲数，即可确定待测物体的转速。

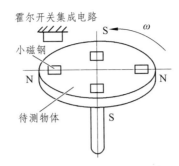

图 4.71　霍尔转速传感器的工作原理

4.8　热电偶

热电偶是工业上最常用的一种测温元件，属于能量转换型温度传感器。在接触式测温仪表中，具有信号易于传输和变换、测温范围宽、测温上线高等优点，主要用于 500~1 500 ℃ 的温度测量。

4.8.1　热电偶效应及测温原理

一般来说，将任意两种不同材料的导体 A 和 B 首尾相接构成一个闭合回路，当两接触点温度不同时，回路中就会产生热电势，这种现象称为热电效应。这两种不同导体的组合就称为热电偶，组成热电偶的导体 A 和 B 称为热电极，两种导体的接触点称为节点，形成的回路称为热电回路。两种不同材料的金属导体的一端焊在一起，称为工作端或热端（温度为 t），未焊接端称为冷端或参考端（温度为 t_0）。

热电偶所产生的热电势包括接触电势和温差电势两部分，即热电势是由两种导体的接触电势和单一导体的温差电势组成。

接触电势：各种金属导体都存在大量的自由电子，不同金属的自由电子密度不同，当两种不同金属接触在一起时，接触点处就会发生电子扩散，即电子浓度大的金属中的自由电子向电子浓度小的金属扩散，这样，电子浓度大的金属因失去电子带正电，电子浓度小的金属因接收了扩散来的电子而带负电。这时，在接触面两侧的一定范围内形成一个电场，该电场将阻碍电子的进一步扩散，最后达到动态平衡，从而得到一个稳定的接触电势。

温度越高，自由电子就越活跃，扩散能力就越强，因此，接触电势的大小既与两种不同导体的性质有关，也和接触点的温度有关。用 $E_{AB}(t)$ 表示两种不同导体 A 和 B 接触点的接触电势，其中，下标 A 表示正电极，B 表示负电极，电场方向为 A→B。

如果两个电极的另一端也闭合，构成了一个闭合回路，则在两接点处形成两个方向相反的热电势 $E_{AB}(t)$ 和 $E_{AB}(t_0)$，如图 4.72 所示。

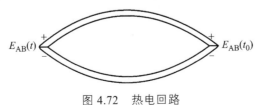

图 4.72　热电回路

热电偶回路的热电势如图 4.73 所示。图中 $E_A(t, t_0)$、$E_B(t, t_0)$称为温差电势，它是同一种导体因两端温度不同而产生的，电势 $E_{AB}(t)$ 和 $E_{AB}(t_0)$ 为接触电势。

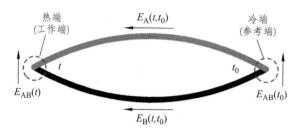

图 4.73　热电偶回路的热电势

热电偶回路中总的热电势 $E_{AB}(t, t_0)$ 为

$$E_{AB}(t,t_0) = E_{AB}(t) - E_{AB}(t_0) - E_A(t,t_0) + E_B(t,t_0) \qquad （4.71）$$

式（4.71）表明，热电偶回路中总的热电势为接触电势和温差电势的代数和。当热电极材料确定后，热电偶总的热电势 $E_{AB}(t, t_0)$ 的大小只取决于热端温度 t 和冷端温度 t_0，如果冷端温度 t_0 固定不变，则热电偶输出的总电势为热端温度 t 的单值函数。只要测出热电势的大小，就能得到被测点的温度 t，这就是利用热电现象测温的基本原理。

由式（4.71）可得到如下结论：

（1）如果热电偶两电极材料相同，即使两端温度不同，总输出电势仍为零，因此，必须由两种不同的材料，才能构成热电偶。

（2）如果热电偶两节点温度相同，则回路中的总电势必然等于 0。

（3）热电势的大小，只与材料接点温度有关，与热电偶的尺寸、形状及沿电极的温度分布无关。

总之，热电偶工作的两个必要条件：两电极的材料不同，两接点的温度不等。

4.8.2　热电偶回路的基本定律

1. 中间温度定律

一支热电偶的测量端和参考端的温度分别是 t 和 t_1 时，其热电势为 $E_{AB}(t, t_1)$；温度分别为 t_1 和 t_0 时，其热电势为 $E_{AB}(t_1, t_0)$；因此在温度分别为 t 和 t_0 时，该热电偶的热电势 $E_{AB}(t, t_0)$ 为前两者之和，这就是中间温度定律，其中 t_1 称为中间温度。

$$E_{AB}(t,t_0) = E_{AB}(t,t_1) + E_{AB}(t_1,t_0) \qquad （4.72）$$

热电偶的热电势 $E(t, t_0)$ 与温度 t 的关系称为热电特性。当冷端温度 $t_0 = 0$ ℃时，将热电偶的热电特性 $E(t, 0)$-t 制成的表称为分度表。当冷端温度 $t_0 \neq 0$ ℃时，则不能直接用分度表查询温度值，需要按中间温度定律进行修正。

（1）中间温度定律为制定热电偶的"热电势-温度"关系分度表奠定理论基础。

实际测量时，冷端温度往往为环境温度，中间温度定律使测量变得简单。例如，冷端温度为室温 25 ℃，待测对象温度为 t，测量得到热电势 $E(t, 25)$，可将 25 ℃作为中间温度，查分度表可得 $E(25, 0)$ 的值，根据 $E(t,0) = E(t,25) + E(25,0)$ 算得 $E(t, 0)$ 的值，再由 $E(t, 0)$ 的值查分度表可得实际温度。

（2）**中间温度定律**为工业测量中应用补偿导线提供理论依据。

与热电偶具有相同热点特性的补偿导线可引入热电偶的回路中，相当于把热电偶延长而不影响热电偶应有的热电势。

2. 中间导体定律

对于图 4.74 所示的热电偶测温回路，连接了第三种材料的导线 C 和测量仪表，回路的总热电势为

$$E_{ABC}(t,t_0) = E_{AB}(t) + E_{BC}(t_0) + E_{CA}(t_0) \tag{4.73}$$

当 $t = t_0$ 时，有 $E_{ABC}(t_0,t_0) = E_{AB}(t_0) + E_{BC}(t_0) + E_{CA}(t_0) = 0$，即 $E_{BC}(t_0) + E_{CA}(t_0) = -E_{AB}(t_0)$，所以有

$$E_{ABC}(t,t_0) = E_{AB}(t) - E_{AB}(t_0) = E_{AB}(t,t_0) \tag{4.74}$$

式（4.74）表明，将 A、B 两种材料构成的热电偶的 t_0 端拆开接入第三种导体 C，只要第三种导体的两端温度相同，则它的引入不会影响原热电偶的热电势。这一性质称为中间导体定律。

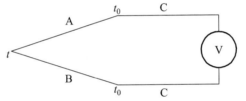

图 4.74　中间导体连接的测温系统

正是由于这一性质，才可以在回路中引入各种仪表、连接导线等，而不必担心会对热电势有影响，并且也允许采用任意办法来焊制热电偶。应用这一性质，还可采用开路热电偶对液态金属和金属壁面进行温度测量，即采用热端焊接、冷端开路，冷端经连接导线与显示仪表连接构成测温系统。

总之，当热电偶两电极的材料确定以后，热电势的大小只取决于两端点的温度；若冷端（自由端）温度 t_0 保持一定（热电偶通常是将 t_0 固定为 0 ℃进行标定），则热电偶只是热端（工作端）温度 t 的函数，测出热电势大小就可知道测点的温度值 t。在热电偶回路中接入中间导体（第三种导体），只要中间导体两端温度相同，中间导体的引入对热电偶回路总电势没有影响（中间导体定律）。

4.8.3　热电偶的冷端温度补偿

用热电偶测温时，热电势的大小决定于冷热端温度之差。如果冷端温度不变，则决定于热端温度；如冷端温度是变化的，将会引起测量误差。为此，需采用措施来消除冷端温度变化所产生的影响。

1. 冷端恒温法

一般热电偶标定时，冷端温度是以 0 ℃为标准。因此，常常将冷端置于冰水混合物中，

使其温度保持为恒定的 0 ℃。在实验室条件下，通常是把冷端放在盛有绝缘油的试管中，然后再将其放入装满冰水混合物的保温容器中，使冷端保持 0 ℃。

2. 冷端温度校正法

由于热电偶的温度分度表是在冷端温度保持 0 ℃ 的情况下得到的，与其配套使用的测量电路或显示仪表又是根据这一关系进行刻度的，因此冷端温度不等于 0 ℃时，就需要对仪表指示值加以修正。如冷端温度高于 0 ℃，但恒定于 t_0 ℃，为求得真实温度，可利用中间温度定律，用下式进行修正：

$$E(t,0) = E(t,t_0) + E(t_0,0) \tag{4.75}$$

3. 补偿导线法

为使热电偶冷端温度保持恒定（0 ℃为最佳），可将热电偶做得很长，使冷端远离工作端，并连同测量仪表一起放置到恒温或者是温度波动小的地方，但这种方法会带来安装使用不方便和需耗费许多贵重金属材料等问题。因此，一般使用一种称为补偿导线的连接线，将热电偶冷端延伸出来，如图 4.75 所示。这种导线在一定温度范围内具有和所连接的热电偶相同的热电性能，若是廉价金属制成的热电偶，则可用其本身材料作为补偿导线将冷端延伸到温度恒定的地方。

必须指出，只有冷端温度恒定或配用仪表本身具有冷端温度自动补偿装置时，用补偿导线才有意义，热电偶和补偿导线连接段所处的温度一般不应超过 150 ℃，否则会由于热量特性不同带来新的误差。

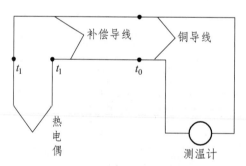

图 4.75　补偿导线法

图 4.76 所示为热电偶产品。

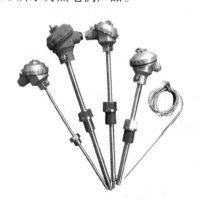

图 4.76　热电偶产品

4.9　光电式传感器

光电式传感器就是把光信号的变化转换成电信号变化的传感器。可用于检测直接引起光量变化的非电量（如光强、光照度、气体成分变化等），也可用来检测能转换成光量变化的其他非电量（如零件直径、表面粗糙度、运动参数等）。光电式传感器结构简单，形式灵活多样，体积小，具有非接触、响应快、性能可靠等优点，可测参量多，广泛应用于各种自动检测系统中。

光电式传感器的工作原理是基于一些物质的光电效应。所谓光电效应，是指用光照射某一物体时，该物体中某些电子得到光子传递的能量后其状态会发生变化，从而使受光照射的物体产生相应的电效应。被光照射的物体材料不同，产生的光电效应也不同，按其作用原理可分为外光电效应和内光电效应（包括光电导效应和光生伏打效应）。

4.9.1　外光电效应及光电管

光线照射在某些物体上，物体表层的电子吸收光子能量后，从物体表面逸出、向外发射的现象，称为外光电效应，也称光电子发射效应，逸出的电子称为光电子。在此过程中，光子所携带的电磁能转换为光电子的动能。

光电管和光电倍增管就是基于外光电效应原理工作的光电器件。

1. 光电管

光电管是一个装有光电阴极、光电阳极的真空玻璃管，如图 4.77 所示，K 为光电阴极，A 为光电阳极。光电阴极有多种形式：① 在玻璃管内壁涂上阴极涂料；② 在玻璃管内装入涂有阴极涂料的柱面极板。阳极为置于光电管中心的环形金属板或置于柱面中心线的金属柱。

光电阴极的感光面对准光的照射孔，光电阴极受到适当的照射后便有电子逸出，这些电子被具有正电位的阳极吸收，在光电管内形成空间电子流。若在外电路中串联入一适当阻值的电阻，则该电阻

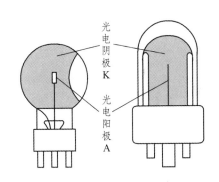

图 4.77　光电管结构示意图

上将产生正比于空间电流的电压降，其值与照射在光电管阴极上的光强成函数关系。

当入射光微弱时，光电管产生的光电流很小，信噪比低，为此人们研制出了光电倍增管。

2. 光电倍增管

光电倍增管的结构如图 4.78 所示。在玻璃管内，除光电阴极、光电阳极外，还装有若干个光电倍增极（又称二次发射极）。这些倍增极上涂有在电子轰击下能发射更多电子的材料。光电倍增极的形状及位置设置得恰好能使前一级倍增极发射电子继续轰击后一级倍增极。工作时，这些倍增极的电位是逐级提高的。

当光线照射到光电阴极后，它产生的光电子受第一级倍增极正电位的作用而加速，并打在这个倍增极上，产生二次发射；由第一级倍增极产生的二次发射电子，在第二级倍增极正电位的作用下，又将加速入射到第三级倍增极上，在第三级倍增极上又将产生二次发射……这样逐级前进，一直到达阳极 A 为止。可见，光电流是逐级递增的，在阴极和阳极之间可形

成较大的电流，光电倍增管具有很高的灵敏度，因此，它只适合在微弱光下使用，不能接受强光刺激，否则容易损坏。

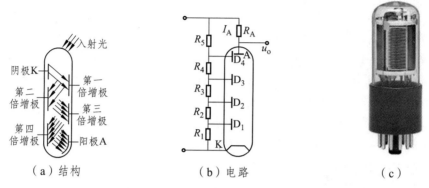

（a）结构　　　　（b）电路　　　　（c）

图 4.78　光电倍增管结构、电路及产品

4.9.2　内光电效应

在光照作用下，物体的导电性能如电阻率发生变化或产生电动势的现象称为内光电效应。内光电效应按其工作原理分为两种：光电导效应和光生伏打效应。

1. 光电导效应

半导体材料受到光照时会产生电子-空穴对，使其导电性能增强。这种在光线作用下，半导体材料的电导率增加、电阻值减小的现象称为光电导效应。光线越强，电阻越低；光照停止，自由电子与空穴逐渐复合，半导体材料又恢复到原电阻值。

基于光电导效应的器件主要有光敏电阻。

光敏电阻也称为光导管，是基于光电导效应的光电器件，其工作原理如图 4.79 所示。光敏电阻没有极性，是一个电阻元件，在黑暗的环境里，其阻值很高，电路中的电流很小；受到光照且光辐射能量足够大时，光敏电阻吸收了能量，内部释放出电子，使载流子密度或迁移率增加，从而导致电导率增加（电阻率降低），其阻值显著下降，电路中电流迅速增大，光照越强，阻值越小。入射光消失后，其阻值逐渐恢复原值。在光敏电阻两端的金属电极之间加上电压，其中便有电路通过，实现光电转换。

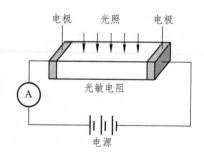

图 4.79　光敏电阻工作原理

光敏电阻具有灵敏度高、体积小、质量轻、性能稳定、光谱响应范围宽、机械强度高、耐冲击和振动寿命长、价格便宜等优点，因此在自动化技术中应用广泛。

制作光敏电阻的材料种类很多，制成的光敏电阻的性能差异很大，适用的光线波长范围也不同，如硫化镉、硒化镉适用于可见光（0.4 ~ 0.75 μm）的范围；氧化锌、硫化锌适用于紫外光范围；而硫化铅、硒化铅、碲化铅则适用于红外光范围。由于其响应速度较慢，影响了它在高频下的使用。光敏电阻的输入-输出特性的线性度很差，因此不宜用作测试元件（这是光敏电阻的主要缺点），主要作为开关元件应用在光电控制装置和各种光检测设备中。

光敏电阻的主要特征参数有以下几种：

（1）光电流、暗电阻、亮电阻。光敏电阻在未受到光照条件下呈现的阻值称为"暗电阻"，此时通过的电流称为"暗电流"。光敏电阻在特定光照条件下呈现的阻值称为"亮电阻"，此时通过的电流称为"亮电流"。亮电流与暗电流之差称为"光电流"。光电流的大小表征光敏电阻的灵敏度大小。一般希望暗电阻大，亮电阻小，这样暗电流小，亮电流大，相应的光电流大。光敏电阻的暗电阻大多很高，为兆欧量级，而亮电阻则在千欧以下。

（2）光照特性。光敏电阻的光电流 I 与光通量 F 的关系曲线称为光敏电阻的光照特性。一般说来光敏电阻的光照特性曲线呈非线性，且不同材料的光照特性不同。

（3）伏安特性。在一定光照下，光敏电阻两端所施加的电压与光电流之间的关系称为光敏电阻的伏安特性。当给定偏压时，光照度越大，光电流也越大。而在一定的照度下，所加电压越大，光电流也就越大，且无饱和现象。但电压实际上受到光敏电阻额定功率、额定电流的限制，因此不可能无限制地增加。

（4）光谱特性。对不同波长的入射光，光敏电阻的相对灵敏度是不一样的。光敏电阻的光谱与材料性质、制造工艺有关。如硫化镉光敏电阻随着掺铜浓度的增加其光谱峰值从 500 nm 移至 640 nm，而硫化铅光敏电阻则随材料薄层的厚度减小其峰值也朝短波方向移动。因此在选用光敏电阻时，应当把元件与光源结合起来考虑，才能获得所希望的效果。

（5）响应时间特性。光敏电阻的光电流对光照强度的变化有一定的响应时间，通常用时间常数来描述这种响应特性。光敏电阻自光照停止到光电流下降至原值的 63% 时所经过的时间称为光敏电阻的时间常数。不同的光敏电阻的时间常数不同，因而其响应时间特性也不相同。

（6）光谱温度特性。与其他半导体材料相同，光敏电阻的光学与化学性质也受温度影响。温度升高时，暗电流和灵敏度下降。温度的变化也影响到光敏电阻的光谱特性。因此有时为提高光敏电阻对较长波长光照（如远红外光）的灵敏度，要采用降温措施。

2. 光生伏打效应

半导体材料的 PN 结受光照时产生一定方向电动势的现象，称为光生伏打效应。基于这种效应的光电器件有光电池、光敏二极管和光敏三极管等，它们都是自发电式的，属有源器件。

1）光电池

光电池是一种能直接将光照度转化为电动势的半导体器件。当光照射到半导体材料上时，PN 结附近因吸收了光子能量而产生电子-空穴对，在 PN 结电场作用下，电子被拉向 N 区，空穴被拉向 P 区；电子在 N 区积累和空穴在 P 区积累使 PN 结两边的电位发生变化，出现一个因光照而产生的电动势，该现象就是光生伏打效应。若将 PN 结两端用电线连接起来，电路中就会有电流流过（见图 4.80）。由于它可以像电池那样为外电路提供电源，因此又称为光电池。

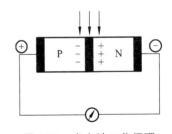

图 4.80　光电池工作原理

因半导体材料的不同，光电池具有多种类型，如硅光电池、硒光电池、砷化镓光电池等。作为能量转换使用最广的是硅光电池。

硅光电池由于转换效率高、寿命长、价格便宜，应用最广泛，硅光电池较适宜于接受红外光；硒光电池适宜接受可见光，但其转换效率低、寿命短，其最大优点是制造工艺成熟、价格便宜，因此仍被用来制作照度计；砷化镓光电池的光电转换效率稍高，与硅光电池其光谱响应特性与太阳光谱接近，并且其工作温度最高，耐受宇宙射线的辐射，因此可作为宇航电源。

2）光敏二极管

光敏二极管是一种既有一个 PN 结又有光电转换功能的晶体二极管（见图 4.81）。PN 结安装在管子顶部，可直接接受光照，在电路中一般处于反向工作状态。无光照时，暗电流很小；有光照时，光子打在 PN 结附近，在 PN 结附近产生电子-空穴对，它们在内电场作用下做定向运动，形成光电流。因此，在无光照时，光敏二极管处于截止状态，有光照时，二极管导通，且通过外电路的光电流随光照度的增加而增大，实现光信号到电信号的转化、输出。

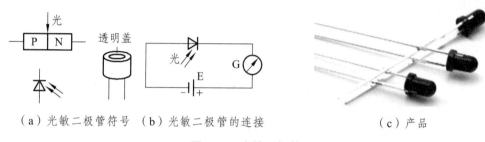

（a）光敏二极管符号 （b）光敏二极管的连接　　　　　　　　（c）产品

图 4.81　光敏二极管

3）光敏三极管

光敏三极管有两个 PN 结（见图 4.82），其基本原理与光敏二极管相同，但是它把光信号变成电信号的同时，还具有电流放大的作用。因此，光敏三极管比光敏二极管具有更高的灵敏度，其应用范围更广。

由于光敏三极管基极电流由光电流供给，因此可以不再设基极引线。光敏二极管和光敏三极管，由于具有体积小、重量轻、寿命长、灵敏度高、工作电压低、可实现集成化等优点，因此被广泛应用于光纤通信系统、光视频系统、光接收系统、光信息存储系统以及光学测距系统、光学检测仪器及自动控制等方面。

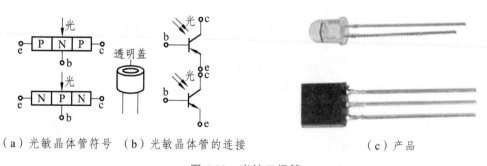

（a）光敏晶体管符号 （b）光敏晶体管的连接　　　　　　　　（c）产品

图 4.82　光敏三极管

4.9.3　光电式传感器的类型

光电传感器可用于检测多种非电量，由于光通量对光电元件作用方式的不同，所涉及的光学装置多种多样。按其输出量的性质，光电传感器可分为两大类：模拟式光电传感器和开关式光电传感器。

1. 模拟式光电传感器

模拟式光电传感器有以下几种工作方式（见图 4.83）。

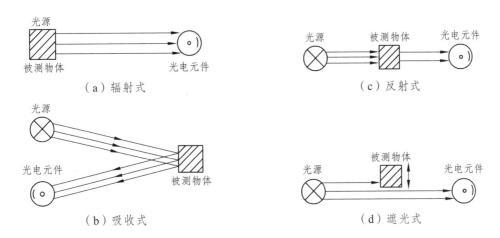

图 4.83　光电元件的测量方式

1）辐射式

被测物体本身就是辐射源，它可以直接照射在光电元件上，也可以经过一定的光路后作用在光电元件上。光电高温计、比色高温计、红外侦察、红外遥感和天文探测等均属于这一类。这种方式也可以用于防火报警和构成光照度计等。

2）吸收式

被测物体位于恒定光源与光电元件之间，根据被测物对光的吸收程度或对其谱线的选择来测定被测参数，如测量液体、气体的透明度、浑浊度，分析气体的成分，测定液体中某种物质的含量等。

3）反射式

恒定光源发出的光投射到被测物体上，被测物体把部分光通量反射到光电元件上，根据反射的光通量多少测定被测物表面状态和性质。如测量零件表面粗糙度、表面缺陷等。

4）遮光式

被测物体位于恒定光源与光电元件之间，光源发出的光通量经被测物遮去一部分，使作用在光电元件上的光通量减弱，减弱的程度与被测物在光学通路上的位置有关。利用这一原理可以测量长度、厚度、线位移、角位移、振动等。

2. 开关式光电传感器

开关式光电传感器利用光电元件受光照或无光照时"有""无"电信号输出的特性，将被测量转换成断续变化的开关信号，为此，要求光电元件灵敏度高，而对光照特性的线性要求不高。这类传感器主要应用于零件或产品的自动计数、光控开关、电子计算机的光电输入设备、光电编码器及光电报警装置等方面。图4.84所示为光电开关产品。

图 4.84　光电开关产品

4.9.4　光电式传感器的应用

光电测量方法灵活多样，可测参数众多，既可以用来检测直接引起光量变化的非电量，如光强、光照度、辐射测温和气体成分分析等，也可以用来检测能够转化成光量变化的其他非电量，如零件直径、表面粗糙度、应变、位移、振动、速度、加速度以及物体的形状、工作状态的识别等。一般情况下，它具有非接触、高精度、高分辨率、高可靠性和响应快等优点，结合其他光学技术和器件，使其在检测和控制领域得到了广泛应用。

1. 测量转速

图 4.85 所示为光电转速传感器，图 4.86 所示为光电式数字转速表工作原理图。在电动机转轴上涂以黑白两种颜色，当电动机转动时，反光与不反光交替出现，光电元件间断的接收反射光信号，输出电脉冲，经放大整形电路转换成方波信号，由数字频率计测得电动机的转速。

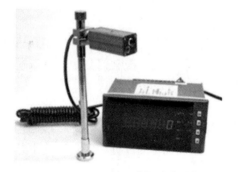

图 4.85　光电式转速传感器

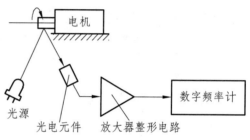

图 4.86　光电式数字转速表工作原理图

2. 测量工件表面的缺陷

光电式传感器测量工件表面缺陷的工作原理如图 4.87 所示。激光束发出的光束经过透镜 1 和 2 变成平行光束，再由透镜 3 把平行光束聚焦，聚焦在工件的表面上，形成宽约 0.1 mm 的细长光带，光阑用于控制光通量。如果工件表面有缺陷（如非圆、粗糙、裂纹等），会引起光束偏转或者散射，这些光被硅光电池接收，即可转换成电信号输出。

3. 测量烟尘浊度

图 4.88 所示为装在烟道出口处的吸收式烟尘浊度监测仪的组成框图。为检测出烟尘中对人体危害性最大的亚微米颗粒的浊度，光源采用纯白炽平行光源，可避免水蒸气和二氧化碳对光源衰减的影响。光检测器（光电管）将浊度的变化变换为相应的电信号。为提高检测灵敏度，采用具有高增益、高输入阻抗、低零点漂移、高共模抑制比的运算放大器，对获取的电信号进行放大。为保证测试的准确性，用刻度校正装置进行调零与调满。显示器可以显示浊度的瞬时值。当运算放大器输出的浊度信号超出规定值时，报警器发出报警信号。

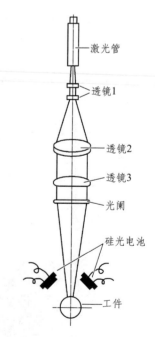

图 4.87　光电式传感器测量
工件表面缺陷

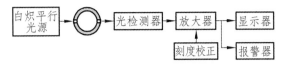

图 4.88　吸收式烟尘浊度监测仪框图

4.10　新型传感器

4.10.1　气敏传感器

1. 气敏传感器及其分类

气敏传感器是利用材料的物理和化学性质受气体作用后发生变化的原理而工作的一种器件，是一种将检测到的气体成分和浓度转换为电信号的传感器。在现代社会的生产和生活中，需要检测和控制各种各样的气体。比如，化工生产中气体成分的检测与控制，煤矿瓦斯浓度的检测与报警，环境污染情况的监测，煤气泄漏，火灾报警，燃烧情况的检测与控制，机器人的嗅觉等方面。气敏传感器的种类较多，主要包括敏感气体种类的气敏传感器、敏感气体量的真空度气敏传感器，以及检测气体成分的气体成分传感器。前者主要有半导体气敏传感器和固体电解质气敏传感器，后者主要有高频成分传感器和光学成分传感器。由于半导体气敏传感器具有灵敏度高、响应快、使用寿命长和成本低等优点，应用很广，这里着重介绍半导体气敏传感器。

2. 半导体气敏传感器工作原理

半导体气敏传感器是利用半导体气敏元件同气体接触后，造成半导体性质（电导率）变化来检测特定气体的成分或者测量其浓度。半导体气敏元件亦分为 N 型和 P 型两种。半导体气敏传感器的分类见表 4.3。

表 4.3　半导体气敏传感器的分类

形式	主要物理性能	传感器举例	工作温度	代表性被测气体
电阻式	表面控制型	氧化锡、氧化锌	室温至 450 ℃	可燃性气体
	体控制型	Lal-xSrxCoO3、γ-Fe2O3、氧化钛、氧化钴、氧化锡、氧化镁	300～450 ℃，700 ℃以上	酒精、可燃性气体、氧气
非电阻式	表面电位	氧化银	室温	—
	二极管整流特性	铂/硫化镉，铂/氧化钛	室温至 200 ℃	氢气、一氧化碳、酒精
	晶体管特性		150 ℃	氢气、硫化氢

半导体气敏传感器大体上可分为两类：电阻式和非电阻式。电阻式半导体气敏传感器是利用气敏半导体材料，如氧化锡（SnO_2）、氧化锰（MnO_2）等金属氧化物制成敏感元件，当它们吸收了可燃气体的烟雾，如氢、一氧化碳、烷、醚、醇、苯以及天然气、沼气等时，利用半导体材料的这种特性，将气体的成分和浓度变换成电信号，进行监测和报警。由于它们具有对气体辨别的特殊功能，故称之为"电鼻子"。

电阻式半导体气敏传感器是应用较多的一种。它利用气敏半导体材料，如氧化锡（SnO_2）、氧化锰（MnO_2）等金属氧化物制成敏感元件，当它们吸附了可燃气体的烟雾，如氢、一氧化碳、烷、醚、醇、苯以及天然气、沼气等时，会发生还原反应，放出热量，使元件温度相应增高，传感器电阻随气体浓度而变化。这类气敏传感器中都有电极和加热丝。前者用于输出电阻值，后者用来烧灼敏感材料表面的油垢和污物，以加速被测气体的吸、脱过程的进程。

图 4.89 所示为典型气敏元件的阻值-浓度关系。从图中可以看出，元件对不同气体的敏感程度不同，如对乙醚、乙醇、氢气等具有较高的灵敏度，而对甲烷的灵敏度较低。一般随气体的浓度增加，元件阻值明显增大，在一定范围内成线性关系。

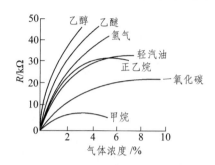

图 4.89　气敏原件的阻值-浓度关系

半导体气敏传感器具有在低浓度下对可燃气体和某些有毒气体检测灵敏度高、响应快、制造使用和保养方便、价格便宜等优点，从而可在灾害事故发生前，向人们发出警报，以便采取有效措施，防患于未然。缺点是它们的气体选择性差、元件性能参数分散，且时间稳定度欠佳。

4.10.2　湿敏传感器

所谓湿度，就是空气中所含有水蒸气的量。湿度对产品质量和人类生活有重大影响，与温度相比，对湿度的测量和控制技术要落后许多。

近代工业生产与人类生活，对湿度测量与控制的要求越来越严格。

湿度检测比较困难，传统的检测方法一直比较落后。随着现代科技的飞速发展，纤维、造纸、电子、建筑、食品、医疗等部门在对湿度的测量和控制提出精度高、速度快的要求的同时又要求湿度的测量适用于自动检测、自动控制的要求，于是半导体湿度传感器应运而生。

湿敏半导体材料多为金属氧化物材料，是烧结型半导体材料，一般为多孔结构的多晶体。典型材料有四氧化三铁（Fe_3O_4）等。

金属陶瓷湿敏传感器的基本原理为，当水分子在陶瓷晶粒间界吸附时，可离解出大量导电离子，这些离子在水的吸附层中担负着电荷的输运，导致材料电阻下降，将湿度的变化转换成电阻的变化。大多数半导体陶瓷属于负感湿特性的半导体材料，其阻值随环境湿度的增加而减小。随着湿度的增加，此类半导体陶瓷的阻值可下降 3～4 个数量级。

4.10.3　固态图像传感器

固体图像传感器从功能上说，是一个能把接收到的光像分成许多小单元（称为像素），并将它们转换成电信号，然后顺序地输送出去的器件；从构造上说，图像传感器是一种小型固态集成元件，它的核心部分是电荷耦合器件（Charge Coupled Device，CCD）。CCD 由阵列式排列在衬底上的金属-氧化物-半导体（Metal Oxide Semi-conductor，MOS）电容器组成，它具有光生电荷、积蓄和转移电荷的功能，是 20 世纪 70 年代发展起来的一种新型光电元件。由于它具有集成度高、分辨率高、固体化、低功耗和自扫描能力等一系列优点，故很快地被应用于工业检测。

在控制脉冲电压作用下，CCD 中依次排列相邻的 MOS 电容中的信号将有次序地转移到下一个电容中，实现电荷受控制地转移。典型的一维图像传感器由一列光敏单元和一列 CCD（电荷转移器件）并行构成。光敏元件与 CCD 之间有一转移控制栅（见图 4.90），其中 CCD 作为读出移位寄存器。每个光敏单元通常是一个 MOS 电容，并正对着 CCD 上的一个电容。在光照下，光生少数载流子在光敏单元中积蓄，每个单元所积蓄的电荷量与该单元所接受的光照度、电荷积蓄时间成正比。在光敏单元接收光照一定时间后，转移控制栅打开，各光敏单元所积蓄的电荷就会并行地转移到 CCD 读出移位寄存器上。随后控制栅关闭，光敏单元立即开始下一次的光电荷积蓄。与此同时，上一次的一串电荷信号沿移位寄存器顺序地转移并在输出端串行输出。

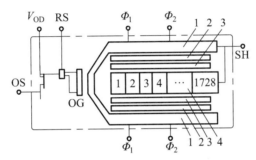

1—CCD 转移寄存器；2—转移控制器；3—积蓄控制电极；4—PD 阵列（1728）；
SH—转移控制栅输入端；RS—复位控制；VOD—漏极输出；OS—图像信号输出；OG—输出控制器。

图 4.90　线性 CCD 图像传感器

由于每个光敏单元排列整齐，尺寸和位置准确，因此光敏单元阵列可作为尺寸测量的标尺。这样，每个光敏单元的光电荷量不仅含有光照度的准确信息，而且还含有该单元位置的信息，其对应的输出电信号也同样具有这两方面的信息。从测量上来说，这种光敏单元同时实现了光照度和位置的测量功能。

固体图像传感器具有小型、轻便、响应快、灵敏度高、稳定性好、寿命长和以光为媒介，可以对人员不便出入的环境进行远距离测量等诸多优点，已得到广泛的应用。其主要用途大致有：

（1）位置、尺寸、形状、工件损伤等测量。

（2）作为光学信息处理的输入环境，如摄影和电视摄像、传真技术、光谱测量、空间遥感技术、光学文字识别技术（OCR）和图像识别技术中的输入环节。

（3）自动生产过程中的控制敏感元件。

固态图像传感器依照其光敏单元排列形式分为线型、面型等种。已应用的有 1 024、1 728、2 048、4 096 像素的线性传感器；面型阵有 32×32、100×100、512×512、512×768 等像素的，目前最高像素已达 6 000 多万。

4.10.4　光纤传感器

光纤传感器是将被测量转换成可测的光信号，以光学量为转换基础，以光信号为变换和传输载体，利用光导纤维传输光信号。

光导纤维用比头发还细的石英玻璃丝制成，每一根光导纤维由一个圆柱形纤芯、包层和保护层组成，而且纤芯的折射率略大于包层的折射率，保护层的折射率远大于包层的折射率，这种结构能阻止外面的光线进入纤芯，同时将光波限制在纤芯中传播。

光纤传感器主要分为两类：功能型光纤传感器及非功能型光纤传感器（也称为物性型和结构型）。

1. 工作原理

1）功能型光纤传感器

功能型光纤传感器是利用光纤对环境变化的敏感性，将输入物理量变换为调制的光信号。光纤不仅起传光的作用，而且还起敏感作用，其工作原理基于光纤的光调制效应，即光纤在外界环境因素，如温度、压力、电场、磁场等改变时，其传光特性（如光强、相位等）会发生变化。因此，如果能测出通过光纤的光相位、光强变化，就可以知道被测物理量的变化。应用光纤传感器的这种特性可以实现力、压力、温度等物理参数的测量。

2）非功能型光纤传感器

非功能型光纤传感器是由光检测元件、光纤传输回路及测量电路组成测量系统，其中光纤仅作为光的传播媒质，所以又称为传光型光纤传感器。

图 4.91 所示为光纤传感器产品。

图 4.91　光纤传感器产品

2. 应用实例

光纤传感器具有灵敏度高、抗电磁干扰、耐腐蚀、柔软可弯曲、体积小、结构简单、能够实现非接触动态测量等优点，应用极为广泛。可用于测量位移、速度、加速度、振动、转速、压力、应变、电流、电压、磁场、温度、湿度、流量、浓度等物理量。

1）半导体吸光式光纤温度传感器

如图 4.92（a）所示，在一根切断的光纤的两端面间夹一块半导体感温薄片，这种半导体感温薄片入射光的强度随温度而变化，当光纤一端输入恒定光强的光时，另一端接收元件所接受的光强将随被测温度的变化而变化。图 4.92（b）所示为一种双光纤差动测温光纤传感器的结构。该结构中增加了一条参考光纤作为基准通道。两条光纤对来自同一光源的光强进行传输，经测量光纤的光强随温度变化，通过在同一硅片上对称式的光探测器，获得两光强的整值。此法可消除一定程度的干扰，提高测量精度，在-40~400 ℃测温精度可达±0.5 ℃。

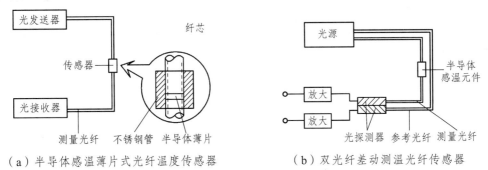

（a）半导体感温薄片式光纤温度传感器　　　　（b）双光纤差动测温光纤传感器

图4.92　半导体吸光式光纤温度传感器结构图

2）光纤转速传感器

图4.93所示为一种转速测量传感器。凸块随被测转轴转动，在转到透镜组内时，将光路遮断形成光脉冲信号，再由光电转换元件将光脉冲信号转变为电脉冲信号，经计数器处理而获得转速值。

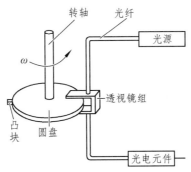

图4.93　光纤转速测量传感器

3）光纤压力传感器

图4.94所示为施加均衡压力和施加点压力的两种光纤压力传感器形式。图4.94（a）所示为光纤在均衡压力作用下，由于光弹性效应而引起光纤折射率、形状和尺寸的变化，从而导致光纤传播光的相位变化和偏振面旋转；图4.94（b）所示为光纤在点压力作用下，引起光纤局部变形，使光纤由于折射率不连续变化导致传播光散乱而增加损耗，从而引起光振幅变化。

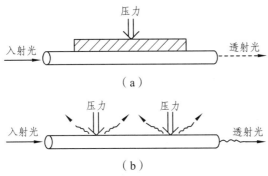

图4.94　物性型光纤压力传感器原理

4）光纤流速传感器

图 4.95 所示为光纤流速传感器，主要由多模光纤、光源、铜管、光电 M 极管及测量电路所组成。多模光纤插入顺流而置的铜管中，由于流体流动而使光纤发生机械变形，从而使光纤中传播的各模式光的相位发生变化，光纤的发射光强出现强弱变化。其振幅的变化与流速成正比，这就是光纤传感器测流速的工作原理。

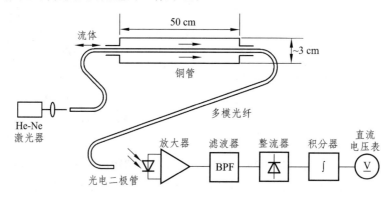

图 4.95 光纤传感器测流速的工作原理

3. 光纤传感器的特点

光纤传感器技术，已经成为极重要的传感器技术，其应用领域正在迅速扩展，对传统传感器应用领域起着补充、扩大和提高的作用。在实际应用中，有必要了解光纤传感器的特点，以利于在光纤传感器和传统传感器之间做出合适的选择。

光纤传感器具有以下几方面的优点：

（1）采用光波传递信息，不受电磁干扰，电气绝缘性能好，可在强电磁干扰下完成传统传感器难以完成的某些参量的测量，特别是电流、电压测量。

（2）光波传输无电能和电火花，不会引起被测介质的燃烧、爆炸；光纤耐高温、耐腐蚀；因而能在易燃、易爆和强腐蚀性的环境中安全工作。

（3）某些光纤传感器的工作性能优于传统传感器，如加速度计、磁场计、水听器等。

（4）重量轻、体积小、可挠性好，利于在狭窄空间使用。

（5）光纤传感器具有良好的几何形状适应性，可做成任意形状的传感器和传感器阵列。

（6）频带宽、动态范围大，对被测对象不产生影响，有利于提高测量精度。

（7）利用现有的光通信技术，易于实现远距离测控。

4.10.5 超声波检测

1. 超声波检测的物理基础

超声波是一种能在气体、液体、固体中传播的机械振动波，其频率在 20 kHz 以上。由于频率高，其能量远远大于振幅相同的声波，具有很强的穿透能力，在钢板中甚至可以穿透 10 m以上。

当超声波由一种介质入射到另一种介质时，由于在两种介质中的传播速度不同，会在界面上产生反射、折射等现象。由物理学知，当波在界面上产生反射时，入射角 α_1 的正弦和反射角 α_2 的正弦值之比等于波速之比。如图 4.96 所示，当入射波和反射波的波形相同时，波速

相等，入射角 α_1 也就等于反射角 α_2。当波在界面外产生折射时，入射角 α_1 的正弦和折射角 β 的正弦之比等于入射波在第一介质中的波速 c_1 与折射波在第二介质中的波速 c_2 之比，即

$$\frac{\sin \alpha_1}{\sin \beta} = \frac{c_1}{c_2} \tag{4.76}$$

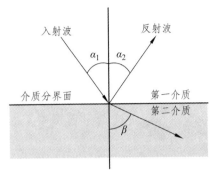

图 4.96　波的反射与折射

当声源在介质中的施力方向与波在介质中的传播方向不同时，声波的波型也会有所不同。

质点振动方向与传播方向一致的波称为纵波，它能在固体、液体和气体中传播；质点振动方向垂直于传播方向的波称为横波，它只能在固体中传播；质点振动介于纵波与横波之间，沿着表面传播，振幅随着深度的增加而迅速衰减的波称为表面波，它只在固体的表面传播。

各种波型均符合上述的反射定律。由于纵向振动可以在固体、液体和气体中传播，因此超声波检测大多采用纵波。

声波在介质中传播时，随着传播距离的增加，能量逐渐衰减，其衰减的程度与声波的扩散、散射、吸收等因素有关。超声波检测正是利用了超声波在介质中传播时会产生折射和反射，其能量和波形也随之变化的这一特性，实现对液位、流量、温度、黏度、厚度、距离等测量的测量，并成为无损探伤、检测的重要工具。

2. 超声波探头

超声波探头是实现声、电转换的装置，又称超声换能器或传感器。这种装置能发射超声波（超声波发生器）和接收超声回波（超声波接收器），并转换成相应的电信号。超声波探头按其作用原理可分为压电式、磁致伸缩式、电磁式等数种，常用的有压电式和磁致伸缩式。

压电晶体材料具有压电效应和逆压电效应。在压电晶体切片的两个对面上施加交变电场（电压），晶体就产生伸缩机械振动现象（电致伸缩）；这种机械振动达到一定的频率时即可产生超声波。设压电材料的固有频率为 f，晶体切片厚度为 d，声波在压电材料里传播的速度为 c，则有

$$f = \frac{nc}{2d} \tag{4.77}$$

式中，n 为谐波的次数。

若外加交变电压的频率等于晶片的固有频率时，则产生共振，获得最强的超声波，声强可达几十瓦每平方厘米，频率可以从几十千赫兹到几十兆赫兹。

磁致伸缩效应是磁铁物质在交变磁场作用下，顺着磁场方向使材料产生伸缩振动的现象。

利用这一原理可做超声波发生器；把铁磁材料置于交变磁场中即可引起机械振动，发出超声波。

超声波接收器是利用超声波发生器的逆物理效应设计而成的。例如，压电式超声波接收器是利用压电晶体的压电效应工作的，当超声波作用在压电晶片上时，使晶片跟随伸缩受到交变作用力，于是在晶片的两个界面上产生交变电荷，这种电荷先转换成电压，经过放大再送到测量电路显示或记录。同样，利用磁致伸缩的逆效应也可设计成磁致伸缩式超声波接收器。

超声波检测的应用十分广泛，可用于测量厚度、液位、流量及无损检测等。由换能器构成的声呐可探测海洋舰船、礁石和鱼群等。

图 4.97 所示为超声波传感器产品。

图 4.97　超声波传感器产品

4.10.6　红外辐射检测

1. 红外辐射检测的物理基础

红外辐射又称为红外光，是太阳光谱中红光外的一种看不见的辐射光。从紫光到红光，热效应逐渐增大，红外光具有最大的热效应。除了太阳能辐射红外光外，自然界中任何本身温度高于绝对零度的物体都有红外辐射，如电动机、电器、炉火甚至冰块都能产生红外辐射。

红外光和电磁波一样，具有反射、折射、散射、干涉、吸收等特性，在真空中的传播速度为 3×10^8 m/s。红外光在介质中的传播会产生衰减，在金属中衰减非常大，基本不能透过，多数半导体和塑料能透过红外辐射，大多数液体吸收红外辐射严重，而气体吸收的程度则较轻。能全部吸收投射到它表面的红外辐射的物体为黑体；能全部反射投射到它表面的红外辐射的物体成为镜体；能全部透过投射到它表面的红外辐射的物体称为透明体；能部分反射，部分吸收投射到它表面的红外辐射的物体为灰体。严格来讲，自然界中不存在黑体、镜体和透明体。

基尔霍夫定律、斯蒂芬-玻尔兹曼定律和维恩位移定律是红外热辐射的三大基本定律。

1）基尔霍夫定律

物体向周围发射红外辐射能时，也同时吸收周围物体发射的红外辐射能，即

$$E_R = \alpha E_0 \tag{4.78}$$

式中，E_R 为物体在单位面积和单位时间内发射出的辐射能；α 为物体的吸收系数；E_0 为常数，其值等于黑体在相同条件下发射出的辐射能。

在同一温度下，各物体的发射本领正比于它的吸收本领。

2）斯蒂芬-玻尔兹曼定律

物体温度越高，发射的红外辐射能越多，在单位时间内其单位面积辐射能的总能量 E 为

$$E = \sigma \varepsilon T^4 \tag{4.79}$$

式中，T 为物体的绝对温度；σ 为斯蒂芬-玻尔兹曼常数，$\sigma = 5.67 \times 10^{-8}$ W/(m^2·K^4)；ε 为比辐射率，比辐射率是物体表面辐射本领和黑体辐射本领的比值，黑体的 $\varepsilon = 1$，一般物体，$0 < \varepsilon < 1$。

3）维恩位移定律

红外辐射的电磁波中，包含着各种波长，其峰值辐射波长 λ_m 与物体自身的绝对温度 T 成反比，即

$$\lambda_m = \frac{2\,897}{T} \tag{4.80}$$

2. 红外探测器

把红外辐射能量的变化通过热效应或光电效应转变为电量变化的技术称为红外检测技术，这种检测装置称为红外探测器。红外探测器按工作原理可分为热探测器和光子探测器两类。

热探测器在吸收红外辐射能后，温度升高，引起某种物理性质的变化，这种变化与吸收的红外辐射能成一定的关系。常见的物理现象有温差热电现象、金属或者是半导体的电阻值变化、热释电现象、气体压强变化、金属热膨胀、液体薄膜蒸发现象等。因此，只要检测出上述变化，就可确定被吸收的红外辐射能大小，从而得到被测非电量值。

光子探测器是利用光子效应制成的红外探测器。常用的光子效应有光电效应、光生伏打效应、光电磁效应、光电导效应。

热探测器与光子探测器比较：热探测器对于各种波长都能响应，光子探测器只对一定波长区间有响应；热探测器不需要冷却，光子探测器多数需要冷却；热探测器的响应时间比光子探测器长。

红外辐射检测技术的应用领域十分广阔。红外测温可用于对远距离、带电或不能直接接触的物体运行温度测量；红外遥测运用红外光电探测器和光学机械扫描成像技术构成现代遥测装置，可代替空中照相技术，从空中获取地球环境的各种图像资料；红外探测器可用于检测火车轴温是否正常，可制成报警装置，可检测高压线接头的损坏情况，可检测煤气、天然气管道的完好情况等。

图 4.98 所示为红外辐射检测仪产品。

图 4.98　红外辐射检测仪产品

4.11　传感器的选用原则

如何根据测试目的和实际条件，正确合理地选用传感器，也是需要认真考虑的问题。下面就传感器的选用问题进行一些简介。

选择传感器主要考虑灵敏度、响应特性、线性范围、稳定性、精确度、测量方式等 6 个方面的问题。

1. 灵敏度

一般说来，传感器灵敏度越高越好，因为传感器的灵敏度越高，可以感知的变化量越小，即被测量稍有微小变化，传感器即有较大的输出。但灵敏度越高，与测量信号无关的外界噪声也容易混入，也会被放大。因此，在确定灵敏度时，要考虑以下几个问题：

（1）当传感器的灵敏度很高时，那些与被测信号无关的外界噪声也会同时被检测到，并通过传感器输出，从而干扰被测信号。因此，为了既能使传感器检测到有用的微小信号，又能使噪声干扰小，要求传感器的信噪比越大越好。也就是说，要求传感器本身的噪声小，而且不易从外界引进干扰噪声。

（2）与灵敏度紧密相关的是量程范围。当传感器的线性工作范围一定时，传感器的灵敏度越高，干扰噪声越大，则难以保证传感器的输入在线性区域内工作。不言而喻，过高的灵敏度会影响其适用的测量范围。

（3）当被测量是一个向量时，并且是一个单向量时，就要求传感器单向灵敏度越高越好，而横向灵敏度越小越好；如果被测量是二维或三维的向量，那么还应要求传感器的交叉灵敏度越小越好。

2. 线性范围

任何传感器都有一定的线性工作范围，在线性范围内输出与输入成比例关系。线性范围越宽，则表明传感器的工作量程越大。

为了保证测量的精确度，传感器必须在线性区域内工作。例如，机械式传感器的弹性元件，其材料的弹性极限是决定测量量程的基本因素，超过其弹性极限时将产生非线性误差。

然而任何传感器都不容易保证其工作在绝对线性区域内，在某些情况下，在许可限度内也可以在其近似线性区域应用。例如，变极距型电容、电感传感器，均采用在初始间隙附近的近似线性区内工作，因此选用时必须考虑被测物理量的变化范围，令其非线性误差在允许范围以内。

3. 响应特性

传感器的响应特性必须在所测频率范围内尽量保持不失真。实际上传感器的响应总不可避免地有一定延迟，但总希望延迟的时间越短越好。

一般物性型传感器（如利用光电效应、压电效应等的传感器）响应时间短，工作频率范围宽；而结构型传感器，如电感、电容、磁电等传感器，由于受到结构特性的影响以及机械系统惯性质量的限制，其固有频率低，工作频率范围窄。

在动态测量中，传感器的响应特性对测试结果有直接影响。选用时应充分考虑到被测物理量的变化特点，如稳态、瞬变、随机等。

4. 稳定性

传感器的稳定性是指经过长期使用以后，其输出特性不发生变化的性能。影响传感器稳定性的因素是时间与环境。

为了保证稳定性，在选择传感器时，一般应注意两个问题。一是，根据环境条件选择传感器。例如，选择电阻应变式传感器时，应考虑到湿度会影响其绝缘性，温度会产生零漂，长期使用还会产生蠕动现象等。又如，对变极距型电容式传感器，环境湿度改变或油剂浸入间隙时，会改变电容器的介质。光电传感器的感光表面有灰尘或水汽时，会改变感光性质。磁电式传感器或霍尔效应元件等，在电场、磁场中工作时也会带来测量误差。滑线电阻式传感器表面有灰尘时将会引入噪声。二是，要创造或保持一个良好的环境，在要求传感器长期工作而不需经常更换或校准的情况下，应对传感器的稳定性有严格的要求。

在有些机械自动化系统或自动检测装置中，所用的传感器往往是在比较恶劣的环境下工作，灰尘、油剂、温度、振动等的干扰是很严重的，这时传感器的选用必须优先考虑稳定性因素。

5. 精确度

传感器的精确度表示传感器的输出与被测量的对应程度。传感器处于测试系统的输入端，因此，传感器能否真实地反映被测量，对整个测试系统具有直接影响。

然而，实际应用中传感器的精确度也并非越高越好，既要考虑测量目的，还需考虑经济性。传感器精确度越高，其价格就越昂贵，因此应从实际出发来选择传感器。

选择传感器时，首先应了解测试目的，判断是定性分析还是定量分析。如果是相对比较性的试验研究，只需获得相对比较值即可，那么应要求传感器的重复精度高，而不要求测试的绝对量值准确。如果是定量分析，那么必须获得精确量值，传感器必须有足够高的精确度。在某些情况下，要求传感器的精确度越高越好。例如，对现代超精密切削机床，测量其运动部件的定位精度，主轴的回转运动误差、振动及热形变等时，往往要求它们的测量精确度在 $0.1 \sim 0.01\ \mu m$，欲测得这样的精确量值，必须要有高精确度的传感器。

6. 测量方式

传感器在实际测试条件下的工作方式也是选用传感器时应考虑的重要因素。例如，接触与非接触测量、破坏与非破坏性测量、在线与非在线测量等，条件不同，对测量方式的要求亦不同。

在机械系统中，运动部件的被测参数（如回转轴的转速、振动、扭矩），往往需要采用非接触测量方式。因为对部件采用接触式测量不仅会造成对被测系统的影响，且有许多实际困难，如测量头的磨损、接触状态的变动、信号的采集等，都不易妥善解决，也容易造成测量误差。这种情况下采用电容式、涡流式、光电式等非接触式传感器会带来很大方便。若选用电阻应变计进行非接触式测量，则需配用遥测应变仪。

在某些条件下，可以运用试件进行模拟实验，这时可进行破坏性检验。如果被测对象本身就是产品或构件本身，宜采用非破坏性检验方法。例如，涡流探伤、超声波探伤、核辐射探伤以及声发射检测等。非破坏性检验可以直接获得经济效益，因此应尽可能选用非破坏性检测方法。

在线测试是与实际情况保持一致的测试方法。特别是对自动化过程的控制与检测系统，往往要求信号真实可靠，而必须在现场条件下才能达到检测要求。实现在线检测是比较困难的，对传感器与测试系统都有一定的特殊要求。例如，在加工过程中，实现表面粗糙度的检测，以往的光切法、干涉法、触针式轮廓检测法等都无法运用，取而代之的是激光、光纤或图像检测法。

除了以上选用传感器时应充分考虑的一些因素外，还应尽可能兼顾结构简单、体积小、重量轻、价格便宜、易于维修、易于更换等因素。

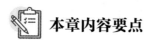 **本章内容要点**

传感器是测试系统的第一级，是感受和拾取被测信号的装置，其性能直接影响到测试系统的测量精度。本章主要讲述了传感器的分类、性能要求以及常用传感器的工作原理、特性及其应用场合。

1. 传感器的含义

传感器是人类感官的延伸，利用物理定律或物质的物理特性、化学特性或生物效应，通过敏感元件直接感受被测量（通常是力、加速度、位移、温度等非电量）并将其转换成其他物理量，再由转换元件将敏感元件输出的物理量转换成电量；传感器具有敏感作用和转换作用，其基本功能就是检测信号（信号检测）和转换信号（信号转换）。

2. 传感器的分类

（1）按被测物理量分为位移传感器、速度传感器、加速度传感器、力传感器、温度传感器等。

（2）按变换原理分为电阻式传感器、电感式传感器、电容式传感器、光电式传感器、压电式传感器、磁电式传感器等。

（3）按信号变换特征分为物性型传感器和结构型传感器。

（4）按能量传递方式分为能量转换型（也称有源传感器或发电型传感器，如热电偶温度计、压电式传感器等）、能量控制型（也称无源传感器，需外加电源才能工作，如电阻式、电感式、电容式传感器等）和能量传递型传感器（超声波探伤仪、核辐射探测仪、γ射线测厚仪、X射线衍射仪等）。

（5）按输出量的性质分为模拟式传感器和数字式传感器两种。

3. 常用传感器

各种常用传感器的工作原理（变换原理）、可测量参数、可测量范围、应用场合。

4. 传感器的发展方向

拓展传感范围、智能化、动态、非接触、在线、实时测量。

5. 传感器的选用

（1）选用依据：测试目的、用途、性能；现有配套仪器、设备条件、经济性。

（2）选用原则：灵敏度，线性范围，响应特性，稳定性，精确度，测量方式，以及外形、质量、体积，性能价格比，互换性好，传感器的引入对被测量对象的干涉要小。

 思考与练习

1. 什么是物性型传感器？什么是结构型传感器？试举例说明。

2. 有源型传感器和无源型传感器有何不同？试举例说明。

3. 金属电阻丝应变片与半导体应变片在工作原理上有何不同？各有何优缺点？应如何针对具体情况选用？

4. 试比较自感型电感传感器与差动变压器式电感传感器的异同。

5. 楼道声控电灯是如何实现开灯和关灯的？

6. 为什么电容式传感器易受干扰？如何减少干扰？

7. 用压电式传感器能测量静态或变化很缓慢的信号吗？为什么？

8. 如果所测物体的材质是木头，可否用电涡流式传感器测量其启动速度？如果可以，怎么做？

9. 光电式传感器在工业应用中主要有哪几种类型？各有何特点？它们可测量哪些物理量？

10. 何谓霍尔效应？其物理本质是什么？用霍尔元件可测量哪些物理量？试举出两个例子说明。

11. 说明用光纤传感器测量压力和转速的工作原理，指出其不同点。

12. 热敏传感器主要分哪几种基本类型？试简述它们的工作原理。

13. 热敏电阻测温原理是什么？就你所知，利用热敏电阻可测量什么参数，试述其测量原理。

14. 半导体气敏传感器主要分为哪几种类型？试述它们的工作原理。

15. 测量液体压力，拟采用电容式、电感式、电阻应变式和压电式传感器。试绘出可行方案的原理日，并做出比较。

16. 有一电阻应变片如图 4.99 所示，其灵敏度系数 $S_g = 2$，电阻 $R = 120\ \Omega$。设工作时其应变为 1 200 $\mu\varepsilon$（$\mu\varepsilon$ 为微应变），问其电阻变化 ΔR 是多少？若此应变片接入如图所示的电路，试求：（1）无应变时电流表的表示值；（2）有应变时电流表的表示值；（3）电流表示值的相对变化量；（4）试分析这个变化量能否从表中读出。

17. 把一个变阻器式传感器按图 4.100 接线，问它的输入量是什么？输出量是什么？在什么条件下它的输出量与输入量之间有较好的线性关系？

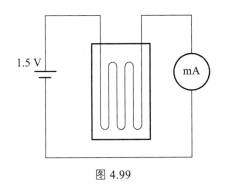
图 4.99

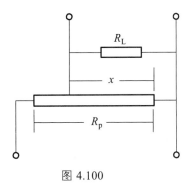
图 4.100

18. 如图 4.20（a）所示的平面线位移电容传感器由两块面积各为 1 290 mm^2，宽度为 40 mm，相距 0.2 mm 的平板组成。假设介质为空气，则 $\varepsilon = \varepsilon_a\varepsilon_0$；其中空气的介电常数 $\varepsilon_a = 1$，真空的介电常数 $\varepsilon_0 = 8.85\times10^{-12}$ F/m。求传感器的灵敏度，以 x 方向每变化 0.025 mm 的电容值（μF）表示。

19. 某电容式传感器（平行极板电容器）的圆形极板半径 $r = 4$ mm，工作初始极板间距离 $\delta_0 = 0.3$ mm，介质为空气。问：（1）如果极板间距离变化量 $\Delta\delta = \pm1$ mm，电容的变化量 ΔC 是多少？（2）如果测量电路的灵敏度 $S_1 = 100$ mV/pF，读数仪表的灵敏度 $S_2 = 5$ 格/mV，在 $\Delta\delta = \pm1$ μm 时，读数仪表的变化量为多少？

20. 一压电式压力传感器的灵敏度为 $S_1 = 90$ pC/MPa，把它和一台灵敏度调到 $S_2 = 0.005$ V/pC 的电荷放大器连接，放大器的输出又接到一灵敏度已调到 $S_3 = 20$ mm/V 的笔式记录仪上，试绘出这个测试系统的框图，计算其总的灵敏度；当被测对象的压力变化 $\Delta p = 10$ MPa 时，求记录笔在记录纸上的偏移量。

21. 压电式加速度传感器的固有电容 C_0，电缆电容为 C_c，电压灵敏度 $S_u = U_0/a$（a 为被测加速度），输出电荷灵敏度 $S_q = Q/a$。试推导 S_u 和 S_q 的关系。

22. 将一灵敏度为 0.3 mV/℃的热电偶与毫伏表相连，已知接线端（即冷端）温度为 30 ℃，毫伏表的输出为 30 mV，求热电偶测温端的温度是多少？（设该热电偶为线性）

第5章　信号的调理与显示记录

被测量经过传感器后，通常被转换为电阻、电感、电容、电荷等电参数的变化，这些微弱的非电压信号难以直接被显示，也很难通过 A/D 转换器送入仪器或计算机进行数据采集，而且在测试过程中不可避免地受到各种内外干扰因素的影响，因此，传感器输出的信号需经调理电路进行变换处理：将非电压信号转换为电压信号、将微弱电压信号放大、抑制干扰、提高信噪比，使变换处理后的信号变为信噪比高、有足够驱动功率的电压或电流信号，以便由显示、记录仪器将其不失真地实时显示、记录、存储下来，供观察研究、数据处理。信号的调理是测试系统不可缺少的重要环节，一些常用的环节有电桥、调制与解调、滤波和放大等。

5.1　电　桥

电桥是将电阻、电感、电容等参量的变化转换为电压或电流输出的一种测量电路，由于桥式测量电路简单可靠，而且具有很高的精度和灵敏度，因此在测量装置中被广泛采用。

电桥按其所采用的激励电源的类型可分为直流电桥与交流电桥。按照输出方式，电桥又可分为平衡电桥、不平衡电桥。

5.1.1　直流电桥

直流电桥由直流电源供电，其桥臂必须是纯电阻，只能用于电阻的测量，它是将电阻变化量转换成电桥的输出电压变化量。图 5.1 所示为直流电桥的基本结构，它的 4 个桥臂由电阻 R_1、R_2、R_3 和 R_4 组成，a、c 两端接直流电源 U_e，b、d 两端为输出端，电桥 4 个桥臂中的 1 个或多个是阻值随被测量变化的电阻传感器元件，如电阻应变片、电阻式温度计、热敏电阻等。一般电桥的输出端接输入阻抗很高（远大于桥臂的电阻）的放大器或仪表，故电桥输出端可视为开路状态，电流输出为零。

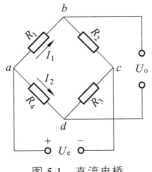

图 5.1　直流电桥

此时桥路电流为

$$I_1 = \frac{U_e}{R_1 + R_2}$$

$$I_2 = \frac{U_e}{R_3 + R_4}$$

因此，a、b 之间和 a、d 之间电位差为

$$U_{ab} = I_1 R_1 = \frac{U_e}{R_1 + R_2} R_1$$

$$U_{ad} = I_2 R_4 = \frac{U_e}{R_3 + R_4} R_4$$

电桥的输出电压 U_o 为

$$
\begin{aligned}
U_o &= U_d - U_b = (U_a - U_{ad}) - (U_a - U_{ab}) = U_{ab} - U_{ad} \\
&= \frac{U_e}{R_1 + R_2} R_1 - \frac{U_e}{R_3 + R_4} R_4 = \left(\frac{R_1}{R_1 + R_2} - \frac{R_4}{R_3 + R_4} \right) U_e \\
&= \frac{R_1 R_3 - R_2 R_4}{(R_1 + R_2)(R_3 + R_4)} U_e
\end{aligned}
\tag{5.1}
$$

由式（5.1）可知，若要使电桥输出为零，应满足

$$R_1 R_3 = R_2 R_4 \tag{5.2}$$

式（5.2）即为直流电桥的平衡条件。由上述分析可知，若电桥的 4 个电阻中任何 1 个或数个阻值发生变化时，将破坏式（5.2）的平衡条件，使电桥的输出电压 U_o 发生变化。实际应用时，可以选择桥臂电阻值作为输入，使电桥的输出电压只与被测量引起的电阻变化量有关。

1. 电桥的连接方式

在工程测试中，常用的电桥连接形式有单臂电桥连接、半桥连接与全桥连接，如图 5.2 所示。

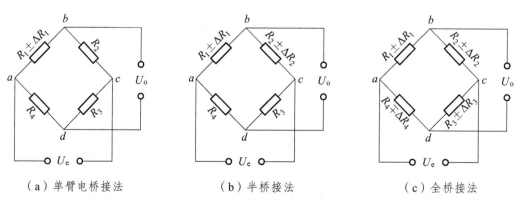

（a）单臂电桥接法　　　　　　（b）半桥接法　　　　　　（c）全桥接法

图 5.2　直流电桥的连接方式

1）单臂电桥连接

图 5.2（a）所示为单臂电桥连接形式，工作时只有一个桥臂电阻随被测量的变化而变化，设该电阻为 R_1，产生的电阻变化量为 $\Delta R_1 = \Delta R$，则根据式（5.1）可得输出电压

$$U_{\text{o}} = \left(\frac{R_1 + \Delta R}{R_1 + \Delta R + R_2} - \frac{R_4}{R_3 + R_4} \right) U_{\text{e}}$$

为了简化桥路设计，通常选取 $R_1 = R_2 = R_3 = R_4 = R_0$，则输出电压

$$U_{\text{o}} = \left(\frac{R_0 + \Delta R}{R_0 + \Delta R + R_0} - \frac{R_0}{R_0 + R_0} \right) U_{\text{e}} = \frac{\Delta R}{4R_0 + 2\Delta R} U_{\text{e}}$$

一般 $\Delta R \ll R_0$，所以上式可简化为

$$U_{\text{o}} \approx \frac{\Delta R}{4R_0} U_{\text{e}} \tag{5.3}$$

可见，电桥的输出电压 U_{o} 与输入电压 U_{e} 成正比。在 $\Delta R \ll R_0$ 时，电桥的输出电压也与工作桥臂的阻值相对变化量 $\Delta R / R_0$ 成正比。

电桥的灵敏度定义为

$$S = \frac{\mathrm{d}U_{\text{o}}}{\mathrm{d}(\Delta R / R_0)} \tag{5.4}$$

则单臂电桥的灵敏度为 $S \approx U_{\text{e}}/4$。

2）半桥连接

图 5.2（b）所示为半桥连接形式，工作时有两个桥臂（一般为相邻桥臂）的阻值随被测量而变化。

（1）双臂异号。相邻两个桥臂的电阻值随被测量而变化，且阻值变化大小相等、极性相反，即 $R_1 \pm \Delta R_1$，$R_2 \mp \Delta R_2$，该电桥的输出电压为

$$U_{\text{o}} = \left(\frac{R_1 + \Delta R_1}{R_1 + \Delta R_1 + R_2 - \Delta R_2} - \frac{R_4}{R_3 + R_4} \right) U_{\text{e}}$$

由于 $R_1 = R_2 = R_3 = R_4 = R_0$，$\Delta R_1 = \Delta R_2 = \Delta R$，所以半桥连接（双臂异号）时的输出电压为

$$U_{\text{o}} = \frac{\Delta R}{2R_0} U_{\text{e}} \tag{5.5}$$

输出电压比单臂连接时大一倍，而且为完全线性。

半桥连接（双臂异号）的灵敏度为 $S = U_{\text{e}}/2$，比单臂时高一倍。

（2）双臂同号。相邻两个桥臂的电阻值随被测量而变化，且阻值变化大小相等、极性相同，由于 $R_1 = R_2 = R_3 = R_4 = R_0$，$\Delta R_1 = \Delta R_2 = \Delta R$，所以 $(R_1 + \Delta R_1)R_3 = (R_2 + \Delta R_2)R_4$，电桥仍然平衡，电桥的输出电压为 0。

3）全桥连接

图 5.2（c）所示为全桥连接形式，4 个桥臂都接入被测量，工作时 4 个桥臂的电阻值都随被测量而变化。

（1）邻臂异号（对臂同号）。相邻两臂的阻值变化大小相等、极性相反，相对两臂的阻值

变化大小相等、极性相同，该电桥的输出电压为

$$U_o = \left(\frac{R_1 + \Delta R_1}{R_1 + \Delta R_1 + R_2 - \Delta R_2} - \frac{R_4 - \Delta R_4}{R_3 + \Delta R + R_4 - \Delta R_4} \right) U_e$$

当 $R_1 = R_2 = R_3 = R_4 = R_0$，$\Delta R_1 = \Delta R_2 = \Delta R_3 = \Delta R_4 = \Delta R$ 时，电桥的输出电压为

$$U_o = \frac{\Delta R}{R_0} U_e \qquad\qquad\qquad (5.6)$$

全桥连接的输出电压是单臂时的 4 倍，而且为完全线性。

全桥连接的灵敏度为 $S = U_e$，也是单臂时的 4 倍。

（2）邻臂同号（对臂异号）。相邻两臂的阻值变化大小相等、极性相同，相对两臂的阻值变化大小相等、极性相反，电桥仍然平衡，电桥的输出电压为 0。

（3）四臂同号。四臂的阻值变化大小相等、极性相同，电桥平衡，电桥的输出电压为 0。这样，无法测量出 ΔR 的变化，失去了作为电桥的作用。

由上分析可得电桥特性的重要结论：当相邻桥臂为异号或相对桥臂为同号的电阻变化时，电桥的输出可相加；当相邻桥臂为同号或相对桥臂为异号的电阻变化时，电桥的输出应相减，这就是电桥的加减特性。

很好地掌握该特性对构成实际的电桥测量电路具有重要意义。例如用悬臂梁作敏感元件测力时（见图 5.3），常在梁的上下表面各贴一个应变片，并将两个应变片接入电桥相邻的两个桥臂。当悬臂梁受载时，上应变片产生正向 ΔR，下应变片产生负向 ΔR，由电桥的加减特性可知，这时产生的电压输出相互叠加，电桥获得输出。

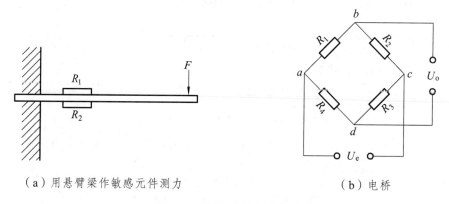

（a）用悬臂梁作敏感元件测力 　　　　　　　　　　（b）电桥

图 5.3　悬臂梁测力的电桥接法

不同的连接方式，输出的电压灵敏度不同。在输入量相同的情况下，全桥接法可以获得最大的输出。因此，在实际工作中，当传感器的结构条件允许时，应尽可能采用全桥接法，以便获得高的灵敏度。

使用电桥电路时，还需要调节零位平衡，即当工作臂电阻变化为零时，使电桥的输出为零。图 5.4 给出了常用的差动串联平衡与差动并联平衡方法。在需要进行较大范围的电阻调节时（如工作臂为热敏电阻时），应采用串联调零形式；若进行微小的电阻调节（如工作臂为电阻应变片时），应采用并联调节形式。

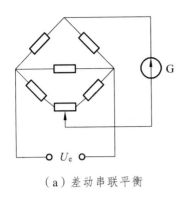
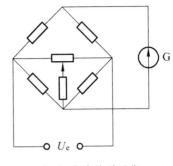

（a）差动串联平衡　　　　　　　　（b）差动并联平衡

图 5.4　零位平衡调节

2. 直流电桥的特点

上述电桥在不平衡时才有电压输出，其优缺点如下。

优点：结构简单，易于测量；稳定的直流电源 U_e 易获得；对从传感器到测量仪表的连接导线的要求较低。电桥读数（得到电桥输出值）时，电桥处于不平衡状态，可对被测量进行动态测量。

缺点：对直流输出 U_o 进行直流放大较为困难（比交流放大难），易受零漂和接地电位的影响，容易引入高频干扰。当电源电压 U_e 不稳定，或环境温度有变化时，都会引起电桥输出 U_o 的变化，从而产生测量误差。为此，在测量之前，必须使电桥处于平衡状态。

5.1.2　交流电桥

交流电桥的电路结构与直流电桥完全一样，所不同的是交流电桥采用交流电源激励，如图 5.5 所示。

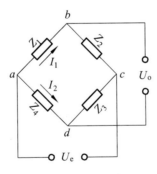

图 5.5　交流电桥

电桥的 4 个臂可为电阻、电感或电容，因此，电桥的四臂需以阻抗 Z_1、Z_2、Z_3、Z_4 来表示。如果交流电桥的阻抗、电流及电压都用复数表示，则关于直流电桥的平衡关系式在交流电桥中也可适用，即交流电桥达到平衡时必须满足

$$Z_1 Z_3 = Z_2 Z_4 \qquad (5.7)$$

即两相对臂阻抗的乘积相等。若各阻抗用指数形式表示

$$Z_1 = Z_{01}e^{j\varphi_1}, \quad Z_2 = Z_{02}e^{j\varphi_2}, \quad Z_3 = Z_{03}e^{j\varphi_3}, \quad Z_4 = Z_{04}e^{j\varphi_4}$$

代入式（5.7）得

$$Z_{01}Z_{03}e^{j(\varphi_1+\varphi_3)} = Z_{02}Z_{04}e^{j(\varphi_2+\varphi_4)} \tag{5.8}$$

式中，Z_{01}、Z_{02}、Z_{03}、Z_{04} 为各阻抗的模，而 φ_1、φ_2、φ_3、φ_4 为各阻抗的阻抗角，是各桥臂上电压与电流的相位差。纯电阻时，$\varphi = 0$，即电压与电流同相位；电感阻抗时，$\varphi > 0$，即电压的相位超前于电流；电容阻抗时，$\varphi < 0$，即电压的相位滞后于电流。

由复数相等的条件，式（5.8）两边阻抗的模、阻抗角须分别相等，即

$$\begin{cases} Z_{01}Z_{03} = Z_{02}Z_{04} \\ \varphi_1 + \varphi_3 = \varphi_2 + \varphi_4 \end{cases} \tag{5.9}$$

式（5.9）表明，交流电桥平衡必须满足两个条件，即相对两臂阻抗之模的乘积应相等，并且它们的阻抗角之和也必须相等。

为满足上述平衡条件，交流电桥各臂可有不同的组合。

1. 电容电桥

图 5.6 所示为一种常用电容电桥，两相邻桥臂为纯电阻 R_2、R_3，另外相邻两臂为电容 C_1、C_4，此时 R_1、R_4 可视为电容介质损耗的等效电阻。根据式（5.7）平衡条件，有

$$\left(R_1 + \frac{1}{j\omega C_1}\right)R_3 = \left(R_4 + \frac{1}{j\omega C_4}\right)R_2$$

则

$$R_1R_3 + \frac{R_3}{j\omega C_1} = R_4R_2 + \frac{R_2}{j\omega C_4}$$

令上式的实部和虚部分别相等，则得到下面的平衡条件

$$\begin{cases} R_1R_3 = R_2R_4 \\ \dfrac{R_3}{C_1} = \dfrac{R_2}{C_4} \end{cases} \tag{5.10}$$

由此可知，电容电桥的平衡条件除了电阻满足要求外，电容也必须满足一定的要求。

2. 电感电桥

图 5.7 所示为一种常用的电感电桥，两相邻桥臂为电感 L_1、L_4，另相邻两臂为电阻 R_2、R_3，此时，R_1、R_4 为电感线圈的损耗电阻。根据交流电桥的平衡要求，有

$$(R_1 + j\omega L_1)R_3 = (R_4 + j\omega L_4)R_2$$

则，电感电桥平衡条件为

$$\begin{cases} R_1R_3 = R_2R_4 \\ L_1R_3 = L_4R_2 \end{cases} \tag{5.11}$$

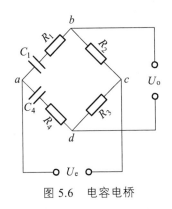

图 5.6　电容电桥

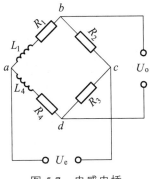

图 5.7　电感电桥

对于纯电阻交流电桥，即使各桥臂均为电阻，但由于导线间存在分布电容，相当于在各桥臂上并联了一个电容。为此，除了有电阻平衡外，还须有电容平衡。

从电容、电感电桥的平衡条件可以看出，这些平衡条件是只针对供桥电源只有一个频率 ω 的情况下推出的。如果电源电压波形畸变（即含有高次谐波分量），则虽然对基波而言，电桥已达平衡，但是对高次谐波，电桥不一定平衡，因而将有高次谐波的电压输出。因此，交流电桥对供桥电源的要求较高，须具有良好的电压波形及频率稳定性。

一般采用 5~10 kHz 音频交流电源作为交流电桥电源，由于频率高，故外界工频干扰不易从线路中引入。另外，因为电桥输出为调制波，使后接交流放大电路简单而无零漂。

采用交流电桥时，必须注意到影响测量误差的一些因素，如电桥中元件之间的互感影响、邻近交流电路对电桥的感应作用以及元件之间、元件与地之间的分布电容等。

5.2　调制与解调

在测量过程中，一些被测量，如力、位移、温度等，经过传感器变换后，多为低频缓变的微弱信号，无法直接驱动仪表，故需要放大。若用直流放大器，由于存在零点漂移、级间耦合等问题不易解决。而交流放大器具有良好的抗零漂性能，所以往往先把缓变信号变为频率适当的交流信号，然后利用交流放大器进行放大，再恢复到原来的直流缓变信号。这种变换过程称为调制与解调，它被广泛应用于传感器和测量电路中。

调制是用人们想传送的低频缓变信号去控制或改变人为提供的高频信号（载波）的某个参数（幅值、频率或相位），使该参数随欲测低频缓变信号的变化而变化。这样，原来的缓变信号就被这个受控制的高频振荡信号所携带，而后可以进行该高频信号的放大和传输，从而得到更好的放大和传输效果。

一般将控制高频振荡的低频缓变信号（被测信号）称为调制信号，载送欲测低频缓变信号的高频振荡信号称为载波，经过调制后的高频振荡信号称为已调制波。当被控制参数是高频振荡信号的幅值时，称为幅值调制或调幅（AM）；当被控制的参数是高频振荡信号的频率时，称为频率调制或调频（FM）；当被控制的参数是高频振荡信号的相位时，称为相位调制或调相（PM）。其调制后的波形分别称为调幅波、调频波和调相波。调幅波、调频波和调相波都是已调制波，测试技术中常用的是幅值调制和频率调制。

图 5.8 所示分别为载波信号、调制信号、调幅波、调频波。

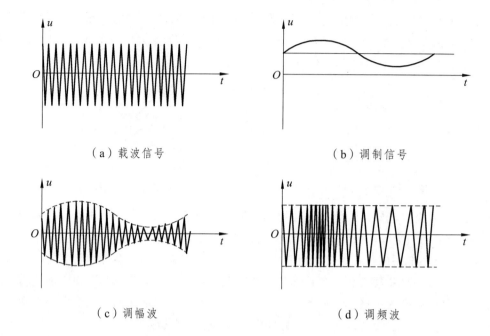

（a）载波信号　　　　　　　　　（b）调制信号

（c）调幅波　　　　　　　　　　（d）调频波

图 5.8　载波信号、调制信号、调幅波及调频波

解调是指从已调制信号中恢复出原低频调制信号的过程。调制与解调是一对相反的信号变换过程，在工程上经常结合在一起使用。

5.2.1　幅值调制与解调

1. 幅值调制的原理

幅值调制是将一个高频载波信号（正弦或余弦信号）与被测缓变信号（调制信号）相乘，使载波信号的幅值随被测缓变信号的变化而变化。如图 5.9 所示，$x(t)$为被测缓变信号，$y(t)$为高频载波信号：$y(t) = \cos 2\pi f_0 t$，则可得调幅波：

$$x_{\mathrm{m}}(t) = x(t)\cos 2\pi f_0 t \tag{5.12}$$

由傅里叶变换的性质可知，在时域中两信号相乘，则对应在频域中这两个信号进行卷积，即

$$x(t)y(t) \Leftrightarrow X(f)*Y(f) \tag{5.13}$$

而余弦函数的频域图形是一对脉冲谱线，即

$$\cos 2\pi f_0 t \Leftrightarrow \frac{1}{2}\delta(f-f_0)+\frac{1}{2}\delta(f+f_0) \tag{5.14}$$

由式（5.13）和式（5.14）可得

$$x(t)\cos 2\pi f_0 t \Leftrightarrow 0.5X(f)*\delta(f-f_0)+0.5X(f)*\delta(f+f_0) \tag{5.15}$$

由单位脉冲函数的性质可知，一个函数与单位脉冲函数卷积的结果，就是将这个函数的

波形由坐标原点平移至该脉冲函数处。所以，把被测信号 $x(t)$ 和载波信号相乘，其频域特征就是把 $x(t)$ 的频谱由频率坐标原点平移至载波频率±f_0 处，其幅值减半。如图 5.9 所示，可以看出所谓调幅过程相当于频谱"搬移"过程。

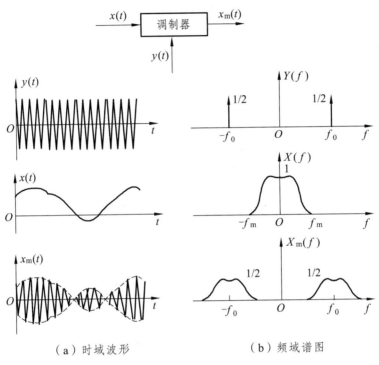

（a）时域波形　　　　　　　　（b）频域谱图

图 5.9　调幅过程

从调制过程看，载波频率 f_0 必须高于被测信号 $x(t)$ 的最高频率 f_m 才能使已调制波仍能保持原被测信号的频谱图形，不致重叠。为了减少放大电路可能引起的失真，被测信号的频宽($2f_m$)相对于载波频率 f_0 越小越好。调幅以后，被测信号 $x(t)$ 中所包含的全部信息均转移到以 f_0 为中心、宽度为 $2f_m$ 的频带范围之内，即将被测信号从低频区推移至高频区。

综上所述，调幅过程在时域上是调制信号与载波信号相乘的运算；在频域上是调制信号频谱与载波信号频谱卷积的运算，是一个频移的过程。这是调幅得以广泛应用的重要理论依据。

调幅的频移功能在工程技术上具有重要的使用价值。例如，广播电台把声频信号移频至各自分配的高频、超高频频段上，既便于放大和传递，也可避免各电台之间的干扰。

2. 调幅信号的解调

为了从调幅波中将原被测信号恢复出来，就必须进行解调。常用的解调方法有同步解调、整流检波解调和相敏检波解调。

1）同步解调

同步解调是将调幅波 $x(t)\cos 2\pi f_0 t$ 与原载波信号 $\cos 2\pi f_0 t$ 再做一次乘法运算，即

$$x(t)\cos 2\pi f_0 t \cos 2\pi f_0 t = \frac{1}{2}x(t) + \frac{1}{2}x(t)\cos 4\pi f_0 t$$

则频域图形将再一次进行"搬移",即 $x_m(t)$ 与 $\cos 2\pi f_0 t$ 乘积的傅里叶变换为

$$F[x_m(t)\cos 2\pi f_0 t] = \frac{1}{2}X(f) + \frac{1}{4}X(f+2f_0) + \frac{1}{4}X(f-2f_0)$$

其结果是调幅波的频谱图形平移到 0 和 $\pm 2f_0$ 的频率处,如图 5.10 所示。若用一个低通滤波器滤除中心频率为 $2f_0$ 的高频成分,则可复现原信号的频谱(只是其幅值减小一半,这可用放大处理来补偿),这一过程称为同步解调。"同步"指解调时所乘的信号与调制时载波信号具有相同的频率与相位。

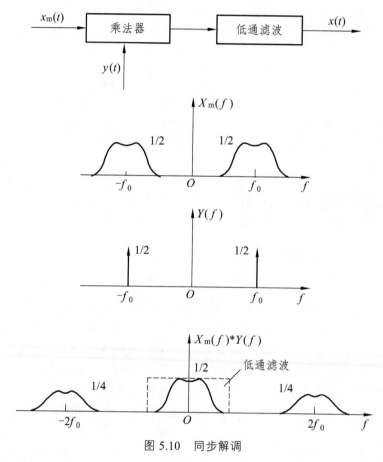

图 5.10　同步解调

2)整流检波解调

整流检波,其原理是先对调制信号进行直流偏置,叠加一个直流分量 A,使偏置后的信号都具有正电压值,那么用该调制信号进行调幅后得到的调幅波 $x_m(t)$ 的包络线将具有原调制信号的形状,如图 5.11(a)所示。对该调幅波 $x_m(t)$ 做简单的整流(半波或全波整流)、滤波便可以恢复原调制信号,信号在整流滤波之后需再准确地减去所加的直流偏置电压。

上述方法的关键是准确地加、减偏置电压。若直流偏置不够大,所加的偏置电压未能使信号电压都位于零位的同一侧,存在 $x(t)<0$,那么对调幅之后的波形只进行简单的整流滤波便不能恢复原调制信号,检出的信号就会产生失真,如图 5.11(b)所示。在这种情况下,采用相敏检波解调技术可以解决这一问题。

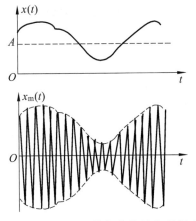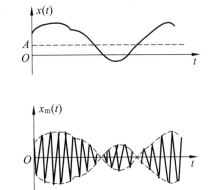

（a）调制信号加足够直流偏置的调幅波　　　　（b）调制信号直流偏置不够时的调幅波

图 5.11　调制信号加偏置的调幅波

3）相敏检波解调

相敏检波解调方法能够使已调幅的信号在幅值和极性上完整地恢复原调制信号（被测信号）。

图 5.12 所示为一种典型的二极管相敏检波电路，它由 4 个特性相同的二极管 $VD_1 \sim VD_4$ 沿同一方向连接成电桥的形式，4 个端点分别接到变压器 T_1 和 T_2 的次级线圈上。变压器 T_1 的输入信号为调幅波 $x_m(t)$，T_2 的输入信号为载波 $y(t)$，R_1 为负载电阻。电路设计时应使变压器 T_2 的次级线圈输出电压远大于 T_1 的次级线圈输出电压。

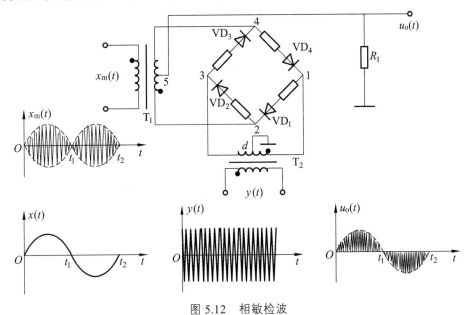

图 5.12　相敏检波

由图 5.12 可观察相敏检波解调的过程。当调制信号 $x(t)$ 为正时（图 5.12 中的 $O \sim t_1$ 区间），调幅波 $x_m(t)$ 与载波 $y(t)$ 同相。这时，当载波电压为正时，VD_1 导通，电流的流向是 d—1—VD_1—2—5—R_1—地—d；当载波电压为负时，变压器 T_1 和 T_2 的极性同时改变，VD_3 导通，电流的流向是 d—3—VD_3—4—5—R_1—地—d。可见在 $O \sim t_1$ 区间，流经负载 R_1 的电流方向始终是由上到下，输出电压 $u_o(t)$ 为正值。当调制信号 $x(t)$ 为负时（图 5.12 中的 $t_1 \sim t_2$ 区间），

调幅波 $x_m(t)$ 与载波 $y(t)$ 反相。这时，当载波电压为正时，变压器 T_2 的极性如图中所示，变压器 T_1 的极性却与图中相反，这时 VD_2 导通，电流的流向是 5—2—VD_2—3—d—地—R_1—5；当载波电压为负时，VD_4 导通，电流的流向是 5—4—VD_4—1—d—地—R_1—5。可见在 $t_1 \sim t_2$ 区间，流经 R_1 的电流方向始终是由下向上，输出电压 $u_o(t)$ 为负值。

综上所述，相敏检波是利用二极管的单向导通作用将电路输出极性换向。简单地说，这种电路相当于在 $O \sim t_1$ 段把 $x_m(t)$ 的负部翻上去，而在 $t_1 \sim t_2$ 段把 $x_m(t)$ 的正部翻下来。若将 $u_o(t)$ 经低通滤波器滤波，则所得到的信号就是 $x_m(t)$ 经过"翻转"后的包络，从而使被测信号得到重现。

动态电阻应变仪（见图 5.13）可作为电桥调幅与相敏检波的典型实例。电桥由振荡器供给等幅高频振荡电压（一般频率为 10 kHz 或 15 kHz）。被测量（应变）通过电阻应变片调制电桥输出，电桥输出为调幅波，经过放大，再经相敏检波与低通滤波即可取出所测信号。

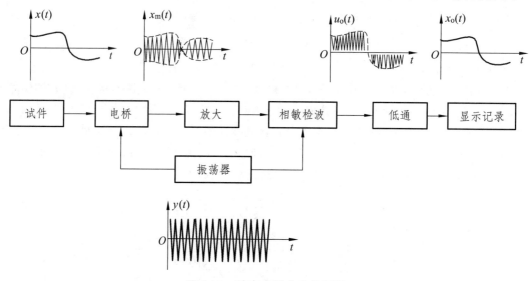

图 5.13　动态电阻应变仪框图

5.2.2　频率调制与解调

1. 频率调制的基本原理

频率调制是利用调制信号的幅值去控制高频载波信号频率，使载波信号频率随调制信号的幅值变化而变化。在频率调制中载波幅值保持不变，仅载波的频率随调制信号的幅值成比例变化。调频波是一种随调制信号幅值而变化的疏密不同的等幅波，如图 5.14 所示。

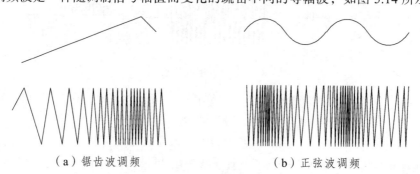

（a）锯齿波调频　　　　　　　　（b）正弦波调频

图 5.14　调频波

调频波的瞬时频率可表示为

$$f(t) = f_0 \pm \Delta f$$

式中，f_0 为载波频率；Δf 为频率偏移，与调制信号的幅值成正比。

设调制信号为 $x(t)$，载波为 $y(t) = Y_0 \cos(2\pi f_0 t + \varphi_0)$，调频时载波的幅值 Y_0 和初相位 φ_0 不变，瞬时频率 $f(t)$ 围绕着 f_0 随调制信号幅值做线性变化，因此

$$f(t) = f_0 \pm Kx(t)$$

式中，K 为比例常数，其大小由具体的调频电路决定。

2. 频率调制的方法

频率调制一般用振荡电路来实现，如 LC 振荡电路、压控振荡器等。以 LC 振荡电路为例，该电路常被用于电容、涡流、电感等传感器的测量电路。如图 5.15 所示是一种谐振电路，其谐振频率为

$$f = \frac{1}{2\pi\sqrt{LC}} \tag{5.16}$$

只要改变 L 或 C，谐振频率 f 就会发生改变，即实现了调频。

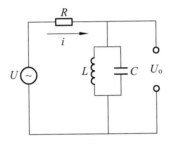

图 5.15　谐振电路

例如，在电路中，以电容作为调谐参数，对式（5.16）进行微分，可得

$$\frac{\partial f}{\partial C} = \left(-\frac{1}{2}\right)\frac{1}{C}\frac{1}{2\pi\sqrt{LC}} = \left(-\frac{1}{2}\right)\frac{f}{C}$$

在 $C = C_0$ 时，$f = f_0$，则有

$$\Delta f = -\frac{f_0}{2}\frac{\Delta C}{C_0}$$

$$f = f_0 + \Delta f = f_0\left(1 - \frac{\Delta C}{2C_0}\right)$$

由此可知，回路的振荡频率将和调谐参数 C（或 L）的变化成线性关系，也就是说，它和被测量的变化有线性关系。

3. 调频信号的解调

调频信号的解调也称鉴频，是把频率变化变换为电压幅值的变化过程。谐振电路调频波的解调一般使用鉴频器。

鉴频器通常由线性变换电路与幅值检波电路组成，是调频波的解调电路，在一些测试仪器中，常采用变压器耦合的谐振回路，如图 5.16（a）所示，图中 L_1、L_2 是变压器耦合的原、副线圈，它们和 C_1、C_2 组成并联谐振回路。将等幅调频波 e_f 输入，当等幅调频波 e_f 的频率等于回路的谐振频率 f_n 时，线圈 L_1、L_2 中的耦合电流最大，次级边输出电压 e_a 也最大。e_f 的频率偏离 f_n，e_a 也随之下降。e_a 的频率虽然和 e_f 保持一致，但 e_a 的幅值却随频率而变化，如图 5.16（b）所示，通常利用特性曲线的亚谐振区近似直线的一段实现频率—电压变换。测量参数（如位移）为零值时，调频回路的振荡频率 f_0 对应特性曲线上升部分近似直线段的中点。将 e_a 经过二极管进行半波整流，再经过 RC 组成的滤波器滤波，滤波器的输出电压 e_0 与调制信号成正比，复现了被测信号 $x(t)$，则解调完毕。

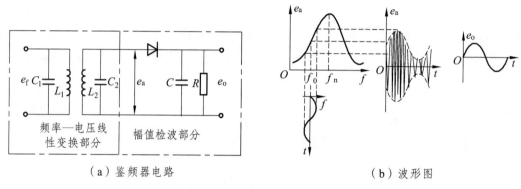

（a）鉴频器电路　　　　　　　　　　　（b）波形图

图 5.16　调频波的解调原理

在工程测试领域，调制技术不仅在一般检测仪表中应用，而且也是工程遥测技术中的重要内容。

5.3　滤波器

通常被测信号是由多个频率分量组合而成的，而且在检测中得到的信号除包含有效信息外，还含有噪声和不希望得到的成分，从而导致真实信号的畸变和失真。因此，希望采用适当的电路选择性地过滤掉所不希望的成分或噪声。滤波器便是实现上述功能的装置。

滤波器是一种选频装置，可使信号中特定的频率成分通过，而极大地衰减其他频率成分，主要用于滤除或削弱输入信号中不希望包含的噪声、干扰等的频率分量，提取有用信号。

5.3.1　滤波器分类

对于一个滤波器，信号能通过它的频率范围称为该滤波器的通频带（或通带），受到很大衰减或完全被抑制的频率范围称为频率阻带。

1. 按所通过信号的频段分类

根据滤波器的不同选频范围，滤波器可分为低通、高通、带通和带阻 4 种，如图 5.17 所示，其中低通滤波器是最基本的。

1）低通滤波器

允许信号中的低频或直流分量通过，抑制高频分量的滤波器，称为低通滤波器。如图 5.17

（a）所示，在频率 0～f_2，幅频特性平直，它可以使信号中低于 f_2 的频率成分几乎不受衰减地通过，而高于 f_2 的频率成分都被衰减掉，故称为低通滤波器。

2）高通滤波器

滤除低频信号或信号中的直流分量，允许高频信号通过的滤波器，称为高通滤波器。如图 5.17（b）所示，当频率大于 f_1 时，其幅频特性平直，它使信号中高于 f_1 的频率成分几乎不受衰减地通过，而低于 f_1 的频率成分则被衰减掉，故称为高通滤波器。

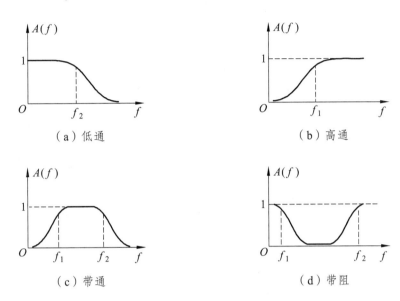

（a）低通　　　　　　　　　　（b）高通

（c）带通　　　　　　　　　　（d）带阻

图 5.17　滤波器的幅频特性

3）带通滤波器

允许一定频段的信号通过，抑制低于或高于该频段的信号。如图 5.17（c）所示，其通频带在 f_1～f_2，信号中高于 f_1 而低于 f_2 的频率成分可以几乎不受衰减地通过，而其他的频率成分则被衰减掉，所以称为带通滤波器。

4）带阻滤波器

抑制一定频段内的信号，允许该频段以外的信号通过。如图 5.17（d）所示，与带通滤波器相反，带阻滤波器的阻带在频率 f_1～f_2，信号中高于 f_1 而低于 f_2 的频率成分受到极大地衰减，其余频率成分几乎不受衰减地通过，所以称为带阻滤波器。

应该指出，在每种滤波器中，在通带与阻带之间都存在一过渡带，在此带内，信号受到不同程度的衰减，这个过渡带是实际滤波器不可避免的。

2. 按所采用的元器件分类

根据滤波器所采用的元器件分为无源和有源滤波器两种。

1）无源滤波器

仅由无源元件（R、L、C）组成的滤波器称为无源滤波器，它是利用电容和电感元件的电抗随频率的变化而变化的原理构成的。这类滤波器的优点是电路比较简单，不需要直流电源供电，可靠性高；缺点是通带内的信号有能量损耗，负载效应较明显，使用电感元件时容易引起电磁感应，当电感 L 较大时滤波器的体积和质量都较大，在低频域不适用。

2）有源滤波器

由无源元件（一般用 R、C）和有源器件（如集成运算放大器）组成。这类滤波器的优点是通带内的信号不仅没有能量损耗，而且还可以放大，负载效应不明显，多级相连时相互影响很小，利用级联的简单方法很容易构成高阶滤波器，并且滤波器的体积小、质量轻，不需要磁屏蔽（因为不使用电感元件）；缺点是通带范围受有源器件（如集成运算放大器）的带宽限制，需要直流电源供电，可靠性不如无源滤波器高，在高压、高频、大功率的场合不适用。

3. 按所处理的信号分类

根据滤波器所处理信号的性质，分为模拟滤波器和数字滤波器两种。

1）模拟滤波器

在测试系统或专用仪器仪表中，模拟滤波器是一种常用的变换装置。例如，带通滤波器用作频谱分析仪中的选频装置，低通滤波器用作数字信号分析系统中的抗频混滤波，高通滤波器被用于声发射检测仪中剔除低频干扰噪声，带阻滤波器用作电涡流测振仪中的陷波器等。

2）数字滤波器

与模拟滤波器相对应，在离散系统中广泛应用数字滤波器。它的作用是利用离散时间系统的特性对输入信号波形或频率进行加工处理。或者说，把输入信号变成一定的输出信号，从而达到改变信号频谱的目的。数字滤波器一般可以用两种方法来实现：一种是用数字硬件装配成一台专门的设备，这种设备称为数字信号处理机；另一种是直接利用计算机，将所需要的运算编成程序让计算机来完成，即利用计算机软件来实现。

近年来，数字滤波技术已得到广泛应用，但模拟滤波在自动检测、自动控制以及电子测量仪器中仍然广泛应用。

5.3.2 理想滤波器

1. 模 型

理想滤波器具有矩形幅频特性和线性相频特性，是一个理想化的模型，是一种物理不可实现的系统。

用 f_c 表示滤波器的截止频率，若滤波器的频率响应函数满足：

$$H(f) = \begin{cases} A_0 e^{-j2\pi f t_0} & |f| < f_c \\ 0 & \text{其他} \end{cases} \tag{5.17}$$

则该滤波器称为理想低通滤波器，其幅频和相频特性分别为

$$|H(f)| = \begin{cases} A_0 & -f_c < f < f_c \\ 0 & \text{其他} \end{cases} \tag{5.18}$$

$$\varphi(f) = -2\pi f t_0 \tag{5.19}$$

如图 5.18 所示，幅频图关于纵坐标对称，相频图中直线过原点且斜率为 $-2\pi t_0$，即一个理想滤波器在其通带内幅频特性为常数（幅频特性曲线为矩形），相频特性为通过原点的直线，在通带外幅频特性值为零。因此，理想滤波器能使通带内输入信号的频率成分不失真地传输，而在通带外的频率成分全部衰减掉。

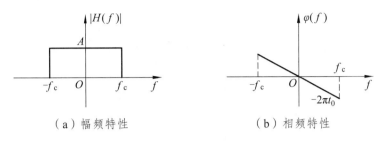

（a）幅频特性　　　　　　　　　　（b）相频特性

图 5.18　理想滤波器的幅频和相频特性

2. 脉冲响应

根据线性系统的传输特性，当 $\delta(t)$ 函数通过理想滤波器时，其脉冲响应函数 $h(t)$ 应是频率响应函数 $H(f)$ 的傅里叶逆变换。现将一个单位脉冲信号 $\delta(t)$ 输入式（5.17）所示的理想低通滤波器，则该滤波器的输出（响应）为

$$h(t) = \int_{-\infty}^{\infty} H(f) \mathrm{e}^{\mathrm{j}2\pi ft} \mathrm{d}f = \int_{-f_\mathrm{c}}^{f_\mathrm{c}} A_0 \mathrm{e}^{-\mathrm{j}2\pi ft_0} \mathrm{e}^{\mathrm{j}2\pi ft} \mathrm{d}f$$
$$= 2A_0 f_\mathrm{c} \frac{\sin\left[2\pi f_\mathrm{c}(t - t_0)\right]}{2\pi f_\mathrm{c}(t - t_0)} \tag{5.20}$$

若没有相角滞后，式（5.20）变为

$$h(t) = 2A_0 f_\mathrm{c} \frac{\sin\left(2\pi f_\mathrm{c} t\right)}{2\pi f_\mathrm{c} t} \tag{5.21}$$

其形状如图 5.19 所示，这是一个峰值在坐标原点的 $\mathrm{sin}c(t)$ 型函数。显然，$h(t)$ 具有对称性，整个脉冲响应的持续时间从 $-\infty$ 到 $+\infty$。

这种理想滤波器是不可能实现的，因为单位脉冲在时刻 $t = 0$ 才作用于系统，而系统的输出 $h(t)$ 在 $t<0$ 时不为零，说明在输入脉冲 $\delta(t)$ 到来之前，这一系统就已有了响应（响应先于激励出现），这实际上是不可能的。显然，这违背了因果关系，任何现实的滤波器不可能有这种"先知"。因此，理想低通滤波器属于非因果系统，它在物理上是无法实现的。由此可以推论，"理想"的低通、高通、带通和带阻滤波器都是不存在的。实际滤波器的幅频特性不可能出现直角锐边（即幅值由 A 突然变为 0 或由 0 变为 A），也不会在有限频率上完全截止，对信号通带以外的频率成分只能极大地衰减，却不能完全阻止。

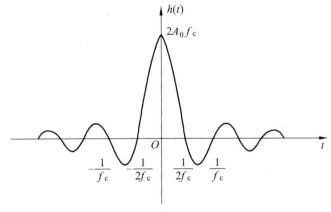

图 5.19　脉冲响应函数

3. 阶跃响应

讨论理想滤波器的阶跃响应，是为了进一步了解滤波器的传输特性，确立关于滤波器的通频带宽和建立比较稳定的输出所需时间之间的关系。

若给滤波器一单位阶跃输入 $u(t)$，如图 5.20（a）所示：

$$x(t) = u(t) = \begin{cases} 1 & t \geqslant 0 \\ 0 & t < 0 \end{cases}$$

则滤波器的输出 $y(t)$ 是 $u(t)$ 和脉冲响应函数 $h(t)$ 的卷积，即

$$y(t) = u(t) * h(t) = \int_{-\infty}^{\infty} u(\tau)h(h - \tau)\mathrm{d}\tau$$

$y(t)$ 的波形如图 5.20（c）所示。可以看出，滤波器对阶跃输入的响应有一定的建立时间 T_e，这是因为 $h(t)$ 的图形主瓣有一定的宽度 $1/f_c$。可以想象，如果滤波器的通频带 B 很宽，即 f_c 很大，那么 $h(t)$ 的图形将很陡峭，响应建立时间 T_e 会很小。反之，如频带 B 较窄，即 f_c 较小，则建立时间会较长。

由图 5.20 可知，$T_e = t_b - t_a$，$BT_e = $ 常数。即低通滤波器对阶跃响应的建立时间 T_e 和带宽 B 成反比，这一结论对其他类型的滤波器也适用。

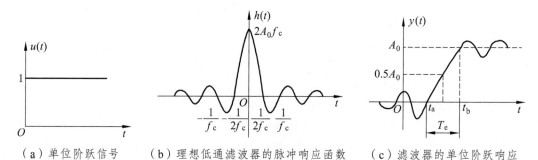

（a）单位阶跃信号　　（b）理想低通滤波器的脉冲响应函数　　（c）滤波器的单位阶跃响应

图 5.20　理想低通滤波器对单位阶跃输入的响应

滤波器带宽表示它的频率分辨力，通带越窄则分辨力越高。滤波器的高分辨能力和测量时快速响应的要求是相互矛盾的，这对于理解和选用滤波器很有帮助。例如，在选择带通滤波器时，为了从信号中准确地选出某一频率成分（如希望做高分辨力的频谱分析），希望滤波器的带宽尽可能窄，这就需要有足够的时间。如果建立时间不够，就会产生谬误和假象。因此，应根据具体情况作适当处理，一般采用 $BT_e = 5 \sim 10$ 就足够了。

5.3.3　实际滤波器的特征参数

图 5.21 中虚线表示理想带通滤波器的幅频特性曲线，通带为 $f_{c1} \sim f_{c2}$，通带内的幅值为常数 A_0，通带之外的幅值为零。实际带通滤波器的幅频特性如图 5.21 中实线所示，其不如理想滤波器的幅频特性曲线那么尖锐、陡峭，没有明显的转折点，通带与阻带部分也不是那么平坦，通带内幅值也并非为常数。因此，需要用更多的参数来描述实际滤波器的特性。

描述实际滤波器的性能，主要参数有截止频率、带宽、品质因数、纹波幅度、倍频程选择性等。

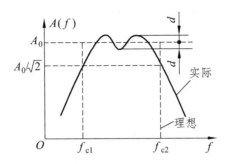

图 5.21　理想带通与实际带通滤波器的幅频特性

1. 截止频率

幅频特性值等于 $A_0/\sqrt{2}$ 所对应的频率称为滤波器的截止频率。图 5.21 中，以 $A_0/\sqrt{2}$ 作平行于横坐标轴的直线与幅频特性曲线相交两点的横坐标值为 f_{c1}、f_{c2}，分别称为滤波器的下截止频率和上截止频率。若以 A_0 为参考值，则 $A_0/\sqrt{2}$ 相对于 A_0 衰减-3 dB $\left(20\lg\dfrac{A_0/\sqrt{2}}{A_0}=-3\text{ dB}\right)$。

若以信号的幅值平方表示信号功率，则截止频率所对应点正好是半功率点。

2. 带宽 B

滤波器上、下两截止频率之间的频率范围称为滤波器带宽，$B=f_{c2}-f_{c1}$，又称-3 dB 带宽，单位为赫兹。带宽决定着滤波器分离信号中相邻频率成分的能力——频率分辨力。

3. 品质因数 Q

对于带通滤波器来说，品质因数定义为中心频率 f_n 和带宽 B 之比，即

$$Q=\frac{f_n}{B} \tag{5.22}$$

式中，中心频率 f_n 定义为上下截止频率乘积的平方根，即

$$f_n=\sqrt{f_{c1}f_{c2}}$$

通常用中心频率来表示滤波器通频带在频率域的位置。若中心频率相同，Q 值越大，滤波器分辨力越高，频率选择性越好。

4. 纹波幅度 d

通带中幅频特性值的起伏变化值称纹波幅度，纹波幅度 d 与幅频特性的稳定值 A_0 相比，越小越好，一般应远小于-3 dB，即 $d\ll A_0/\sqrt{2}$。

5. 倍频程选择性

在两截止频率外侧，实际滤波器有一个过渡带，这个过渡带的幅频曲线倾斜程度表明了幅频特性衰减的快慢。它决定着滤波器对带宽外频率成分衰阻的能力，通常用倍频程选择性来表征。倍频程选择性是指上截止频率 f_{c2} 与 $2f_{c2}$ 之间，或者下截止频率 f_{c1} 与 $f_{c1}/2$ 之间幅频特性的衰减值，即频率变化一个倍频程时的衰减量，以 dB 表示。显然，幅频特性衰减越快，

滤波器的选择性越好。

6. 滤波器因数（或矩形系数）λ

滤波器选择性的另一种表示方法，是用滤波器幅频特性的-60 dB 带宽与-3 dB 带宽的比值 λ 来表示，即

$$\lambda = \frac{B_{-60\text{dB}}}{B_{-3\text{dB}}} \tag{5.23}$$

对于理想滤波器 $\lambda = 1$，通常使用的滤波器 $\lambda = 1 \sim 5$。显然，λ 越接近于 1，滤波器的选择性越好。

5.3.4 RC 滤波器

RC 滤波器电路简单，抗干扰性强，且易通过标准电阻、电容元件来实现，因此，常用在测试系统中。

1. 一阶 RC 低通滤波器

RC 低通滤波器及其幅频、相频特性如图 5.22 所示。

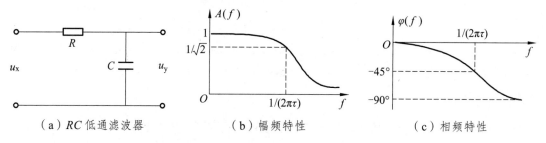

| （a）RC 低通滤波器 | （b）幅频特性 | （c）相频特性 |

图 5.22 RC 低通滤波器及其幅频、相频特性

设滤波器的输入电压为 u_x，输出电压为 u_y，则电路的微分方程式为

$$RC\frac{\mathrm{d}u_\text{y}}{\mathrm{d}t} + u_\text{y} = u_\text{x} \tag{5.24}$$

令 $\tau = RC$，称为时间常数，对式（5.24）进行拉氏变换，可得传递函数

$$H(s) = \frac{1}{\tau s + 1} \tag{5.25}$$

则频率响应函数、幅频特性和相频特性分别为

$$H(\omega) = \frac{1}{\mathrm{j}\tau\omega + 1} \tag{5.26}$$

$$A(\omega) = \frac{1}{\sqrt{1 + (\tau\omega)^2}} \tag{5.27}$$

$$\varphi(\omega) = -\arctan(\tau\omega) \tag{5.28}$$

或

$$A(f) = \frac{1}{\sqrt{1 + (2\pi f \tau)^2}}$$ （5.29）

$$\varphi(f) = -\arctan(2\pi f \tau)$$ （5.30）

当 $f \ll 1/(2\pi\tau)$ 时，$A(f) \approx 1$，信号几乎不受衰减地通过，并且 $\varphi(f) \sim f$ 相频特性也近似于一条通过原点的直线。在此情况下，RC 低通滤波器近似为一个不失真传输系统。

当 $f = 1/(2\pi\tau)$ 时，$A(f) = \sqrt{2}/2$，此即滤波器的-3 dB 点，此时对应的频率为上截止频率，即

$$f_{c2} = \frac{1}{2\pi\tau}$$ （5.31）

由式（5.31）可知，RC 值决定着上截止频率，因此，适当改变 RC 参数时，就可以改变滤波器的截止频率。

当 $f \gg 1/(2\pi\tau)$ 时，输出 u_y 与输入 u_x 的积分成正比，即

$$u_y = \frac{1}{RC} \int u_x \mathrm{d}t$$

此时，RC 滤波器起着积分器的作用，对高频成分的衰减率为-20 dB/10 倍频程（或-6 dB/倍频程）。如要加大衰减率，应提高低通滤波器阶数，可将几个一阶低通滤波器串联使用。但多个一阶低通滤波器串联时，后一级的滤波电阻、滤波电容对前一级电容起并联作用，产生负载效应，需要进行处理。

2. RC 高通滤波器

RC 高通滤波器及其幅频、相频特性如图 5.23 所示。

设输入电压为 u_x，输出电压为 u_y，则微分方程式为

$$u_y + \frac{1}{RC} \int u_y \mathrm{d}t = u_x$$ （5.32）

同理，令 $RC = \tau$，则传递函数为

$$H(s) = \frac{\tau s}{\tau s + 1}$$ （5.33）

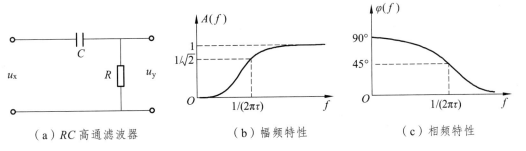

（a）RC 高通滤波器　　　（b）幅频特性　　　（c）相频特性

图 5.23　RC 高通滤波器及其幅频、相频特性

频率响应函数、幅频特性和相频特性分别为

$$H(\omega) = \frac{\mathrm{j}\omega\tau}{1+\mathrm{j}\omega\tau} \tag{5.34}$$

$$A(\omega) = \frac{\omega\tau}{\sqrt{1+(\omega\tau)^2}} \tag{5.35}$$

$$\varphi(\omega) = \arctan\left(\frac{1}{\omega\tau}\right) \tag{5.36}$$

或

$$A(f) = \frac{2\pi f\tau}{\sqrt{1+(2\pi f\tau)^2}} \tag{5.37}$$

$$\varphi(f) = \arctan\left(\frac{1}{2\pi f\tau}\right) \tag{5.38}$$

当 $f = 1/(2\pi\tau)$ 时，$A(f) = \sqrt{2}/2$，滤波器的截止频率为

$$f_{c1} = \frac{1}{2\pi\tau} \tag{5.39}$$

当 $f \gg 1/(2\pi\tau)$ 时，$A(f) \approx 1$，$\varphi(f) \approx 0$，即当 f 相当大时，幅频特性接近于 1，相频特性趋于零，此时 RC 高通滤波器可视为不失真传输系统。

同样可以证明，当 $f \ll 1/(2\pi\tau)$ 时，输出 u_y 与输入 u_x 的微分成正比，此时，RC 高通滤波器起微分器的作用。

3. RC 带通滤波器

带通滤波器可看成是低通滤波器和高通滤波器的串联组成。如一阶高通滤波器的传递函数为 $H_1(s) = \dfrac{\tau_1 s}{\tau_1 s+1}$，一阶低通滤波器的传递函数为 $H_2(s) = \dfrac{1}{\tau_2 s+1}$，则串联后的传递函数为

$$H(s) = H_1(s)H_2(s)$$

幅频特性和相频特性分别为

$$A(f) = A_1(f)A_2(f)$$

$$\varphi(f) = \varphi_1(f) + \varphi_2(f)$$

串联所得的带通滤波器以原高通滤波器的截止频率为下截止频率，即

$$f_{c1} = \frac{1}{2\pi\tau_1} \tag{5.40}$$

相应地其上截止频率为原低通滤波器的截止频率，即

$$f_{c2} = \frac{1}{2\pi\tau_2}$$
（5.41）

　　分别调节高、低通滤波器的时间常数，就可得到不同的上下截止频率和带宽的带通滤波器。但要注意高低通两级串联时，应消除两级耦合时的相互影响，因为后一级成为前一级的"负载"，而前一级又是后一级的信号源内阻。实际上两级间常用射极输出器或者用运算放大器进行隔离，所以实际的带通滤波器常常是有源的。

5.3.5　恒带宽和恒带宽比滤波器

　　为了对信号进行频谱分析，或者摘取信号中某些特定频率成分，可将信号通过放大倍数相同而中心频率不同的多个带通滤波器，各个滤波器的输出主要反映信号中在该通带频率内的量值。通常有两种做法：一种做法是采用中心频率可调的带通滤波器，通过改变 RC 调谐参数使其中心频率跟随需要测量的信号频段。由于受到可调参数的限制，其可调范围是有限的。另一种做法是使用一组中心频率固定、但又按一定规律递增的滤波器组。如图 5.24 所示的频谱分析装置，是将中心频率如图中所标明的各滤波器依次接通，各滤波器的输出主要反映信号在该通带频率范围内的量值，可逐个显示信号的各频率分量。如果信号经过足够的功率放大，各滤波器的输入阻抗也足够高，那么也可以把该滤波器组并联在信号源上，各滤波器同时接通，其输出同时显示或记录，就能获得信号的瞬时频谱结构，成为实时的频谱分析。

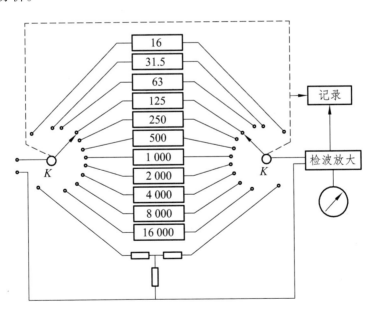

图 5.24　倍频程谱分析装置

　　对用于谱分析的滤波器组，各滤波器的通带应相互连接，覆盖整个感兴趣的频率范围，这样才不致丢失信号中的频率成分。通常做法是前一个滤波器的上截止频率等于后一个滤波器的下截止频率，这样一组滤波器将覆盖整个频率范围。当然，滤波器组应具有同样的放大倍数（对其各个中心频率）。

1. 恒带宽比滤波器

滤波器的品质因数 Q 为中心频率和带宽之比，即 $Q = f_n/B$。若采用具有相同 Q 值的调谐式滤波器做成邻接式滤波器组，则该滤波器组是一些恒带宽比的滤波器构成。中心频率越高，其带宽越宽，频率分辨力越低。

假如一个带通滤波器的下截止频率为 f_{c1}，上截止频率为 f_{c2}，二者的关系可用下式表示：

$$f_{c2} = 2^n f_{c1} \tag{5.42}$$

式中，n 为倍频程数，$n = 1$ 时，称为倍频程滤波器；$n = 1/3$ 时，称为 1/3 倍频程滤波器。滤波器中心频率 f_n 为

$$f_n = \sqrt{f_{c1} f_{c2}} \tag{5.43}$$

由式（5.42）和式（5.43）可得

$$f_{c2} = 2^{n/2} f_n$$

$$f_{c1} = 2^{-n/2} f_n$$

并由 $f_{c2} - f_{c1} = B = \dfrac{f_n}{Q}$，最终可得

$$\frac{1}{Q} = \frac{B}{f_n} = 2^{n/2} - 2^{-n/2} \tag{5.44}$$

故若 $n = 1$，$Q = 1.41$；$n = 1/3$，$Q = 4.32$；$n = 1/5$，$Q = 7.21$。倍频数 n 值越小，则 Q 值越大。

对于邻接的滤波器组，利用式（5.42）和式（5.43）可以推得后一个滤波器的中心频率 f_{n2} 与前一个滤波器的中心频率 f_{n1} 之间有下列关系：

$$f_{n2} = 2^n f_{n1} \tag{5.45}$$

因此，根据式（5.44）和式（5.45），只要选定 n 值就可设计覆盖给定频率范围的邻接式滤波器组。例如，对于 $n = 1$ 的倍频程滤波器组将是

中心频率/Hz	16	31.5	63	125	250	…
带宽/Hz	11.31	22.27	44.55	88.39	176.78	…

对于 $n = 1/3$ 的倍频程滤波器组将是

中心频率/Hz	12.5	16	20	25	31.5	40	50	63	…
带宽/Hz	2.9	3.7	4.6	5.8	7.3	9.3	11.6	14.6	…

2. 恒带宽滤波器

对一组增益相同的恒带宽比滤波器，其通频带在低频段很窄，而在高频段较宽，因而

滤波器组的频率分辨力在低频段较好，而在高频段则甚差。若要求滤波器在所有频段都具有同样良好的频率分辨力时，可采用恒带宽滤波器。恒带宽滤波器的带宽不随中心频率而变化。

图 5.25 所示为恒带宽比和恒带宽滤波器的特性对照，图中滤波器的特性都画成理想的。

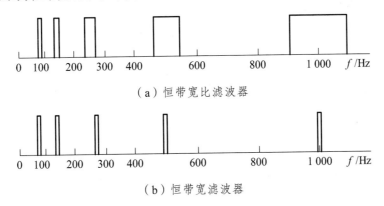

（a）恒带宽比滤波器

（b）恒带宽滤波器

图 5.25　理想的恒带宽比滤波器和恒带宽滤波器的特性对照

下面通过一个例子来说明滤波器的带宽和分辨力。

设有一信号是由幅值相同而频率分别为 $f = 940\ \text{Hz}$、$f = 1\ 060\ \text{Hz}$ 的两正弦信号合成，其频谱如图 5.26（a）所示。现用两种恒带宽比的倍频程滤波器和恒带宽跟踪滤波器分别对它做频谱分析。

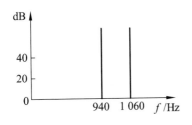

（a）实际信号

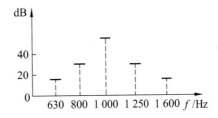

（b）用 1/3 倍频程滤波器分析结果

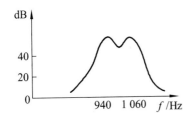

（c）用 1/10 倍频程滤波器分析结果

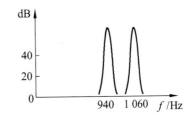

（d）用恒带宽滤波器分析结果

图 5.26　三种滤波器测量结果比较

图 5.26（b）所示为用 1/3 倍频程滤波器（倍频程选择性接近于 25 dB，$B/f_\text{n} = 0.23$）分挡测量的结果；图 5.26（c）所示为用相当于 1/10 倍频程滤波器（倍频程选择性 45 dB，$B/f_\text{n} = 0.06$）测量并用笔式记录仪连续走纸记录的结果；图 5.26（d）所示为用恒带宽跟踪滤波器（−3 dB

带宽 3 Hz，−60 dB 带宽 12 Hz，滤波器因数 $\lambda = 4$）的测量结果。

比较三种滤波器测量结果可知：1/3 倍频程滤波器分析效果最差，它的带宽太大。恒带宽跟踪滤波器的带宽窄、选择性好，足以达到良好的频谱分析效果。

5.3.6 数字滤波器

数字滤波器的作用是利用离散时间系统的特性对输入信号波形（或频谱）进行加工处理，或者说利用数字方法按预定要求对信号进行变换，把输入序列 $x(n)$ 变换成一定的输出序列 $y(n)$，从而达到改变信号频谱的目的。从广义讲，数字滤波是由计算机程序来实现的，是具有某种算法的数字处理过程。

由于是离散时间系统，其时域数学模型可用差分方程描述

$$
\begin{aligned}
&a_0 y(n) + a_1 y(n-1) + \cdots + a_{N-1} y(n-N+1) + a_N y(n-N) \\
&= b_0 x(n) + b_1 x(n-1) + \cdots + b_{M-1} x(n-M+1) + b_M x(n-M)
\end{aligned}
\tag{5.46}
$$

若利用取和符号，式（5.46）可表示为

$$
\sum_{k=0}^{N} a_k y(n-k) = \sum_{r=0}^{M} b_r x(n-r)
\tag{5.47}
$$

式（5.46）和式（5.47）中，$y(n)$ 是响应，$x(n)$ 是激励，a_0、a_1、$\cdots$、a_{N-1}、a_N 和 b_0、b_1、$\cdots$、b_{M-1}、b_M 是常数，N、M 分别是 $y(n)$、$x(n)$ 的最高位移阶次。

利用卷积可将滤波器的时域数学模型描述为

$$
y(n) = h(n) * x(n) = \sum_{m=0}^{\infty} h(m) x(n-m)
\tag{5.48}
$$

式中，$h(n)$ 是系统的单位脉冲响应。将式（5.48）两边经傅里叶变换可得

$$
Y(e^{j\omega}) = H(e^{j\omega}) X(e^{j\omega})
\tag{5.49}
$$

式中，$Y(e^{j\omega})$ 是输出序列的傅里叶变换：

$$
Y(e^{j\omega}) = \sum_{n=-\infty}^{\infty} y(n) e^{-jn\omega}
$$

$X(e^{j\omega})$ 是输入序列的傅里叶变换：

$$
X(e^{j\omega}) = \sum_{n=-\infty}^{\infty} x(n) e^{-jn\omega}
$$

$H(e^{j\omega})$ 是单位脉冲响应的傅里叶变换：

$$
H(e^{j\omega}) = \sum_{n=-\infty}^{\infty} h(n) e^{-jn\omega}
$$

$H(e^{j\omega})$ 又称为系统的频率响应函数，表示输出序列的幅值和相位相对于输入序列的变化，

一般是 ω 的连续函数。通常 $H(e^{j\omega})$ 是复函数，所以可以写成

$$H(e^{j\omega}) = \left| H(e^{j\omega}) \right| e^{j\varphi(\omega)}$$

式中，$|H(e^{j\omega})|$ 称离散信号的幅值响应；$\varphi(\omega)$ 称为相位响应。

由式(5.49)可以看出，输入序列的频谱 $X(e^{j\omega})$ 经过滤波后，变为 $X(e^{j\omega})$ $H(e^{j\omega})$。如果$|H(e^{j\omega})|$的值在某些频率上是比较小的，则输入信号中的这些频率分量在输出信号中将被抑制掉。因此，只要按照输入信号频谱的特点和处理信号的目的，适当选择频率响应函数 $H(e^{j\omega})$，使得滤波后的 $X(e^{j\omega})$ $H(e^{j\omega})$ 符合要求，这就是数字滤波器的滤波原理。和模拟滤波器一样，线性数字滤波器按照频率响应的通带特性可划分为低通、高通、带通和带阻几种形式。

图 5.27 反映了滤波过程中信号的变化，其中图 5.27（a）是输入信号（典型的矩形序列的时域波形和幅值特性曲线），图 5.27（b）是系统（理想低通滤波器的单位采样响应和幅值特性曲线）。由式（5.48）和式（5.49）可知，信号经过的变化是时域卷积和频域相乘，输出结果如图 5.27（c）所示。显然，从幅频特性曲线上看，$|\omega| \leqslant \omega_c$ 频带信号能够通过，其他频带（$\omega_c \leqslant |\omega| \leqslant \pi$）信号衰减（截止）；从输出波形 $y(n)$ 上看，原信号 $x(n)$ 波形中的尖点处（跳变处）平滑了许多，因此系统对输入信号进行了有效的滤波。

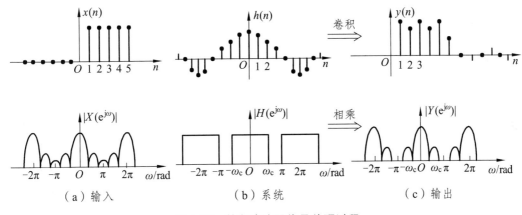

图 5.27 数字滤波器信号处理过程

5.4 信号的显示与记录

信号显示与记录的目的在于：

（1）测试人员通过显示仪器观察各路信号的大小或实时波形。

（2）及时掌握测试系统的动态信息，必要时对测试系统的参数做相应调整，如输出的信号过小或过大时，可及时调节系统增益；信号中含噪声干扰时可通过滤波器降噪等。

（3）记录信号的重现。

（4）对信号进行后续的分析和处理。

信号的显示和记录仪器是测试系统不可缺少的重要环节。根据被记录信号的性质，显示和记录仪器可分为模拟型和数字型两大类，其显示方式有模拟显示和数字显示两种。

模拟显示是利用指针对标尺的相对位置表示被测量数值的大小。如各种指针刻度式仪表，其特点是读数方便、直观，结构简单、价格低廉，在检测系统中一直被大量应用。但这种显

示方式的精度受标尺最小分度限制，而且读数时易引入主观误差。数字显示则直接以十进制数字形式来显示读数，有利于消除读数的主观误差，它可以附加打印机，易于和计算机联机，使数据处理更加方便。

5.4.1 信号的显示

1. 指针式仪表

常用的指针式仪表有磁电式、电动式、电磁式三种，这些仪器的结构虽然不同，但工作原理却是相同的，都是利用电磁现象使仪表的可动线圈受到电磁转矩的作用而转动，从而带动指针偏转来指示被测量的大小。

指针式仪表具有结构简单、防尘、防水、防冰、可靠性高、价格便宜、维修方便等优点，现阶段仍在大量使用。但是，长时间的人工读表容易造成人的视觉疲劳，工作人员与仪表表盘的距离和角度等也容易造成读数误差，同时也不利于大量信息的及时采集和统一管理。基于图像传感器的图像识别技术对指针式仪表的数据进行自动采集是新的发展方向，通过自动识别指针式模拟表盘的显示值，大大提高了读数准确率与效率。

2. 示波器

示波器是测试中最常用的显示仪器，有模拟示波器、数字示波器和数字存储示波器等多种类型。

1）模拟示波器

如图 5.28（a）所示，模拟示波器的核心部分为阴极射线管，从阴极发射的电子束经水平和垂直两套偏转极板的作用，聚焦到荧光屏上显示信号波形。通常水平偏转极板上施加锯齿波扫描信号，以控制电子束自左向右的运动，被测信号施加在垂直偏转极板上，控制电子束在垂直方向上的运动，从而在荧光屏上显示出信号的波形。调整锯齿波的频率可改变示波器的时基，以适应各种频率信号的测量。所以，这种示波器最常见工作方式是显示输入信号的时间历程，即显示 $x(t)$ 曲线。这种示波器具有频带宽、动态响应好等优点，最高可达到 800 MHz 带宽，可记录到 1 ns 左右的快速瞬变偶发波形，适合于显示瞬态、高频及低频的各种信号。

2）数字示波器

如图 5.28（b）所示，数字示波器是随着数字电子与计算机技术的发展而发展起来的一种示波器，其核心器件是 A/D 转换器，可将被测模拟信号进行模数转换并存储，再以数字信号方式显示。与模拟示波器相比，数字示波器的突出优点是：具有数据存储与回放功能，能够观测单次过程和缓慢变化的信号，便于进行后续数据处理；显示分辨率高，可观察到信号更多的细节；便于程控，可实现自动测量；可进行数据通信。目前，数字示波器的带宽已达到 1 GHz 以上。

3）数字存储示波器

数字存储示波器有与数字示波器一样的数据采集前端，即经 A/D 转换器将被测模拟信号转换为数字信号并存储。与数字示波器不同的是，已经存储的数字信号通过 D/A 转换器恢复为模拟信号，再将信号波形重现在显示屏上。数字存储示波器可对波形作自动计算，在显示屏上同时显示波形的峰-峰值、上升时间、频率、均方根值等。通过计算机接口可将波形送至打印机打印或计算机做进一步处理。

（a）模拟示波器

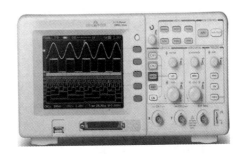

（b）数字示波器

图 5.28　示波器

3. LED 显示器

LED 即发光二极管，LED 显示器通过控制半导体发光二极管的显示方式，用来显示文字、图形、图像、动画、行情、视频信号等各种信息。LED 显示器以其色彩丰富、响应速度快、亮度及清晰度高、工作电压低、功耗小、耐冲击、工作稳定可靠、寿命长等优点，成为最具优势的新一代显示媒体，LED 显示器已广泛应用于大型广场、商业广告、体育场馆、信息传播、新闻发布、证券交易等场所。

通过发光二极管芯片的适当连接（包括串联和并联）和专门的光学结构，可以组成数码管、符号管、米字管、矩阵管、电平显示器管等，从而显示字符、图案，如图 5.29 所示。

图 5.29　LED 显示器

5.4.2　信号的记录

传统的信号记录仪器包括笔式记录仪、光线示波器、磁带记录仪等。有的记录装置，如磁带记录仪，只起存储信号的作用，不能直接观察到记录下来的信号，属于隐性记录仪；笔式记录仪、光线示波器属于显性记录仪。

笔式记录仪（简称笔录仪）是用笔尖（墨水笔、电笔等）在记录纸上描绘被测量相对于时间或某一参考量之间函数关系的一种记录仪器，它实际上是在指针式仪表的基础上，把指针换成记录笔而成。按照记录笔的驱动方式可分为检流计式笔录仪与函数记录仪。

光线示波器是一种常用的模拟式记录器，主要用于模拟量的记录，它将输入的电信号转换为光信号并记录在感光纸或胶片上，从而得到被测量与时间的关系曲线。

磁带记录仪是利用铁磁性材料的磁化进行记录的仪器。磁记录系隐式记录，须通过其他显示记录仪器才能观察波形。

光线示波器和笔式记录仪将被测信号记录在纸质介质上，频率响应差、分辨率低、记录长度受物理载体限制，需要通过手工方式进行后续处理，使用时有诸多不便。磁带记录仪可以将多路信号以模拟量的形式同步地存储到磁带上，但与后续信号处理仪器的接口能力差，而且输入输出之间的电平转换比较麻烦。

近年来，信号的记录方式愈来愈多采用两种途径：一种是用数据采集仪器进行信号的记录，一种是以计算机内插 A/D 卡的形式进行信号记录。

用数据采集仪器进行信号记录有诸多优点：

（1）数据采集仪器均有良好的信号输入前端，包括前置放大器、抗混滤波器等；

（2）配置有高性能（具有高分辨率和采样速率）的 A/D 转换板卡；

（3）有大容量存储器；

（4）配置有专用的数字信号分析与处理软件。

用计算机内插 A/D 卡进行数据采集与记录是一种经济易行的方式，它充分利用通用计算机的硬件资源（总线、电源、存储器等）及系统软件，借助于插入微机或工控机内的 A/D 卡与数据采集软件相结合，完成记录任务。在这种方式下，信号的采集速度与 A/D 卡转换速率和计算机写外存的速度有关，信号记录长度与计算机外存储器容量有关。

 本章内容要点

信号的调理是测试系统不可缺少的重要环节，被测量经转换和调理后，可由显示、记录仪器将其不失真地实时显示、记录、存储下来，供观察研究、数据处理。本章主要讲述了电桥、调制与解调、滤波器和信号的显示记录。

1. 电　桥

（1）直流电桥：直流电桥的平衡条件、连接方式和特点。

（2）交流电桥：交流电桥的平衡条件、电容电桥和电感电桥。

2. 调制与解调

（1）幅值调制与解调：幅值调制的原理、调幅信号的解调和调幅的应用。

（2）频率调制与解调：频率调制的基本原理、调频的方法和调频信号的解调。

3. 滤波器

（1）滤波器分类：① 按所通过信号的频段分为低通、高通、带通和带阻 4 种；② 按所采用的元器件分为无源和有源滤波器 2 种；③ 按所处理的信号分为模拟滤波器和数字滤波器 2 种。

（2）理想滤波器：理想滤波器的模型、脉冲响应和阶跃响应。

（3）实际滤波器的特征参数：截止频率、带宽、品质因数、纹波幅度、倍频程选择性、滤波器因数。

（4）RC 滤波器：① 一阶 RC 低通滤波器的典型电路、幅频和相频特性、截止频率的计算；② RC 高通滤波器的典型电路、幅频和相频特性、截止频率的计算；③ RC 带通滤波器的形成、幅频和相频特性、截止频率。

（5）恒带宽和恒带宽比滤波器：恒带宽和恒带宽比滤波器的含义及形成。

（6）数字滤波器：数字滤波器的基本原理。

4. 信号的显示与记录

（1）信号的显示：指针式仪表、示波器、LED 显示器。

（2）信号的记录：笔式记录仪、光线示波器、磁带记录仪、用数据采集仪器进行信号的记录、用计算机内插 A/D 卡进行数据采集与记录。

思考与练习

1. 为什么要对原始信号进行调制处理？如何实现对信号进行调幅和解调？

2. 有人在使用电阻应变仪时，发现灵敏度不够，于是试图在工作电桥上增加电阻应变片数以提高灵敏度。试问，在下列情况下，是否可提高灵敏度？说明为什么？

（1）半桥双臂各串联一片。

（2）半桥双臂各并联一片。

3. 以阻值 $R = 120\ \Omega$、灵敏度 $S = 2$ 的电阻丝应变片与阻值为 $120\ \Omega$ 的固定电阻组成电桥，供桥电压为 3 V，并假定负载电阻为无穷大，当应变片的应变为 2 000 $\mu\varepsilon$ 时，求出单臂、双臂电桥的输出电压，并比较两种情况下的电桥灵敏度。

4. 用电阻应变片接成全桥，测量某一构件的应变，已知其变化规律为 $\varepsilon(t) = A\cos 10t + B\cos 100t$，如果电桥激励电压 $u_0 = E\sin 1\,000t$，求此电桥输出信号的频谱。

5. 已知调幅波 $x_a(t) = (100 + 30\cos\Omega t + 20\cos\Omega t)(\cos\omega t)$，其中 $f_\Omega = 500$ Hz，$f_\omega = 10$ kHz，试求：

（1）$x_a(t)$ 所包含的各分量的频率及幅值。

（2）绘出调制信号与调幅波的频谱。

6. 试从调幅原理说明，为什么某动态应变仪的电桥激励电压频率为 10 kHz，而工作频率为 0 ~ 1 500 Hz？

7. 设一带通滤波器的下截止频率为 f_{c1}，上截止频率为 f_{c2}，中心频率为 f_n，试指出下列记述中的正确与错误。

（1）倍频程滤波器 $f_{c2} = \sqrt{2}f_{c1}$。

（2）$f_n = \sqrt{f_{c1}f_{c2}}$。

（3）滤波器的截止频率就是此通频带的幅值-3 dB 处的频率。

（4）下限频率相同时，倍频程滤波器的中心频率是 1/3 倍频程滤波器的中心频率的 $\sqrt[3]{2}$ 倍。

8. 已知某 RC 低通滤波器，$R = 1$ kΩ，$C = 1$ μF，试：

（1）确定各函数式 $H(s)$、$H(\omega)$、$A(\omega)$、$\varphi(\omega)$。

（2）当输入信号 $u_i = 10\sin 1\,000t$ 时，求输出信号 u_o，并比较其幅值及相位关系。

9. 已知低通滤波器的频率响应函数 $H(\omega) = \dfrac{1}{1 + j\omega\tau}$，式中 $\tau = 0.05$ s，当输入信号 $x(t) = 5\cos(10t) + 2\cos(100t - 45^\circ)$，求输出 $y(t)$。

10. 设某个滤波器的传递函数为 $H(s) = \dfrac{1}{1+\tau s}$ ，式中 $\tau = 0.05$ s，（1）试求其截止频率；（2）画出其幅频特性曲线。

11. 已知某滤波器的传递函数为 $H(s) = \dfrac{\tau s}{\tau s + 1}$ ，式中 $\tau = 0.04$ s，现在该滤波器的输出信号表达式为 $y(t) = 46.3\sin(200t + 34^\circ)$，求该滤波器的输入信号 $x(t)$ 的表达式。

第 6 章　信号处理初步

测试的基本任务是获取有用的信息。测试信号中既含有有用信息，也含有大量干扰噪声，有时本身也不明显，难以直接识别和利用。只有分离信、噪，并经过必要的处理和分析、清除和修正系统误差之后，才能比较准确地提取测得信号中所含的有用信息。因此，信号处理的目的是：① 分离信、噪，提高信噪比；② 从信号中提取有用的特征信号；③ 修正测试系统的某些误差，如传感器的线性误差、温度影响等。

信号处理是信号经过必要的加工变换，以期获得有用信息的过程，可用模拟信号处理系统和数字信号处理系统来实现。

模拟信号处理系统由一系列能实现模拟运算的电路，诸如模拟滤波器、乘法器、微分放大器等环节组成。模拟信号处理也作为数字信号处理的前奏，如滤波、限幅、隔直、解调温度补偿等预处理。模拟处理系统获取信号的特征参数，如均值、均方根值、自相关函数、概率密度函数、功率谱密度函数等。尽管数字信号分析技术已经获得了很大发展，但模拟信号分析仍然是不可缺少的，即使在数字信号分析系统中。也要辅助模拟分析设备。例如，对连续时间信号进行数字分析之前的抗频混滤波。数字处理之后也常需做模拟显示、记录等。

数字信号处理是用数字方法处理信号，它既可在通用计算机或者虚拟仪器上通过编程来实现，也可以用专用信号处理机、专用仪器、专用硬件、DSP 来完成。数字信号处理机具有稳定、灵活、快速、高效、应用范围广、设备体积小、重量轻等优点，在各行业中广泛应用。信号处理内容很丰富，但本章主要讲述数字信号处理的基本原理和基本分析方法。

6.1　数字信号处理的基本步骤

数字信号处理的特点是处理离散数据,其主要环节包括:① 信号预处理(信号调理);② 模数转换（ A/D 转换);③ 数字信号处理器（ 专用的或通用计算机);④ 处理结果显示。如图 6.1 所示。

图 6.1　数字信号处理系统简图

1. 信号预处理

信号预处理，也叫前置处理，或信号调理，是将信号变换成适于数字处理的形式，以减小处理的难度。由于从传感器获取的测试信号中大多为模拟信号，所以进行数字信号处理时，一般首先要对信号做预处理和数字化处理，而对于数字式传感器则可直接通过接口与计算机连接，将数字信号送给计算机（或数字信号处理器）进行处理。通常包括以下 4 种：

（1）电压幅值调理。为便于采样，充分利用 A/D 转换器的精确度，信号电压峰-峰值不能太小，也不能太大；进入 A/D 的信号电平必须做适当的调整。

（2）抗混叠滤波。进入 A/D 采样之前，先滤去信号中的高频噪声，以提高信噪比。

（3）隔直。隔离信号中的直流分量，消除趋势项。

（4）解调。如果信号经过调制，则应先进行解调。

信号预处理环节应根据测试对象及测试信号的特点，考虑数字处理设备的能力，妥善安排预处理的内容。

2. A/D 转换

A/D 转换是模拟信号经采样、量化并转化为二进制的过程，如图 6.2 所示。

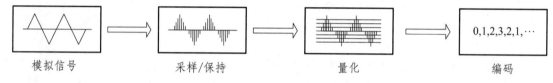

| 模拟信号 | 采样/保持 | 量化 | 编码 |

图 6.2　信号 A/D 转换过程

其中，采样是利用采样脉冲序列，从信号中抽取一系列离散值，使之成为采样信号 $x(nT_s)$ 的过程；量化是把采样信号经过舍入变为只有有限个有效数字的数；编码是将经过量化的值变为二进制数字的过程。

A/D 转换器的技术指标包括分辨率、转换速度以及模拟信号的输入范围。

（1）分辨率。用输出二进制数码的位数表示。位数越多，量化误差越小，分辨率越高。常用的有 8 位、10 位、12 位、16 位等。

（2）转换速度。指完成一次转换所用的时间，如 1 ms（1 kHz）；10 μs（100 kHz）。

（3）模拟信号的输入范围。常见的有 5 V，+/-5 V，10 V，+/-10 V 等。

3. 数字信号处理

数字信号处理器或计算机对离散的时间序列进行运算处理。主要研究用数字序列表示信号，采用通用计算机或专用数字信号处理器，并用数字计算方法对这些离散的时间序列进行运算处理，以便把信号变换成符合某种需要的形式。随着微电子技术和信号处理技术的发展，在工程测试中，数字信号处理方法得到越来越广泛的应用，已成为测试系统中的重要内容。

计算机只能处理有限长度的数据，所以首先要把长时间的序列截断，对截取的数字序列有时还要人为地进行加权（乘以窗函数）以成为新的有限长的序列。对数据中的奇异点（由于强干扰或信号丢失引起的数据突变）应予以剔除。对温漂、时漂等系统性干扰所引起的趋势项（周期大于记录长度的频率成分）也应予以分离。如有必要，还可以设计专门的程序来进行数字滤波，然后把数据按给定的程序进行运算，完成各种分析，包括相关分析、频谱分析及信号的识别等。

4. 处理结果显示

运算结果可以直接显示或打印，也可以用后 D/A 转换器再把数字量转换成模拟量输入外部被控装置，还可以将数字信号处理结果送入后接计算机，或通过专门程序再做后续处理。

6.2 信号数字化处理

数字信号处理首先把一个连续变化的模拟信号转化为数字信号，然后由计算机处理，从中提取有关的信息。信号数字化过程包含着一系列步骤，每一步骤都可以引起信号和其蕴含信息的失真。本节对信号数字化出现的问题进行讨论，提出解决这些问题的方法。

6.2.1 时域采样、混叠和采样定理

采样是将信号从连续时间域上的模拟信号转换到离散时间域上的离散信号的过程，采样分时域采样和频域采样。在时域，将连续时间信号转换为离散时间信号的过程称为"时域采样"。根据傅里叶变换的对偶性，在频域将连续频谱转换为离散频谱的过程则称为"频域采样"。本节将研究信号采样前后的时域、频域特征及满足什么条件可以保证采样后能不失真地恢复原信号。

采样也称为抽样，是信号在时间上的离散化，即按照一定时间间隔 Δt 在模拟信号 $x(t)$ 上逐点采取其瞬时值。它是通过采样脉冲和模拟信号相乘来实现的。

1. 时域采样

设模拟信号 $x(t)$ 的傅里叶变换为 $X(f)$。为了利用数字计算机来计算，必须使 $x(t)$ 变换成有限长的离散时间序列。为此，必须对 $x(t)$ 进行采样和截断。模拟信号时域和频域的波形如图 6.3 所示。

图 6.3　模拟信号时域和频域波形

采样就是用一个等时距的周期脉冲序列 $s(t)$（见图 6.4）去乘 $x(t)$。根据傅里叶变换的性质，采样后的信号 $s(t)x(t)$ 的频谱应是 $X(f)$ 和 $S(f)$ 的卷积：$X(f)*S(f)$，相当于将 $X(f)$ 乘以 $1/T_s$，然后将其平移，使其中心落在 $X(f)$ 脉冲序列的频率点上。若 $X(f)$ 的频带大于 $1/(2T_s)$，平移后的图形会发生交叠，如图 6.5 中虚线所示。采样后信号的频谱是这些平移后图形的叠加，如图 6.5 中实线所示。

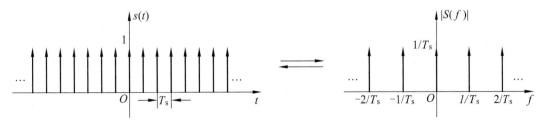

图 6.4　采样函数及其幅频谱

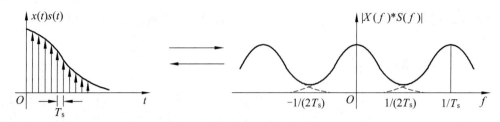

图 6.5　采样信号及其幅频谱

2. 频率混叠

由图 6.5 可知，$X(f)*S(f)$ 和 $X(f)$ 是不一样的，但有联系；$X(f)*S(f)$ 是将 $X(f)$ 依次平移 $1/T_s$，至各采样脉冲对应的频域序列点上，然后全部叠加而成；时域采样，导致频域周期化。

在频域中，如果平移距离过小，平移后的频谱就会有一部分相互交叠，从而使新合成的频谱与原频谱不一致，因而无法准确地恢复原时域信号，这种现象称为混叠。在频谱图上，折叠频率 $f_s/2 = 1/T_s$ 处，相互交叠，出现混叠现象，如图 6.5 中虚线所示；如果若 $X(f)$ 的频带小于 $1/(2T_s)$，则可以避免这种混叠现象，可以认为采样频率越低，越容易产生混叠现象。

3. 采样定理

为了避免混叠，以便采样后仍能准确地恢复原信号，设带限信号的最高频率为 f_h，那么，要避免频率混叠，采样频率 f_s 必须满足式（6.1）。

$$f_s = \frac{1}{T_s} > 2f_h \qquad (6.1)$$

这就是信息理论中，著名的香农采样定理。

一个满足采样定理，不产生频率混叠的例子如图 6.6 所示。对于这种没有混叠的频谱，可以通过频域滤波，完整地取出原信号的频谱，也就有可能从离散序列，准确地恢复原模拟信号。

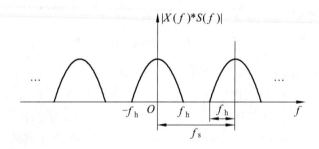

图 6.6　不产生混叠的条件

应用采样定理时，为了获得带限信号，在采样前，需要使用低通滤波器，进行带限滤波，也叫抗混叠滤波，即事先滤去信号频率大于 f_h 的高频噪声。

抗混叠滤波是信号调理的重要内容。在实际的测试过程中，考虑到抗混叠滤波不可能有理想的截止频率 f_c，在其截止频率 f_c 后总会有一定的过渡带，故采样频率常选择取为 $f_s = (3\sim4)f_c$，从理论上说，任何低通滤波器都不可能把高频噪声完全衰减干净，因此也不可能彻底消除混叠。

6.2.2　量化和量化误差

1. 量　化

采样所得的离散信号的电压幅值（模拟量），若用二进制数码组来表示，就使离散信号变成数字信号，这一过程称为量化。采样所得的离散信号的电压幅值，用二进制数码表示，需要从一组有限个离散电平中，取一个最接近的，来近似代表采样点的信号实际幅值电平；这些离散电平，称为量化电平，每一个量化电平，对应一个二进制数码。

量化一般是由 A/D 转换器来实现的。如果 A/D 转换器的位数为 b，允许的动态工作范围为 D，则两相邻量化电平之差 Δx 为

$$\Delta x = \frac{D}{2^{b-1}} \tag{6.2}$$

其中采用 2^{b-1} 而不是 2^b，是因为实际上字长的第一位用作符号位。

2. 量化误差

当离散信号采样值 $x(n)$ 的电平落在两个相邻量化电平之间时，就要舍入到相近的一个量化电平上。该量化电平与信号实际电平之间的差值称为量化误差 $\varepsilon(n)$，如式（6-3）所示

$$\varepsilon(n) = x(n)_{实际电平} - x(n)_{量化电平} \tag{6.3}$$

$\varepsilon(n)$ 的最大值为 $\pm 0.5\Delta x$。量化误差在 $(-0.5\Delta x, +0.5\Delta x)$ 区间各点出现的概率相等，概率密度为 $1/\Delta x$；均值为 0；均方值 $\sigma_s^2 = (\Delta x)^2/12$；量化误差的标准差 $\sigma_\varepsilon = \sqrt{\frac{(\Delta x)^2}{12} - 0} = \frac{\Delta x}{2\sqrt{3}} \approx 0.29\Delta x$。量化误差 $\varepsilon(n)$ 将形成叠加在信号采样值 $x(n)$ 上的随机噪声。量化误差通常是不大的，假定字长 $b = 8$，峰值电平等于 $2^{(8-1)}\Delta x = 128\Delta x$。这样，峰值电平与标准偏差 σ_s 之比为 $(128\Delta x)/(0.29\Delta x) = 450$，约 26 dB。因此，为讨论方便，常假设 A/D 转换器的量化误差等于零。

提高 A/D 转换器的位数即可降低量化误差，但 A/D 转换器位数选择应视信号的具体情况和量化的精度要求而定，要考虑位数增多后，成本显著增加，转换速率下降的影响。实际上，和信号获取、处理的其他误差相比，量化误差通常不大，所以一般可忽略其影响。

6.2.3　截断、泄漏和窗函数

1. 截断、泄漏和窗函数的概念

实际上，计算机只能对有限长的信号进行处理，所以必须截断过长的信号时间历程 $x(t)$。截断是将信号乘以时域的有限宽矩形窗函数。

窗宽为 T 的矩形窗函数 $w(t)$，其数学描述如式（6.4）

$$w(t) = \begin{cases} 1, & 0 \leqslant t \leqslant T \\ 0, & 其他 \end{cases} \tag{6.4}$$

矩形窗函数及其傅里叶变换，如图 6.7 所示。

$W(f)$ 是一个无限带宽的 sinc 函数，所以，即使是带限信号，在截断后也必然成为无限带宽的信号，这种信号在频率轴分布扩展的现象，称为泄漏；因此，不论采样频率多高，信号截断必然导致一些误差，信号总是不可避免地存在一些混叠现象，为了减小截断的影响，常采合适的窗函数来对时域信号进行加权处理。所选择的窗函数应力求其频谱的主瓣宽度窄些、

旁瓣幅度小些。窄的主瓣可以提高频率分辨能力；小的旁瓣可以减少泄漏。

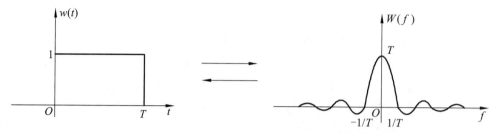

图 6.7　矩形窗函数及其幅频谱

采用矩形窗函数 $w(t)$ 截断采样信号，就是将采样信号 $x(t)s(t)$ 乘以时域有限宽矩形窗函数 $w(t)$，根据傅里叶变换的卷积特性——时域相乘就等于频域做卷积，其时域和频域数学描述为

$$x(t)s(t)w(t) \Leftrightarrow X(f)*S(f)*W(f) \tag{6.5}$$

它们的图形如图 6.8 所示。

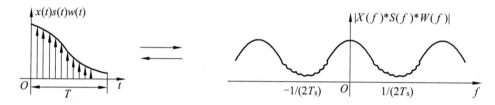

图 6.8　有限长离散信号及其频谱

所截取的时间序列数据点数 $N = T/T_s$，N 也叫时间序列长度。它的频谱函数是 $[X(f)*S(f)*W(f)]$ 是一个频域连续函数。在卷积中，$W(f)$ 的旁瓣在混叠处附近引起了皱褶。

采样得到的离散时间序列，可以表示为式（6.6）。

$$x(n) = x(nT_s) = x(n/f_s) \qquad n = 0, 1, 2, \cdots, N-1 \tag{6.6}$$

式中，$x(nT_s) = x(t)|_{t=nT_s}$，T_s 为采样间隔，N 为序列长度，$N = T/T_s$，f_s 为采样频率，$f_s = 1/T_s$。

采样间隔的选择，是一个需要重视的问题。对照比较见表 6.1。

表 6.1　采样间隔的选择

采样间隔太小	采样间隔太大
采样频率高	采样频率低
对定长的时间记录数字序列长、计算工作量大	对定长的时间记录数字序列短、可能丢掉有用信息
如果数字序列长度一定，只能处理很短的时间历程、可能产生较大误差	如果数字序列长度一定，可能处理很短的时间历程、信息量不够仍有误差

如果按图 6.9（a）中所示的 T_s 采样，将得到点 1、2、3 等的采样值，无法分清楚曲线 A、曲线 B 和 C 的差别，并把 B 和 C 误认为 A。图 6.9（b）中，采样间隔 T_s 太大，采样频率太低，高频信息丢失，其对两个不同频率的正弦波采样的结果，得到一组相同的采样值，无法辨别两者的差别，将其中的高频信号误认为某种相应的低频信号，出现了所谓的混叠现象。

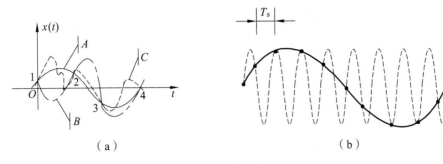

图 6.9　混叠现象

2. 常用的窗函数

采样时，加窗的目的是减少或抑制截断信号所造成的泄漏，以改善时域截断处的不连续状况。选择窗函数，应尽量使主瓣宽度窄些，旁瓣幅度小些；窄的主瓣，可以提高频率分辨能力；小的旁瓣，可以减少泄漏。这样，窗函数的优劣大致从最大旁瓣峰值与主峰值之比、最大旁瓣 10 倍频程衰减率和主瓣宽度等三方面来评价。

下面介绍几种常见的窗函数。

1）矩形窗

矩形窗是使用最多的窗函数，其窗函数对应的频谱如图 6.7 所示。主瓣高为 T、宽为 $2/T$、第一旁瓣幅值为主瓣的 20%，旁瓣衰减率为 20 dB/10 倍频程；和其他窗函数比较，矩形窗主瓣最窄，旁瓣则较高，泄漏较大；在需要获得精确频谱主峰的所在频率，而对幅值精度要求不高的场合，可选用矩形窗。

2）三角窗

三角窗的时域描述为

$$w(t) = \begin{cases} 1 - \dfrac{|t|}{T}, & |t| < T \\ 0, & |t| \geqslant T \end{cases} \tag{6.7}$$

三角窗的频谱为

$$W(f) = T \left(\frac{\sin \pi f T}{\pi f T} \right)^2 \tag{6.8}$$

三角窗的时域、频域图形，如图 6.10 所示。

三角窗与矩形窗比较，主瓣宽度约为矩形窗的两倍，旁瓣低且无负值。

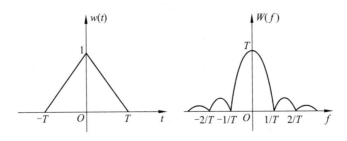

图 6.10　三角函数及其幅频谱

3）汉宁窗

汉宁窗的时域描述为

$$w(t) = \begin{cases} \dfrac{1}{2} + \dfrac{1}{2}\cos\dfrac{\pi t}{T}, & |t| < T \\ 0, & |t| \geqslant T \end{cases} \quad (6.9)$$

汉宁窗的频谱为

$$W(f) = T\frac{\sin(2\pi fT)}{2\pi fT} + 0.5T\left[\frac{\sin(2\pi fT + \pi)}{2\pi fT + \pi} + \frac{\sin(2\pi fT - \pi)}{2\pi fT - \pi}\right] \quad (6.10)$$

求解如下：

设：$w_1(t) = \begin{cases} 0.5, & |t| < T \\ 0, & |t| \geqslant T \end{cases}$，$w_2(t) = \cos\dfrac{\pi t}{T} = \cos(2\pi f_0 t)$（$f_0 = 0.5/T$）

则 $w_1(t)$ 和 $w_2(t)$ 的频谱分别为

$$W_1(f) = T\sin c(2\pi fT), \quad W_2(f) = 0.5[\delta(f + f_0) + \delta(f - f_0)]$$

所以

$$\begin{aligned} F\left[\frac{1}{2}\cos\frac{\pi t}{T}\right] &= F[w_1(t) \cdot w_2(t)] = W_1(f) * W_2(f) \\ &= T\sin c(2\pi fT) * 0.5[\delta(f + f_0) + \delta(f - f_0)] \\ &= 0.5T[\sin c(2\pi fT + \pi) + \sin c(2\pi fT - \pi)] \end{aligned}$$

汉宁窗的频谱为

$$\begin{aligned} W(f) &= W_1(f) + W_1(f) * W_2(f) \\ &= T\sin c(2\pi fT) + 0.5T[\sin c(2\pi fT + \pi) + \sin c(2\pi fT - \pi)] \end{aligned}$$

汉宁窗的时域、频域图形如图 6.11 所示。

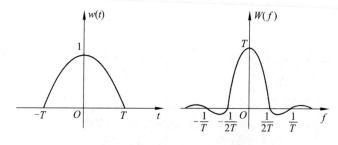

图 6.11　汉宁函数及其幅频谱

汉宁窗主瓣加宽并降低，旁瓣则显著减小。第一个旁瓣衰减 -32 dB，而矩形窗第一个旁瓣衰减 -13 dB。此外，汉宁窗的旁瓣衰减速度也较快，约为 60 dB/(10 oct)，而矩形窗为 20 dB/(10 oct)。由以上比较可知，从减少泄漏观点出发，汉宁窗优于矩形窗；但汉宁窗主瓣加宽，相当于分析带宽加宽，频率分辨力下降。

在截断随机信号或非整周期函数时，DFT 的周期延拓特性，会在信号中造成间断点；为了平滑或削弱截取信号的两端，减小泄漏，宜加汉宁窗。

4）海明（Hamming）窗

海明窗本质上和汉宁窗一样，只是系数不同，比汉宁窗消除旁瓣的效果要好一些，而且主瓣稍窄，但是旁瓣衰减较慢是不利的方面；适当地改变系数，可得到不同特性的窗函数。式（6.11）和式（6.12）分别为海明窗的时域描述和频谱。

$$w(t) = \begin{cases} 0.54 + 0.46\cos\dfrac{2\pi t}{T}, & |t| < T \\ 0 & , & |t| \geq T \end{cases} \tag{6.11}$$

$$W(f) = 1.08T\frac{\sin(2\pi fT)}{2\pi fT} + 0.46T\left[\frac{\sin(2\pi fT + 2\pi)}{2\pi fT + 2\pi} + \frac{\sin(2\pi fT - 2\pi)}{2\pi fT - 2\pi}\right] \tag{6.12}$$

5）指数窗

指数窗的时域描述为

$$w(t) = \begin{cases} \mathrm{e}^{-at}, & t \geq 0 \\ 0 & , & t < 0 \end{cases} \tag{6.13}$$

指数窗的频谱为

$$|W(f)| = \frac{1}{\sqrt{\alpha^2 + (2\pi f)^2}} \tag{6.14}$$

指数窗的时域、频域图形，如图 6.12 所示。

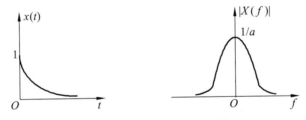

图 6.12　指数窗及其幅频谱

对脉冲响应这类信号不宜加汉宁窗、三角窗等对称型的窗函数。指数窗的特点是无旁瓣，但主瓣很宽，其频率分辨能力低。在测量系统的脉冲响应时，信号随时间而迅速衰减，而许多噪声和误差的影响却是定值，所以开始部分信噪比较好，随着响应信号的衰减，信噪比变坏。如果对脉冲响应信号加上指数窗，并适当选择衰减系数 α，就可较显著地衰减信噪比差的后一部分的信号，起到抑制噪声的作用，从而使所得到的频谱曲线就更平滑

6.2.4　频域采样、时域周期延拓和栅栏效应

1. 频域采样

信号经过时域采样和截断后，其频谱在频域上是连续的。如果要用数字描述频谱，这就意味着首先必须使频率离散化，实行频域采样。

使用的频域采样函数为

$$D(f) = \sum_{n=-\infty}^{+\infty} \delta\left(f - n\frac{1}{T}\right) \tag{6.15}$$

频域采样函数 $D(f)$ 及其对应的时域函数 $d(t)$ 如图 6.13 所示。

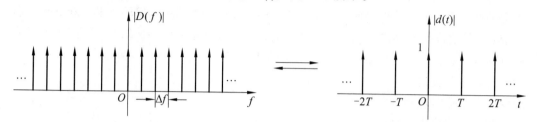

图 6.13　频域采样函数及其时域函数

频域采样是在频域中用脉冲序列 $D(f)$ 乘信号的频谱函数，形成离散频谱 $X_p(f)$

$$X_p(f) = [X(f) * S(f) * W(f)]D(f) \tag{6.16}$$

2. 时域周期延拓

频域采样过程在时域相当于将信号与一个周期脉冲序列 $d(t)$ 做卷积，其结果是将时域信号平移至各脉冲坐标位置重新构图，从而相当于在时域中将窗内的信号波形在窗外进行周期延拓 $x_p(t)$。

$$x_p(t) = [x(t)s(t)w(t)] * d(t) \tag{6.17}$$

经过时域采样、截断、频域采样（DFT）之后的信号 $[x(t)s(t)w(t)]*d(t)$ 是一个周期信号，和原信号 $x(t)$ 是不一样的，它们的图形如图 6.14 所示。

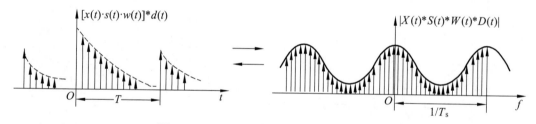

图 6.14　DFT 后的频谱及其时域函数 $x_p(t)$

3. 栅栏效应

栅栏效应采样的实质是摘取采样点上对应的函数值，其效果有如透过栅栏的缝观看外景一样，只有落在缝隙前的少数景象被看到，其余景象都被栅栏挡住，视为零。

不管是时域采样还是频域采样，都有相应的栅栏效应。只不过时域采样如满足采样定理要求，栅栏效应不会有什么影响。而频域采样的栅栏效应则影响颇大，"挡住"或丢失的频率成分有可能是重要的或具有特征的成分，致使整个处理失去意义。

减少栅栏效应的措施包括：

（1）减小频率采样间隔 Δf，即提高频率分辨力，则栅栏效应中被挡住的频率成分就越少。

频率采样间隔 Δf 也是频率分辨力的指标。此间隔越小，频率分辨率越高，被"挡住"的频率成分越少。Δf 和分析的时间信号长度 T 的关系为

$$\Delta f = \frac{f_s}{N} = \frac{1}{T_s N} = \frac{1}{T} \tag{6.18}$$

然而，按照采样定理选 $f_s > 2f_h$ 时，提高频率分辨力的途径只有增加原始信号的数据点数 N，

从而急剧地增加计算工作量。可见，此两者是 DFT 算法的一对固有的矛盾。

根据采样定理，若所有感兴趣的最高频率 f_h，最低采样频率 f_s 应大于 $2f_h$。根据式（6.10），在 f_s 选定后，要提高频率分辨力就必须增加数据点数 N，从而急剧地增加计算工作量。解决此项矛盾有两条途径。其一是在 DFT 的基础上，采用"频率细化技术（ZOOM）"，其基本思路是在处理过程中只提高感兴趣的局部频段中的频率分辨力，以此来减少技术工作量。另一条途径是改用其他把时域序列变换成频谱序列的方法。

（2）对周期信号实行整周期截断。

在分析简谐信号的场合下，需要了解某特定频率 f_0 的频谱，希望 DFT 谱线落在 f_0 上。单纯减小 Δf，并不一定会使谱线落在频率 f_0 上。从 DFT 的原理来看，谱线落在 f_0 处的条件是 $f_0 / \Delta f =$ 整数。考虑到 Δf 是分析时长 T 的倒数，简谐信号的周期 T_0 是其频率 f_0 的倒数，因此只有截取的信号长度 T 正好等于信号周期的整数倍时，才可能使分析谱线落在简谐信号的频率上，才能获得准确的频谱。显然这个结论适用于所有周期信号。

因此，对周期信号实行整周期截断是获取准确频谱的先决条件。从概念来说，DFT 的效果相当于将时窗内信号向外周期延拓。若事先按整周期截断信号，则延拓后的信号将和原信号完全重合，无任何畸变。反之，延拓后将在 $t = kT$ 交接处出现间断点，波形和频谱都发生畸变，其中 k 为某个整数。

6.3 相关分析及其应用

在测试技术领域中，无论分析两个随机变量之间的关系，还是分析两个信号或一个信号在一定时移前后的关系，都需要应用相关分析。例如，在振动测试分析、雷达测距、声发射探伤等都用到相关分析。

6.3.1 两个随机变量的相关系数

通常，两个变量之间若存在着一一对应的关系，则称两者存在着函数关系。当两个随机变量之间具有某种关系时，随着某一个变量数值的确定，另一变量却可能取许多不同值，但取值有一定的概率统计规律，这时称两个随机变量存在着相关关系。

图 6.15 表示两个随机变量 x 和 y 组成的数据点分别情况。图 6.15（a），表示两个随机变量组成的数据点很分散，它们之间是无关的；图 6.15（b），表示两个随机变量组成的数据点，存在相关关系，即从统计结果或者从总体看，它们之间大体上具有某种线性关系。

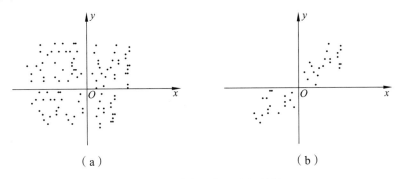

（a）   （b）

图 6.15 两随机变量的相关性

对两个随机变量之间的相关程度，常用相关系数表示

$$\rho_{xy} = \frac{E[(x - \mu_x)(y - \mu_y)]}{\sigma_x \sigma_y} \qquad (6.19)$$

式中，E 为数学期望；μ_x 为随机变量 x 的均值，$\mu_x = E[x]$；μ_y 为随机变量 y 的均值，$\mu_y = E[y]$；σ_x、σ_y 分别为随机变量 x、y 的标准差，$\sigma_x^2 = E[(x - \mu_x)^2]$，$\sigma_y^2 = E[(x - \mu_y)^2]$。

利用柯西-许瓦兹不等式

$$E[(x - \mu_x)(x - \mu_y)]^2 \leqslant E[(x - \mu_x)^2] E[(x - \mu_y)^2] \qquad (6.20)$$

可得

$$\rho_{xy} = \frac{E[(x - \mu_x)(y - \mu_y)]}{\sigma_x \sigma_y} \leqslant 1 \qquad (6.21)$$

当数据点分布越接近于一条直线时，$|\rho_{xy}|$ 的绝对值越接近 1，x 和 y 的线性相关程度越好，将这样的数据回归成直线才越有意义。$|\rho_{xy}|$ 的正负号则是表示一变量随另一变量的增加而增加或减小，表示正相关，或负相关；当 $|\rho_{xy}|$ 接近于零，则可认为 x、y 两变量之间完全无关。

6.3.2 自相关分析

1. 自相关函数定义

设 $x(t)$ 是某各态历经随机过程的一个样本记录，$x(t + \tau)$ 是时移 τ 后的样本，如图 6.16 所示。

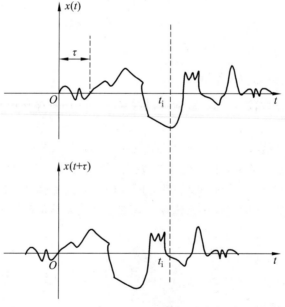

图 6.16　自相关

在任何 $x(t)$ 时刻，从两个样本上可以分别得到两个值 $x(t_i)$ 和 $x(t_i + \tau)$，而且 $x(t)$ 和 $x(t + \tau)$ 具有相同的均值 μ_x 和标准差 σ_x。把 $\rho_{x(t)x(t+\tau)}$ 简写为 $\rho_x(\tau)$ 那么有

$$\rho_x(\tau) = \frac{E\{[x(t) - \mu_x][x(t + \tau) - \mu_x]\}}{\sigma_x^2}$$

则

$$\rho_x(\tau) = \frac{\lim\limits_{T\to\infty}\frac{1}{T}\int_0^T [x(t)-\mu_x][x(t+\tau)-\mu_x]\mathrm{d}t}{\sigma_x^2}$$

$$= \frac{1}{\sigma_x^2}\left[\lim_{T\to\infty}\frac{1}{T}\int_0^T x(t)x(t+\tau)\mathrm{d}t - \mu_x\cdot\lim_{T\to\infty}\frac{1}{T}\int_0^T x(t+\tau)\mathrm{d}t - \mu_x\cdot\lim_{T\to\infty}\frac{1}{T}\int_0^T x(t)\mathrm{d}t + \mu_x^2\right]$$

注意到

$$\mu_x = \lim_{T\to\infty}\frac{1}{T}\int_0^T x(t)\mathrm{d}t = \lim_{T\to\infty}\frac{1}{T}\int_0^T x(t+\tau)\mathrm{d}t$$

从而得

$$\rho_x(\tau) = \frac{\lim\limits_{T\to\infty}\frac{1}{T}\int_0^T x(t)x(t+\tau)\mathrm{d}t - \mu_x^2}{\sigma_x^2} \tag{6.22}$$

对各态历经随机信号及功率信号，定义自相关函数 $R_x(\tau)$ 为

$$R_x(\tau) = \lim_{T\to\infty}\frac{1}{T}\int_0^T x(t)x(t+\tau)\mathrm{d}t \tag{6.23}$$

则

$$\rho_x(\tau) = \frac{R_x(\tau)-\mu_x^2}{\sigma_x^2} \tag{6.24}$$

$\rho_x(\tau)$ 和 $R_x(\tau)$ 均随 τ 而变化，而且两者成线性关系。如果该随机过程的均值 $\mu_x=0$，则 $\rho_x(\tau)=R_x(\tau)/\sigma_x^2$。

2. 自相关函数的性质

自相关函数具有下列性质：

（1）自相关函数的取值范围，由式（6.24）有

$$R_x(\tau) = \rho_x(\tau)\sigma_x^2 + \mu_x^2 \tag{6.25}$$

又因为 $|\rho_x(\tau)|\leqslant 1|$，所以

$$\mu_x^2 - \sigma_x^2 \leqslant R_x(\tau) \leqslant \mu_x^2 + \sigma_x^2 \tag{6.26}$$

（2）自相关函数在 $\tau=0$ 时为最大值，并等于该随机信号的均方值

$$R_x(0) = \lim_{T\to\infty}\frac{1}{T}\int_0^T x(t)x(t)\mathrm{d}t = \psi_x^2 \tag{6.27}$$

（3）当 τ 足够大或 $\tau\to\infty$ 时，随机变量 $x(t)$ 和 $x(t+\tau)$ 之间不存在内在联系，彼此无关，故

$$\rho_x(\tau\to\infty)\to 0 \tag{6.28}$$

$$R_x(\tau\to\infty)\to\mu_x^2 \tag{6.29}$$

（4）自相关函数为偶函数，即

$$R_x(\tau) = R_x(-\tau) \tag{6.30}$$

上述 4 个性质可用图 6.17 来表示。

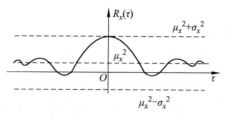

图 6.17　自相关函数的性质

（5）周期函数的自相关函数仍为同频率的周期函数，其幅值与原周期信号的幅值有关，而丢失了原信号的相位信息。

例 6.1　求正弦函数 $x(t) = x_0 \sin(\omega t + \phi)$ 的自相关函数，初始相角 ϕ 为一随机变量。

解：该正弦函数的自相关函数为

$$R_x(\tau) = \lim_{T \to \infty} \frac{1}{T} \int_0^T x(t)x(t + \tau)\mathrm{d}t$$
$$= \frac{1}{T} \int_0^{T_0} x_0^2 \sin(\omega t + \phi) \sin[\omega(t + \tau) + \phi]\mathrm{d}t$$

式中，T_0 为正弦函数的周期，$T_0 = 2\pi/\omega$。

令 $\omega t + \phi = \theta$，则 $\mathrm{d}t = \mathrm{d}\theta/\omega$。于是

$$R_x(\tau) = \frac{x_0^2}{2\pi} \int_0^{2\pi} \sin\theta \sin(\theta + \omega\tau)\mathrm{d}\theta = \frac{x_0^2}{2} \cos\omega\tau$$

可见，正弦函数的自相关函数是一个余弦函数，在 $\tau = 0$ 时具有最大值，但它不随 τ 的增加而衰减至零。它保留了原正弦信号的幅值和频率信息，而丢失了初始相位信息。

表 6.2 是 4 种典型信号的自相关函数。

表 6.2　4 种典型信号的自相关函数

信号	时间历程	自相关函数图
正弦波	$X(t)$	$R_x(\tau)$
正弦波加随机噪声	$X(t)$	$R_x(\tau)$
窄带随机噪声	$X(t)$	$R_x(\tau)$
宽带随机噪声	$X(t)$	$R_x(\tau)$

从表 6.2 可以看出：

（1）自相关函数是区别信号类型的一个有效手段。

（2）只要信号中含有周期成分，其自相关函数在 τ 很大时都不衰减，并具有明显的周期性。

（3）不包含周期成分的随机信号，当 τ 稍大时自相关函数就将趋近于零。

（4）窄带随机噪声的自相关函数则有较慢的衰减特性。

（5）宽带随机噪声的自相关函数很快衰减到零。

3. 自相关函数的工程应用

在工程上，通过对自相关函数的测量与分析，利用自相关函数本身所具有的特性，可以获得许多有用的重要信息。自相关函数是判别信号中有没有周期成分的有效手段，可用来检测淹没在随机噪声中的周期信号。

自相关函数的典型应用包括：

（1）区别信号类型。

（2）检测混杂在随机信号中的周期成分。

例 6.2　某一机械加工表面粗糙度波形的自相关分析。

图 6.18（a）所示为某一机械加工表面粗糙度的波形；图 6.18（b）所示为经自相关分析后所得到的自相关图。自相关图呈现周期性，表明造成表面粗糙度的原因中，包含有某种周期因素。从自相关图可以确定该周期因素的频率，进一步可以分析起因。

（a）表面粗糙度

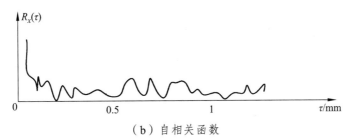

（b）自相关函数

图 6.18　表面粗糙度与自相关函数

6.3.3　互相关分析

互相关函数用以描述两个信号之间的关系或其相似程度。

1. 互相关函数定义

两个各态历经过程的随机信号 $x(t)$ 和 $y(t)$ 的相互关系函数定义为

$$R_{xy}(\tau) = \lim_{T \to \infty} \frac{1}{T} \int_0^T x(t) y(t + \tau) \mathrm{d}t \tag{6.31}$$

互相关函数的性质，如图 6.19 所示。

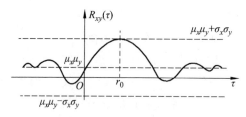

图 6.19 互相关函数的性质

2. 互相关函数的性质

（1）互相关函数不是偶函数，也不是奇函数，但满足：

$$R_{xy}(\tau) = R_{yx}(-\tau) \tag{6.32}$$

证明：令 $t' = t + \tau$ ，则 $t = t' - \tau$ ， $\mathrm{d}t = \mathrm{d}t'$ ，有

$$R_{xy}(\tau) = \lim_{T \to \infty} \frac{1}{T} \int_0^T y(t') x(t' - \tau) \mathrm{d}t' = R_{yx}(-\tau)$$

（2）互相关函数 $R_{xy}(\tau)$ 在 $\tau = 0$ 处的值 $R_{xy}(0)$ 不具有特征性。

（3）互相关函数的取值范围。

当 $\tau \to \infty$ 时， $x(t)$ 和 $y(t)$ 互不相关， $\rho_{xy} \to 0$ ，而 $R_{xy}(\tau) \to \mu_x \mu_y$ ，有

$$\mu_x \mu_y - \sigma_x \sigma_y \leqslant R_{xy}(\tau) \leqslant \mu_x \mu_y + \sigma_x \sigma_y \tag{6.33}$$

（4）若 $x(t)$ 和 $y(t)$ 两信号是同频率的周期信号或者包含有同频率的周期成分，那么，即使 $\tau \to \infty$ ，互相关函数也不收敛，并会出现该频率的周期成分。若两信号中含频率不等的周期成分，则两者不相关。这就是说，同频相关，不同频不相关。

（5）互相关函数有时也有最大值，即将两个信号中的某一个在时间上延时一个 τ_0 后，则两信号最相关或最相似，但最大值的位置与具体情况有关。

例 6.3 设有两个周期信号：

$$x(t) = x_0 \sin(\omega t + \theta) \, , \quad y(t) = y_0 \sin(\omega t + \theta - \varphi) \, ，试求其互相关函 R_{xy}(\tau) 。$$

解：

$$
\begin{aligned}
R_{xy}(\tau) &= \lim_{T \to \infty} \frac{1}{T} \int_0^T x(t) y(t + \tau) \mathrm{d}t \\
&= \lim_{T \to \infty} \frac{1}{T} \int_0^T x_0 \sin(\omega t + \theta) y_0 \sin[\omega(t + \tau) + \theta - \varphi] \mathrm{d}t \\
&= \lim_{T \to \infty} \frac{x_0 y_0}{T} \int_0^T \frac{1}{2} [\cos(-\omega \tau + \varphi) - \cos(2\omega t + \omega \tau + 2\theta - \varphi)] \mathrm{d}t \\
&= \lim_{T \to \infty} \frac{x_0 y_0}{2T} \int_0^T \frac{1}{2} [\cos(-\omega \tau + \varphi)] \mathrm{d}t - \lim_{T \to \infty} \frac{x_0 y_0}{2T} \int_0^T \cos(2\omega t + \omega \tau + 2\theta - \varphi) \mathrm{d}t \\
&= \frac{1}{2} x_0 y_0 \cos(\omega \tau - \varphi)
\end{aligned}
$$

两个均值为零且具有相同频率的周期信号，其互相关函数中保留了这两个信号的圆频率 ω 、对应的幅值 x_0 和 y_0 以及相位差 φ 的信息。

例 6.4 若两个周期信号的圆频率不等， $x(t) = x_0 \sin(\omega t + \theta)$ ， $y(t) = y_0 \sin(\omega t + \theta - \varphi)$ ，试求其互相关函数。

解：

$$R_{xy}(\tau) = \lim_{T \to \infty} \frac{1}{T} \int_0^T x(t) y(t + \tau) \mathrm{d}t$$
$$= \lim_{T \to \infty} \frac{1}{T} \int_0^T x_0 \sin(\omega_1 t + \theta) y_0 \sin[\omega_2(t + \tau) + \theta - \varphi] \mathrm{d}t$$

根据正（余）弦函数的正交性，可知 $R_{xy}(\tau) = 0$。可见，两个不同频的周期信号是不相关的。

3. 互相关函数的应用

互相关函数描述了两个信号波形的相关性（或相似程度），它比相关函数提供了更多的有用信息。所以互相关函数在工程上得到了更广泛的应用。

（1）互相关函数的计算要用到时间延时信息，因而可用来测量有时间延时信息的物理量（如速度、距离、流量等），而构成相关流量计，这是一种先进的流速、流量测量方法。

（2）对信号中的随机干扰噪声有极强的抑制能力。基于相关原理可以将混叠在噪声中的微弱有用信号提取出来，或者说将噪声从信号中分离出去（相关滤波器）。

例 6.5　测定热轧钢带运动速度，如图 6.20 所示。钢带表面的反射光经透镜聚焦在相距为 d 的两个光电池上反射光强度的波动，经过光电池转换为电信号，再进行相关处理。当可调延时 τ 等于钢带上某点在两个测试点之间经过所需的时间 τ_d 时，互相关函数为最大值。则钢带的运动速度为

$$v = \frac{d}{\tau_d}$$

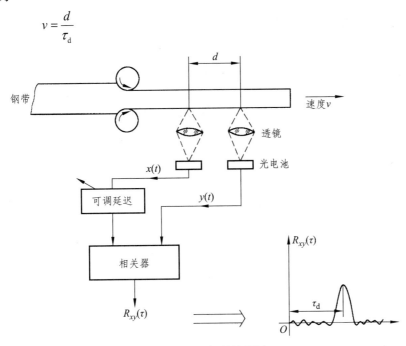

图 6.20　互相关法测速

例 6.6　确定输油管裂损位置，如图 6.21 所示。漏损处 K 视为向两侧传播声响的声源，在两侧管道上分别放置传感器 1 和 2，因为放传感器的两点距漏损处不等远，则漏油的音响传至两传感器就有时差，在互相关图上 $\tau = \tau_m$ 处互相关函数有最大值，这个 τ_m 就是时差。由 τ_m 就可确定漏损处的位置。

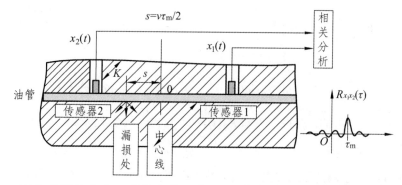

s—两传感器的中点至漏损处的距离；v—音响通过管道的传播速度。

图 6.21　确定输油管裂损位置

式（6.23）和式（6.31）所定义的相关函数只适用于各态历经随机信号和功率信号。对于能量有限信号的相关函数，其中的积分若除以趋于无限大时的时间 T 后，无论时移为何值，其结果都将趋于零。因此，对能量有限信号进行相关分析时，应按下面定义来计算。

$$R_x(\tau) = \int_{-\infty}^{\infty} x(t)x(t+\tau)\mathrm{d}t \tag{6.34}$$

$$R_{xy}(\tau) = \int_{-\infty}^{\infty} x(t)y(t+\tau)\mathrm{d}t \tag{6.35}$$

6.3.4　相关函数的估计

按照定义，相关函数应该在无穷长的时间内进行观察和计算。实际上，任何的观察时间都是有限的，我们只能根据有限时间的观察值，去估计相关函数的真值。理想的周期信号，能准确重复其过程，因而一个周期内的观察值的平均值就能完全代表整个过程的平均值。对于随机信号，可用有限时间的样本记录所求得的相关函数值，作为随机信号相关函数的估计。

样本记录的相关函数，也就是随机信号相关函数的估计值 $\hat{R}_x(\tau)$、$\hat{R}_{xy}(\tau)$，分别由式（6.36）和式（6.37）计算。

$$\hat{R}_x(\tau) = \frac{1}{T-\tau}\int_0^{T-\tau} x(t)x(t+\tau)\mathrm{d}t \tag{6.36}$$

$$\hat{R}_{xy}(\tau) = \frac{1}{T-\tau}\int_0^{T-\tau} x(t)y(t+\tau)\mathrm{d}t \tag{6.37}$$

式中，T 为样本记录长度。

为了简便，假定信号在（$T+\tau$）上存在，则可用式（6.36）、式（6.37）代替，而且两种写法实际结果是相同的。

$$\hat{R}_x(\tau) = \frac{1}{T}\int_0^{T} x(t)x(t+\tau)\mathrm{d}t \tag{6.38}$$

$$\hat{R}_{xy}(\tau) = \frac{1}{T}\int_0^{T} x(t)y(t+\tau)\mathrm{d}t \tag{6.39}$$

模拟相关处理是一件困难的工作，实际上，相关处理大都是采用数字技术来完成的。在数字信号处理中，信号时序的增减，就表示它沿时间轴平移，是一件容易做到的事。对于有

限个序列点 N 的数字信号，其相关函数估计，可仿照式（6.38）、式（6.39）可写成

$$\left.\begin{array}{l}\hat{R}_x(r)=\dfrac{1}{N}\displaystyle\sum_{n=0}^{N-1}x(n)x(n+r)\\[3mm]\hat{R}_{xy}(r)=\dfrac{1}{N}\displaystyle\sum_{n=0}^{N-1}x(n)y(n+r)\end{array}\right\},\quad r=0,1,2,\cdots,m<N \tag{6.40}$$

式中，m 为最大时移序数。

6.4 功率谱分析及其应用

时域中的相关分析，是在噪声背景下提取有用信息的重要手段；而功率谱分析，则在频域中提供与之对应的信息，它是研究平稳随机过程的重要方法。

6.4.1 自功率谱分析

1. 自功率谱的定义及其物理意义

假定 $x(t)$ 是均值为零的随机过程，且不含周期分量，那么当 $\tau\to\infty$ 时，$R_x(\tau)\to0$。则自相关函数 $R_x(\tau)$ 满足傅里叶变换的条件 $\int_{-\infty}^{\infty}|R_x(\tau)|\mathrm{d}\tau<\infty$。定义 $x(t)$ 的自功率谱密度函数为其自相关函数的傅里叶变换，记为

$$S_x(f)=\int_{-\infty}^{\infty}R_x(\tau)\mathrm{e}^{-\mathrm{j}2\pi f\tau}\mathrm{d}\tau \tag{6.41}$$

其逆变换为 $R_x(\tau)=\int_{-\infty}^{\infty}S_x(f)\mathrm{e}^{\mathrm{j}2\pi f\tau}\mathrm{d}f$。

因为 $R_x(\tau)$ 为实偶函数，$S_x(f)$ 也为实偶函数。$S_x(f)$ 为双边功率谱，$-\infty<f<\infty$。实际中常用在 $0<f<\infty$ 范围内 $G_x(f)=2S_x(f)$ 来表示信号的全部功率谱，并把 $G_x(f)$ 称为信号的单边功率谱，如图 6.22 所示。

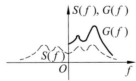

图 6.22 单边谱和双边谱

若 $\tau=0$，根据自相关函数和自功率谱密度函数的定义，可得

$$R_x(0)=\lim_{T\to\infty}\frac{1}{T}\int_0^T x^2(t)\mathrm{d}t=\int_{-\infty}^{\infty}S_x(f)\mathrm{d}f \tag{6.42}$$

可见，$S_x(f)$ 曲线下和频率轴所包围的面积为信号 $x(t)$ 的平均功率，$S_x(f)$ 为信号的功率密度沿频率轴的分布。

2. 巴塞伐尔定理

在时域中计算的信号总能量，等于在频域中计算的信号总能量，这是巴塞伐尔定理，也

叫能量等式，即

$$\int_{-\infty}^{\infty} x^2(t)\mathrm{d}t = \int_{-\infty}^{\infty} |X(f)|^2 \,\mathrm{d}f \qquad (6.43)$$

设

$$\begin{cases} x(t) & \Leftrightarrow & X(f) \\ h(t) & \Leftrightarrow & H(f) \end{cases}$$

由卷积定理

$$x(t)h(t) \Leftrightarrow X(f)*H(f)$$

即

$$\int_{-\infty}^{+\infty} x(t)h(t)\mathrm{e}^{-\mathrm{j}2\pi \cdot qt}\mathrm{d}t = \int_{-\infty}^{+\infty} X(f)H(q-f)\mathrm{d}f$$

令 $q = 0$ 得

$$\int_{-\infty}^{+\infty} x(t)h(t)\mathrm{d}t = \int_{-\infty}^{+\infty} X(f)H(-f)\mathrm{d}f$$

令 $h(t) = x(t)$ 有

$$\int_{-\infty}^{+\infty} x^2(t)\mathrm{d}t = \int_{-\infty}^{+\infty} X(f)X(-f)\mathrm{d}f$$

$x(t)$ 是实函数，则 $X(-f) = X^*(f)$，所以

$$\int_{-\infty}^{+\infty} x^2(t)\mathrm{d}t = \int_{-\infty}^{+\infty} X(f)X^*(f)\mathrm{d}f = \int_{-\infty}^{+\infty} |X(f)|^2 \,\mathrm{d}f$$

$|X(f)|^2$ 称为能谱，它是沿频率轴的能量分布。根据巴塞伐尔的能量等式可以计算，在整个时间轴上信号的平均功率：

$$P_{\mathrm{av}} = \lim_{T\to\infty} \frac{1}{T}\int_0^T x^2(t)\mathrm{d}t = \int_{-\infty}^{\infty} \lim_{T\to\infty} \frac{1}{T}|X(f)|^2 \,\mathrm{d}f$$

根据式 $R_x(0) = \lim\limits_{T\to\infty} \dfrac{1}{T}\int_0^T x^2(t)\mathrm{d}t = \int_{-\infty}^{\infty} S_x(f)\mathrm{d}f$，自功率谱密度函数和幅值谱的关系为

$$S_x(f) = \lim_{T\to\infty} \frac{1}{T}|X(f)|^2 \qquad (6.44)$$

它表示，在时域中计算的信号总能量，等于在频域中计算的信号总能量。

3. 功率谱的估计

实际中，只能用有限长度 T 的样本记录来计算样本功率谱，并以此作为信号功率谱的初步估计值。

单边谱：

$$\tilde{S}_x(f) = \frac{1}{T}|X(f)|^2 \qquad (6.45)$$

双边谱：

$$\tilde{G}_x(f) = \frac{2}{T}|X(f)|^2 \tag{6.46}$$

对于数字信号，功率谱的初步估计为

$$\tilde{S}_x(k) = \frac{1}{N}|X(k)|^2 \tag{6.47}$$

$$\tilde{G}_x(k) = \frac{2}{N}|X(k)|^2 \tag{6.48}$$

对离散的数字信号序列 $\{x(n)\}$ 进行 FFT 运算，取其模的平方，再除以 N（或乘以 $2/N$），便可得信号的功率谱初步估计。这种计算功率谱估计的方法称为周期图法。

可以证明：功率谱的初步估计不是无偏估计，估计的方差为

$$\sigma^2[\tilde{G}_x(f)] = 2G_x^2(f)$$

这就是说，估计的标准差和被估计量一样大。这样的估计值自然是不能用的。这也是上述功率谱估计使用 "~" 符号而不是 "^" 符号的原因。

为了减小随机误差，需要对功率谱估计进行平滑处理。最常用的平滑方法是 "分段平均"。这种方法是将原来样本记录长度 T 总分成 q 段，每段时长 $T = T_总 / q$。然后对各段分别用周期图法求得其功率谱初步估计 $\tilde{G}_x(f)_i$，最后求诸段初步估计的平均值，并作为功率谱估计值 $\hat{G}_x(f)$，即

$$\hat{G}_x(f) = \frac{1}{q}[\tilde{G}_x(f)_1 + \tilde{G}_x(f)_2 + \cdots + \tilde{G}_x(f)_q] = \frac{2}{qT}\sum_{i=1}^{q}|X(f)_i|^2 \tag{6.49}$$

这种平滑处理实际上是取 q 个样本中同一频率 f 的谱值的平均值。当各段周期图不相关时，功率谱估计值的方差大约为功率谱初步估计值的方差的 $1/q$，即

$$\sigma^2[\hat{G}_x(f)] = \frac{1}{q}\sigma^2[\tilde{G}_x(f)] \tag{6.50}$$

可见，所分的段数越多，估计方差越小。但是，当原始信号的长度一定时，所分的段数越多，则每段的样本记录越短，频率分辨率会降低，并增大偏度误差。通常应先根据频率分辨率 Δf 的指标，选定足够的每段分析长度 T，然后根据允许的方差确定分段数 q 和记录总长 T 总。为进一步增大平滑效果，可使相邻各段之间重叠，以便在同样之下增加段数。实践表明，相邻两段重叠 50% 者效果最佳。

注意：对于短记录数据或瞬变信号，上述谱估计方法无效，可以参考短时傅里叶分析、HH 变换，等现代信号处理技术。

4. 功率谱应用

1）分析信号的频域结构

自功率谱密度 $S_x(f)$ 反映信号的频域结构，这一点和幅值谱 $|X(f)|$ 一致，但是自功率谱密度所反映的是信号幅值的平方，因此其频域结构特征更为明显，如图 6.23 所示。

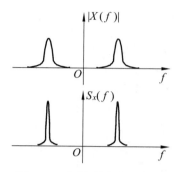

图 6.23　幅值谱和自功率谱

自功率谱和自相关分析都能有效地检测出信号中有无周期成分。

2）分析系统的系统频率响应函数

设线性系统如图 6.24 所示。

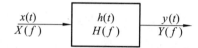

图 6.24　理想的单输入、单输出系统

若线性系统输入为 $x(t)$，输出为 $y(t)$，系统的频率响应函数为 $H(f)$，$x(t) \Leftrightarrow X(f)$，$y(t) \Leftrightarrow Y(f)$，则

$$Y(f) = H(f)X(f) \tag{6.51}$$

不难证明，输入、输出的自功率谱密度与系统频率响应的关系如下：

$$S_y(f) = |H(f)|^2 S_x(f) \tag{6.52}$$

通过对输入、输出自谱的分析，就能得出系统的幅频特性。但是，这样的计算中丢失了相位信息，因此不能得出系统的相频特性。

3）检测出信号中有无周期成分

周期成分在实测的功率谱密度图形中以陡峭有限峰值的形态出现。

6.4.2　互谱密度函数

如果 $R_{xy}(\tau)$ 互相关函数满足傅里叶变换的条件 $\int_{-\infty}^{\infty} |R_{xy}(\tau)| \mathrm{d}\tau < \infty$，则定义

$$S_{xy}(f) = \int_{-\infty}^{\infty} R_{xy}(\tau) \mathrm{e}^{-\mathrm{j}2\pi f\tau} \mathrm{d}\tau \tag{6.53}$$

$S_{xy}(f)$ 称为信号 $x(t)$ 和 $y(t)$ 的互谱密度函数，简称互谱。根据傅里叶逆变换，有

$$R_{xy}(\tau) = \int_{-\infty}^{\infty} S_{xy}(f) \mathrm{e}^{\mathrm{j}2\pi f\tau} \mathrm{d}f \tag{6.54}$$

互相关函数 $R_{xy}(\tau)$ 并非偶函数，因此 $S_{xy}(f)$ 具有虚、实两部分。同样，$S_{xy}(f)$ 保留了 $R_{xy}(\tau)$ 中的全部信息。

对于模拟信号

$$\tilde{S}_{xy}(f) = \frac{1}{T}X^*(f)Y(f) \qquad (6.55)$$

$$\tilde{S}_{yx}(f) = \frac{1}{T}X(f)Y^*(f) \qquad (6.56)$$

对于数字信号

$$\tilde{S}_{xy}(k) = \frac{1}{N}X^*(k)Y(k) \qquad (6.57)$$

$$\tilde{S}_{yx}(k) = \frac{1}{N}X(k)Y^*(k) \qquad (6.58)$$

这样得到的初步互谱估计 $\tilde{S}_{xy}(k)$、$\tilde{S}_{yx}(k)$ 的随机误差太大,不适合应用要求,应进行平滑处理,平滑的方法与功率谱估计相同。

对于图 6.25 所示的线性系统,从系统输入、输出的谱密度分析,可以直接得到系统的频响函数,而且包含相位信息,这是因为,互谱函数中包含有相位信息。

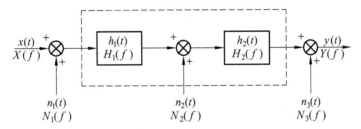

图 6.25　受外界干扰的系统

$$y(t) = x'(t) + n_1'(t) + n_2'(t) + n_3'(t) \qquad (6.59)$$

式中,$x'(t)$、$n_1'(t)$ 和 $n_2'(t)$ 分别为系统对 $x(t)$、$n_1(t)$ 和 $n_2(t)$ 的响应。

输入 $x(t)$ 与输出 $y(t)$ 的互相关函数为

$$R_{xy}(\tau) = R_{xx}'(\tau) + R_{xn_1}'(\tau) + R_{xn_2}'(\tau) + R_{xn_3}'(\tau) \qquad (6.60)$$

由于输入 $x(t)$ 和噪声 $n_1(t)$、$n_2(t)$、$n_3(t)$ 是独立无关的,故互相关函数 $R_{xn_1}'(\tau)$、$R_{xn_2}'(\tau)$ 和 $R_{xn_3}'(\tau)$ 均为零。所以

$$R_{xy}(\tau) = R_{xx}'(\tau) \qquad (6.61)$$

故

$$S_{xy}(f) = \int_{-\infty}^{\infty} R_{xy}(\tau)e^{-j2\pi f\tau}d\tau = \int_{-\infty}^{\infty} R_{xx}'(\tau)e^{-j2\pi f\tau}d\tau = S_{xx}'(f) \qquad (6.62)$$

$$H(f) = \frac{S_{xy}(f)}{S_x(f)} = \frac{S_{xx}'(f)}{S_x(f)} \qquad (6.63)$$

由此可见,利用互谱进行分析可排除噪声的影响。然而,利用式(6.63)求线性系统的 $H(f)$ 时,尽管其中的互谱 $S_{xy}(f)$ 可不受噪声的影响,但是输入信号的自谱 $S_x(f)$ 仍然无法排除输入端测量噪声的影响,从而形成测量的误差。

评价系统的输入信号和输出信号之间的因果性,即输出信号的功率谱中有多少是输入量所引起的响应,通常用相干函数定义为

$$\gamma_{xy}^2 = \frac{\left|S_{xy}(f)\right|^2}{S_x(f)S_y(f)} \qquad (0 \leqslant \gamma_{xy}^2 \leqslant 1) \tag{6.64}$$

实际计算时，只能使用 $S_x(f)$、$S_y(f)$ 和 $S_{xy}(f)$ 的估计值，所得相干函数也只是一种估计值。通过多段平均处理，可使估计精度提高

当 $\gamma_{xy}^2 = 0$，表示输出信号与输入信号不相干。

当 $\gamma_{xy}^2 = 1$，表示输出信号与输入信号完全相干，系统不受干扰而且系统是线性的。

当 $0 < \gamma_{xy}^2 < 1$，则表明有如下 3 种可能：①测试中有外界噪声干扰；②输出 $y(t)$ 是输入 $x(t)$ 和其他输入的综合输出；③联系 $x(t)$ 和 $y(t)$ 的系统是非线性的。

例 6.7　相干分析

船用柴油发动机，润滑油泵压油管振动 与压力脉动的相干分析，如图 6.26 所示

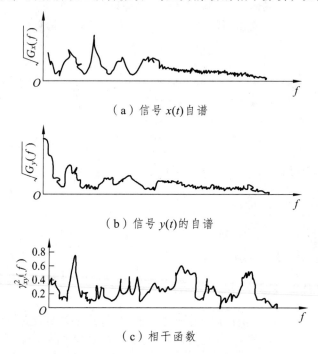

（a）信号 $x(t)$ 自谱

（b）信号 $y(t)$ 的自谱

（c）相干函数

图 6.26　油压脉动与油管振动的相关分析

润滑油泵转速为 $n = 781$ r/min，油泵齿轮的齿数为 $z = 14$。测得油压脉动信号和压油管振动信号。压油管压力脉动的基频为

$$f_0 = \frac{nz}{60} = 182.24 \text{ Hz}$$

在图 6.26（c）中

$$f = f_0 = 182.24 \text{ Hz}, \quad \gamma_{xy}^2 \approx 0.9 ;$$

$$f = 2f_0 = 361.12 \text{ Hz}, \quad \gamma_{xy}^2 \approx 0.37 ;$$

$$f = 3f_0 = 546.54 \text{ Hz}, \quad \gamma_{xy}^2 \approx 0.8 ;$$

$$f = 4f_0 = 722.24 \text{ Hz}, \quad \gamma_{xy}^2 \approx 0.75$$

齿轮引起的各次谐频对应的相干函数值都比较大，而其他频率对应的相干函数值很小。由此可见，油管的振动主要是由油压脉动引起的。从 $x(t)$ 和 $y(t)$ 的自谱图[图 6-26（a）、图 6-26（b）]也明显可见油压脉动的影响。

6.5 信号分析与处理编程实现

MATLAB 是一种面向科学与工程计算的高级语言，该语言最初是在 1980 年由美国的 Cleve Moler 博士提出，其主要目的是解决矩阵运算和作图用高级语言（FORTRAN、C 等）实现比较烦琐的问题，因此又称作"矩阵实验室"，（Matrix Laboratory）。在 MATLAB 没有问世以前，对于简单的矩阵运算以及作图都要编出很复杂的程序来实现，大大限制了计算机在工程计算方面的应用。而 MATLAB 的出现彻底解决了这种尴尬局面，该语言集成了计算、可视化以及与数学表达式相似的编程环境，大大方便了用户的使用。MATLAB 还根据各专门领域中的特殊需要提供了许多可选的工具箱，例如信号处理（Signal Process）工具箱、优化（Optimization）工具箱、自动控制（Control System）工具箱、神经网络（Neural Network）工具箱等，被广泛应用于工程计算、控制设计、信号处理与通信、图像处理、信号检测、金融建模设计与分析等领域。

本节将以编程实验的方式讲解 MATLAB 的命令使用、信号处理、系统建模等基本方法，学生可以利用这个编程实验平台，验证所学的相关信号分析和处理理论知识，加深对基本原理的理解和应用。

6.5.1 MATLAB 使用简介

1. MATLAB 的安装

直接运行 MATLAB 软件光盘中的安装程序 setup.exe，按提示选择即可完成安装。MATLAB 卸载可以利用自带卸载程序 uninstall.exe 或通过 Windows 系统控制面板中的添加/删除程序完成。

2. MATLAB 系统组成

MATLAB 系统主要包括以下五个部分：

（1）MATLAB 语言：MATLAB 语言是一种包括控制流语句、函数、数据结构、输入/输出和面向对象编程特性的高级语言，它以矩阵作为基本的数据单元，既可以快速创建小程序完成简单运算，也可以为了复杂应用，编写完整的大应用程序。

（2）MATLAB 工作环境：MATLAB 工作环境主要包括一系列完成如管理工作空间的变量、数据输入/输出、M 文件（MATLAB 的应用程序）的生成、调试、解释的工具。

（3）图形句柄：图形句柄是 MATLAB 的图形处理系统，其中既包括二维、三维数据的可视化图形表示、图像处理的直观显示的高级命令，也包括定制图形显示、创建应用程序完整的图形用户界面（GUI）的低级命令。

（4）MATLAB 数学函数库：该库收集了巨量的数学函数及算法，从简单的数学函数如 sum、sin、cos 和复数运算，到复杂的函数如矩阵求逆、求特征值、Bessel 函数、fft。

（5）MATLAB 应用程序接口（API）：它是一个允许用户编写与 MATLAB 交互的 C 和 FORTORN 程序的库，包括从 MATLAB 中调用程序、调用 MATLAB 作为计算引擎和读/写 MAT 文件。

3. MATLAB 的基本用法

从 Windows 中双击 MATLAB 图标,进入 MATLAB 的工作界面,其主要由菜单、工具栏、当前工作目录窗口、工作空间管理窗口、历史命令窗口和命令窗口组成,如图 6.27 所示。点击左下角"start",弹出快捷菜单,其中有工具箱、帮助和演示等多个选项,可选择需要的菜单进入相关界面。

要退出 MATLAB,可以键入"quit"命令或"exit"命令,或者选择相应的菜单。中止 MATLAB 运行会引起工作空间中变量的丢失,因此在退出前,应键入"save"命令,保存工作空间中的变量,以便以后使用。

键入"save"命令,则将所有变量作为文件存入磁盘 Matlab.mat 中;下次 MATLAB 启动时,键入"load"命令,将变量从 Matlab.mat 中重新调出。

"save"命令和"load"命令后边可以跟文件名或指定的变量名,如仅有"save"命令时,则只能存入 Matlab.mat 中。如使用"save temp"命令,可将当前系统中的变量存入 temp.mat 中去,命令格式为

```
save temp x     %仅存入 x 变量。
save temp X Y Z     %存入 X、Y、Z 变量。
```

利用"load temp"命令可重新从 temp.mat 文件中提出变量。"load"命令也可用于读取 ASCI 数据文件。

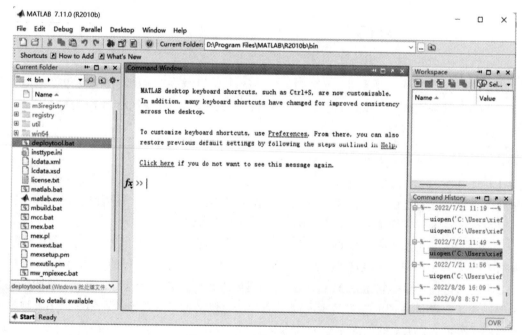

图 6.27　Matlab 的工作界面

4. MATLAB 编程简介

1)M 文件

MATLAB 通常使用命令驱动方式。当输入单行命令时,MATLAB 会立即处理并显示结果,同时将运行说明或命令存入文件。MATLAB 语句的磁盘文件称作 M 文件,因为这些文件名的

后缀是.m 形式，例如一个文件名为 bessel.m，它提供 bessel 函数语句。

M 文件有两种类型。第一种类型的 M 文件称为命令文件，它是一系列命令、语句的简单组合。第二种类型的 M 文件称为函数文件，它提供了 MATLAB 的外部函数。用户为解决各特定问题而编写的大量的外部函数可放在 MATLAB 工具箱中，这样的一组外部函数形成一个专用的软件包。这两种类型的 M 文件，无论是命令文件，还是函数文件，都是普通的 ASCI 文本文件，可选择编辑或字处理文件来建立。

如果 M 文件的第一行包含 function，这个文件就是函数文件，它与命令文件不同，所定义变量和运算都在文件内部，而不在工作空间。函数被调用完毕后，所定义变量和运算将全部释放。函数文件对扩展 MATLAB 函数非常有用。

2）程序编写

例 6.8　编写一个函数文件 mean.m，用于求向量的平均值。

```
function     y=mean(x)
%MEAN Average or mean value, For Vectors
%MEAN(x)returns the mean value
%For matrix MEAN(x)is a row vector
%containing the mean value of each column
[m,n]=size(x);
if m==1
m =n;
end
y=sum(x)/m;
```

存盘，文件中定义的新函数称为 mean 函数，它与 MATLAB 函数一样使用，例如 z 为从 1 到 99 的实数向量，

```
z=1:99;
计算均值：mean(z)
ans=50
```

mean.m 程序的说明：

（1）第一行的内容：函数名，输入变量，输出变量，没有这行，这个文件就是命令文件，而不是函数文件。

（2）%：表明%右边的行是说明性的内容注释。前一小部分行用来确定 M 文件的注释，并在键入"help mean"后显示出来。显示内容为连续的若干个"%"右边的文字。

（3）变量 m、n 和 y 是 mean 的局部变量，在 mean 运行结束后，它们将不在工作空间 z 中存在。如果在调用函数之前有同名变量，先前存在的变量及其当前值将不会改变。

6.5.2　信号处理编程

1. 信号的生成

MATLAB 提供了许多工具箱函数来产生信号，产生常见信号的函数见表 6.3。

表 6.3   常见信号函数及 MATLAB 表示

名称	函数名	常见调用格式	说　明
正弦信号	sin	sin(t)	返回 t 的正弦值
余弦信号	cos	cos(t)	返回 t 的余弦值
随机数	randn	randn (t)	返回 $n×n$ 维的随机数
周期方波	square	square(t)	在时间 t 内产生周期为 2π 的方波
周期锯齿波	sawtooth	sawtooth(t)	在时间 t 内产生周期为 2π 的锯齿波
等腰三角形	tripuls	tripuls (t)	产生以 $t=0$ 为中点的等腰三角形
Sinc 函数	sinc	sinc(t)	返回 sin(pi*t)/(pi*t) 的值
自然对数函数	log	log(t)	返回 $\log(t)$ 的值
指数函数	exp	exp(t)	返回 e^t 的值

例 6.9 产生叠加随机噪声的正弦波。
程序如下：

```
t=(0:0.001:50);
y=sin(2*pi*50*t);
s=y+randn(size(t));
plot(t(1:50), s(1:50))
```

运行上述程序后，产生叠加随机噪声的正弦波如图 6.28 所示。

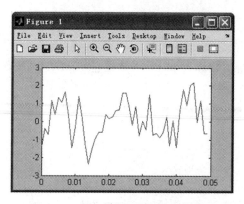

图 6.28   叠加随机噪声的正弦波图

MATLAB 也对常用序列提供了工具箱，常用序列的数学描述和 MATLAB 表示见表 6.4。

表 6.4   常用序列的数学描述和 MATLAB 表示

名称	数学描述	MATLAB 表示
单位采样信号	$\delta(n)$	x = zeros(1,N); x(1)=1
单位阶跃信号	$u(n)$	x = ones(1,N)
实指数信号	$x(n)=a^n$, a 为实常数	n=0:N-1; x=a.^n
复指数信号	$x(n)=e^{(\sigma+j\omega)n}$, σ, ω 均为实常数	n=0:N-1; x=exp((\sigma + j*\omega)*n)
正（余）弦信号	$x(n)=\sin(\omega n+\theta)$, ω, θ 均为实常数	n=0:N-1; x=sin(\omega*n + \theta)

例 6.10　产生叠加随机噪声的正弦波。

```
% 一个单位样本序列的产生
clf;
% 产生从-10到20的向量
n=-10:20;
% 产生单位样本序列
u=[zeros(1,10) 1 zeros(1,20)]
%绘制单位样本序列
stem(n,u);
xlabel('时间序列 n'); ylabel('振幅');
title('单位样本序列');
axis([-10 20 0 1.2])
```

信号处理的目的是从一个或者多个信号中产生所需要的信号。处理算法包括加法、乘法、延时等基本运算的组合所构成，MATLAB 提供了相关表示及实现，如表 6.5 所示。

表 6.5　信号运算的基本描述和 MATLAB 实现

运算名称	数学描述	MATLAB 表示
信号加	$x(n) = x_1(n) + x_2(n)$	x = x1 + x2;
信号乘	$x(n) = x_1(n).x_2(n)$	x = x1.*x2;
幅度变化	$y(n) = \alpha x(n)$ α 为常数	y = alpha*x;
位移	$x(n) = x(n-n_0)$ n_0 为整数	y = [zeros(1,n0) x];
折叠	$y(n) = x(-n)$	y = fliplr(x); n = -fliplr(n);
采样和	$y(n) = \sum_{n=n_1}^{n_2} x(n)$	y = sum(x(n1:n2));
采样积	$y(n) = \prod_{n=n_1}^{n_2} x(n)$	y = prod(x(n1:n2));
N 次幂（N 为常数）	$y(n) = x^N(n)$	y = x.^N;

例 6.11　振幅调制信号可用低频调制信号 $x_L = \cos(\omega_L n)$ 来调制高频正弦信号 $x_H[n] = \cos(\omega_H n)$，得到的信号 $y[n]$ 为

$$y[n] = A(1 + m x_L[n])x_H[n] = A(1 + m\cos(\omega_L n))\cos(\omega_H n)$$

其中，ω_n 称为调制指数，用来确保 $1 + m x_L[n]$ 在所有可能的 n 的情况下 m 都是正数。以下程序可用来产生一个振幅调制信号。

```
%振幅调制信号的产生
n=0:100;
m=0.4;
fH=0.1;
fL=0.01;
A=1;
```

```
xH =sin(2*pi*fH*n);
xL=sin(2* pi*fL*n);
y=(A+m*xL).*xH;
stem(n,y);
grid;
xlabel('时间序号 n'); ylabel('振幅');
title('正弦序列');
```

2. 周期信号的合成与分解

根据傅里叶级数的原理，任何周期信号都可以用一组三角函数 $\{\sin(2\pi nf_0 t)$，$\cos(2\pi nf_0 t)\}$ 的组合表示。在误差确定的前提下，任意的一个周期函数都可以用一组三角函数的有限项叠加而得到，同样也可以用一组正弦波和余弦波来合成任意形状的周期信号。

合成波形所包含的谐波分量越多，除间断点附近外，它越接近于原方波信号，在间断点附近，随着所含谐波次数的增高，合成波形的尖峰越靠近间断点，但尖峰幅度并未明显减小，可以证明，即使合成波形所含谐波次数 $n\to\infty$ 时，在间断点附近仍有约 9% 的偏差，这种现象称为吉布斯现象（Gibbs）。

利用正弦信号叠加产生一个周期方波，它的三角函数展开式为

$$\frac{4A}{\pi}\left(\sin\omega_0 t+\frac{1}{3}\sin 3\omega_0 t+\frac{1}{5}\sin 5\omega_0 t+\cdots\right) \quad \omega=2\pi f_0$$

例 6.12 产生方波信号，观察波形随叠加项数增加的变化趋势。

```
t=-2*pi:0.01:2*pi;
A=0.5*pi;
f0=0.1;
w0=2*pi*f0;
y1=(4*A/pi)*sin(w0*t); %产生 m=1 时的正弦波波形
subplot(4,1,1);
plot(t,y1);
y2=(4*A/pi)*[sin(w0*t)+sin(3*w0*t)/3]; %产生 m=1 和 m=2 叠加时的正弦波波形
subplot(4,1,2);
plot(t,y2);
y3=(4*A/pi)*[sin(w0*t)+sin(3*w0*t)/3+sin(5*w0*t)/5+sin(7*w0*t)/7+sin(9*w0*t)/9];
%产生 m=1，2，5 叠加时的正弦波波形（上下对齐）
subplot(4,1,3);
plot(t,y3);
n=1;
y4=sin(w0 *t);
while 1/n >1e-4; %循环语句控制叠加终止条件
n=n+2;
y4 =y4+sin(n*w0*t)/n;
```

```
end
subplot(4,1,4);
plot(t,y4);
xlabel('时间序列 t');ylabel('振幅')
```

3. 信号时域分析

1）时域统计指标分析

通过信号时域波形分析可以得到一些统计特性参数，这些参数可以用于判断机械运行状态。时域统计指标包括有量纲型的幅值参数和无量纲型参数。有量纲型的幅值参数包括均值、峰值、峰-峰值、均方根值等；无量纲型参数主要包括波形指标、峰值指标、脉冲指标、裕度指标等。

例 6.13　对正弦信号的时域统计指标分析。

```
%时域波形
t=0:pi/500:4*pi;
t=t(1:2000); %采样点 2000 个
y=sin(t);
y=y(1:2000);
figure(1)
plot(t,y); %作时域波形
axis([0,4*pi,-1,1]);
title('正弦时域波形图');
xlabel('t');    %定义坐标轴标题
ylabel('y');
grid;
%求最值、均值、均方值、方差和均方差
fprintf('该正弦的最大值为:%g;\n',max(y));
fprintf('最小值为:%g;\n',min(y));
fprintf('均值为:%g;\n',mean(y));
fprintf('均方值为:%g;\n',mean(y.*y));
a=y-mean(y);
b=mean(a.*a)
fprintf('方差为:%g;\n',b);
fprintf('均方差为:%g;\n',sqrt(b))
```

2）相关函数及应用

实际机械信号常常含有噪声，而自相关函数可以用于检测信号中是否包含有周期成分，因此可以利用自相关函数来提取机械信号中的周期成分。运行程序可得含有噪声的信号和它的自相关函数。自相关函数消除了大量的噪声，周期成分变得非常明显。由它们的频谱可见，信号自相关函数的频谱中噪声很小。

例 6.14 自相关函数提取信号周期成分。

```
n=4096;
fs=800;
N=512;
t=(0:n-1)/fs;
f=(0:N/2-1)*fs/N;
f0=10;
x =sin(2*pi*f0*t);
n=randn(size(x));
z=x+n;
Yz=abs(fft(z(1:N)));%自相关函数
[R,tao]=xcorr(z,600,'coeff');
YR=abs(fft(R(1:N)));
figure(1); %作图
subplot(211);
plot(t(1:1000), z(1:1000));
subplot(212);
plot(tao,R);
figure(2);%作图
subplot(211);
plot(f,Yz(1:N/2));
subplot(212);
plot(f,YR(1:N/2))
```

4. 信号频谱分析

MATLAB 提供了 fft、ifft、fft2、ifft2、fftn、ifftn 等函数，能实现快速傅里叶变换。其中，fft2、ifft2、fftn、ifftn 用于对离散数据分别进行二维和多（*n*）维快速傅里叶变换和傅里叶逆变换；fft、ifft 则用于对离散数据分别进行一维快速傅里叶变换和傅里叶逆变换。

函数调用的格式有以下三种。

（1）Y = (X)如果 X 是向量，则对 X 进行快速傅里叶变换；如果是矩阵，则计算矩阵每一列的傅里叶变换；如果是多维数组，则对第一个非单元素的维进行计算。

（2）Y = fft(X，n)用参数 n 限制 X 的长度，如果 X 的长度小于 n，则用"0"补足；若 X 的长度大于，则去掉多出部分的长度。需要指出：当数据长度是 2 的幂次时，采用基 2 算法，计算速度会显著加快。所以应当尽量使数据长度为 2 的幂次，或者通过数据尾部填"0"的方法，使数据长度为 2 的幂次。

（3）Y = fft(X，n，dim)在参数 dim 指定的维上进行傅里叶变换。

函数 ifft 的用法和 fft 的相同。

例 6.15 频谱分析应用举例。

有一组数据 *x*，它是由两个频率为 50 Hz、120 Hz 的正弦信号和随机噪声叠加而成。fft

的图形如图 6.29（a）所示。从图中已经很难看出正弦波的成分。为了能够识别出其中的正弦信号成分，对 fft 做傅里叶变换，把信号从时域变换到频域中进行分析，其结果如图 6.29（b）所示，可以清楚地看出 50 Hz 和 120Hz 这两个频率分量。所编制的 MATLAB 程序如下：

```
%程序
t=0:0.001:0.6; %采样周期为 0.001s，即采样频率为 1000Hz
x=sin(2*pi*50*t)+sin(2*pi*120*t); %产生正弦波
y =x +2*randn(size(t)); %正弦波叠加随机噪声
subplot(2,1,1);%画出 y 的曲线
plot(y(1:50));
xlabel('时间轴 t'); %标注坐标轴
ylabel('信号值 f(t)');
title('正弦波+随机噪声','FontSize',10);%添加标题
Y==ff(y,512);
f=1000*(0:256)/512; %对 y 进行傅里叶变换，取 512 个点
subplot(2,1,2);
plot(f,Y(1:257));
set(gca,'XTick',[0,50,100,150,200,250,300,350,400,450,500]); %设置坐标刻度线
set(gca,'XTickLabel','0|50|100|150|200|250|300|350|400|450|500|'); %设置刻度线
xlabel('频率轴\omega'); %标注坐标轴
ylabel('频谱幅值 F(\omega)');
title('信号频谱', 'FontSize',l0);   %添加标题
```

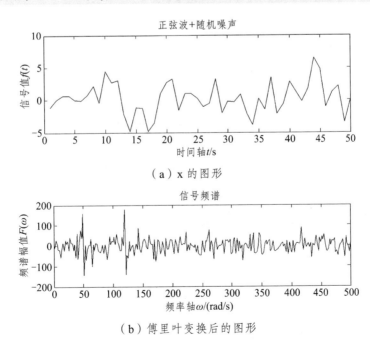

图 6.29　例 6.15 中 fft 函数的图形

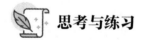

本章内容要点

将模拟信号变成适合计算机用数字方法处理的信号，可以排除干扰、分离信噪、提取有用信息，其处理高速、实时，而且稳定性好、精度高。本章主要讲述了信号的数字化处理、信号的相关分析、信号功率谱分析以及信号分析与处理编程实现。

1. 信号的数字化处理

被测量经传感器变换后大多是模拟信号，要采用数字分析方法，必须先把模拟信号变成数字信号，即模拟信号数字化。该过程包括时域采样、幅值量化、二进制编码。为了使采样信号能够反映整个原连续信号，需要满足采样定理，在工程实际中，一般采样频率取原信号频率最高频率的3~4倍以上。由于计算机只能进行有限长序列的运算，必须对信号进行截断，相当于对原信号进行加窗处理。信号加窗处理后，窗外数据全部置零，引起信息损失、波形畸变。为了减小截断误差、能量泄漏，须根据信号的性质与要求选用合适的窗函数。

2. 信号的相关分析

信号的相关反映了两个信号或一个信号在不同时刻的相似程度。相关函数主要用于随机信号的分析，也可用来分析确定性信号。自相关函数可以识别信号中是否含有周期成分，互相关函数利用"同频相关，不同频不相关"，可以将混淆在噪声中的有用频率分离出来。

3. 信号功率谱分析

信号功率谱分析，在频域中提供与之对应的信息，是研究平稳随机过程的重要方法。包括自功率谱密度、互功率谱密度以及相关函数分析。

4. 信号分析与处理编程实现

本书的信号分析与处理通过 MATLAB 编程实现，包括 MATLAB 的基本命令使用，信号处理变成实现：信号的生成、周期信号的合成与分解、信号时域分析以及信号频谱分析。

思考与练习

1. 在数字信号处理过程中，混叠是什么原因造成的？如何克服混叠现象？量化误差是什么原因造成的，如何减少量化误差？泄漏又是什么原因造成的？如何减小泄漏误差？

2. 自相关函数、互相关函数分别有哪些作用？

3. 试用相关分析的知识，说明如何确定深埋在地下的输油管裂损的位置。

4. 被测信号被截断的实质是什么？

5. 两个同频率周期信号 $x(t)$ 和 $y(t)$ 的互相关函数中保留着这两个信号中哪些信息？

6. 如果一个信号 $x(t)$ 的自相关函数 $R_x(\tau)$ 含有不衰减的周期成分，那说明 $x(t)$ 含有什么样的信号？

7. 不进行数学推导，试分析周期相同（$T = 100\ ms$）的方波和正弦波的互相关函数是什么结果？

8. 一个位数为 12 位，模拟电压位±10 V 的 A/D 板的最大量化误差是多少？

9. 已知信号 $x(t) = A_0 + A_1 \cos(\omega_1 t + \varphi_1) + A_2 \sin(\omega_2 t + \varphi_2)$ ，求该信号的自相关函数？

10. 试求正弦信号和基频域之相同的周期方波 $y(t)$ 的相关函数 $R_{xy}(\tau)$ ，其中

$$y(t) = \begin{cases} -1, & (-T_0 / 2 \leqslant t \leqslant 0) \\ 1, & (0 \leqslant t \leqslant T_0 / 2) \end{cases}$$

11. 已知某信号的自相关函数 $R_x(\tau) = 500 \cos \pi \tau$ 。试求：

（1）该信号的均值 μ_x 。

（2）均方值 ψ_x^2 。

（3）自功率谱 $S_x(f)$ 。

7.1　概　述

现代测试技术是一门随着计算机技术、检测技术和控制技术的发展而迅猛发展的综合性技术，是在传统的测试技术的基础上，将现代传感技术、通信技术和计算机技术融于一体。基于计算机的测量是现代测试技术的特点，计算机已成为现代测试和测量系统的基础。传感器技术、通信技术和计算机技术的结合，使测试技术领域发生了巨大变化。

第一种是计算机技术与传感器技术的结合产生了智能传感器，为传感器的发展开辟了全新的方向。多年来，智能传感器技术及其研究在国内外测控领域具有举足轻重的地位。

第二种是计算机技术和通信技术的结合产生了计算机网络技术，它使人类真正进入了信息化时代。

第三种是计算机网络技术与智能传感器的结合产生了基于 TCP/IP 的网络化智能传感器，使传统测控系统的信息采集、数据处理等方式产生了质的飞跃，各种现场数据直接在网络上传输、发布和共享。而且使测控系统本身也发生了质的飞跃，可在网络任何节点上对现场传感器进行在线编程和组态，使测控系统的结构和功能产生了重大变革，对系统的扩充和维护都提供了极大的方便。同时，通过研制特定的嵌入式 TCP/IP 软件，使现场传感器具有 Intranet/Internet 功能，使得测控网与信息网互为一体。

现代测试技术将现代最新科学研究方法与成果应用于测试系统中。例如，基于网络的测试技术、基于机器视觉的测试技术、基于雷达与无线通信的测试技术、基于卫星导航定位系统的测试技术以及基于虚拟仪器（VI）的测试技术等，已广泛应用于科学研究、国防安全和各种社会生产中，并起着越来越重要的作用，成为国民经济发展和社会进步必不可少的重要技术，也是我国传统生产制造装备竞争力提升的核心与关键技术。

7.2　现代测试系统的基本概念及结构模型

所谓现代测试系统是指具有自动化、智能化、可编程化等功能的测试系统。现代测试系统主要是以通用计算机为核心，采用标准总线，选取标准硬件模板及必要的专用接口与设备，构造满足领域中多种应用要求的测试系统。

近年来，各类现代测试系统遍及社会方方面面，从卫星发射、定姿定位、远洋测量船数据采集的大型现代测试系统，到无线遥控玩具车运行的小型测试系统，无不涉及现代测试技术的感知技术、处理技术、通信技术和控制技术。因此，学习以信息获取、信息传输、信息处理和信息利用为基础的现代测试技术、方法和工具，对研究、设计和开发各种类型的现代测试系统是十分必要的。

现代测试系统基本结构分别建立在 3 种模型基础上：①基于 DAQ 体系的测试系统模型；②基于网络的测试系统模型；③企业的测控管系统模型。以下主要介绍前两种结构模型。

7.2.1 基于 DAQ 体系的测试系统模型

DAQ（Data Acquisition，数据采集）体系测试系统，是指以 PC 为核心的 PC 总线板卡集成的现代测试系统。基于 DAQ 体系的现代测试系统的硬件结构如图 7.1 所示。

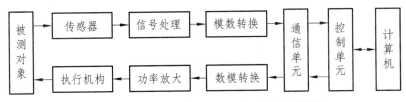

图 7.1　基于 DAQ 体系的测试系统硬件结构

典型的 DAQ 体系测试系统由主机（PC、工控机等）、输入/输出单元和相应的软件组成。

1. 主机单元

主机对整个系统进行功能管理，包括输入通道、输出通道、信息通信的管理，存储数据、程序，并对采样数据进行运算和处理，还可以提供各种智能化、自动化操作功能等。

2. 输入/输出单元

输入/输出单元一般包括模拟量或开关量及数字量，主要由信号调理器和转换器等部分组成。调理器的作用是将传感器输出的微弱信号进行放大、滤波、调制、电平转换、隔离及屏蔽等处理，以满足转换器的转换要求；转换器包括 A/D 和 D/A 转换器。

3. 标准通信接口

若把以计算机为核心的测试系统看成一个大型测试系统的接点，为了以统一的通信方式在测试系统中的接点与接点之间进行信息交换，需要通过特定的标准通信接口来完成。常见的标准通信接口有 GPIB、VXI、USB 以及 RS232 等接口。

在 DAQ 系统中，不同种类的被测信号由相应传感器感知并经信号调理（包括交直流放大、整流滤波和线性化处理等）后，再经模数转换（A/D）环节将模拟信号转换为适合计算机处理的数字信号，然后经通信单元传输给控制器（计算机）。计算机实现测试系统的数据处理和结果的存储、显示、打印以及与其他计算机系统的联网通信。对于控制器处理的控制信息，通过总线反送到数模转换（D/A）单元，转换成模拟信号并加以放大，推动执行机构，最终控制对象的行为按照预定状态行进。

7.2.2 基于网络的测试系统模型

随着计算机网络技术的高速发展和广泛应用，基于网络的测试技术已成为现代测试技术发展的一个重要方向。比较普遍的网络测试系统有基于现场总线的测试系统和基于 Internet 的测试系统。

1. 基于现场总线的网络测试系统

基于现场总线的网络测试系统结构如图 7.2 所示，主体由上位机和现场设备组成。

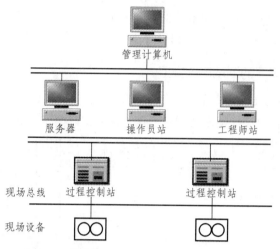

图 7.2　基于现场总线的网络测试系统结构

在这种测试系统中，所有的智能化现场仪表、传感器、执行器等都通过接口挂接在总线上。现场总线采用双绞线、光缆或无线方式。现场总线承担了上位机与所有现场设备之间的全数字化、双向通信。用数字信号取代模拟信号可以提高抗干扰能力，延长信号传输距离。目前，国际上流行多种现场总线通信标准（或称通信协议模式），如 HART（可寻址远程传感器高速公路通信协议模式）、FF（基金会现场总线通信协议模式）、CAN（控制局域网通信协议模式）和 LONWORKS（局部操作网络通信协议模式）。

2. 基于 Internet 的网络测试系统

基于 Internet 的网络测试系统结构如图 7.3 所示。通过嵌入式 TCP/IP 软件，现场传感器或仪器直接具有 Intranet/Internet 的上网功能。与计算机一样，基于 TCP/IP 的网络化智能仪器成了网络中的独立节点，能与就近的网络通信线缆直接连接，实现"即插即用"，并且可以将现场测试数据通过网络上传；用户通过 IE 等浏览器或符合规范的应用程序即可实时浏览到现场测试信息（包括处理后的数据、仪器仪表的面板图像等），通过 Intranet/Internet 实时发布和共享现场对象的测试数据。

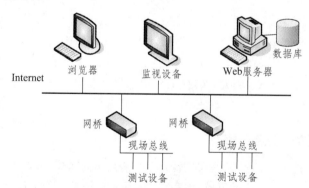

图 7.3　基于 Internet 的网络测试系统结构

在现代工业生产、测试系统高度自动化和信息管理现代化过程中，涌现出大量以计算机为核心的信息处理与过程控制相结合的现代测试系统。

7.3 现代测试系统的特点

现代测试系统充分利用计算机资源，在人工参与最少的条件下尽量以软件代替硬件，并广泛集成无线通信、机器视觉、传感器网络、全球定位、虚拟仪器、智能检测理论方法等新技术，使得现代测试系统具有以下特点。

1. 测控设备软件化

通过计算机的测控软件，实现测试系统的自动极性判断、自动量程切换、自动报警、过载保护、非线性补偿、多功能测试和自动巡回检测等功能。软测量可以简化系统硬件结构，缩小系统体积，降低系统功耗，提高测试系统的可靠性和"软测量"功能。

2. 测控过程智能化

在现代测试系统中，由于各种计算机成为测试系统的核心，特别是各种运算复杂但易于计算机处理的智能测控理论方法的有效介入，使现代测试系统智能化的步伐加快。

3. 高度的灵活性

现代测试系统以软件为核心，其生产、修改、复制都较容易，功能实现方便。因此，现代测试系统实现组态化、标准化，相对硬件为主的传统测试系统更为灵活。

4. 实时性强

随着计算机主频的快速提升和电子技术的迅猛发展，以及各种在线自诊断、自校准和决策等快速测控算法的不断涌现，现代测试系统的实时性大幅度提高，从而为现代测试系统在高速、远程甚至超实时领域的广泛应用奠定了坚实基础。

5. 可视性好

随着虚拟仪器技术的发展、可视化图形编程软件的完善、图像图形化的结合以及三维虚拟现实技术应用，现代测试系统的人机交互功能更加趋向人性化、实时可视化的特点。

6. 测控管一体化

随着装备信息化步伐的加快，某型装备的生产从合同订单开始，到其包装出厂，全程期间的生产计划管理、设计信息管理、制造加工设备控制等，既涉及对生产加工设备状态信息的在线测量，也涉及对加工生产设备行为的控制，还涉及对生产流程信息的全程跟踪管理。现代测试系统向着测控管一体化方向发展，而且步伐不断加快。

7. 立体化

建立在以全球卫星定位、无线通信、雷达探测等技术基础上的现代测试系统，具有全方位的立体化网络测控功能，如卫星发射过程中的大型测试系统的有效区域不断向立体化、全球化甚至星球化方向发展。

7.4 虚拟测试仪器技术

虚拟仪器（Virtual Instrument，VI）是计算机技术同仪器技术深层次结合产生的全新概念的仪器，是对传统仪器概念的重大突破，是仪器领域内的一次革命。虚拟仪器是继第一代仪器（模拟式仪表）、第二代仪器（分立元件式仪表）、第三代仪器（数字式仪表）、第四代仪器（智能仪器）之后的新一代仪器。

7.4.1　虚拟仪器的含义及其特点

测试仪器一般都可以分为三部分：数据采集、数据分析处理、测试结果显示和记录。传统的仪器设备通常是以某一特定的测量对象为目标，把以上三个过程组合在一起，实现性能、范围相对固定，功能、对象相对单一的测试目标。而虚拟仪器则是通过各种与测量技术相关的软件和硬件，与计算机相结合，用以替代传统概念的仪器设备。因此，虚拟仪器是指，在以通用计算机为核心的硬件平台上，由用户自己设计定义，具有虚拟的操作面板，测试功能由测试软件来实现的一种计算机仪器系统。虚拟仪器突破了传统电子仪器以硬件为主体的模式。在测量时，使用者实际上是在操作具有测试软件的计算机，犹如操作一台虚拟的电子仪器一样，虚拟仪器因此得名。"软件就是仪器"最本质地刻画了虚拟仪器的特征。在虚拟仪器系统中，数据分析和显示完全用计算机的软件来完成，只要应用不同的软件，就可得到功能完全不同的测量仪器。

1986 年，NI（National Instrunents Corporation）公司首先提出了虚拟仪器的概念，认为虚拟仪器是由计算机硬件资源、模块化仪器硬件和用于数据分析、过程通信以及图形用户界面的软件组成的测控系统，是一种由计算机操纵的模块化仪器系统。它充分地利用了计算机独具的运算、存储、回放、调用、显示及文件管理功能，同时把传统仪器的专业化功能和面板软件化，这样便构成了从外观到功能都完全与传统仪器相同，甚至更优越的仪器系统。

无论是传统的还是虚拟的仪器所实现的功能都非常相似。都可以进行数据采集、数据分析，并且显示最终数据结果。而虚拟仪器与传统仪器最大的不同之处，就在于其具有开放性的构成方式，即具有灵活性和功能的可重构性。

虚拟仪器与传统仪器相比有以下特点：

（1）突破了传统仪器在数据分析处理、显示、存储等方面的限制，将数据的分析处理、显示、存储和其他管理集中交由计算机来完成。由于充分利用了计算机技术，完善了数据的传输、交换等性能，使得组建系统变得更加灵活、简单。

（2）软件在仪器中充当了以往由硬件实现的角色。由于减少了许多随时间可能漂移、需要定期校准的分立式模拟硬件，加上标准化总线的使用，使系统的测量精度、测量速度和可重复性都得到了很大的提高。

（3）仪器由用户自己定义，系统的功能、规模等均可通过软件进行修改、增减，可方便地同外设、网络及其他应用连接。不同的软件、硬件组合可以构成针对不同测试对象，完成不同测试功能的仪器，也就是说，一套虚拟测试系统可以完成多种、多台测试仪器的功能

（4）鉴于虚拟仪器的开放性和功能软件的模块化，用户可以将仪器的设计、使用和管理统一到虚拟仪器标准，使资源的可重复利用率提高，系统组建时间缩短，功能易于扩展，管理规范，使用简便，软、硬件生产、维护和开发的费用降低。

（5）通过软、硬件的升级，可以方便地提升测试系统的能力和水平，更可贵的是，用户可以采用通用或专业编程软件，扩充、编写虚拟仪器应用程序，从而使虚拟仪器技术更适应、更贴近用户自己测试工作的特殊需求。

7.4.2　虚拟仪器的组成及典型单元模块

1. 虚拟仪器的组成

虚拟仪器实质上是软硬件结合、虚实结合的产物，是计算机化仪器，主要由计算机、信号测量硬件模块、设备驱动软件和应用软件几部分组成，如图 7.4 所示。其中，信号测量硬件模块包括插入式数据采集卡（DAQ）、通用接口总线卡（GPIB）、串行接口卡、VXI 总线、PXI总线、LXI 总线和现场总线仪器接口等设备，或者是其他各种可程控的外置测试设备；设备驱动软件是直接控制各种硬件接口的驱动程序；应用软件实现信号的分析、显示等功能。虚拟仪器充分利用了计算机独具的运算、存储、回放、调用、显示及文件管理等功能。

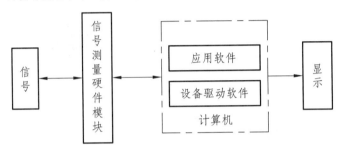

图 7.4　虚拟仪器的组成

根据虚拟仪器所采用的信号测量硬件模块的不同，虚拟仪器可以分为下面几类。

1）基于 PC-DAQ 数据采集卡的虚拟仪器

基于 PC-DAQ 数据采集卡的虚拟仪器是以数据采集卡、计算机和虚拟仪器软件构成的测试系统，如图 7.5 所示，即在计算机的扩展槽中插入数据采集卡。目前，针对不同的应用目的和环境，已设计了多种性能和用途的数据采集卡，包括低速采集卡、高速采集卡、高速同步采集卡、图像采集卡、运动控制卡等。模拟信号通过 A/D 转换转化成数字信号，送入计算机进行分析、处理、显示等；再通过 D/A 转换把数字控制量转化成模拟控制量送到执行器，从而实现反馈控制。这是目前应用最为广泛的一种虚拟仪器组成形式。

图 7.5　基于 PC-DAQ 数据采集卡的虚拟仪器

2）基于 GPIB 接口总线的虚拟仪器

基于 GPIB 接口总线的虚拟仪器是以 GPIB（General Purpose Interface Bus）标准总线仪器、计算机和虚拟仪器软件构成的测试系统，如图 7.6 所示。GPIB 是测量仪器与计算机通信的一个标准协议，GPIB 总线接口有 24 线（IEEE488 标准）、25 线（IEC625 标准）两种形式，其中以 IEEE488 的 24 线 GPIB 总线接口应用最多。通过 GPIB 接口总线，可以把具备 GPIB 总线接口的仪器连接起来，组成计算机虚拟仪器测试系统，用计算机实现对仪器的操作和控制，替代传统的人工操作方式，实现自动测试，排除人为因素造成的测试测量误差；还可以很方便地扩展传统仪器的功能。

一个典型的 GPIB 测试系统可由 1 台 PC、1 块 GPIB 接口板卡和若干台 GPIB 仪器通过标准 GPIB 电缆连接而成。与 DAQ 卡不同，GPIB 仪器是独立的设备，能单独使用。在一般情况下，系统中 GPIB 电缆的总长度不应超过 20 m，过长的传输距离会使信噪比下降，对数据的传输质量有影响。

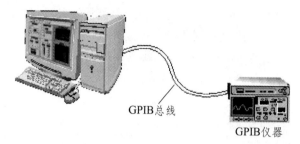

GPIB总线
GPIB仪器

图 7.6 基于 GPIB 接口总线的虚拟仪器

3）基于 VXI 总线的虚拟仪器

基于 VXI 总线的虚拟仪器是以 VXI 标准总线系统、计算机和虚拟仪器软件构成的测试系统，如图 7.7 所示。VXI 总线是 VME 总线在仪器领域的扩展，是一种高速计算机总线。VXI 总线系统一般由信号调理、模拟信号采集、数字信号输入输出、数字信号处理、测试控制等模块组成。从物理结构看，一个 VXI 总线系统由一个能为嵌入模块提供安装环境、背板连接的主机箱和插接的 VXI 板卡组成，各 VXI 板卡由 VXI 总线连接在一起。VXI 总线系统没有传统意义上的操作面板，对 VXI 总线系统的操作与显示，都需要借助 PC 机进行。VXI 总线模块需要通过 VXI 总线的硬件接口才能与计算机相连。

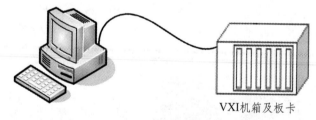

VXI机箱及板卡

如图 7.7 基于 VXI 总线的虚拟仪器

VXI 总线具有开放性强、模块化结构好、数据吞吐能力强、定时和同步精确、即插即用等特点，因此得到了广泛的应用。

4）基于 PXI 总线的虚拟仪器

基于 PXI 总线的虚拟仪器是以 PXI 总线系统、计算机和虚拟仪器软件构成的测试系统，如图 7.8 所示。

PXI 是在 VXI 总线技术之后出现的，它是以 Compact PCI 为基础的，在机械、电气和软件特性方面充分发挥了 PCI 总线的全部优点。PXI 构造类似于 VXI 结构，由机箱、系统控制器和外设模块 3 个基本部分组成。PXI 产品具有技术指标和性能价格比高、功能强、结构灵活、技术更新快以及易于系统集成和网络化等优点。所以，利用 PXI 产品可以在较短周期内开发出理想的计算机测控仪器系统。

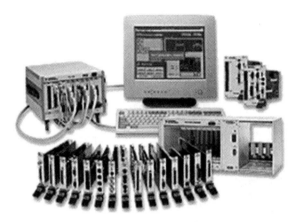

图 7.8　基于 PXI 总线的虚拟仪器

5）基于 LXI 总线的虚拟仪器

基于 LXI 总线的虚拟仪器是以 LXI 总线系统、计算机和虚拟仪器软件构成的测试系统。所谓 LXI 就是一种基于以太网技术等，由中小型总线模块组成的新型仪器平台。LXI 仪器是严格基于 IEEE802.3、TCP/IP、网络总线、网络浏览器、IVI-COM 驱动程序、时钟同步协议（IEEE1588）和标准模块尺寸的新型仪器。与带有昂贵电源、背板、控制器、MXI 卡和电缆的模块化插卡框架不同，LXI 模块本身带有自己的处理器、LAN 连接、电源和触发输入。LXI是以太网技术在测试自动化领域应用的扩展，其总线规范融合了 GPIB 仪器的高性能、VXI/PXI插卡式仪器的紧凑灵活和以太网的高速吞吐量。

6）基于 RS232 串行接口的虚拟仪器

基于 RS232 串行接口的虚拟仪器是以 RS232 标准串行总线、计算机和虚拟仪器软件构成的测试系统。很多仪器带有 RS232 串行接口（见图 7.9），通常 RS232 串行接口以 9 个引脚（DB-9）、15 个引脚（DB-15）或 25 个引脚（DB-25）的形态出现。通过串口线将仪器与计算机相连就可以构成虚拟仪器测试系统。

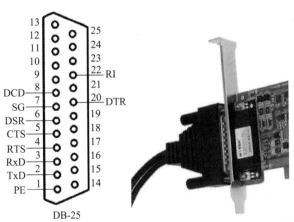

图 7.9　RS232 串行接口

7）基于现场总线的虚拟仪器

基于现场总线（Field bus）模块的虚拟仪器是以现场总线模块、计算机和虚拟仪器软件构成的测试系统，如图 7.10 所示。现场总线模块是一种用于恶劣环境条件下、抗干扰能力很强的总线模块。与上述其他硬件功能模块相类似，在计算机中安装了现场总线接口卡后，通过现场总线专用连接电缆，就可以构成虚拟仪器测试系统，用计算机对现场总线仪器进行控制。

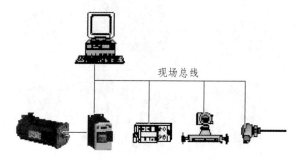

图 7.10　基于现场总线的虚拟仪器

国际电工委员会（International Electrotechnical Commission，IEC）对现场总线的定义为：现场总线是一种应用于生产现场，在现场设备之间、现场设备和自动化装置之间实行双向、串行、多点通信的数字通信技术。现场总线是一种工业数据总线，主要解决工业现场的传感器、智能化仪器仪表、控制器、执行机构等现场设备间的数字通信以及这些现场控制设备和高级控制系统之间的信息传递问题。

2. 虚拟仪器典型单元模块

虚拟仪器的核心是软件，其软件模块主要由硬件板卡驱动模块、信号分析模块和仪器表头显示模块 3 类软件模块组成。

1）硬件驱动模块

任何一种硬件功能模块，要与计算机进行通信，都需要在计算机中安装该硬件功能模块的驱动程序（如同在计算机中安装声卡、显卡和网卡），仪器硬件驱动程序使用户不必了解详细的硬件控制原理，无须知道 DAQ、GPIB、VXI、PXI、RS232 等通信协议即可实现对特定仪器硬件的使用、控制与通信。

驱动程序通常由硬件功能模块的生产商随硬件功能模块一起提供。直接在其提供的 DLL 或 ActiveX 基础上开发即可。目前，DAQ 数据采集卡、GPIB 总线仪器卡、RS232 串行接口仪器卡、Field Bus 现场总线模块卡等许多板卡的驱动程序接口均已标准化。为减少因硬件设备驱动程序不兼容而带来的问题，国际上成立了可互换虚拟仪器驱动程序设计协会（Interchangeable Virtual Instrument），并制订了相应软件接口标准。

2）信号分析模块

信号分析模块主要用以完成各种数学运算，在工程测试中常用的信号分析模块包括：

（1）信号的时域波形分析和参数计算。

（2）信号的相关分析。

（3）信号的概率密度分析。

（4）信号的频谱分析。

（5）传递函数分析。

（6）信号滤波分析。

（7）三维谱阵分析。

目前，LabVIEW、MATLAB 等软件包中都提供了上述信号处理软件模块，另外，在互联网上也能找到 Basic 语言和 C 语言的源代码，编程实现也不困难。

3）仪器表头显示模块

仪器表头显示模块主要包括波形图、温度计、仪表头、棒图等仪表显示常用的软件仪表盘显示模块，如图 7.11 所示。

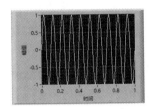

图 7.11　仪器表头显示模块

LabVIEW 等虚拟仪器开发平台提供了大量的这类软件模块供选用，设计虚拟仪器程序时直接选用就可以了。

7.4.3　虚拟仪器的开发工具

虚拟仪器应用程序的开发工具，可以归纳为两类：一类是基于文本式编程语言的开发工具，如 C++、Visual C++、VB、Labwindows/CVI、Delphi 等；另一类是基于图形化编程语言的开发工具，如 LabVIEW、HP-VEE 等，其中 LabVIEW 是目前应用比较广泛、功能较强的图形化编程软件。

图形化编程不再像文本式编程那样用一行行的代码，而是用线条将各图形化功能模块连接起来，它摆脱了传统文本语言写代码的苦恼，可以快速地编写测试测量程序。

7.4.4　虚拟仪器的应用

虚拟仪器技术的优势在于可由用户定义自己的专用仪器系统，功能灵活，容易构建，所以应用面极为广泛，尤其在科研、开发、检测、计量、测控等领域是不可多得的好工具。虚拟仪器技术先进，十分符合国际上流行的"硬件软件化"的发展趋势。它功能强大，可实现示波器、逻辑分析仪、频谱仪、信号发生器等多种普通仪器的全部功能，配以专用探头和软件还可检测特定系统的参数。它操作灵活，图形化界面风格简约，符合传统设备的使用习惯，用户不经培训即可迅速掌握操作规程。它集成方便，不但可以和高速数据采集设备构成自动测量系统，而且可以和控制装置构成自动控制系统。

在仪器计量系统方面，示波器、频谱仪、信号发生器、逻辑分析仪、电压电流表是科研机构、企业研发中心、大专院所的必备测量设备。随着计算机技术在测绘系统中的广泛应用，传统的测量仪器设备由于缺乏相应的计算机接口，使其数据采集及数据处理十分困难。而且，传统仪器体积相对庞大，进行多种数据测量时很不方便。然而在集成的虚拟测量系统中，可实现自动测量、自动记录、自动数据处理，十分方便，且设备成本大幅降低。虚拟仪器强大的功能和价格优势，使得它在仪器计量领域中具有强大的生命力和十分广阔的前景。

在专用测量系统领域，虚拟仪器的发展空间更为广阔。环顾当今社会，信息技术的迅猛发展，各行各业无不转向智能化、自动化、集成化。无所不在的计算机应用为虚拟仪器的推广打下了良好的基础。虚拟仪器的概念就是用专用的软硬件配合计算机实现专有设备的功能，并使其自动化、智能化。

虚拟仪器在实验教学、远程教育中也发挥着巨大的作用。

7.4.5 LabVIEW 简介

实验室虚拟仪器工作平台（Laboratory Virtual instrument Engineering Workbench，LabVIEW）是 NI 公司推出的一款基于图形化编程语言的虚拟仪器软件开发工具，是目前国际上应用最广泛的虚拟仪器开发环境之一，主要应用于仪器控制、数据采集、数据分析、数据显示等领域，已被工业界、学术界和研究实验室广泛接受。LabVIEW 集成了满足 GPIB、VXI、RS-232 和 RS-485 协议的硬件及数据采集卡通信的全部功能，还内置了便于应用 TCP/IP、ActiveX 等软件标准的库函数，是一个功能强大且灵活的软件，可以方便地建立自己的虚拟仪器，其图形化的界面使编程及使用过程都生动有趣。借助该软件进行原理研究、设计、测试并实现仪器系统时，可以大大提高工作效率。

1. LabVIEW 应用程序的基本构成

采用 LabVIEW 编程的应用程序，通常被称为虚拟仪器程序，简称虚拟仪器（VI），它主要由前面板、程序框图以及图标三部分组成。其中，前面板的外观及操作功能与传统的仪器（如示波器、万用表）面板类似，而程序框图则是使用功能函数对通过用户界面输入的数据或其他源数据进行处理，并将结果在显示对象上显示或保存到文件中。

1）前面板

前面板是图形用户界面，也就是虚拟仪器面板，该界面上有交互式的输入和显示输出两类对象。具体表现有开关、旋钮、图形以及其他控制和显示对象。图 7.12 所示是一个仿真信号发生和显示的简单 VI 前面板，上面有一个显示对象——波形图，显示所产生的正弦信号，还有三个控制对象，分别用于调节正弦信号的幅值、频率和启动及停止正弦信号的产生。

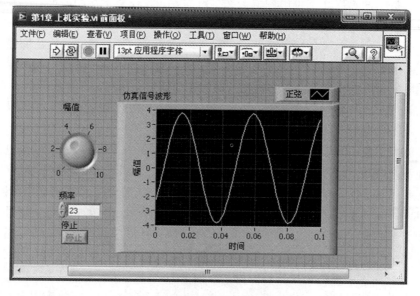

图 7.12　随机信号发生器前面板

2）程序框图

程序框图提供 VI 的图形化源程序。在程序框图中对 VI 编程，以控制和操纵定义在前面板上的输入和输出功能，程序框图主要由节点和数据连线组成，也包括与前面板控件对应的连线端子。节点是 VI 程序中类似于文本编程语言程序中的语句、运算符、函数或者子程序的基本组成元素。节点之间由数据连线按照一定的逻辑关系进行连接，以定义程序框图内的数据流程。LabVIEW 的主要节点类型见表 7.1。

表 7.1　LabVIEW 主要节点类型

节点类型	节点功能
函数	LabVIEW 内置的执行元素，相当于操作符、函数或语句
结构	用于控制程序执行方式的节点，包括顺序结构、选择结构、循环结构等
代码接口节点	调用以文本编程语言所编写的代码
子 VI	用于另一个 VI 程序框图上的 VI，相当于传统编程语言的子程序
Express VI	协助常规测量任务的子 VI

图 7.13 是与图 7.12 对应的程序框图，可以看到程序框图中包括了前面板上的三个控制对象和一个图形显示控件的连线端子，还有一个仿真信号发生器 Express VI 以及程序的循环结构。

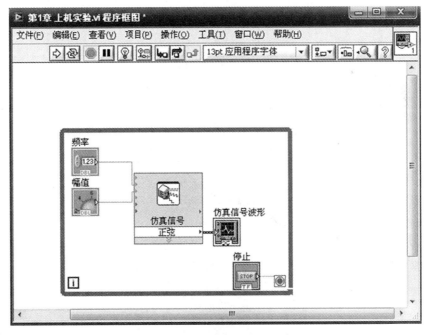

图 7.13　随机信号发生器程序框图

3）图　标

VI 具有层次化和结构化的特征，用户可以把一个 VI 作为子 VI，被其他 VI 调用。图标与连接端子是程序框图中子 VI 识别符，当被其他 VI 调用时，图标代表子 VI 的程序框图，而连接端子表示子 VI 与调用它的 VI 之间进行数据交换的输入输出关系口。VI 图标在前面板窗口和程序框图窗口的右上角。

2. LabVIEW 的编程环境

LabVIEW 是一个多功能的集成编程环境，它主要由前面板窗口和程序框图窗口组成，前面板窗口用于编辑和显示前面板对象，程序框图窗口用于编辑和显示程序框图。图 7.14 和图 7.15 分别是 LabVIEW2014 的前面板窗口和程序框图窗口，两个窗口都由相应菜单和工具栏组成。

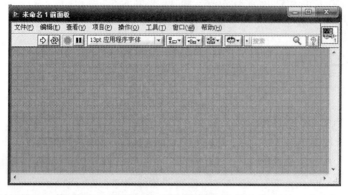

图 7.14　前面板窗口

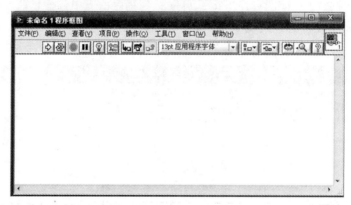

图 7.15　程序框图窗口

LabVIEW 提供了三个选板，包括工具（Tools）选板、控制（Controls）选板和函数（Functions）选板，这些选项板集中反映了该软件的功能与特征。

1）工具选板

工具选板如图 7.16 所示，该选板提供了各种用于创建、修改和调试 VI 程序的工具，在前面板和程序框图中都可以使用。

图 7.16　工具选板

工具选板中各工具的功能见表 7.2。

表 7.2　工具选板功能

图标	名称	功　　　能
	自动选择工具	选中该工具，则在前面板和程序框图中的对象上移动鼠标指针时，LabVIEW 将根据相应对象的类型和位置自动选择合适的工具
	操作工具	用于操作前面板的控制器和显示器。可以操作前面板对象的数据，或选择对象内的文本和数据
	定位工具	用于选择对象、移动对象或改变对象的大小
	标签工具	用于输入标签文本或者创建自由标签
	连线工具	用于在程序框图中节点端口之间连线
	对象快捷菜单工具	选中该工具，在前面板或程序框图中单击鼠标右键，即可以弹出快捷菜单
	滚动窗口工具	同时移动窗口内的所有对象
	断点操作工具	用于程序中设置或清除断点
	探针工具	可在程序框图内的连线上设置探针
	获取颜色工具	可以获取对象某一点的颜色，来编辑其他对象的颜色
	着色工具	用来给对象上色，包括对象的前景色和背景色

2）控件选板

控件选板用于给前面板设计提供各种所需的输入控制对象和输出显示对象。控件常以新式、系统和经典等多种显示风格。新式显示风格的控制选板如图 7.17 所示。

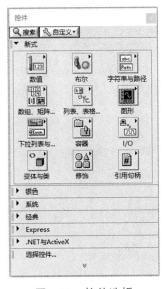

图 7.17　控件选板

新式显示风格的控件选板中各控件模板及其功能见表7.3。

表7.3 控件选板功能

图 标	名 称	功 能
	数值控件	存放各种数字控制器，包含数值控件、滚动条、旋钮、颜色盒等
	布尔控件	用于创建按钮、开关和指示灯等
	字符串和路径控制器	创建文本输入框和标签、输入或返回文件或目录的地址
	数组、矩阵与簇控制器	用于创建数组、矩阵和簇
	列表、表格与树	创建各种表格，包括树形表格和 Express 表格
	图形控件	提供各种形式的图形显示对象
	下拉列表与枚举控件	用来创建可循环浏览的字符串列表，枚举控件用于向用户提供一个可供选择的项列表
	容器控件	用于组合控件，或在当前 VI 的前面板上显示另一个 VI 的前面板
	I/O 名称控件	I/O 名称控件将配置的 DAQ 通道名称、VISA 资源名称和 IVI 逻辑名称传递至 VI，与仪器或 DAQ 设备进行通信
	变体与类控件	用来与变体和类数据进行交互
	装饰控件	用于修饰和定制前面板的图形对象
	引用句柄控件	可用于对文件、目录、设备和网络连接等进行操作

3）函数选板

函数选板是创建程序框图的工具，只能在编辑程序框图时使用，与控件选板的工作方式大体相同。创建程序框图常用的函数对象都包含在该选板中，函数选板如图 7.18 所示。

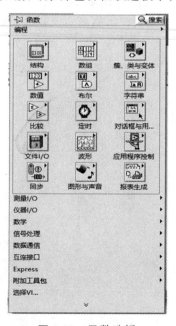

图 7.18 函数选板

函数选板中最常用的以及函数最全的选板是编程选板，编程选板中的函数及其功能见表7.4。

表7.4 编程选板功能

图标	名 称	功 能
	结构子选板	提供循环、条件、顺序结构、公式节点、全局变量、结构变量等编程要素
	数组子选板	提供数组运算和变换的功能
	簇、类与变体子选板	提供各种数组和簇的运算函数以及簇与数组之间的转换、变体属性设置
	数值子选板	提供数学运算、标准数学函数、各种常量和数据类型变换等编程要素
	布尔子选板	提供包括布尔运算符以及布尔常量在内的编程要素
	字符串子选板	提供字符串运算、字符串常量和特殊字符编程要素
	比较子选板	提供数值比较、布尔值比较和字符串比较等功能
	定时子选板	提供时间计数器、时间延迟、获取时间日期、设置时间标识常量等
	对话框与用户界面子选板	可用于对文件、目录、设备和网络连接等进行操作
	文件I/O子选板	提供文件管理、变换和读/写操作模块
	波形子选板	提供创建波形、提取波形、数模转换、模数转换等功能
	应用程序控制子选板	提供外部程序或VI调用、帮助管理等辅助功能
	同步子选板	提供通知器操作、队列操作、信号量和首次调用等功能
	图形与声音子选板	用于3D图形处理、绘图和声音的处理
	报表生成子选板	提供生成各种报表和简易打印VI前面板或说明信息等功能

7.5 智能仪器

智能仪器是含有微型计算机或者微型处理器的测量仪器，拥有对数据的存储运算逻辑判断及自动化操作等功能。智能仪器的出现，极大地扩充了仪器的应用范围。智能仪器凭借其体积小、功能强、功耗低等优势，迅速在家用电器、科研单位和工业企业中得到了广泛的应用。

7.5.1 智能仪器的工作原理

智能仪器的硬件基本结构如图7.19所示。传感器拾取被测参量的信息并转换成电信号，经滤波去除干扰后送入多路模拟开关；由单片机逐路选通模拟开关将各输入通道的信号逐一送入程控增益放大器，放大后的信号经模/数转换器转换成相应的脉冲信号后送入单片机中。

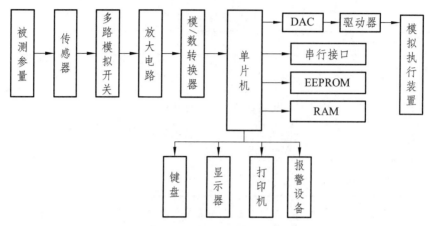

图 7.19   智能仪器的硬件基本结构

单片机根据仪器所设定的初值进行相应的数据运算和处理（如非线性校正等）；运算的结果被转换为相应的数据进行显示和打印；同时单片机把运算结果与存储于芯片内 FIashROM（闪速存储器）或 EEPROM（电可擦除存储器）内的设定参数进行运算比较后，根据运算结果和控制要求，输出相应的控制信号（如报警装置触发、继电器触点等）。此外，智能仪器还可以与个人计算机组成分布式测控系统，由单片机作为下位机采集各种测量信号与数据，通过串行通信将信息传输给上位机——个人计算机，由个人计算机进行全局管理。

7.5.2   智能仪器的功能特点

与传统仪器仪表相比，智能仪器具有以下功能特点：

（1）操作自动化。仪器的整个测量过程如键盘扫描、量程选择、开关启动闭合、数据的采集、传输与处理以及显示打印等都用单片机或微控制器来控制操作，实现测量过程的全部自动化。

（2）具有自测功能，包括自动调零、自动故障与状态检验、自动校准、自诊断及量程自动转换等。智能仪器能自动检测出故障的部位甚至故障的原因，这种自测试可以在仪器启动时运行，同时也可在仪器工作中运行，极大地方便了仪器的维护。

（3）具有数据处理功能。这是智能仪器的主要优点之一，智能仪器由于采用了单片机或微控制器，使得许多原来用硬件逻辑难以解决或根本无法解决的问题，现在可以用软件非常灵活地加以解决。例如，传统的数字万用表只能测量电阻、交直流电压、电流等，而智能型的数字万用表不仅能进行上述测量，而且还具有对测量结果进行诸如零点平移、取平均值、求极值、统计分析等复杂的数据处理功能，不仅使用户从繁重的数据处理中解放出来，也有效地提高了仪器的测量精度。

（4）具有友好的人机对话能力。智能仪器使用键盘代替传统仪器中的切换开关，操作人员只需通过键盘输入命令，就能实现某种测量功能。与此同时，智能仪器还通过显示屏将仪器的运行情况、工作状态以及对测量数据的处理结果及时告诉操作人员，使仪器的操作更加方便直观。

（5）具有可程控操作能力。一般智能仪器都配有 GPIB、RS232C、RS485 等标准的通信接口，可以很方便地与 PC 及其他仪器一起组成用户所需要的多种功能的自动测量系统，来完成更复杂的测试任务。

智能仪器和虚拟仪器的区别在于它们所用的微机是否与仪器测量部分融合在一起，也即采用专门设计的微处理器、存储器、接口芯片组成的系统，还是用现成的微机配以一定的硬件及仪器测量部分组合而成的系统。

7.5.3　智能仪器的发展概况

20 世纪 80 年代，微处理器被用到仪器中，仪器前面板开始朝键盘化方向发展，测量系统常通过 IEEE 488 总线连接。不同于传统独立仪器模式的个人仪器得到了发展等。

20 世纪 90 年代，仪器仪表的智能化突出表现在以下几个方面：微电子技术的进步更深刻地影响仪器仪表的设计；DSP 芯片的问世，使仪器仪表数字信号处理功能大大加强；微型机的发展，使仪器仪表具有更强的数据处理能力；图像处理功能的增加十分普遍；VXI 总线得到广泛的应用。

近年来，智能化测量控制仪表的发展尤为迅速。国内市场上已经出现了多种多样智能化测量控制仪表，如能够自动进行差压补偿的智能节流式流量计，能够进行程序控温的智能多段温度控制仪，能够实现数字 PID 和各种复杂控制规律的智能式调节器，以及能够对各种谱图进行分析和数据处理的智能色谱仪等。

国际上也有许多智能测量仪表：美国 HONEYWELL 公司生产的 DSTJ-3000 系列智能变送器，能进行差压值状态的复合测量，可对变送器本体的温度、静压等实现自动补偿，其精度可达到±0.1%FS（满量程）；美国 RACA-DANA 公司的 9303 型超高电平表，利用微处理器消除电流流经电阻所产生的热噪声，测量电平可低达-77 dB；美国 FLUKE 公司生产的超级多功能校准器 5520A，内部采用了 3 个微处理器，其短期稳定性达到 1×10^{-6}，线性度可达到 0.5×10^{-6}；美国 FOXBORO 公司生产的数字化自整定调节器，采用了专家系统技术，能够像有经验的控制工程师那样，根据现场参数迅速地整定调节器，这种调节器特别适合于对象变化频繁或非线性的控制系统。由于这种调节器能够自动整定调节参数，可使整个系统在生产过程中始终保持最佳品质。

随着计算机技术、电子技术、信息技术等的发展，智能仪器将朝着微型化、多功能化、人工智能化、网络化等方向发展。

7.6　现代测试系统实例

基于 LXI 总线的无人机参数测试系统

无人机是一种动力驱动、无人驾驶的航空器。由于其体积小、质量轻、隐蔽性好、适应性强和零伤亡等特点，在侦查、监视、攻击、电子干扰、引诱等军事领域具有广发应用。在民用上，它也可以代替有人机完成一些任务，如救援搜索、灾情监测、气象探测等。

随着科学技术的发展和先进技术的应用，无人机的技术含量越来越高，功能越来越复杂。为了提高系统设计、生产和试验的质量，减少系统联试和外场飞行的风险，提高产品的可靠性和寿命，降低产品的成本，缩短研制周期，开发功能强、自动化程度高的无人机参数测试系统对降低无人机的维修成本、提高无人机的综合保障能力有重要意义。

7.6.1 测试参数

常见的无人机系统由机体分系统、飞控分系统、发动机分系统、导航分系统、数据链分系统、电气分系统和任务设备分系统等组成，主要的测试参数见表7.5。

表7.5 无人机系统主要的测试参数

分系统	测试参数
机体分系统	升降舵面偏角、方向舵面偏角、副翼舵面偏角
飞控分系统	升降舵控制电压和输出电压、方向舵控制电压和输出电压、副翼舵控制电压和输出电压、高度变化率、模拟气压高度、模拟空速等
发动机分系统	燃烧室温度、气缸温度、发动机转速、发电机电压、油门控制信号、油箱压力、燃油量等
导航分系统	俯仰角、倾斜角、航向角、俯仰角速度、倾斜角速度、航向角速度、GPS显示的经纬度、飞行高度等
数据链分系统	遥控指令、发射机功率、发射机频率、接收机触发灵敏度、接收天线最大增益、发射天线最大增益、误码率等
电气分系统	机载电池电压、系统工作电压、切伞电阻、抛伞电阻等
任务设备分系统	任务设备工作电压、工作电流、工作状态等

由表7.5中的测试参数可以看出，被测信号种类繁多（模拟量、离散量、数字信号和射频信号等）、工作频率较高、功率范围较宽，这对无人机的参数测试系统提出了很高的要求。

7.6.2 系统的总体结构

利用LXI总线的高吞吐率和定时与同步技术，设计无人机参数测试系统，可大大提高测试系统的自动化程度，可有效提高无人机系统的检测水平和技术保障能力。

无人机参数测试系统采用LXI总线结构，其结构框图如图7.20所示。

根据无人机的测试需求，参数测试系统采用通用测试仪器和LXI总线专用测试模块混合构建。通用测试仪器主要有数字示波器、多用表、功率计、频谱分析仪、微波信号源和无线电综合测试仪等，LXI总线专用测试模块包括姿态角测试模块、高度测试模块和舵面角测试模块等。

1. 测控计算机

测控计算机是整个硬件设备的核心，主要功能是控制测控仪器按逻辑次序和实验测试规程运行，并以良好的人机界面显示被测无人机的工作状态及测试结果，监视、控制系统运行并完成数据处理。

测控计算机尽量选择稳定性高、灵活性好、环境适应性强、能够满足高速检测数据和处理的计算机。

2. 通用测试仪器

通用测试仪器包括示波器、多用表、功率计、频谱分析仪、微波信号源和无线电综合测试仪等通用设备，主要功能是产生激励信号，实现输入信号的动态模拟，同时通过数据交换，对输出信号进行实时采集。

通用测试仪器利用接口适配器转换成 LAN 接口，以实现非网络仪器的网络通信和交互。

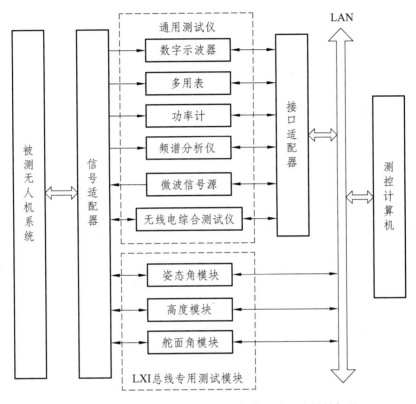

图 7.20　基于 LXI 总线的无人机参数测试系统结构框图

3. LXI 总线专用测试模块

针对无人机测试的需要，要求自行研制 LXI 总线专用测试模块，主要包括姿态角模块、高度模块和舵面角模块。

（1）姿态角模块功能是模拟无人机姿态角及姿态角速度信号。该模块由微机电机构、转换电路、控制器构成，可产生无人机飞行时的航向、俯仰、倾斜 3 个姿态角信号和 3 个姿态角速度信号。测试时，由 LXI 总线送来控制命令给控制器，由控制器产生相应控制信号。该模块可同时取代三轴机械转台和电动机械角速度转台。

（2）高度模块功能是模拟高度信号。该模块取代机械式模拟高度产生器，提供无人机测试时所需的模拟高度和模拟高度变化率。

（3）舵面角模块功能是对无人机舵偏角进行精确测量。对无人机姿态的控制与稳定，最终体现在舵面角（航向、俯仰、倾斜）上，因此舵面角是重要测量参数之一。舵机主要由电动机、测速发电机、位置反馈电位计等组成。根据电位计活动触点移动距离或电阻变化量和舵机转角即舵面偏转角近似成正比关系，直接从舵机位置反馈电位计上获取能反映舵偏角信息的信号，经模数转换送给计算机进行处理、显示或存储。从而实现对无人机舵偏角进行精确测量。

4. 信号适配器

不同的待测单元要求不同的连接方式，信号适配器就是为适应不同待测单元的要求而设计的专用信号接口电路。由于被测无人机接口类型较多，要满足测试系统与无人机间信号交联，如输入/输出信号、阻抗匹配变换、信号衰减、电平转换等，都需要信号适配器来完成。信号适配器的设计和选择应尽量以被测单元为中心，通用型、标准型接口是最佳选择方案，这样可以降低操作难度，保证其通用性和扩展性。另外，信号适配器内部应具有良好的隔离措施，以满足电磁兼容性的要求。

7.6.3 软件设计

测试系统的软件设计应该遵循以下几条原则：系统功能和处理模块化，提升系统的可靠性、扩展性，降低模块间的关联程度，避免出现问题扩散；增强系统独立性和可移植性；对软件和硬件采取隔离设计，确保在系统升级、硬件变更时系统可移植或可兼容；以稳定性作为软件的核心设计准则，在此基础上增强软件的实用性和集成性，简化操作内容和操作过程；提升自动化程度和容错能力，对测试中出现的问题可及时提出警告或中断操作进程，避免带来严重后果。

本系统软件采用模块化设计，主要包括系统自检自校、无人机参数测试和结果存储打印等3个功能模块。系统软件结构如图7.21所示。

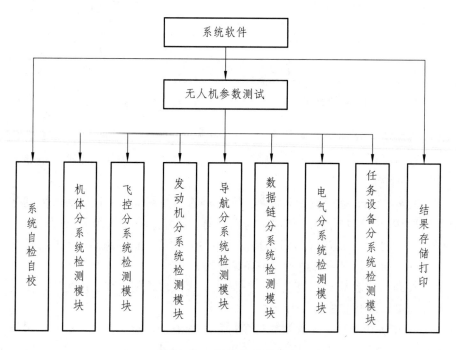

图 7.21 系统软件结构

1. 自检自校功能

系统自检自校模块执行各个测试仪器的状态检测，并完成功率计调零校准和频谱分析仪校准等操作。自检维护在系统非工作状态下，人工定期在系统所有通道加载标准信号，进行系统维护和校准。

2. 参数测试功能

无人机参数测试模块具体细分为机体分系统检测模块、飞控分系统检测模块、发动机分系统检测模块、导航分系统检测模块、数据链分系统检测模块、电气分系统检测模块和任务设备分系统检测模块等 7 个功能子模块，这 7 个功能子模块再按照无人机各分系统的待测项目来细分为不同的测试子函数。

参数测试功能是整个测试系统工作的核心，测试系统通过测试人员对待测项目的组态来确定各项目测试顺序。在测试过程中通过控制测试仪器向被测无人机注入激励信号，同时程控测试仪器对响应信号进行测试，测试数据通过 LAN 送给测控计算机进行分析处理，形成测试结果。

3. 结果存储打印

分析处理后的测试结果可送监视器显示，并自动保存，所有待测项目测试完毕后，可打印无人机参数测试报告。

📋 本章内容要点

1. 现代测试技术的含义

现代测试技术是一门随着计算机技术、检测技术和控制技术的发展而迅猛发展的综合性技术，是在传统的测试技术的基础上，将现代传感技术、通信技术和计算机技术融于一体。

2. 现代测试系统的基本概念及结构模型

（1）基本概念：所谓现代测试系统是指具有自动化、智能化、可编程化等功能的测试系统。

（2）结构模型：基于 DAQ 体系的测试系统模型、基于网络的测试系统模型、企业的测控管系统模型。

3. 现代测试系统的特点

测控设备软件化、测控过程智能化、高度的灵活性、实时性强、可视性好、测控管一体化、立体化。

4. 虚拟测试仪器技术

虚拟仪器的含义、虚拟仪器的特点、虚拟仪器的组成、虚拟仪器的典型单元模块、虚拟仪器开发工具、虚拟仪器的应用、LabVIEW 应用程序的基本构成、LabVIEW 的编程环境。

5. 智能仪器

智能仪器的工作原理、智能仪器的功能特点、智能仪器的发展概况。

6. 现代测试系统实例

基于 LXI 总线的无人机参数测试系统。

思考与练习

1. 什么是现代测试系统？
2. 现代测试系统的特点是什么？
3. 什么是虚拟仪器？
4. 虚拟仪器由哪几部分组成？
5. 在 LabVIEW 中设计程序主要包含哪两部分设计？各自完成什么功能？
6. 什么是智能仪器？
7. 智能仪器的功能特点是什么？

第 8 章　测试技术的工程应用

机械相关量，如振动、位移、应力、应变、力、温度、流体参量以及噪声的测量，在国民经济各个领域应用非常广泛，在工程设计、科研及各生产实际中起着重要的作用。

8.1　机械振动测试与分析

8.1.1　概　述

机械振动是一种特殊的运动形式。它是指机械的零部件或整个机械结构在其平衡位置附近所做的往复运动。在大多数情况下，机械振动是有害的，它会破坏机器的正常工作，影响机械的工作性能及其寿命，导致机械零部件的过早失效破坏，甚至造成机毁人亡的灾难性事故。因此，有害的机械振动必须予以控制或消除。另一方面，也可以利用机械振动的特点来完成一些有益于工程实际和人们日常生活所需要的工作，例如振动筛、振动搅拌器、振动输送机，振动夯实机等，这时必须正确地选择振动参数，充分发挥这些机械的振动性能。

各种机器、仪器和设备，当它们处于运行状态时，由于不可避免地存在由回转件的不平衡、负载不均匀、结构刚度的各向异性、润滑不良及间隙等原因引起受力的变动、碰撞和冲击，以及由于使用、运输和外界环境条件下能量的传递、存储和释放等，都会诱发或激励机械振动。所以，任何一台运行着的机器、仪器和设备都存在振动现象。

现代设计对各种机械提出了低振级和低噪声的要求，要求各种结构有高的抗振能力，因此有必要进行机械动力结构的振动分析或振动设计，这些都离不开振动的测量。在现代生产中，为了使设备安全运行并保证产品质量，往往需要检测设备运行中的振动信息，进行工况监测、故障诊断，这些都需要通过振动的测试和分析才能实现。

总之，机械振动的测试在生产和科研的许多方面占有重要的地位，振动测试作为一种现代技术手段，广泛应用于机械制造、建筑工程、地球物理勘探和生物医学等领域。

1. 测量内容与目的

振动测量包括两个方面的内容：一是测量机械或结构在工作状态下的振动，如其上某处的位移、速度、加速度、频率和相位等，以便了解被测对象的振动状态；二是对机械或结构施加某种激励，测量其动态特性参数，如固有频率、阻尼比（或阻尼率）、刚度和振型等参数。

振动测量的目的包括分析、判断振源；按国家规范和评定等级标准，进行振动测量；分析振动的形态（振型等振动系统的动态特性）；通过测量，以便研究减振、隔振和抗冲击的理论及材料；确定作用在机械或结构上的动载荷；检查其在运转时的振动特性，检验产品质量，为设计零部件提供依据；校验动力学的理论计算方法（如有限元法）；对运行中的机械或结构进行在线监测、故障诊断及趋势预报，以避免重大事故的发生。

2. 振动测量系统的基本组成和各部分功能

一个振动测量系统的基本组成如图 8.1 所示。

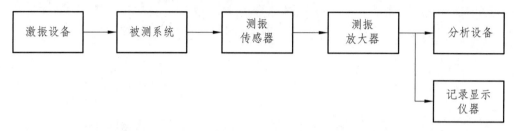

图 8.1　振动测量系统的基本组成

图 8.1 中各部分的功能如下：

（1）激振设备。对被测系统的局部或整体施加某种形式的可调的激励力，使之产生预期的振动，以便测得系统的动态特性参数。使用的激振设备通常有激振器（振动台）和激振锤两类。如果被测系统本身就是一个振动系统，就不需要激振设备。

（2）测振传感器。测振传感器也称拾振器，是振动测量系统中的基本环节，对准确识别振动系统的动态性能至关重要。在电测法中，它将被测系统的振动参量（如位移、速度、加速度等）转变为电信号。常用的测振传感器有磁电式传感器、压电式传感器、应变式传感器和电涡流传感器等。

（3）测振放大器。它将测振传感器转换后的电信号加以放大，以便分析设备的后续分析、处理以及记录显示仪器的记录、显示、绘图等。常用的测振放大器类型有电荷放大器、电压放大器和调制型放大器等。通常在测振放大器中，还设置了微积分网络，以便用一种传感器实现多个振动参量的测量。

（4）分析设备。主要有频谱分析仪，可分为模拟式和数字式两大类。由于快速傅里叶变换（FFT）技术的出现，使频谱分析设备处理数据的速度和能力有了飞跃地发展。由于计算机的快速发展，频谱分析仪的分析功能已完全可在一台工业控制计算机上实现。

（5）记录显示仪器。根据振动测量的不同目的，可将振动测量结果以数据或图表的形式进行记录或显示。常用的记录显示仪器有示波器（oscilloscope）、磁带记录仪、绘图仪、打印机和计算机软盘等。

8.1.2　振动的激励

在振动测量和机械故障诊断中，对于各种振动量的测量大多数是在现场已经产生振动的机器上进行的，即测定机器各部位产生振动量的大小及它的频率或频谱图，以及自、互相关函数等，进而可以了解机器产生振动的原因或传递特性。这时不需要对机器进行激振（如另外给机器或零部件施加频率连续可调的简谐激振力）。但是，为了了解机器的动力特性（如系统固有频率、振型、刚度和阻尼等）、耐振寿命、工作的可靠性，以及对传感器和测振系统的校准等，则必须对机器或模型进行激振试验。因此，对某些机械或零部件及结构进行激振也是振动测量中的重要环节之一，而激振设备必然是振动测量中不可缺少的重要工具。根据振动测量的要求不同，激振设备可分成激振器和振动台两种。前者是将激振器装在另外的物体上，由激振器产生一定频率和大小的激振力，作用于试验对象的某一局部区域上，使试验对象产生受迫振动；后者是将试验对象置于振动台的台面上，由台面提供一定频率、振幅的振动。

在振动试验中需要对被测系统进行振动激励。振动的激励通常可分为稳态正弦激振、随机激振和瞬态激振。

1. 稳态正弦激振

稳态正弦激振是最普遍的激振方法。它是对被测对象施加一个稳定的单一频率的正弦激振力，并测定振动响应和正弦激振力的幅值比与相位差。为测得整个频率范围中的频率响应，必须改变激振力的频率，这一过程称为扫频或扫描。值得注意的是必须采用足够缓慢的扫描速度，以保证被测对象处于稳态振动之中，对于小阻尼系统，尤其应该注意这一点。

稳态正弦激振通常采用模拟的测量仪器，如传递函数分析仪、以小型计算机和 FFT 为核心的频谱分析仪和数据处理机。

2. 随机激励

随机激励一般用白噪声或伪随机信号发生器作为信号源，是一种宽带激振的方法。它使被测对象在一定频率范围内产生随机振动。与频谱分析仪相配合，获得被测对象的频率响应。随机激振系统可实现快速的在线测量，但其设备复杂、价格昂贵。

3. 瞬态激振

瞬态激振也属于宽带激振法。目前常用的方法如下：

1）快速正弦扫描激振

这种方式的激振信号频率在扫描周期 T 中呈线性地增大，但幅值保持不变。激振函数为

$$\begin{cases} f(t+T) = f(t) \\ f(t) = \sin 2\pi(at+b)t \end{cases} \qquad 0<t<T \qquad (8.1)$$

式中，系数 $a = (f_{max} - f_{min})/T$；$b = f_{min}$。

激振信号的上、下限频率 f_{max}、f_{min} 及扫描周期 T 都根据振动试验要求而定。激振函数 $f(t)$ 有着与正弦函数相似的表达式，但因频率不断变化，所以并非正弦激振而属于瞬态激振。

2）脉冲激振

脉冲激振是最方便，也是最常用的一种激振方法。所用的激振设备也最简单。可由一把装有压电式力传感器的锤子来实现，该锤子称为激振锤，又称脉冲锤或力锤，其结构如图 8.2 所示。锤头与锤体之间装有压电式力传感器，有的还在锤的顶部装有一个可以更换的配重。

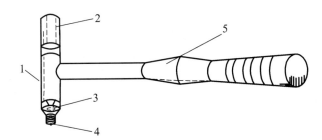

1—锤体；2—配重；3—压电式力传感器；4—锤头；5—手柄。

图 8.2　激振锤的结构示意

脉冲激振时，一个重要的问题是应设法控制其激振力所包含的频率分量的频率范围。为了使响应有足够宽的频率范围，能包括机械或结构中感兴趣的高频成分，则激振的持续时间就应该短一些。通常，希望激振时间比高阶模态的周期短。但是，持续时间太短，由于能量水平太低又激不起所需要的模态，影响响应的测量。另外，激振力的大小又取决于激起各阶模态所需要的能量水平，而过大的激振力对轻小机械或结构可能造成局部的非线性现象。因此，在用激振锤敲击被测量的机械或结构时，其敲击力的大小及脉冲持续时间 τ 的长短决定了测量结果的好坏。通常，测量者需要通过一定时间的操作训练才能掌握。当要求所激起的响应偏于低频范围时，则持续时间应当稍长一些。

为了改变激振的持续时间，激振锤的锤头可以用不同硬度的材料制作，如橡胶、塑料（或尼龙）、铝或钢等。材料的硬度越大，敲击的持续时间就越短，测量的频率范围就越宽。

3）阶跃激振

阶跃激振的激振力来自一根刚度大、重量轻的弦。试验时，在激振点处，由力传感器将弦的张力施加于试件上，使之产生初始变形，然后突然切断张力弦，因此相当于对试件施加一个负的阶跃激振力。阶跃激振属于宽带激振，在电力行业的输电塔结构和建筑行业的建筑结构的振动测量中被普遍应用。

振动的激励可以通过激振器来实现。激振器是对被测对象施加某种预定要求的激振力，激起被测对象的受迫振动的装置。激振器应该在一定频率范围内提供波形良好、幅值足够的交变力合一定的稳定力。此外，激振器应该尽量体积小、重量轻。常用的激振器有电动式、电磁式和电液式 3 种。

8.1.3 测振传感器

在对振动的测量中，测量系统一般由三部分组成：振动传感器、前置放大器、记录仪器。其中，传感器的作用是把机械能转换成电能，即将机械振动信号转换成电压信号输出，此电压信号恰好是机械振动的函数。常用的传感器有加速度传感器、速度传感器、位移传感器等类型。前置放大器主要起传感器和记录仪器间的阻抗匹配作用。记录仪器用来记录输出的电信号，常用的有示波器、电平记录仪、磁带记录仪等，用数字或模拟方式指示测量结果，便于储存、分析和数据处理。

测振传感器即振动测量用传感器，也称为拾振器，它是将被测对象的机械振动量（位移、速度或加速度）转换为与之有确定关系的电量（如电流、电压或电荷）的装置。常用的测振传感器有发电型（如压电式、电动式和磁电式等）和电参数变化型（如电感式、电容式、电阻式和涡流式等）两类。按工作原理分，测振传感器可分为压电式、磁电式、电动式、电容式、电感式、电涡流式、电阻式和光电式等，其中，压电式和应变式加速度计使用较广。压电式和应变式加速度计是用质量块对被测物的相对振动来测量被测物的绝对振动，因此又称为惯性式拾振器。

根据振动测量方法的力学原理，测振传感器可分为惯性式（绝对式）拾振器和相对式拾振器。

按照测量时拾振器是否和被测件接触，测振传感器可分为接触式拾振器，又可分为绝对式、相对式（也叫跟随式）两种；非接触式拾振器。

1. 惯性式拾振器

惯性式拾振器内有一弹簧质量系统，图 8.3 所示为惯性式拾振器的力学模型，它是一个由弹性元件支持在壳体上的质量块所形成的有阻尼的单自由度系统。在测量时，拾振器的壳体固定在被测物体上，拾振器内的质量-弹簧系统（即所谓的惯性系统）受基础运动的激励而产生受迫运动。拾振器的输出为质量块与壳体之间的相对运动对应的电信号。

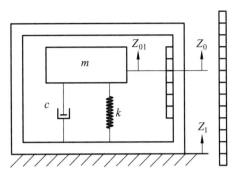

图 8.3　惯性式拾振器的力学模型

由于惯性式拾振器内的惯性系统是由基础运动引起质量块的受迫振动。

（1）对于幅频图，只有当 $\omega/\omega_n \gg 1$，即 $\omega \gg \omega_n$ 的情况下，$A(\omega) \approx 1$，满足幅值测试不失真的条件；当系统的阻尼比接近 0.7 时，$A(\omega)$ 更接近直线。

（2）对于相频图，当 $\omega \ggg \omega_n$ 时，没有一条相频曲线为近似斜率为负的直线，故不能满足动态测试相位不失真的条件；而当 $\omega \gg (7\sim8)\omega_n$ 时，相位差接近 -180°，此时满足相位测试不失真的条件。

根据上述特性，在设计和使用惯性式拾振器时需要注意：

（1）使惯性式拾振器的固有频率较低，同时使系统的阻尼比在 0.6~0.7，这样可以保证工作频率的下限到 $\omega = 1.7\omega_n$，幅值误差不超过 5%。

（2）当使用 $\omega > (7\sim8)\omega_n$ 进行相位测试时，需要用移相器获得相位信息。

上述惯性式拾振器的输入和输出均为位移量，若输入和输出均为速度，基础运动为绝对速度，输出为相对于壳体的相对速度，此时的拾振器为惯性式速度拾振器，其幅频特性为

$$A_v(\mathrm{j}\omega) = \frac{Z_0\omega}{Z_1\omega} = \frac{1}{k} \cdot \frac{(\omega/\omega_n)^2}{\sqrt{[1-(\omega/\omega_n)^2]^2 + 4\xi^2(\omega/\omega_n)^2}} \tag{8.2}$$

可以看出式（8.1）与式（8.2）中的幅频特性一致，这说明惯性式位移拾振器和惯性式速度拾振器具有相同的幅频特性。

若质量块相对于壳体为位移量，壳体的运动为绝对加速度，此时的拾振器为惯性式加速度拾振器，其幅频特性为

$$A_a(\mathrm{j}\omega) = \frac{Z_{01}}{Z_1\omega^2} = \frac{1}{k\omega_n^2} \cdot \frac{1}{\sqrt{[1-(\omega/\omega_n)^2]^2 + 4\xi^2(\omega/\omega_n)^2}} \tag{8.3}$$

根据式（8.3），可绘制其幅频曲线，如图 8.4 所示。

从图 8.4 中可以看出：

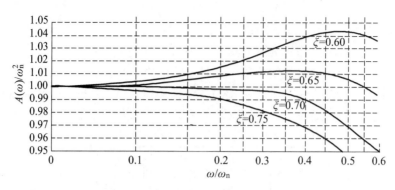

图 8.4　拾振器的幅频特性

（1）当 $\omega = \omega_n$ 时，$A(\omega) \approx 1/\omega_n$ = 常数。当 $\xi = 0.7$ 时，在幅值误差小于 5% 的情况下，拾振器的工作频率为 $\omega \leqslant 0.58\omega_n$。

（2）当 $\xi = 0.7$，$\omega = (0 \sim 0.58)\omega_n$ 时，相频特性曲线近似为一过原点的斜直线，满足动态测试相位不失真的条件。而当 $\xi = 0.1$，$\omega < 0.22\omega_n$ 时，相位滞后近似为 0，接近理想相位测试条件。

由于上述特性，惯性式加速度拾振器可用于宽带测振，如用于冲击、瞬态振动和随机振动的测量。

惯性式拾振器的外壳被固定在被测物上。测振时，拾振器外壳与被测物一起作相同的绝对振动 Z1（或速度 Z1v 或加速度 Z1a），质量块对于外壳的相对振动为 Z01（或速度 Z01v 或加速度 Z01a）。

以 Z1 为输入、Z01 为输出，称为位移拾振器，主要用于低频测量，如地震测量。

以 Z1v 为输入、Z01v 为输出，称为速度拾振器。如传感器章节所介绍的磁电式绝对速度计。

以 Z1a 为输入、Z01a 为输出，称为加速度计。如再利用压电效应或应变将 Z01 转换成电信号，则分别称为压电式加速度计或电阻应变式加速度计。

按国家标准及相应规范，金属切削机床新产品样机应进行多种振动试验，在振动敏感位置安装绝对式拾振器监测振动，作为评定机床等级的主要指标之一。

2. 压电式加速度拾振器

压电式加速度拾振器是一种以压电材料为转换元件的装置，其电荷或电压的输出与加速度成正比。由于它具有结构简单、工作可靠、量程大、频带宽、体积小、质量轻、精确度和灵敏度高等一系列优点，目前已成为振动测试技术中使用最广泛的一种拾振器。

由于压电式加速度拾振器所输出的电信号是很微弱的电荷，而且拾振器本身又有很大的内阻，故输出的能量甚微。为此，常将输出信号先输入到高输入阻抗的前置放大器内，使该拾振器的高阻抗输出变换为低阻抗输出，再将其输出的微弱信号进行放大、检波，最后驱动指示仪表或记录仪器，显示或记录测试的结果。一般前置放大器电路采用带电容反馈的电荷放大器，其输出电压与输入电荷成正比。使用电荷放大器时，电缆长度变化的影响几乎可以忽略不计，因此电荷放大器的应用日益增多。

压电式加速度拾振器的安装方法主要有钢螺栓固定、黏结、永久磁铁和手持探针这四种方法。多数厂家配套提供绝缘螺栓、薄云母垫片、永久磁铁片及探针。黏结剂可用 502 胶水和薄蜡等。共振频率与加速度拾振器的固定方式有关，用钢螺栓及硬性黏结固定时降低很少，用永久磁铁固定时降低较大。手持探针法仅能测 1 kHz 以下的振动，方便随时更换测点，但测量误差较大，重复性差。

8.1.4　测振参数测量方法

机械系统（或结构）的振动参数测量主要是指测定振动体（或振动体上某一点）的位移（或结构的应力与应变）、速度、加速度的大小，以及振动的频率、周期、相位角、阻尼等。在振动研究中，还需通过实验测定（或确定）振动系统的动态参数，即固有频率、阻尼、振型、广义质量、广义刚度等。对于不同振动物理量的测量，其测量方法也就不同。这里仅介绍几种主要物理量测量的常用基本方法及实例。

1. 振幅的测量方法

在振动测量中，有时往往不需要测量位移的时间历程（响应）曲线，而只需要测量其振动体的位移幅值（峰值）。测量振动体振幅的方法很多，如读数显微镜法、电测法、全息摄影法等。

1）读数显微镜法

读数显微镜测量振幅装置如图 8.5 所示。

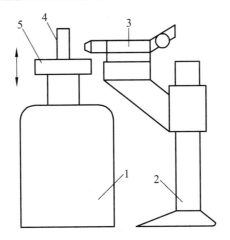

1—振动台；2—支架；3—显微镜；4—目标；5—振动体。

图 8.5　读数显微镜测量振幅装置示意图

测量时，读数显微镜必须严格固定在不动的支架上。另外，在振动体上安装一个能被照亮的目标，在此目标上画一细痕，或粘上一个贴有人造彩色蛛丝的微小反射镜，也可贴上一小块金刚砂纸，如图 8.6 所示。在灯光照射下，反射光通过读数显微镜，就可以测量出振动体的位移峰值。

读数显微镜可以测量的振幅范围，主要是由读数显微镜厂商的放大倍数来确定。常用的有 0.5 μm~1 mm，1 μm~1 mm，50 μm~50 mm 等几种类型。例如，合肥远中计量检测仪器有限公司生产的 JC-10 型读数显微镜的规格如下：测量范围：0~1 mm，放大倍数 20 倍，读数刻度值 0.01 mm。

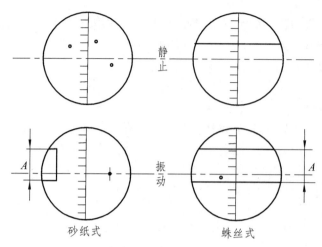

图 8.6　读数显微镜的目标刻画与测量

2）电测法

由于振动测量时所使用的传感器及放大器等仪器不同，相应的测量系统也不同。这里仅介绍由 CD-1 型磁电式速度传感器及 GZ-2 型测振仪所组成的测量系统。GZ-2 型测振仪的原理如图 8.7 所示。

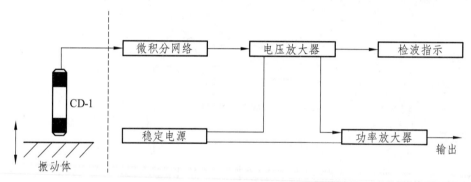

图 8.7　GZ-2 型测振仪原理框图

如前所述，CD-1 型磁电式速度传感器的输出电动势正比于被测振动体的振动速度，而且能提供比较大的测量功率。因此，针对配用磁电式速度传感器的 GZ-2 型测振仪就不用设置阻抗变换器了。为了测量振动的位移和加速度，该仪器配置了一个微积分网络。使用积分网络即可测得振动体的位移；使用微分网络则可测得振动体的加速度。

该仪器的电压放大器和检波指标计实际上是一个指示电信号有效值的电压表。因此，在测量时存在着读数换算的问题。

2. 振动频率的测量方法

简谐振动的频率测量是频率测量中最简单的，它是测量复杂振动频谱的基础。因此，这里仅介绍简谐振动频率的测量方法。

1）比较法

比较法就是用同类的已知量与被测的未知量进行比较，从而确定未知量的大小。常用的比较法有李萨如图形法和录波比较法。

（1）李萨如图形法。用李萨如图形法测量简谐振动频率的测量系统如图 8.8 所示。测量时，振动体的振动信号通过 CD-1 型磁电式速度传感器、GZ-2 型六线测振仪，输入到阴极射线示波器的 y 轴，而在示波器的 x 轴，由信号发生器输入一个已知的周期信号。当振动体的振动频率恰好等于已知的输入周期信号的频率时，示波器的屏幕上将出现一个椭圆图形，称为李萨如图形。在实际测量中，调节信号发生器中的频率，使示波器上得到椭圆图形，此时，从信号发生器上读得的频率即为振动体的振动频率。

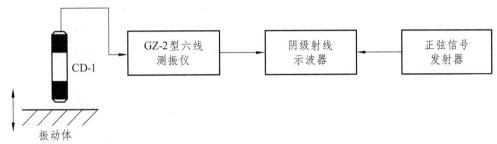

图 8.8　李萨如图形法测量简谐振动频率的测量系统框图

（2）录波比较法。所谓录波比较法，就是把被测振动信号和时标信号（信号发生器提供一个等间距的脉冲信号，称为时标信号）一起输入记录和分析仪器（如计算机中的数据采集卡）的两路，再对该两路信号的周期（周期的倒数是频率）进行比较，从而确定被测信号的频率。用录波比较法测量振动频率的测量系统如图 8.9 所示。

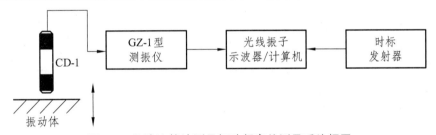

图 8.9　录波比较法测量振动频率的测量系统框图

测量时，将 CD-1 型磁电式速度传感器获得的振动信号经 GZ-1 型测振仪积分并放大后输入数据采集卡的其中一路。另由信号发生器发生的时标脉冲信号也输入数据采集卡的另一路。如果把零线的位置和幅度的大小都调节适当，就可得到如图 8.10 所示的波形。

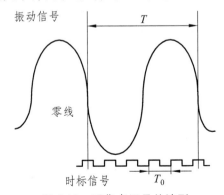

图 8.10　采集卡记录的波形

由图 8.10 可知，$T = nT_0$（T 为被测振动信号的周期，T_0 为时标脉冲信号的周期），故有

$$T = \frac{1}{n} f_0 \qquad\qquad (8.4)$$

式中，f 为被测振动信号的频率（Hz）；f_0 为时标脉冲信号的频率（Hz）；n 为时标脉冲信号与被测振动信号的频率之比，可以在图上直接数出。一般 n 为 5~10。

2）直读法

直读法就是直接用专用仪表读出频率。测量频率的直读仪器有两种：一种是指针式频率计，另一种是数字式频率计。数字式频率计由于采用数字化显示，使用起来更为方便和精确，因此得到了广泛的应用。无论采用哪种频率计，首先要用传感器将振动信号转变成交变的电压信号，再将这一电压信号输入到频率计，便可测出其频率。图 8.11 所示为直读法测频系统框图。

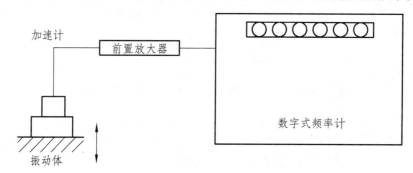

图 8.11　读法测频系统框图

3. 同频简谐振动相位差的测量方法

测量同频简谐振动相位差的方法有很多种，如线性扫描法、椭圆法和利用相位计直接测量法（相位计法）等。由于线性扫描法和椭圆法均需要进行作图或计算求得，使用时就很不方便，目前很少采用。这里仅介绍相位计法。

目前，通用的相位计有指针式和数字式两种，后者由于采用数字化显示，使用起来更为方便和精确。

相位计所指示的数值，是输入相位计的两个电信号之间的相位差，因此，在将振动信号转换成相位计的输入信号的过程中，要注意防止相位失真。用相位计测量相位差的测量系统如图 8.12 所示。

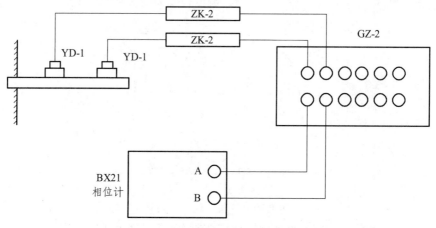

图 8.12　相位计测相位差的测量系统框图

测量时，必须采用两个相同型号的压电式加速度计和两个相同型号的阻抗变换器，并用同一台测振仪的两路来放大信号，最后将测振仪输出的两个信号分别接到相位计的 A 和 B 通道。此时，在相位计上显示出一个相位角数值，这就是 A 通道信号超前 B 通道信号的相位角。如果振动信号是由几个频率叠加而成时，就必须作滤波处理后再进行相位测量。

4. 机械系统固有频率的测量方法

固有频率是机械振动系统的一个重要特征，它由振动系统本身的参数所决定。研究振动问题时，在很多情况下，需要首先确定系统的固有频率。

1）固有频率和共振频率的定义

（1）对于无阻尼单自由度振动系统其运动方程为

$$x = A\sin(\omega_n + \alpha) \tag{8.5}$$

式中，A 为无阻尼自由振动的振幅；ω_n 为系统的固有频率，即 $\omega_n = \sqrt{k/m}$。

（2）对于有阻尼单自由度振动系统其运动方程为

$$x = Ae^{-nt}\sin(\omega_{n1} + \alpha) \tag{8.6}$$

式中，ω_{n1} 为有阻尼系统的固有频率；n 为阻尼系数，$n = c/2m$。

（3）对于有阻尼单自由度受迫振动（激振力为 $F = F_0\sin\omega t$）其稳态运动方程为

$$x = B\sin(\omega t - \varphi) = \frac{F_0/m}{\sqrt{(\omega_n^2 - \omega^2)^2 + 4n^2\omega^2}}\sin(\omega t - \varphi) \tag{8.7}$$

式中，B 为受迫振动的振幅；φ 为受迫振动的相位；ω 为激振力的频率。

稳态振动速度为

$$\dot{x} = \omega B\cos(\omega t - \varphi) \tag{8.8}$$

稳态振动加速度为

$$\ddot{x} = -\omega^2 B\sin(\omega t - \varphi) = \omega^2 B\sin(\omega t + \pi - \varphi) \tag{8.9}$$

从上述关系式可以看出，假定激振力的力幅 F_0 不变，但频率 ω 变化时，振动的位移幅值 B、速度幅值 ωB 以及加速度幅值 $\omega^2 B$ 也将随之而变化。下面将分别研究这些幅值各自在什么条件下达到它们各自的最大值。

首先研究位移幅值的极值条件。由式（8.7）可知位移幅值为

$$B = \frac{F_0/m}{\sqrt{(\omega_n^2 - \omega^2)^2 + 4n^2\omega^2}}$$

可以推断，B 在它的极值时取得最大值，则可求 $1/B^2$ 的极值。于是可得

$$\frac{\mathrm{d}}{\mathrm{d}\omega}[(\omega_n^2 - \omega^2)^2 + 4n^2\omega^2] = 0$$

解此式得

$$\omega = \omega_n\sqrt{1 - 2\zeta^2} \tag{8.10}$$

式中，ζ 为阻尼比（或称相对阻尼系数），$\zeta = n/\omega_n$。

用同样的方法可求得速度幅值的极值条件为

$$\omega = \omega_n \tag{8.11}$$

加速度幅值的极值条件为

$$\omega = \omega_n \sqrt{1 + 2\zeta^2} \tag{8.12}$$

通常所说的共振，是指当激振频率达到某一频率时，振动的幅值达到最大的现象。但以上分析说明：振动的位移幅值、速度幅值和加速度幅值其各自达到极值（对单自由度系统来说，这里的极值就是最大值）时的频率是互不相同的，只有"速度共振频率"等于无阻尼固有频率。由此可见，在简谐激振力激振的条件下，可以有 3 种"共振"频率，分别称之为"位移共振频率""速度共振频率"和"加速度共振频率"。但是，在小阻尼情况下，上述 4 种频率相差极小。

2）"速度共振"相位判别法

用简谐力来激振，造成系统共振，以寻找系统的固有频率的方法，是一种很常用的方法。这时，人们可以根据任一种振动量的幅值共振来判定共振频率。但在阻尼较大的情况下，不同的测量方法得出的共振频率将略有差别，而且，用幅值变化来判定共振频率，有时不够敏感。

在用简谐力激振的情况下，用相位法来判定"速度共振"是一种较为敏感的方法，而且速度共振时的频率就是系统的无阻尼固有频率，可以排除阻尼因素的影响。

相位判别法是根据速度共振时的特殊相位值以及共振点前后的相位变化规律所提出来的一种共振判别法。

"速度共振"相位判别法测量系统如图 8.13 所示。

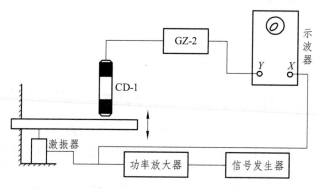

图 8.13   "速度共振"相位判别法测量系统框图

测量时，将激振信号与经磁电式速度传感器、测振仪的输出信号分别接入示波器的 x 轴与 y 轴输入端，这时示波器的屏幕上将显示出一个椭圆图像。根据图像来判别共振的方法可分以下两种情况：

（1）磁电式速度传感器判别共振用磁电式速度传感器作为拾振时，经测振仪放大后所反映的是振动体的速度信号，即 $\omega B \cos(\omega t - \varphi)$，该信号输入示波器的 y 轴，而示波器的 x 轴则输入激振力的信号 $F_0 \sin \omega t$。此时，示波器的 x 轴与 y 轴上的信号分别为

$$x = F_0 \sin \omega t$$

$$y = \omega B \cos(\omega t - \varphi) = \omega B \sin\left(\omega t + \frac{\pi}{2} - \varphi\right)$$

$$\tan\varphi = \frac{2n\omega}{\omega_n^2 - \omega^2}$$

上述信号使示波器的屏幕上显示椭圆图像。发生速度共振时，$\omega = \omega_n$，$\varphi = \pi/2$。因此，x 轴的信号与 y 轴的信号相位差为 0°。根据李萨如原理可知，屏幕上的图像应是一条直线。而当 ω 略大于 ω_n 或略小于 ω_n 时，图像都由直线变为椭圆，其变化过程如图 8.14（a）所示。因此，记下图像变为直线时的频率，便是振动体的速度共振频率。

使用速度传感器来判定共振频率时，应注意所用的传感器本身的使用频率下限应远小于振动体的固有频率。

（2）压电式加速度传感器判别共振若用压电式加速度传感器拾振时，则将图 8.13 所示的 CD-1 磁电式速度传感器换成压电式加速度传感器，同时，将 8.13 图中的 GZ-2 测振仪换成电荷放大器即可。此时，x 轴与 y 轴上的信号分别为

$$x = F_0 \sin\omega t$$

$$y = -\omega^2 B \sin(\omega t - \varphi) = \omega^2 B \sin(\omega t + \pi - \varphi)$$

$$\tan\varphi = \frac{2n\omega}{\omega_n^2 - \omega^2}$$

发生共振时，$\varphi = \pi/2$，这时 x 轴与 y 轴的相位差为 $\pi - (\pi/2) = \pi/2$。根据李萨如原理，屏幕上的图像将是一个正椭圆，如图 8.14（b）所示。而当 ω 略大于或略小于 ω_n 时，图像将变为斜椭圆，并且其轴线所在象限也将发生变化。因此，记下图像变为正椭圆时的频率，便为振动体的无阻尼固有频率。

使用加速度传感器来判定共振频率时，应注意所用的传感器本身的使用频率上限远大于被测振动体的固有频率。

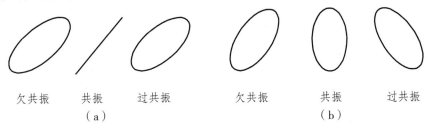

| 欠共振 | 共振 | 过共振 | 欠共振 | 共振 | 过共振 |
| （a） | | | （b） | | |

图 8.14　李萨如原理

5. 阻尼的测量方法

振动系统的衰减系数是一种导出量，虽然它和阻尼有直接关系，但系统的阻尼是很难直接测量的。相反，人们往往通过测量衰减系数再来推算阻尼。而衰减系数的测量也不能直接进行，它是通过测量振动系统的某些参量，再计算得到的。

一个有阻尼的单自由度振动系统，其自由振动的波形如图 8.15 所示。这是一个逐渐衰减的振动，它的振幅按指数规律衰减，衰减系数为 n。在振动理论中，常用"对数衰减比"来描述其衰减性能，它定义为两个同相相邻波的幅值比的自然对数值。根据图 8.15 所示的波形可知其对数衰减比 δ 为

$$\delta = \ln\frac{A_1}{A_3} = nT_d \tag{8.13}$$

$$n = \left(\ln \frac{A_1}{A_3} \right) \frac{1}{T_d} \tag{8.14}$$

式中，T_d 为衰减振动周期。

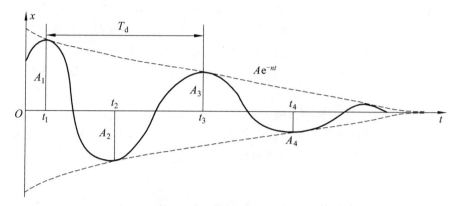

图 8.15　有阻尼自由振动波形图

从图 8.15 中的振动波形图上量得 A_1、A_3、T_d 3 个值，则可按式（8.13）即可算出衰减系数比 n。若将 $T_d = 2\pi / \sqrt{\omega_n^2 - \omega^2}$ 代入式（8.13），则可得 Ae^{-nt}

$$\delta = \frac{2\pi n}{\sqrt{\omega_n^2 - \omega^2}} = \frac{2\pi\zeta}{\sqrt{1 - \zeta^2}} \tag{8.15}$$

当阻尼比 ζ 较小时，$\sqrt{1 - \zeta^2} \approx 1$，则有

$$\delta \approx 2\pi\zeta \tag{8.16}$$

式（8.16）只有在 $\zeta < 0.2$ 时才有较好的近似性。

对于单自由度系统，求出衰减系数后，就可以用来计算其阻尼系数 c。

对于单自由度直线振动系统，阻尼系数为

$$c = 2mn \tag{8.17}$$

对于有阻尼单自由度扭振系统，阻尼系数为

$$c = 2In \tag{8.18}$$

式中，I 为扭振系统对转轴的转动惯量。

自由振动法通常只能用来测量第一阶振型的衰减系数，若用此法来测量高阶振型衰减系数，则必须首先激振出该阶振型，然后再突然撤去激振力，以获得该阶振型的衰减过程，记录波形后便可用同样的方法来计算衰减系数。

8.1.5　测试系统的校准

为了保证振动测试与试验结果的可靠性与精确度，即为了保证机械振动测量的统一和传递，国家建立了振动的计量标准和测振传感器的检定标准并设有标准测振装置和仪器作为量值传递基准。对于新生产的测振传感器都需要对其灵敏度、频率响应、线性度等进行校准，以保证测量数据的可靠性。此外，由于测振传感器的某些电气性能和机械性能会因使用程度和随时间而变化，传感器使用一段时间后灵敏度会有所改变，像压电材料的老化会使灵敏度每年降低 2%~5%，因此测试仪器必须定期按它的技术指标进行全面严格的标定和校准。使用中还经常碰到各种类型的拾振器和放大器、记录设备配套问题，进行重大测试工作之前常常需要作现场校准或某些特性校准，以保证获得满意的结果。所以灵敏度和使用范围的各项参数指标需要重新确定，也即重新标定。标定的过程一般分为三级精度：国家计量院进行的标定是一级精度的标准传递。在此处标定出的传感器叫标准传感器，它具有二级精度，用标准传感器可以对出厂的传感器和其他方式使用的传感器进行标定，得到的传感器具有三级精度，也就是我们在试验现场所用的传感器。

传感器进行标定时，应有一个对传感器产生激振信号，并知其振源输出大小的标准激振设备。标准振源设备主要是振动台和激振器，激振器可安装在被测物体上直接产生一个激振力作用于被测物上。而振动台则是把被测物装在振动平台上，振动台产生一个变化的位移而对被测物体施加激振。激振设备可以产生振幅和频率可调的振动，是测振传感器校准不可缺少的工具。下面介绍这类校准方法。常用的灵敏度标定方法有绝对法、相对法和校准器法。下面介绍前两者。

1. 绝对法

绝对法一般是由国家计量院实行一级标定所用的方法，用来标定二级精度的标准传感器。将被标定的传感器固定在标定振动台上，用激光干涉测振仪直接测量振动台的振幅，再和被标定的传感器的输出比较，以确定被标定传感器的灵敏度。这种用激光干涉仪的绝对校准法。其校准误差是 0.5%~1%。此法同时也可测量传感器的频率响应。例如，用我国的 BZD-1 中频校准振动台配上 GDZ-1 光电激光干涉测振仪，在 10~1 000 Hz 有 0.5%~1%的校准误差，在 1~4 kHz 有 0.5%~1.5%的校准误差。此法设备复杂，操作和环境要求高，只适合计量单位和测振仪器制造厂使用。其原理如图 8.16 所示，其中正弦信号发生器的输出，一路经功率放大后去推动振动台，另一路送频率测量仪作频率测量的参考信号，被校准的压电加速度计的输出经电荷放大器后用高精确度数字电压表读出。干涉仪的工作台台体移动 $\lambda/2$（常用的氦氖激光波长 $\lambda = 0.632\,8\ \mu m$），光程差变化一个波长 λ，干涉条纹移动一条。所以根据移动条纹的计数可以测出台面振幅。再根据实测的频率可以算出传感器所经受的速度或加速度。

在进行频率响应测试时，使信号发生器做慢速的频率扫描，同时用反馈电路使振动台的振动速度或加速度幅值保持不变，并测量传感器的输出，便可给出被校速度或加速度传感器的频响曲线。在振动台功率受限制时，高频段台面的振幅相应较小，振幅测量的相对误差就会有所增加。

2. 相对法

相对法又称为背靠背比较标定法。将待标定的传感器和经过国家计量等部门严格标定过的标准传感器背靠背地（或仔细地并排）安装在振动台上承受相同的振动。将两个传感器的输出进行比较，就可以计算出在该频率点被校准传感器的灵敏度。这时，标准的传感器起着传递"振动标准"的作用。通常称为参考传感器。图 8.17 所示为这种相对校准加速度计的一个简图。其中，μ_a、μ_r 分别为被校准传感器和参考传感器的输出。这时被校准传感器的灵敏度为

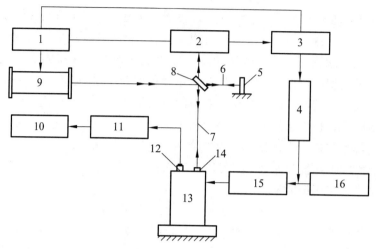

1—电源；2—光电倍增管；3—放大器；4—频率测量仪；5—参考反射镜；6—参考光束；
7—测量光束；8—分束器；9—氦氖激光器；10—数字电压表；11—电荷放大器；12—拾振器；
13—振动台；14—测量反射镜；15—功率放大器；16—正弦信号发生器。

图 8.16 利用振动台和激光干涉仪的绝对校准法

$$S_\partial = S_r \frac{\mu_\partial}{\mu_r} \tag{8.19}$$

式中，S_r 为参考传感器的灵敏度；μ_∂、μ_r 分别为被校准传感器和参考传感器的输出或放大器的输出电压（当放大倍数相同时）。

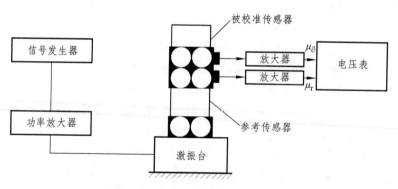

图 8.17 用相对法标定加速度计

振动传感器应定期校准。任何外界干扰，包括地基的振动，都会影响校准工作，带来误差。故高精度的校准工作应在隔振的基座上进行。对于工业现场来说，这是一件很难办到的事。而实际的校准工作却又要求在模拟现场工作环境（温度、湿度、电磁干扰）下进行。考虑到工业中用于振动工况监测的传感器首先追求的是其可靠性，而不是很高的精确度等级，所以一个可行的办法是测量振动台基座的绝对振动，同时再测量台面对基座的相对振动，经过信号叠加处理获得台面的绝对振动值，也就是传感器的振动输入值。

8.2 位移的测量

位移是指物体或其某一部分的位置对参考点产生了偏移量。位移方式可以是直线位移或角位移。位移的量值范围差异很大（微米至毫米以下，或几十至几百毫米；秒、分、度以下或几度至几十度）。

位移的测量是线位移和角位移测量的统称。实际上就是长度和角度的测量。位移是矢量，它表示物体上某一点在两个不同瞬间的位置变化。因而对位移的度量，应使测量方向与位移方向重合，这样才能真实地测量出位移量的大小。

位移的测量在工程中应用很广。这不仅因为机械工程中经常要求精确地测量零部件的位移、位置和尺寸，而且许多机械量的测量往往可以先通过适当的转换变成为位移的测试，然后再换算成相应的被测物理量。例如，在对力、扭矩、速度、加速度、温度、流量等参数的测量中，常常采用这种方法。

位移测量包括长度、厚度、高度、距离、物位、镀层厚度、表面粗糙度、角度等的测量。位移测量时，应当根据不同的测量对象，选择适当的测量点、测量方向和测量系统。位移测量系统是由位移传感器、相应的测量放大电路和终端显示装置组成。位移传感器的选择恰当与否，对测量精度影响很大，必须特别注意。

8.2.1　常用位移传感器

根据传感器的变换原理，常用的位移测量传感器可以分为电阻式、电感式、电容式、磁电式和光电式等，针对位移测量的应用场合，可以采用不同用途的位移传感器。表 8.1 列出了常见位移传感器的主要特点和使用性能。

表 8.1　常见位移传感器的主要特点和使用性能

类　型			测量范围	精确度	直线性	特　点
电阻式	变阻器	线位移	1~1 000 mm①	±0.5%	±0.5%	结构牢固、寿命长，但分解力差、电噪声大
		角位移	0~60 rad	±0.5%	±0.5%	
	应变式	非粘贴	±0.15%应变	±0.1%	±1%	不牢固
		粘贴	±0.3%应变	±(2%~3%)		使用方便，需温度补偿
		半导体	±0.25%应变	±(2%~3%)	满量程±20%	输出幅值大，温度灵敏度高
电感式	自感式	变气隙型	±0.2 mm	±1%	±3%	只适用于微小位移测量
		螺管型	1.5~2 mm			测量范围较变气隙型宽，使用方便可靠，动态性能较差
		特大型	300~2 000 mm		±0.15%~1%	
	互感式	旋转变压器	±60°①	1%	±0.1%	非线性误差与电压比和测量范围有关
		差动变压器	±0.08~75 mm①	±0.5%	±0.5%	分辨力好，受到磁场干扰时需屏蔽
		感应同步器	直线式	10⁻³~10⁴ mm①	10 μm/1 m		模拟和数字混合测量系统，数字显示（直线式同步器的分辨力可达 1 μm）
			旋转式	0~360°	±0.5		
		磁尺	长磁尺	10⁻³~10⁴ mm①	5 μm/1 m		测量时工作速度可达 12 m/min
			圆磁尺	0~360°	±1		
	涡流式		±2.5~250 mm①	± %~3%	<3%	分辨力好，受被测物材料，形状影响

续表

类 型			测量范围	精确度	直线性	特 点
电容式	变面积		$10^{-3}\sim10^{3}$ mm①	±0.005%	±1%	受介电常数随温度和湿度变化的影响
	变间距		$10^{-3}\sim10$ mm①	0.1%		分辨力很好,但线性测量范围小
磁电式	霍尔元件		±1.5 mm	0.5%		简单,动态特性好
光电式	遮光式	计量光栅 长光栅	$10^{-3}\sim10^{3}$ mm	0.2~1 μm/1 m		模拟和数字混合测量系统。数字显示(长光栅利用干涉技术,可分辨 1 pm)
		圆光栅	0~360°	±0.5		
	反射式	激光干涉仪	几十米①	$10^{-8}\sim10^{-7}$		分辨率可达 0.1 pm 以下
	吸收式	射线物位计	0.1~100 mm①②	0.5%		可测高温,高压及腐蚀性容器内物位
超声波(测距、测厚)			0.1~400 mm①②	45 μm/ mm		抗光电磁干扰,可测透明,抛光体
编码器	光电式		0~360°	10^{-6}r		分辨力好,可靠性高
	接触式		0~360°	10^{-6}r		

注:① 指这种传感器类型能够达到的最大可测范围,但每种规格的传感器都有其一定的远
   小于此范围的量程。
   ② 指这种传感器的测量范围,受被测物的材料或力学性质影响较大,表中数据为钢材
   的测量范围。

8.2.2 光栅式传感器

光栅式传感器在线位移和角位移的测量中均有广泛的应用。光栅作为一种检测元件,还可以用振动、速度、加速度、应力和应变等测量。另外,它还可以用于特殊零件或特殊环境下的轮廓测量,如热轧钢板在热状态下的平面度、飞机机翼及涡轮叶片形状等。

光栅传感器具有如下特点:

(1)精度高。光栅传感器在大量程测长或直线位移方面的精度仅低于激光干涉传感器,长光栅测量精度可达 0.5~3 μm/3 000 mm,分辨率可达 0.05 μm;而圆分度和角位移测量方面精度最高,精度可达 0.15″,分辨率可达 0.1″,甚至更小。

(2)兼有高分辨率和大量程两种特性。感应同步器也具有大量程测量的特点,但分辨率和精度都不如光栅传感器。

(3)可实现数字化动态测量,易于实现测量和数据处理的自动化。

(4)具有较强的抗干扰能力。它不仅可以用于实验室条件,也可以应用在精密加工车间中的数控机床。

(5)获得高精度的光栅尺价格较贵,其成本比感应同步器高。

(6)制造量程大于 1 m 的光栅尚有困难,但可以接长。

(7)采用增量式测量,与编码盘等绝对式测量相比,在高速工作时易产生误差。

1. 光栅式传感器的基本原理和分类

1）光栅式传感器的组成和结构

光栅（grating）是在基体上刻有均匀分布条纹的光学元件。在光栅上的刻线称为栅线，若不透光的栅线宽度为 a，能够透光的缝隙宽度为 b，则 $W = a + b$ 称为光栅的栅距（也称光栅常数或光栅节距），它是光栅的重要参数，如图 8.18 所示。通常 $a = b$ 或 $a : b = 11 : 9$。常用的线纹密度一般为 100 线/mm、50 线/mm、25 线/mm 和 10 线/mm。

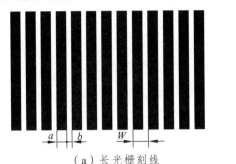
（a）长光栅刻线

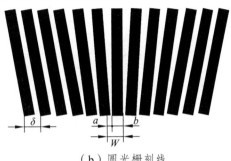
（b）圆光栅刻线

图 8.18　栅线放大

光栅式传感器主要由标尺光栅指示光栅和光学系统组成。两块栅距相同的光栅，其中较长的光栅类似于长刻线尺，称为标尺光栅（也称主光栅），其有效长度即为测量范围；另一块光栅很短，称为指示光栅，它通常与光学系统等组成读数头。两光栅刻线面相对叠合，中间留很小的间隙 d，便组成了光栅副。为获得较强反差，指示光栅应位于标尺光栅的菲涅耳（Fresnel）焦平面上，即取

$$d = W^2 / \lambda \tag{8.20}$$

式中，λ 为有效光波长。

如图 8.19 所示，将光栅副置于由点光源和凸透镜形成的平行光束的光路中，使其中一片光栅（通常为指示光栅）固定，另一片光栅（通常为标尺光栅）随着被测物体移动，则通过两光栅的光线强度也随之变化。用光电元件接收此光线强度信号，经电路处理后，用计数器可得标尺光栅移过的距离。

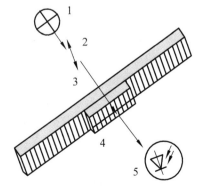

1—点光源；2—凸透镜；3—标尺光栅；4—指示光栅；5—光电元件。

图 8.19　光栅传感器的结构

2）莫尔条纹现象

光栅式传感器利用光栅的莫尔条纹现象进行测量。如图 8.20（a）所示，若标尺光栅与指示光栅栅线之间有很小的夹角 θ，则在近似垂直于栅线的方向上可显示出比栅距 W 宽得很多的明暗相间的条纹，这些条纹称为"莫尔条纹"其信号光强分布如图 8.20（b）所示，也表现为明暗相间。法语"莫尔（Moire）"的原意为丝绸的波纹花样，两光栅可产生类似的花样。当标尺光栅沿垂直于栅线的 x 方向每移动一个栅距 W 时，莫尔条纹沿近似栅线方向移过一个条纹间距。

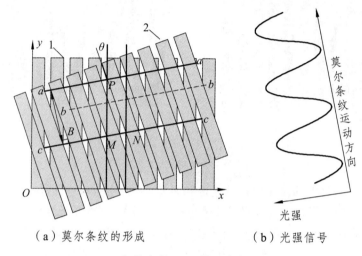

（a）莫尔条纹的形成   （b）光强信号

1—标尺光栅；2—指示光栅。

图 8.20　莫尔条纹

莫尔条纹的形成实质上是光在通过光栅副时衍射和干涉的结果，但对于栅距较大的黑白光栅，则可按照光直线传播的几何光学原理，利用光栅栅线的遮光效应，来解释莫尔条纹的形成，并求得光栅副结构参数与莫尔条纹几何图案之间的关系。如图 8.20（a）所示，在 a—a 线上两光栅的栅线相交重叠，光线透过缝隙形成亮带；在 b—b 线上两光栅的栅线彼此错开，互相挡住缝隙，光线透不过，形成暗带；而在 c—c 线上又形成亮带。这就是前面提到的比栅距 W 宽得多的莫尔条纹，在两个亮带之间距离 B 为莫尔条纹的宽度。栅线的形状和排列方向不同，能够形成各种形状的莫尔条纹。

若两片光栅的栅距相同，PQ 为图 8.20（a）中等腰 $\triangle MNP$ 底边上的高，如图 8.21 所示，则 PQ 的长度为莫尔条纹的宽度 B，PQ 平分 $\angle MPN$，即

$$\beta = \theta / 2 \tag{8.21}$$

且 PQ 垂直平分线段 MN，即

$$l = W / 2 \tag{8.22}$$

于是，莫尔条纹的宽度为

$$B = \frac{l}{\sin \beta} = \frac{W/2}{\sin(\theta/2)} \tag{8.23}$$

式中，W 为光栅常数；θ 为两片光栅栅线的夹角。

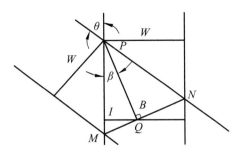

图 8.21　莫尔条纹宽度计算

3）莫尔条纹的特性

莫尔条纹有如下重要特性：

（1）运动对应关系。莫尔条纹的移动量和移动方向与标尺光栅相对于指示光栅的位移量和位移方向有严格的对应关系。从图 8.20 中可以看出，当标尺光栅向右运动一个栅距 W 时，莫尔条纹向下移动一个条纹间距 B；如果标尺光栅向左运动，则莫尔条纹向上移动。光栅传感器在测量时，可以根据莫尔条纹的移动量和移动方向判定标尺光栅（或指示光栅）的位移量和位移方向。

（2）位移放大作用。光栅副中，由于 θ 很小（$\sin(\theta/2)\approx\theta/2$），由式（8.23）可得近似关系

$$B \approx W / \theta \tag{8.24}$$

明显看出莫尔条纹具有放大作用，其放大倍数为 $K = B/W\approx 1/\theta$。一般角 θ 很小，W 可以做到约 0.01 mm，而 B 可以到 6~8 mm。采用特殊电子电路可以区分出 $B/4$ 的大小，因此可以分辨出 $W/4$ 的位移量。

（3）误差均化效应。莫尔条纹是由光栅的大量栅线（常为数百条）共同形成的，对光栅的刻画误差有均化作用。因此，莫尔条纹能在很大程度上消除栅距的局部误差和短周期误差的影响，个别栅线的栅距误差、断线及疵病对莫尔条纹的影响很微小。若单根栅线的位置误差的标准差为 σ，则 n 条栅线形成的莫尔条纹的位置误差的标准差为 $\sigma_n \approx \sigma / \sqrt{n}$。这说明莫尔条纹的位置准确性很高，进而测量精度也很高。

4）莫尔条纹信号的质量指标

莫尔条纹信号的质量指标影响莫尔条纹信号质量的因素包括光栅本身的质量（如光栅尺坯质量、光栅尺的刻画质量）、光栅副的工作条件等。莫尔条纹的原始质量对于光栅系统能否正常工作以及电子细分精度有重要的影响。目前，常用的评定莫尔条纹信号质量的指标有如下几项：

（1）信号的正弦性。莫尔条纹的输出信号是基波条纹和各次谐波条纹的叠加。正弦性用各次谐波含量大小表示，谐波含量越小越好，细分精度可越高。

（2）输出信号的直流电平漂移。在光电转换输出的电压信号中，既有交流分量，又有直流分量。直流分量在全量程范围内的变动，称为直流电平漂移。引起漂移的原因是光栅透光度的变化、光电器件本身的直流漂移和光强的变化等。在电路中，常由全量程所有正弦波的平均过零电平调整整形电路的触发电平确定。但就某一测试位置，输出信号的直流分量不一定正好等于平均过零电平。直流电平的漂移会带来细分误差，应该使漂移最小。

（3）输出信号的对比度。为表示莫尔条纹明暗的反衬程度（称为反衬度或反差），常用对比度 C 和调制度 M 表示，如图 8.22 所示。对比度为

$$C = \frac{u_{max} - u_{min}}{u_{max}} \tag{8.25}$$

式中，u_{max} 为输出信号基波最大值；u_{min} 为输出信号基波最小值。

若用调制度表示，则有

$$M = u_1 / u_0 \tag{8.26}$$

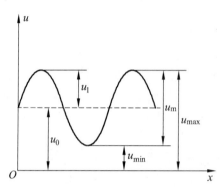

图 8.22 光电器件输出的基波信号

影响输出信号对比度的主要因素有光源单色性、光强稳定性、光源尺寸、接收窗口尺寸、光栅的衍射作用、光栅质量及光栅副间隙等。如果对比度太低，说明输出信号太小，易被噪声淹没，使电路处理困难。

（4）输出信号幅度的稳定性。输出信号幅度的稳定性是指在全量程范围内，输出信号的基波幅值 u_1 的波动量。光强不稳定和光栅运动速度不均匀，会使 u_2 值波动，影响输出信号的稳定性。

（5）输出信号的正交性和等幅性。实际使用中，常用 2 个或 4 个光电转换器件同时接收莫尔条纹信号。为使相邻输出信号之间相位差成 90°，转换器件置于不同处。多相输出信号依次相关 90° 称为输出信号的正交性。其偏差大小用基波相位偏离各信号理想位置的数值表示。各基波的幅值之差表示多相输出信号的一致程度，称为输出信号的等幅性。光栅栅距误差和栅线夹角误差都会影响正交性。输出信号的正交性偏差和等幅性差值都会带来细分误差。

2. 光栅的光学系统

光栅的光学系统是指形成莫尔条纹的光学系统（包括产生和拾取莫尔条纹信号的光源，光电接收元件和电路），它的作用是把标尺光栅的位移转换为电信号。

在光栅式传感器中，用来照明和接收莫尔条纹信号的光学系统有直读式光学系统、影像式光学系统、分光式光学系统、粗细栅距组合式光学系统和相位调制式光学系统等多种形式。由于采用不同形式的光栅，光学系统也各不相同。

一般的透射直读式光学系统如图 8.23 所示。点光源发射的光经透镜后变成平行光束，垂直投射到标尺光栅上，它和指示光栅形成的莫尔条纹信号直接由 4 个光电元件接收。每当标尺光栅移动一个栅距，每个光电元件都输出一个周期的电信号。

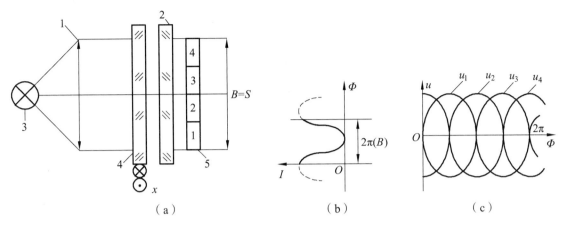

1—凸透镜；2—指示光栅；3—点光源；4—标尺光栅；5—光电元件。

图 8.23　透射直读式光学系统

采用这种光学系统，传感器结构简单、紧凑，调整方便，故在光栅式传感器中得到了广泛的应用，它适用于粗栅距的黑白透射光栅。

莫尔条纹移动时，输出电压信号的幅值为光栅位移量 x 的函数，近似为

$$u = u_0 + u_m \sin(2\pi x / W) \tag{8.27}$$

式中，u_0 为输出信号中的直流分量；u_m 为输出信号中波动部分的幅值；x 为两光栅间的瞬时相对位移。

将该电压信号放大、整形使其变为方波，经微分电路转换成脉冲信号，再经过辨向电路和可逆计数器计数，则可在显示器上以数字形式实时地显示出位移大小。位移为脉冲数与机距的乘积。当栅距为单位长度时，所显示的脉冲数则直接表示出位移大小。

为判别标尺光栅的位移方向以进行可逆计数，为补偿直流电平漂移对测量精度的影响以及以后的电子细分、提高分辨率等，常需要输出多相信号，可把透射直读式系统调整成四相型系统。因此，图 8.23（a）中的光电元件常采用四极硅光电池，对于横向条纹，把莫尔条纹的宽度 B 调整到等于四极硅光电池的总宽度 S。如图 8.23（b）所示，I-ϕ 关系曲线表示莫尔条纹在宽度方向上的光强 I 的分布，由于每极硅光电池的宽度相当于 $B/4$，它们的位置就把莫尔条纹的宽度均匀地分成 4 部分，这样当各极电池将莫尔条纹转换成电信号时，在相位上自然就依次相差 90°。当标尺光栅移动一个栅距 W 时，莫尔条纹移动一个宽度 B，不妨设莫尔条纹移动的方向为向上，四极硅光电池所输出的四相电信号的波形如图 8.23（c）所示，其横坐标 ϕ 表示在标尺光栅移动时，莫尔条纹周期变化的相位角。当光栅移动位移 x 时，莫尔条纹相应变化的相位角为 $2\pi x/W$。因此，硅光电池 1、2、3、4 所输出的四相信号波动部分可表示为

$$\begin{cases} u_1 = E \sin(2\pi x / W - 0°) = E \sin(2\pi x / W) \\ u_2 = E \sin(2\pi x / W - 90°) = -E \sin(2\pi x / W) \\ u_3 = E \sin(2\pi x / W - 180°) = -E \sin(2\pi x / W) \\ u_4 = E \sin(2\pi x / W - 270°) = E \sin(2\pi x / W) \end{cases} \tag{8.28}$$

式中，E 为电信号的幅值。

这四相信号相当于对莫尔条纹进行了四细分。由于是用四极硅光电池的安放位置直接得

到的细分，故称为位置细分或直接细分。要得到更多倍数的细分，可将四相信号送到专门的细分电路中完成。

注意到无论可动光栅片是向左或向右移动，在一固定点观察时，莫尔条纹同样都是明暗交替变化的，后面的数字电路都将发生同样的计数脉冲，从而无法判别光栅移动的方向，也不能正确测量出有往复移动时位移的大小，因而必须在测量电路中加入辨向电路。若标尺光栅反向运动，则莫尔条纹向下移动，四极光电池所接收的光信号的相位次序则与上述情况相反，这样的信号通过辨向电路就可以判别光栅的运动方向。

图 8.24 所示为辨向的工作原理及其逻辑电路。两个相隔 1/4 莫尔条纹间距的光敏元件，将各自得到相差 $\pi/2$ 的电信号 u_1 和 u_2。它们经整形转换成两个方波信号 u_1' 和 u_2'，u_1' 再经非门可得 $\overline{u_1'}$（$\overline{u_1'}$ 也可看作由 u_1 的反相 $\overline{u_1'} = -u_1'$ 经整形所得）。再将 u_1' 和 $\overline{u_1'}$ 经过由电阻和电容组成的微分电路，得 u_1'' 和 $\overline{u_1''}$。实际的 u_1'' 和 $\overline{u_1''}$ 应含有负脉冲，但由于角脉冲在与门中口看作低电平，为分析方便，可将负脉冲用零电平代替。由于微分运算的结果与标尺光栅的运动方向有关，图中用填充和中空的箭头和脉冲，分别表示标尺光栅移动的 A 和 $\overline{A}$ 方向、莫尔条纹对应移动的 B 和 $\overline{B}$ 方向及对应的信号 u_1'' 和 $\overline{u_1''}$ 中的脉冲。

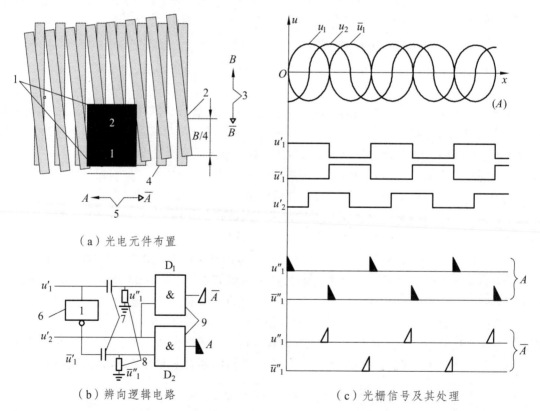

（a）光电元件布置

（b）辨向逻辑电路　　　　　　（c）光栅信号及其处理

1—光电元件；2—指示光栅；3—莫尔条纹移动方向；4—标尺光栅；5—标尺光栅移动方向；6—非门；7—电容；8—电阻；9—与门。

图 8.24　辨向的工作原理及其逻辑电路

标尺光栅移动的方向不同，莫尔条纹的移动方向及 u_1'' 与 $\overline{u_1''}$ 中脉冲的发生时刻也随之改变。u_2' 的电平状态实际上是与门的控制信号，与脉冲的发生时刻配合，使脉冲能够根据标尺移动的方向来选择输出路线。当标尺光栅沿 A 方向移动时，u_1'' 中的脉冲正好发生在 u_2' 处于"0"电平时，与门 D_1 被阻塞，因而经 D_1 无脉冲输出；而 $\bar{u}_1''$ 中的脉冲与 u_2' 的"1"电平相遇，因而经 D_1 输出一个计数脉冲。当光栅沿 A 方向移动时，u_1'' 中的脉冲发生在 u_2' 为"1"电平时，与门 D_1 输出一个计数脉冲；而 $\bar{u}_1''$ 中的脉冲则发生在 u_2' 的"0"电平时，与门 D_2 无脉冲输出。于是根据标尺光栅的运动方向，可在不同的电路给出加计数脉冲和减计数脉冲，再将其输入可逆计数器，即可实时显示出相对于某个参考点的位移量。

若以移过的莫尔条纹的数来确定位移量，则光栅的分辨力为其栅距。为了提高分辨力和测得比栅距更小的位移量，可采用细分技术。它是在莫尔条纹信号变化的一个周期内，给出若干个计数脉冲来减小脉冲当量的方法。细分方法有机械细分和电子细分两类。电子细分法中较常用四倍频细分法。在辨向原理中已知，在相差 $BH/4$ 位置上安装两个光电元件，得到两个相位相差 $\pi/2$ 的电信号。若将这两个信号反相就可以得到 4 个依次相差 $\pi/2$ 的信号，从而可以在移动一个栅距的周期内得到 4 个计数脉冲，实现四倍频细分，也可以在相关 $BH/4$ 位置上安放 4 只光电元件来实现四倍频细分。这种方法对莫尔条纹产生的信号波形没有严格要求，并且安装更多的光电元件可得到高的细分数。

图 8.25 所示为一种适用于一般精度的小型直读式光栅系统。光源采用砷化镓（GaAs）红外发光二极管，直接照明由标尺光栅和指示光栅组成的光栅副，莫尔条纹信号由光敏晶体管（或光敏二极管）直接接收。这种系统结构紧凑，体积小，能方便地安装在机床或其他检测仪器上。

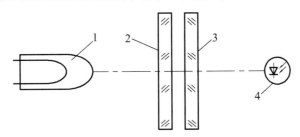

1—光源；2—标尺光栅；3—指示光栅；4—光电元件。

图 8.25　小型直读式光栅系统

3. 计量光栅的种类

用于位移测量的光栅称为计量光栅。在几何量精密测量领域内，光栅按其用途分为两类：测量长度或线位移的光栅称为长光栅（也称直光栅或光栅尺），测量角度或角位移的光栅称为圆光栅（也称光栅盘）。长（直）光栅栅线疏密（即栅距 W 的大小）常用每毫米长度内的栅线数（称为栅线密度）表示。如 $W = 0.02$ mm，其栅线密度为 50 线/mm。圆光栅的参数除栅距 W 外，还较多地使用栅距角 δ（也称节距角），它是指圆光栅相邻两条栅线所夹的角度，如图 8.18（b）所示。长光栅的莫尔条纹有横向条纹、光闸条纹、纵向条纹和斜向条纹等，圆光栅的莫尔条纹则比较复杂，有圆弧形莫尔条纹、光闸条纹、环形莫尔条纹和辐射莫尔条纹等。

按调制内容不同，长（直）光栅分为黑白光栅和闪耀光栅。黑白光栅只对入射光波的振幅或光强进行调制，所以也称为振幅光栅；闪耀光栅只对入射光波的相位进行调制，所以也称为相位光栅。

按光的传播方式，长（直）光栅又可分为透射式和反射式两种。前者将栅线刻于透明材料上，常用光学玻璃或制版玻璃，使光线通过光栅后产生明暗条纹；后者将栅线刻于有强反射能力的金属（如不锈钢）或玻璃镀金属膜（如铝膜）上，也可刻制在钢带上再粘贴在尺基上，反射光线并使之产生明暗条纹。

根据栅线刻画方向，圆光栅分为径向光栅和切向光栅。切向光栅用于精度要求较高的场合，这两种光栅一般在整圆内刻画 5 400~64 800 条线。此外还有一种在特殊场合使用的环形光栅，栅线是一族等间距的同心圆。圆光栅只有透射光栅。

计量光栅的分类如图 8.26 所示。

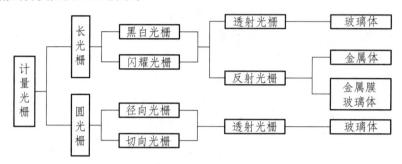

图 8.26　计量光栅的分类

8.2.3　光电盘传感器和编码盘传感器

1. 光电盘传感器

光电盘传感器是一种最简单的光电式转角测量元件。光电盘测量系统的结构和工作原理如图 8.27 所示，由光源、凸透镜、光电盘、光阑板、光电管、整形放大电路和数字显示装置等组成。

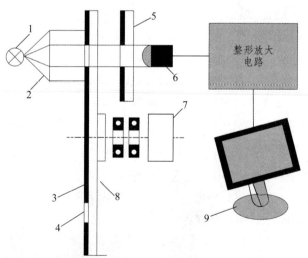

1—光源；2；凸透镜；3—镀铬层；4—狭缝；5—光阑板；6—光敏管；7—整形放大电路；
8—齿轮箱；9—光电盘。

图 8.27　光电盘测量系统的结构和工作原理

光电盘和光阑板可用玻璃研磨抛光制成，经真空镀铬后用照相腐蚀法在镀铬层上制成透光的狭缝，狭缝的数量可为几百条或几千条。也可用精制的金属圆盘在其圆周上开出一定数量的等分槽缝，或在一定半径的圆周上钻出一定数量的小孔，使圆盘形成相等数量的透明和不透明区域。光阐板上有两条透光的狭缝，缝距等于光电盘槽距或孔距的 1/4，每条缝后面放一只光敏管。

　　光电盘装在回转轴上，回转轴的另一端装有齿轮，该齿轮与驱动齿轮或齿条啮合时，可带动光电盘旋转。回转轴也可以直接被主轴或丝杠驱动。光电盘置于光源和光电管之间，当光电盘转动时，光电管把通过光电盘和光阐板射来的忽明忽暗的光信号转换为电脉冲信号，经整形、放大、分频、计数和译码后输出或显示。由于光电盘每转发生的脉冲数不变，故由脉冲数即可测出回转轴的转角或转速。也可根据传动装置的减速比，换算出直线运动机构的直线位移。根据光阐板上两条狭缝中信号的先后顺序，可以判别光电盘的旋转方向。

　　由于光电盘传感器制造精度较低，只能测增量值，易受环境干扰，所以多用在简易型和经济型数控设备上。

　　2. 编码盘传感器

　　编码盘（binary shaft encoder）传感器是一种得到广泛应用的编码式数字传感器，把被测角位移直接转换成相应代码的检测元件。它将被测角位移转换为预设的数字编码信号输出，又被称为绝对编码盘或码式编码器。从结构上看它是一种机械式模-数编码器，不同位置的角位移状态与编码盘输出的数字编码一一对应。编码盘有光电式、接触式和电磁式三种。

　　此外，还有一种增量编码盘也用于角位移的测量，但它已经没有编码功能，因此，不属于严格意义上的编码盘传感器。

　　1）光电式编码盘传感器的基本原理

　　目前使用最多并且性能价格比最好的编码盘是光电式编码盘。光电式编码盘传感器由编码盘与光电读出装置两部分组成。

　　编码盘为刻有一定规律的码形圆盘形装置，4 位二进制数码的编码盘如图 8.28 所示。编码盘上各圆圆环分别代表一位二进制的数字码道，在同一个码道上印制黑白等间隔图案，形成一套编码。黑色不透光区（简称暗区）和白色透光区（简称亮区）分别代表二进制的"0"和"1"。在一个 4 位光电码盘上，有 4 圈数字码道，每圈各有一个环形码道，从最内圈算起分别记为 C4、C3、C2、C1，每个码道上亮区与暗区等分总数为 2^1、2^2、2^3 和 2^4。在最外圈分成 16 个角度方位：0、1、2、…、15，每个角度方位对应由各码道组合而成的二进制编码 [C4C3C2C1]。如零方位对应为 0000；第 12 方位对应为 1100，其对应关系见表 8.2。

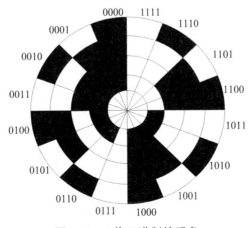

图 8.28　4 位二进制编码盘

表 8.2　4 位二进制编码与十进制数、循环码对照

十进制	二进制	循环码	十进制	二进制	循环码
0	0000	0000	8	1000	1100
1	0001	0001	9	1001	1101
2	0010	0011	10	1010	1111
3	0011	0010	11	1011	1110
4	0100	0110	12	1100	1010
5	0101	0111	13	1101	1011
6	0110	0101	14	1110	1001
7	0111	0100	15	1111	1000

编码盘的材料有玻璃、金属和塑料。玻璃编码盘是在玻璃上沉积很薄的刻线，其热稳定性好、精度高。金属码盘直接以通和不通刻成镂空的码形，不易碎，但由于金属有一定的厚度，精度就有限制，其热稳定性就要比玻璃的差一个数量级。塑料码盘是经济型的，其成本低，但精度、热稳定性、寿命均要差一些。

工作时，编码盘的一侧放置光源，另一侧放置通过所有码道的狭缝和光电接收装置，如光敏二极管、光敏晶体管等光电转换元件，每个码道都对应有一个光敏管及放大、整形电路。编码盘转到不同位置，光电元件通过狭缝接收各个码道在同一直线上的光信号，并转成相应的电信号，经放大整形后，成为相应数码电信号。

编码盘以不同的二进制数表示一周的各个位置，即对其采用绝对的机械位置进行编码。因此，它属于绝对式位移传感器，与以光栅为代表的增量式位移传感器相比，在安装、测量和信号输出等方面有显著的区别，见表 8.3。

表 8.3　绝对式与增量式位移传感器比较

分类		增量式位移传感器	绝对式位移传感器
安装	测线位移	只需确保每个运动位置均有增量可以输出	小量程传感器零点位置应尽量与测量零点（或设备零点）对齐，否则将浪费量程或在两零点间的位置测出很大的数值；大量程传感器只需中部任意一点与测量零点（或设备零点）对齐
	测角位移	任意位置安装	
测量	计数器	需要使用计算器记忆	无须使用计数器记忆，可靠性高
	静止	无信号输出，靠计算器记忆	大多数课输出当前位置（带判位触发读数的编码器等除外）
	断电/启动	需要调零	无须调零，传感器自动记录真实位置
	误差	因误读累积误差	无积累误差，精度高
输出方式		单向或双向脉冲输出	多位数字输出，并行所需电路较多或串行传输时间较长

2）提高编码盘传感器分辨率的措施

二进制码盘有 2^n 种不同编码（n 为码道数，称其容量为 2^n）；二进制码盘所能分辨的旋转角度，即码盘的分辨率为

$$\alpha = 360^\circ / 2$$

因此，四位码，$n = 4$，$\alpha_4 = 360°/2^4 = 22.5°$；五位码，$n = 5$，$\alpha_5 = 360°/2^5 = 11.25°$。显然，位数越多，码道数越多，能分辨的角度越小。增加码盘的码道数即可提高角位移的分辨率，但要受到制作工艺的限制，通常采用多级码盘来解决。

利用钟表齿轮机械的原理，在一个编码盘的基础上再级联一个（或多个）编码盘，可提高编码器的分辨率，也可扩大编码器的测量范围。当被测轴直接驱动的中心编码盘旋转一个最小分度时，通过齿轮传动使二级编码盘转动一周，用同样的方法可使三级编码盘的一周代表二级编码盘的一个最小分度，中心码盘经二三级编码盘细分，可提高编码器分辨率。同理，保持上述编码盘的传动关系和传动比，使被测轴直接驱动三级编码盘，则二级编码盘成为其旋转周数的计数器，中心编码盘成为二级编码盘旋转周数的计数器，即可扩大测量范围。

3）旋转编码器的机械安装

旋转编码器的机械安装有高速端安装、低速端安装和辅助机械装置安装等多种形式。

（1）高速端安装。安装于电动机转轴端（或齿轮连接），此方法优点是分辨率高，由于多级编码器的量程较大，电动机转动范围通常在此量程范围内，可充分用足量程而提高分辨率，缺点是运动物体经过减速齿轮传动后，来回程有齿轮间隙误差，一般用于单向高精度控制定位，如轧钢的辊缝控制。另外，编码器直接安装于高速端，电动机抖动较小，不易损坏编码器。

（2）低速端安装。安装于减速齿轮后，如卷扬钢丝绳卷筒的轴端或最后一节减速齿轮轴端，此方法可避免齿轮来回程间隙，测量较直接，精度较高，但如果运动的范围小，则浪费了量程。因此，该方法一般用于长距离定位，例如各种提升设备、送料小车定位等。

（3）辅助机械安装常用的有齿轮齿条、链条带、摩擦转轮和收绳机械等。

8.2.4　激光干涉仪

激光是 20 世纪 60 年代出现的重大科学技术成就之一。它的出现深化了人们对光的认识，扩展了为人类服务的范围。自它问世以来，虽然历史不长，却发展很快，激光已在工业生产、军事、医学和科学研究等方面得到了广泛应用。在工业检测领域内，激光可以用来检测长度、位移、速度、转速、振动以及检查工件表面缺陷等。

激光与自发辐射光在本质上完全一样，都是通过物质内部的粒子把外界能量转换来的。所不同的是激光是用一种特殊的光源和发光物质在激光器里产生的，它是一种特殊光，与普通光相比，有以下 4 个主要特点：

（1）方向性好。它发射出去的光，基本上是一条直的平行光束。

（2）亮度高。激光的亮度比太阳表面的亮度高几百亿倍，它是目前世界上最亮的光。

（3）单色性好。激光问世前，最好的单色光是氪灯发出的光，而激光比氪灯光的单色性高出几十万倍。

（4）相干性好。激光即便从各点发出的光，也如同从一个点发出的光一样，具有相同的频率、相位和振动方向。

因此，激光广泛应用于长距离、高精度的位移测量。

1. 基本工作原理

激光干涉仪（laser interferometer）主要有单频激光干涉仪和双频激光干涉仪两种，其基本工作原理都是光的干涉。

只有两束频率相同、相位差恒定、振动方向一致或夹角很小的光相互交叠，才能产生光的干涉。图 8.29 所示为迈克尔逊（A.A.Michelson）双光束干涉系统，由激光器发射的激光经分光镜分成反射光束 S_1 和透射光束 S_2。两光束分别由固定反射镜 M_1 和可动反射镜 M_2 反射回来，并在分光镜处汇合成相干光束。若两列光 S_1 和 S_2 的路程差为 N_λ（λ 为波长，N 为整数），则合成的相干光束的振幅是两个分振幅之和，光强最大；若 S_1 和 S_2 的路程差为 $(N+1/2)\lambda$ 时，则相干光束的振幅和为零，此时光强最小。

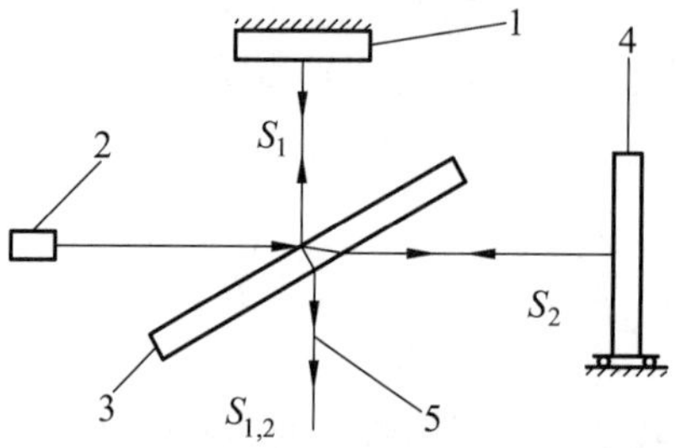

1—固定反射镜 M1；2—激光器；3—分光镜；4—可动反射镜 M2；5—相干光束。

图 8.29 迈克尔逊双光束干涉系统

单频激光干涉仪就是利用这一原理，使反射镜 M_2 的移动转换为相干光束明暗相间的光强变化，由光电转换元件接收并转换为电信号，经处理后由计数器计数，从而实现对位移量的检测。由于激光的波长极短，特别是激光的单色性好，其波长值很准确，所以利用干涉法测距的分辨率至少为 $\lambda/2$，利用现代电子技术还可测定 0.01 个光干涉条纹。如采用稳频单模氦氖激光器测 10 m 长，可达 0.5 μm 精度。因此，用激光干涉法测距的精度极高。

但单频激光干涉仪对环境条件要求高、抗干扰（如空气湍流和热波动等）能力差，因此主要用于环境条件较好的实验室以及被测距离不太大的情况下。

2. 双频激光干涉仪

双频激光干涉仪采用双频氦氖激光器作为光源，其精度高，抗干扰能力强，空气湍流和热波动等影响很小，因此降低了对环境条件的要求，它不仅能用于实验室，还可在车间对较大距离进行测量。

1）基本原理

双频激光干涉仪的基本原理与单频激光干涉仪不同，它利用频率测量技术进行长度测量。它使两束频率相近的激光产生干涉，其频率分别为 f_1 和 f_2（不妨设 $f_1>f_2$），干涉结果由光敏元件转换为以 f_1-f_2 为频率的交流电信号。测量时，可动棱镜的移动使原有的交流信号产生多普勒频差 Δf 结果仍为交流信号。通过测量 Δf，得到可动棱镜的移动距离。

（1）两束频率相近的激光的干涉——拍频。双频激光干涉仪的光源可产生两束传播方向相同、振幅相同、频率相近且振动方向相互垂直的线偏振光 S_1 和 S_2，如图 8.30 所示。其电矢量 E_1 和 E_2 的振动方程分别为

$$\begin{cases} E_1 = A\cos(2\pi f_1 t + \varphi_1) \\ E_2 = A\cos(2\pi f_2 t + \varphi_2) \end{cases} \tag{8.29}$$

式中，f_1、f_2 分别为 S_1、S_2 的频率，约为 4.74×10^{14} Hz；φ_1、φ_2 分别为 S_1、S_2 的初相位；A 为

S_1、S_2 的电矢量振幅；t 为时间。

由于 S_1 和 S_2 的频率差 $f_{基} = f_1 - f_2$ 约为 $(1.2 \sim 1.8) \times 10^6\,\mathrm{Hz}$，与 f_1 或 f_2 相比很小，因此，这两种波长（或频率）稍有差异的激光也能相干，这种特殊的干涉称作"拍"。在 S_1 和 S_2 的光路中放置一个与其传播方向垂直的偏振片，并且使该偏振片的偏振化方向与两偏振光的振动方向都成 45°角。偏振片将 S_1 和 S_2 的振动方向引导至偏振片的偏振化方向，根据马吕斯定律，S_1 和 S_2 通过偏振片的合成光的电矢量 E 的振动方程为

$$E = E_1 \cos 45° + E_2 \cos 45°$$
$$= \sqrt{2}A\cos[\pi(f_1 - f_2)t + (\varphi_1 - \varphi_2)/2]\cos[\pi(f_1 + f_2)t + (\varphi_1 + \varphi_2)/2] \tag{8.30}$$

由于 $f_1 - f_2$ 远小于 $f_1 + f_2$，电矢量 E 可看作低频信号 $\sqrt{2}A\cos[\pi(f_1 - f_2)t + (\varphi_1 - \varphi_2)/2]$ 被高频信号 $\cos[\pi(f_1 + f_2)t + (\varphi_1 + \varphi_2)/2]$ 调制的结果，合成拍频波形如图 8.31 所示。高频部分变化迅速，低频部分变化缓慢，它们的半周期分别为

$$T_{高, 低}/2 = \pi/w_{高, 低} = \pi/[\pi(f_1 \pm f_2)] = 1/(f_1 \pm f_2) \tag{8.31}$$

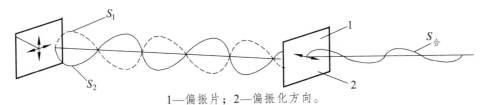

1—偏振片；2—偏振化方向。

图 8.30　线偏振光的合成

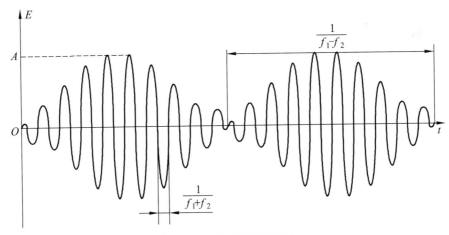

图 8.31　合成拍频波示意

高频部分的频率在微观上可表征单个光子的能量，宏观上体现为光的颜色；低频部分的幅值在微观上可表征光子的数量，宏观上体现为光的亮度（强度）。由于光子的个数正比于光的强度 I 光的强度可表示为低频电矢量幅值的二次方，即

$$I = \{\sqrt{2}A\cos[\pi(f_1 - f_2)t + (\varphi_1 - \varphi_2)/2]\}^2$$
$$= A^2\{1 + \cos[2\pi(f_1 - f_2)t + (\varphi_1 - \varphi_2)]\} \tag{8.32}$$

根据光电效应，单个光子的能量只决定了它是否能使金属表面溢出电子，而与溢出电子

的数量无关；当金属表面有自由电子溢出且偏置电压足够时，溢出自由电子的数量与合成光的光子数相同。因此，若用光电元件接收上述合成光，其光电流也正比于 I。于是，利用光电元件将拍频信号转换为以其低频 f_1-f_2 为频率的交流电信号，即实现了包络检波。

（2）光波的多普勒效应。当光源与光电元件有相对运动时，光的波长与频率均发生改变，但两者的乘积（即光速）保持不变，改变后的频率称为多普勒频率。当光源与光电元件的相对靠近的速度 v 远小于光速 c 时，多普勒频率 f 比原频率 f 增加了 Δf，即

$$\Delta f = f' - f = fv/c = v/\lambda$$

即

$$v = \lambda\Delta f \tag{8.33}$$

式中，λ 为当光频率为 f 时的波长。

将频差 Δf 转化为脉冲信号，则 Δf 就是单位时间内的脉冲个数。因此，在 $t_0 \sim t_1$ 时间内，光源与光电元件的相对距离变化 s（相互靠近为正）可表示为

$$s = \int_{t_0}^{t_1} v\mathrm{d}t = \int_{t_0}^{t_1} \lambda\Delta f\mathrm{d}t = \lambda\int_{t_0}^{t_1} \Delta f\mathrm{d}t = \lambda N \tag{8.34}$$

式中，N 为脉冲信号在 $t_0 \sim t_1$ 时间内的脉冲个数。

2）主要组成部分及其功能

双频激光干涉仪的主要组成部分如图 8.32 所示，其主要功能如下：

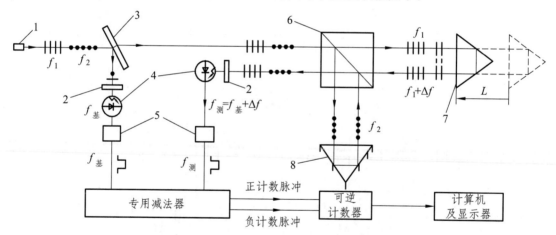

1—光源；2—偏振片；3—分光镜；4—光敏元件；5—放大整形电路；6—偏振分光镜；
7—可动角锥棱镜；8—固定角锥棱镜。

图 8.32 双频激光干涉仪的主要组成部分

（1）光源，包括双频氦氖激光器和透镜组，能产生两束可进行拍频干涉的激光。

（2）分光镜，将两束光都进行透射和反射，透射光与反射光均含有两个频率成分的光。

（3）偏振分光镜，可将不同振动方向的光分开或汇合：将振动方向平行于入射平面（入射光、法线、反射光及透射光所形成的平面）的光（用短竖线表示），全部透射，将振动方向垂直于入射平面的光（用小圆点表示），全部反射。

（4）角锥棱镜，其各反射面互相垂直，对各方向的入射光都能平行反射回去，避免了平面镜安装角度偏差引起的反射光方向变化。另外，平面镜使反射光与入射光重合，不利于反

射光接收；角锥棱镜可使两光线分离。

（5）偏振片，将光的振动矢量向偏振片的偏振化方向投影，这里可使 S_1 和 S_2 的振动方向重合，进而产生干涉。

（6）光电元件，形式上将信号载体由光波转换为电流，以利于信号传输；内容上，去掉了信号的高频成分，实现了包络检波。

（7）放大型电路，将信号进行交流放大并整形后，形成只有频率信息的标准电平脉冲信号。

（8）专用减法器，设计专门的电路，将两个标准电平脉冲信号中的脉冲按其数量相互抵消，即实现了频率相减，输出的两路脉冲的数量代表了两信号的频率差。

（9）可逆计数器，利用正负脉冲信号对频率差进行累积计数。

（10）计算机及显示器，将频率差的累积结果，实时转换为一定当量的长度信息并显示。

3. 基本工作过程

如图 8.32 所示，光源产生两束频率分别为 f_1 和 f_2 的激光 S_1 和 S_2，经分光镜分光分为两束光。反射光经偏振片合成后，被光电元件吸收并转换为频率为 $f_基 = f_1 - f_2$ 的光电流，再经放大整形电路后，成为频率为 $f_基$ 的脉冲信号。

分光镜的透射光进入偏振分光镜后，S_1 完全透射，S_2 完全反射，再分别经可动或固定角锥棱镜反射后，回到偏振分光镜。若可动角锥棱镜随工作台移动了距离 L，则 S_1 的光程变化为

$$s = 2L \tag{8.35}$$

频率增加 Δf。此时，仍是 S_1 完全透射，S_2 完全反射，于是 S_1 和 S_2，汇聚在一起。经偏振片合成后，被充电元件吸收并转换为频率为

$$f_测 = f_1 + \Delta f - f_2 = f_1 - f_2 + \Delta f = f_基 + \Delta f \tag{8.36}$$

频率分别为 $f_基$ 和 $f_测$ 的两脉冲信号输入专用减法器进行频率相减，得到 Δf 的正负计数脉冲，经可逆计数器转换为 Δf 的累加计数 N，再由计算机实时转换为一定当量的长度信息。并由显示器显示。N 与可动棱镜的运动距离 L 之间的关系，可由式（8.34）和式（8.35）得到

$$L = s / 2 = \lambda N / 2 \tag{8.37}$$

4. 特点及应用

与单频激光干涉仪比较，双频激光干涉仪的主要特点是利用了双频干涉产生了交流信号。当可动角锥棱镜不动时，前者的干涉信号为介于最亮与最暗间的某个直流光强，后者的干涉信号为频率 $f_基$ = (1.2~1.8)×10^6 Hz 的交流信号；当可动角锥棱镜移动时，前者的干涉信号为光强在最亮与最暗间的缓慢变化的信号（变化的频率与棱镜移动的速度有关），后者使原有交流信号的频率增加了 Δf，结果仍为交流信号。于是，可采用增益较大的交流放大器进行放大：

（1）远距测量时，光强即使衰减 90%，仍可得到合适的信号。

（2）避免了直流放大器的零点漂移等问题。

（3）空气湍流和热波动等使光信号缓变的因素，对测量精度的影响较小。

由于需要采用交流放大器，测量信号的频率 $f_测 = f_基 + \Delta f$ 应在一定的频率范围内，进而 Δf 也受到了一定的限制。若 v 为光源与光敏元件在棱镜中的像间的运动速度，则当 $\Delta f_{max} = 10^6$ Hz，$\lambda = 0.632\,8×10^{-6}$ m 棱镜以 $v_M = v/2$ 的速度运动时，由式（8.33）得棱镜的最大运动速度 v_{Mmax} 为

$$v_{\mathrm{M\,max}} = v_{\max} / 2 = \lambda \Delta f_{\max} / 2 = 0.632\,8 \times 10^{-6}\,\mathrm{m} \times 10^{6}\,\mathrm{Hz} / 2 = 0.316\,4\,\mathrm{m/s}$$

单频激光干涉仪原则上不受这一速度的限制。

用激光干涉仪作为机床的测量系统可以提高机床的精度和效率。起初仅用于高精度的磨床、镗床和坐标测量机上，以后又用于加工中心的定位系统中。但由于在一般机床上使用感应同步器和光栅通常能达到精度要求，而激光仪器的抗振性和抗环境的干扰性能差，且价格较贵，目前在机械加工现场使用较少。

8.3　应力、应变和力的测量

在机械工程中，应变、力和扭矩的测量非常重要，通过这些测量可以分析零件或结构的受力状态及工作状态的可靠性程度，验证设计计算结果的正确性，确定整机在实际工作时负载情况等。由于这些测量是研究某些物理现象机理的重要手段之一，因此它对发展设计理论，保证设备的安全运行，以及实现自动检测、自动控制等都具有重要的意义。而且其他与应变、力及扭矩有密切关系的量，如应力、功率、力矩、压力等，其测试方法与应变、力及扭矩的测量也有共同之处，多数情况下可先将其转变成应变或力的测试，然后再转换成诸如功率、压力等物理量。

8.3.1　应力、应变的测量

应变测量在工程中常见的测量方法之一是应变电测法。它是通过电阻应变片，先测出构件表面的应变，再根据应力、应变的关系式来确定构件表面应力状态的一种试验应力分析方法。这种方法的主要特点是测量精度高，变换后得到的电信号可以很方便地进行传输和各种变换处理，并可进行连续的测量和记录或直接和计算机数据处理系统相连接等。

1．应变的测量

1）应变测量原理

应变电测法的测量系统主要由电阻应变片、测量电路、显示与记录仪器或计算机等设备等组成，如图 8.33 所示。其基本原理是：把所使用的应变片按构件的受力情况，合理的粘贴在被测构件变形的位置上，当构件受力产生变形时，应变片敏感栅也随之变形，敏感栅的电阻值就发生相应的变化。其变化量的大小与构件变形成一定的比例关系，通过测量电路（如电阻应变测量装置）转换为与应变成比例的模拟信号，经过分析处理，最后得到受力后的应力、应变值或其他的物理量。因此任何物理量只要能设法转变为应变，都可利用应变片进行间接测量。

图 8.33　应变测试框图

2）应变测量装置

应变测量装置也称电阻应变仪。一般采用调幅放大电路，它由电桥、前置放大器、功率放大器、相敏检波器、低通滤波器、振荡器组成（见图 8.34）。

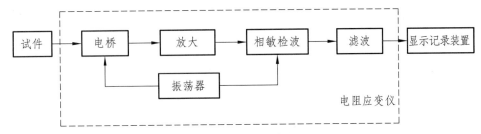

图 8.34　电阻应变仪

电阻应变仪将应变片的电阻变化转换为电压（或电流）的变化，然后通过放大器将此微弱的电压（或电流）信号进行放大，以便指示和记录。

电阻应变仪中的电桥是将电阻、电感、电容等参量的变化变为电压或电流输出的一种测量电路。其输出既可用指示仪表直接测量，也可以送入放大器进行放大。桥式测量电路简单，具有较高的精确度和灵敏度，在测量装置中被广泛应用。

通常交流电桥应变仪，其电桥由振荡器产生的数千赫兹的正弦交流作为供桥电压（载波）。在电桥中，载波信号被应变信号所调制，电桥输出的调幅信号经交流放大器放大、相敏检波器解调和滤波器滤波后输出。这种应变仪能较容易地解决仪器的稳定问题，结构简单，对元件的要求稍低。目前，我国生产的应变仪基本上属于这种类型。

根据被测应变的性质和工作频率的不同，可采用不同的应变仪。对于静态载荷作用下的应变，以及变化十分缓慢或变化后能很快稳定下来的应变，可采用静态电阻应变仪。以静态应变测量为主，兼作 200 Hz 以下的低频动态测量可采用静动态低电阻应变仪。0~2 kHz 的动态应变，采用动态电阻应变仪，这类应变仪通常具有 4~8 个通道。测量 0~20 kHz 的动态过程和爆炸、冲击等瞬态变化过程，则采用超动态电阻应变仪。

3）应变仪的电桥特性

应变仪中多采用交流电桥，电源以载波频率供电，四个桥臂均为电阻组成，由可调电容来平衡分布电容电桥输出电压可用式（8.38）来计算，即

$$u_{\mathrm{o}} = \frac{u_{\mathrm{i}}}{4}\left(\frac{\Delta R_1}{R} - \frac{\Delta R_2}{R} + \frac{\Delta R_3}{R} - \frac{\Delta R_4}{R}\right) \tag{8.38}$$

当各桥臂应变片的灵敏度 S 相同时，则上式可改写为

$$u_{\mathrm{o}} = \frac{u_{\mathrm{i}}}{4}S(\varepsilon_1 - \varepsilon_2 + \varepsilon_3 - \varepsilon_4)$$

这就是电桥的和差特性。应变仪电桥的工作方式和输出电压见表 8.4。

表 8.4　应变仪电桥的工作方式和输出电压

工作方式	半桥单臂	半桥双臂	全桥
贴片桥臂	R_1	R_1、R_2	R_1、R_2、R_1、R_2
输出电压 u_{o}	$0.25\,u_{\mathrm{i}}S\varepsilon$	$0.5\,u_{\mathrm{i}}S\varepsilon$	$u_{\mathrm{i}}S\varepsilon$

4）应变片的布置与接桥方法

由于应变片粘贴于试件后，所感受的是试件表面的拉应变或压应变，应变片的布置和电

桥的连接方式应根据测量的目的、对载荷分布的估计而定，这样才能便于利用电桥的和差特性达到只测出所需测的应变而排除其他因素干扰的目的。例如，在测量复合载荷作用下的应变时，就需应用应变片的布置和接桥方法来消除相互影响的因素。因此，布片和接桥应符合下列原则：

（1）在分析试件受力的基础上选择主应力最大点为贴片位置。

（2）充分合理地应用电桥和差特性，只使需要测的应变影响电桥的输出，且有足够的灵敏度和线性度。

（3）使试件贴片位置的应变与外载荷成线性关系。

应变片不同的布置和接桥方法对灵敏度、温度补偿情况和消除弯矩影响是不同的。一般应优先选用输出信号大、能实现温度补偿、贴片方便和便于分析的方案。

5）应变片的选择及应用

应变片是应变测试中最重要的传感器，应用时应根据试件的测试要求及其状况、试验环境等因素来选择和粘贴应变片。

（1）试件的测试要求。应变片的选择应从满足测试精度、所测应变的性质等方面考虑。例如，动态应变的测试一般应选用阻值大、疲劳寿命长、频响特性好的应变片。同时，由于应变片实际测得的是栅长范围内分布应变的均值，要使其均值接近测点的真实应变，在应变梯度较大的测试中应尽量选用短基长的应变片。而对于小应变的测试宜选用高灵敏度的半导体应变片，测大应变时应采用康铜丝制成的应变片。为保证测试精度，一般以采用胶基、康铜丝制成敏感栅的应变片为好。当测试线路中有各种使电阻值易发生变化的开关、继电器等器件时，则应选用高阻值的应变片以减少接触电阻变化引起的测试误差。

（2）试验环境与试件的状况。试验环境对应变测试的影响主要是通过温度、湿度等因素起作用。因此，选用具有温度自动补偿功能的应变片显得十分重要。湿度过大会使应变片受潮，导致绝缘电阻下降，产生漂移等。在湿度较大的环境中测试，应选用防潮性能较好的胶膜应变片。试件本身的状况同样是选用应变片的重要依据之一。对材质不均匀的试件，如铸铝、混凝土等，由于其变形极不均匀，应选用大基长的应变片。对于薄壁构件则最好选用双层应变片（一种特殊结构的应变片）。

（3）应变片的粘贴。应变片的粘贴是应变式传感器或直接用应变片作为传感器的成败关键。粘贴工艺一般包括清理试件、上胶、黏合、加压、固化和检验等。黏合时，一般在应变片上盖上一层薄滤纸，先用手指加压挤出部分胶液，然后用左手的中指及食指通过滤纸紧按应变片的引出线域，同时用右手的食指像滚子一样沿应变片纵向挤压，迫使气泡及多余的胶液逸出，以保证黏合的紧密性，达到黏合胶层薄、无气泡、黏结牢固、绝缘好的要求。粘贴的各具体工艺及黏合剂的选择必须根据应变片基底材料及测试环境等条件决定。

2. 应力的测量

1）应力测量原理

在研究机器零件的刚度、强度、设备的力能关系以及工艺参数时都要进行应力应变的测量。应力测量原理实际上就是先测量受力物体的变形量，然后根据胡克定律换算出待测力的大小。显然，这种测力方法只能用于被测构件（材料）在弹性范围内的条件下。又由于应变片只能粘贴于构件表面，所以它的应用被限定于单向或双向应力状态下构件的受力研究。尽管如此，由于该方法具有结构简单、性能稳定等优点。所以它仍是当前技术最成熟、应用最多的一种测力方法，能够满足机械工程中大多数情况下对应力应变测试的需要。

　　2）应力状态与应力计算

　　力学理论表明，某一测点的应变和应力间的量值关系是和该点的应力状态有关的，根据测点所处应力状态的不同分述如下。

　　（1）单向应力状态。该应力状态下的应力 σ 应变 ε 关系甚为简单，由胡克定律确定为

$$\sigma = E\varepsilon \tag{8.39}$$

式中，E 为被测件材料的弹性模量。

　　显然，测得应变值 ε 后，就可由式（8.39）计算出应力值，进而可根据零件的几何形状和截面尺寸计算出所受载荷的大小。在实际中，多数测点的状态都为单向应力状态或可简化为单向应力状态来处理，如受拉的二力杆、压床立柱及许多零件的边缘处。

　　（2）平面应力状态。在实际工作中，常常需要测量一般平面应力场内的主应力，其主应力方向可能是已知的，也可能是未知的。因此在平面应力状态下通过测试应变来确定主应力有两种情况。

　　①已知主应力方向。例如，承受内压的薄壁圆筒形容器的筒体，它处于平面应力状态下，其主应力方向是已知的。这时只需沿两个相互垂直的主应力方向各贴一片应变片 R_1 和 R_2[见图 8.35（a）]，另外再设置一片温度补偿片 R，分别与 R_1 和 R_2 接成相邻半桥[见图 8.35（b）]，就可测得主应变 ε_1 和 ε_2，然后根据式（8.40）和式（8.41）计算主应力。

$$\sigma_1 = \frac{E}{1-\mu^2}(\varepsilon_1 + \mu\varepsilon_2) \tag{8.40}$$

$$\sigma_2 = \frac{E}{1-\mu^2}(\varepsilon_2 + \mu\varepsilon_1) \tag{8.41}$$

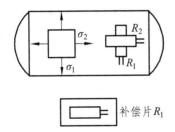
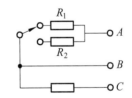

（a）应变片的粘贴位置　　　　　　（b）对应的接桥电路

图 8.35　用半桥单臂测量薄壁压力容器的主应变

　　②主应力方向未知。一般采用贴应变花的办法进行测试。对于平面应力状态，如能测出某点三个方向的应变 ε_1，ε_2 和 ε_3，就可以计算出该点主应力的大小和方向。应变花是由三个或多个按一定角度关系排列的应变片组成（见图 8.36），用它可测试某点三个方向的应变，然后按有关实验应力分析资料中查得的主应力计算公式求出其大小及方向。目前，市场上已有多种复杂图案的应变花供应，可根据测试要求选购，例如直角形应变花和三角形应变花等。

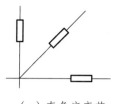 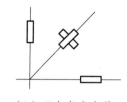 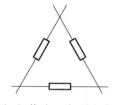 

（a）直角应变花　　　（b）双直角应变花　　　（c）等边三角形应变花　　　（d）T-Δ应变花

图 8.36　应变花

3. 影响测量的因素及其消除方法

在实际测试中，为了保证测量结果的有效性，还必须对影响测量精度的各因素有所了解并采取有针对性的措施来消除它们的影响。否则，测量将可能产生较大误差甚至失去意义。

1）温度的影响及温度补偿

测试实践表明，温度对测量的影响很大，一般来说必须考虑消除其影响。在一般情况下，温度变化总是同时作用到应变片和试件上的。消除由温度引起的影响，或者对它进行修正，以求出仅由载荷作用下引起的真实应变的方法，称为温度补偿法。其主要方法是采用温度自补偿应变片，或采用电路补偿片，即利用电桥的和差特性，用两个同样应变片，一片为工作片，贴在试件上需要测量应变的地方，另一片为补偿片，贴在与试件同材料、同温度条件但不受力的补偿件上。由于工作片和补偿片处于相同的温度（膨胀状态）下，产生相等的 ε_{τ}，当分别接到电桥电路的相邻两桥臂上，温度变化所引起的电桥输出等于零，起到了温度补偿的作用。

在测试操作中注意需满足以下 4 个条件：

（1）工作片和补偿片必须是相同的。

（2）补偿板和待测试件的材料必须相同。

（3）工作片和补偿片的温度条件必须是相同的或位于同一温度环境下。

（4）连接在相邻桥臂。

应用中，多采用双工作片或四工作片全桥的接桥方法，这样既可以实现温度互补又能提高电桥的输出。在使用电阻应变片测量应变时，应尽可能消除各种误差，以提高测试精度。

2）减少贴片误差

测量单项应变时，其应变片的粘贴方向与理论主应力方向不一致，则实际测得应变值，不是主应力方向的真实应变值，从而产生一个附加误差，即应变片的轴线与主应变方向有偏差时，就会产生测量误差，因此在粘贴应变片时对此应给予充分的注意。

3）力求应变片实际工作条件和额定条件一致

当应变片的灵敏度标定时的试件材料与被测材料不同和应变片名义电阻值与应变仪桥臂电阻不同时，都会引起误差。一定基长的应变片，有一定的允许极限频率。例如，要求测量误差不大于 1%时，基长为 5 mm，允许的极限频率为 77 Hz，而基长为 20 mm 时，则极限频率只能达到 19 Hz。

4）排除测量现场的电磁干扰

在测量时仪表示值抖动，大多由电磁干扰所引起，如接地不良、导线间互感、漏电、静电感应、现场附近有电焊机等强磁场干扰及雷击干扰等，应想办法排除。

5）测点的选择

测点的选择和布置对能否正确了解结构的受力情况和实现正确的测量影响很大。测点越多，越能了解结构的应力分布状况，然而却增加了测试和数据处理的工作量和贴片误差。因此，应根据以最少的测点达到足够真实地反映结构受力状态的原则来选择测点，为此，一般应做如下考虑:

（1）预先对结构进行大致的受力分析，预测其变形形式，找出危险断面及危险位置。这些地方一般处在应力最大或变形最大的部位。而最大应力一般又是在弯矩、剪力或扭矩最大的截面上。然后根据受力分析和测试要求，结合实际经验最后选定测点。

（2）截面尺寸急剧变化的部位或因孔、槽导致应力集中的部位，应适当多布置一些测点，以便了解这些区域的应力梯度情况。

（3）如果最大应力点的位置难以确定，或者为了了解截面应力分布规律和曲线轮廓段应力过渡的情况，可在截面上或过渡段上比较均匀地布置 5~7 个测点。

（4）利用结构与载荷的对称性，以及对结构边界条件的有关知识来布置测点，往往可以减少测点数目，减小工作量。

（5）可以在不受力或已知应变、应力的位置上安排一个测点，以便在测试时进行监视和比较，有利于检查测试结果的正确性。

（6）防止干扰，由于现场测试时存在接地不良，导线分布电容、互感，电焊机等强磁场干扰或雷击等原因，会导致测试结果的改变，应采取措施排除。

（7）动态测试时，要注意应变片的频响特性，由于很难保证同时满足结构对称和受载情况对称，因此一般情况下多为单片半桥测量。

8.3.2　力的测量

在机械工程中，力学参数的测量是最常碰到的问题之一。由于机械设备中多数零件或构件的工作载荷属于随机载荷，要精确地计算这些载荷及所产生的影响是十分困难的。而通过对其力学参数的测量则可以分析和研究机械零件、机构或整体结构的受力情况和工作状态，验证设计计算的正确性，确定整机工作过程中载荷谱和某些物理现象的机理。因此，力学参数测量对发展设计理论、保证安全运行，以实现自动检测和自动控制等都具有重要的作用。

当力施加于某一物体后，将产生两种效应，一是使物体变形的效应，二是使物体的运动状态改变的效应。由胡克定律可知，弹性物体在力的作用下产生变形时，若在弹性范围内，物体所产生的变形量与所受的力值成正比。因此，只需通过一定手段测出物体的弹性变形量，就可间接确定物体所受力的大小，如 8.1 所述可知利用物体变形效应测力是间接测量测力传感器中"弹性元件"的变形量。物体受到力的作用时，产生相应的加速度。由牛顿第二定律可知，当物体质量确定后，该物体所受的力和所产生的加速度，二者之间具有确定的对应关系。只需测出物体的加速度，就可间接测得力值。故通过测量力传感器中质量块的加速度便可间接获得力值。一般而言在机械工程当中，大部分测力方法都是基于物体受力变形效应。

1. 几种常用力传感器的介绍

1）弹性变形式的力传感器

该传感器的特点是首先把被测力转变成弹性元件的应变，再利用电阻应变效应测出应变，从而间接地测出力的大小。所以弹性敏感元件是这类传感器的基础，应变片是其核心。

弹性元件的性能好坏是保证测力传感器使用质量的关键。为保证一定的测量精度，必须合理选择弹性元件的结构尺寸、形式和材料，仔细进行加工和热处理；并需保证小的表面粗糙度值等。衡量弹性元件性能的主要指标有非线性、弹性滞后、弹性模量的温度系数、热膨胀系数、刚度、强度和固有频率等。力传感器所用的弹性敏感元件有柱式、环式、梁式和 S 形几大类。

（1）圆柱式电阻应变式力传感器（见图 8.37）是一种用于测量压缩力的应变式测力头的典型构造。受力弹性元件是一个由圆柱加工成的方柱体，应变片粘贴在 4 侧面上。在不减小柱体的稳定性和应变片粘贴面积的情况下，为了提高灵敏度，可采用内圆外方的空心柱。侧向加强板用来增大弹性元件在 x-y 平面中的刚度，减小侧向力对输出的影响。加强板的 z 向刚度很小，以免影响传感器的灵敏度。应变片采用全桥接法，这样既能消除弯矩的影响，也有温度补偿的功能。对于精确度要求特别高的力传感器，可在电桥某一臂上串接一个热敏电阻 RT_1，以补偿 4 个应变片电阻温度系数的微小差异。用另一热敏电阻 RT_2 和电桥串接，可改变电桥的激励电压，以补偿弹性元件弹性模量随温度而变化的影响。这两个电阻都应装在力传感器内部，以保证和应变片处于相同的温度环境。

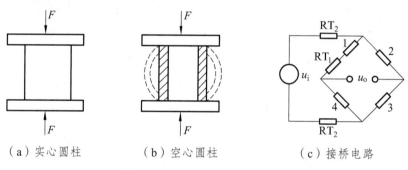

（a）实心圆柱　　　　（b）空心圆柱　　　　（c）接桥电路

图 8.37　贴应变片柱式力传感器

（2）梁式拉压力传感器。为了获得较大的灵敏度，可采用梁式结构。图 8.38 所示是用来测量拉/压力传感器的典型弹性元件。如果结构和粘贴都对称，应变片参数也相同，则这种传感器具有较高的灵敏度，并能实现温度补偿和消除 x 和 y 方向的干扰。

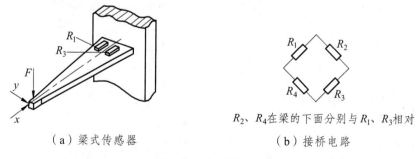

（a）梁式传感器　　　　R_2、R_4在梁的下面分别与R_1、R_3相对

　　　　　　　　　　　　（b）接桥电路

图 8.38　贴应变片梁式传感器

2）差动变压器式力传感器

图 8.39 所示是一种差动变压器式力传感器的结构，该传感器采用一个薄壁圆筒作弹性元件。弹性圆筒受力发生变形时，带动铁心在线圈中移动，两者的相对位移量即反映了被测力

的大小。该类力传感器是通过弹性元件来实现力和位移间的转换。弹性元器件由差动变压器转换成电信号，其工作温度范围比较宽（–54～+93℃），在长、径比较小时，受横向偏心力的影响较小。

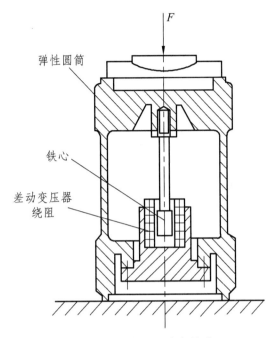

图 8.39　差动变压器式力传感器

3）压磁式力传感器

压磁式力传感器的工作基础是基于铁磁材料的压磁效应。它是指某些铁磁材料（如正磁致伸缩材料），受压时，其磁导率沿应力方向下降，而沿着与应力垂直的方向则增加。材料受拉时，磁导率变化正好相反。通过材料中孔槽的载流导线，如无外力作用下材料中的磁力线成为以导线为中心的同心圆分布。在外力作用下，磁力线则成椭圆分布。当外力为拉力时，椭圆长轴与外力方向一致；当外力为压力时，则与外力方向垂直。若该铁磁材料开有 4 个对称的通孔，如图 8.40 所示，在 1、2 和 3、4 孔中分别绕着互相垂直的两绕组，其中 1-2 绕组通过交流电流 I，作为励磁绕组；3-4 绕组作为测量绕组。在无外力作用下，

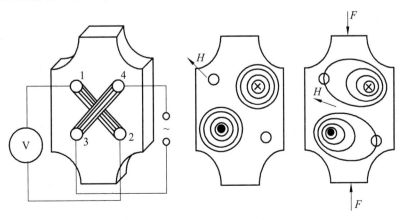

图 8.40　压磁式力传感器工作原理

励磁绕组所产生的磁力线在测量绕组两侧对称分布，合成磁场强度与测量绕组平面平行，磁力线不和测量绕组交链，从而不使后者产生感应电感。一旦受到外力作用，磁力线分布发生变化，部分磁力线和测量绕组交链，在该绕组中产生感应电势。作用力越大，感应电势越大。

图 8.41 所示为一种典型的压磁式力传感器结构，弹性梁的作用是对压磁元件施加预压力和减少横向力和弯矩的干扰，钢球则是用来保证力 F 沿垂直方向作用，压磁元件和基座的连接表面应十分平整密合。

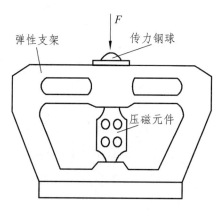

图 8.41 压磁式力传感器

压磁式力传感器具有输出功率大、抗干扰能力强、精度较高、线性好、寿命长、维护方便等优点。同时，这类力传感器的输出电势较大，一般不必经过放大，但需经过滤波和整流处理。它适用于冶金、矿山、造纸、印刷、运输等行业，有较好的发展前景。

4）压电式力传感器

压电式传感器应用压电效应，将力转换成电量。作为测力传感器它具有以下特点：静态特性良好，即灵敏度、线性度好、滞后小，因压电式测力传感器中的敏感元件自身的刚度很高，而受力后，产生的电荷量（输出）仅与力值有关而与变形元件的位移无直接关系，因而其刚度的提高基本不受灵敏度的限制，可同时获得高刚度和高灵敏度；动态特性也好，即固有频率高、工作频带宽、幅值相对误差和相位误差小、瞬态响应上升时间短，故特别适用于测量动态力和瞬态冲击力；稳定性好、抗干扰能力强；当采用时间常数大的电荷放大器时，可以测量静态力和准静态力，但长时间的连续测量静态力将产生较大的误差。因此，压电式测力传感器已成为动态力测量中的十分重要的部件。

选择不同切型的压电晶片，按照一定的规律组合，则可构成各种类型的测力传感器。图 8.42 所示是压电式力传感器的构造，力传感器的内部加有恒定预压载荷，使之在 1 000 N 的拉伸力到 5 000 N 的压缩力范围内工作时，不致出现内部元件的松弛。

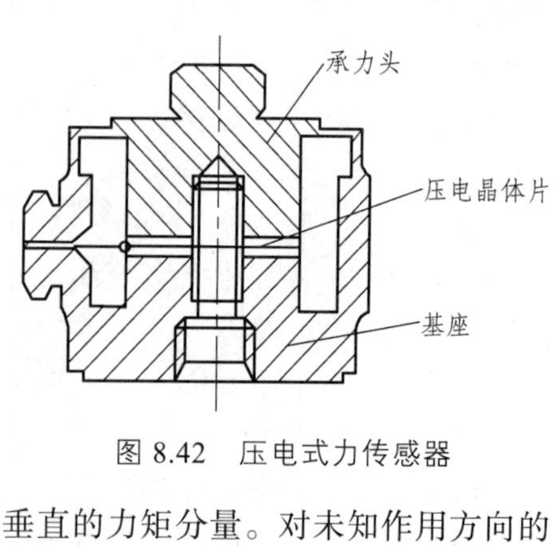

图 8.42 压电式力传感器

2. 空间力系测量装置

一般空间力系包括三个互相垂直的分力和三个互相垂直的力矩分量。对未知作用方向的作用力，如需完全测定它，也要按空间力系来处理。

在空间力系测量工作中，巧妙地设计受力的弹性元件和布置应变片或选择压电晶体片的敏感方向是成功的关键。图 8.43 所示为压电式三向测力传感器元件组合方式的示意图，其传感元件由三对不同切型的压电石英片组成，其中一对为 X_0 型切片，具有纵向压电效应，用它测量 z 向力 F_z，另外两对为 Y_0 型切片，具有横向压电效应，两者互成 $90°$ 安装，分别测 y 向力 F_y 和 x 向力 F_x。此种传感器可以同时测出空间任意方向的作用力在 x、y、z 三个方向上的分力，多向测力传感器的优点是简化了测力仪的结构，同时又提高了测力系统的刚度。

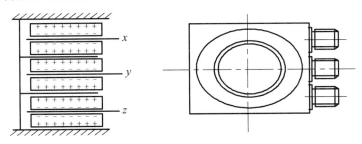

图 8.43　压电式三向测力传感器示意图

3. 动态测力装置的使用特点

动态测力装置除了在灵敏度、线性误差、频率范围等方面应满足预定要求外，使用时还应考虑动力学方面的一些特点。

1）动态测力装置的动态误差

如前所述，静态测力装置基本上都是以某一弹性元件所产生的弹性变形（或与之成比例的弹性力）作为测力基础的。但是在测量过程中，它与被测系统以及它的支承系统组成非常复杂的多自由度振动系统。这样在动态力作用下，该弹性元件的弹性变形（或弹性力）同动态力的关系也就相当复杂，两者在幅值、相位方面都有较大的差异，这些差异和测力装置的动态特性、支承系统、负载效应都有密切关系。以弹性元件的弹性变形（或弹性力）为基础的力学测力装置，应保证该弹性力和被测力成比例、同相位。然而一旦将测力装置和被测系统相接，由于负载效应，将使被测力发生变化，使作用于测力装置的施加力和原来被测力不一样。要完全消除这种差别唯有取被测系统的构件作为测力装置的弹性元件。其次，作为时间矢量，实际作用力 F 和测力装置的阻尼力 F_c、惯性力 F_m 以及弹性元件的弹性力 F_k 之间的关系如图 8.44 所示。显然，弹性力和实际作用力在幅值和相位两方面都不一样。最后，即使可以用二阶系统的响应特性来近似描述这类装置，也只有在一定频率范围内，即其工作频率。只有在远小于其固有频率的情况下，才能近似满足不失真的测量条件。如果支承系统的刚性不好，情况会更加恶化，与不失真测量条件相差更远。

总之，在一般情况下，由于上述三方面的原因，测力弹性元件的弹性力（或弹性变形）和被测力总有幅值和相位的差异。因此在实际使用条件下，在整个工作频率范围内进行全面的标定和校准是一件必不可少的工作。

此外，从图中还可看出，如果能测出阻尼力 F_c 和惯性力 F_m，将它们与弹性力 F_k 相加，就可以得出实际作用力 F 来，从而消除了测量的方法误差。由于 F_k、F_c 和 F_m 分别和测力装置的位移、速度和加速度成正比，但方向相反，若用一个质量甚小的加速度计来测量测力装置的加速度，用微分电路由弹性位移信号求得速度信号，然后用运算放大器将这两项信号按适当比例加进位移信号中，对 F_k 进行补偿，便可得到实际作用力 F，消除测量方法的误差。

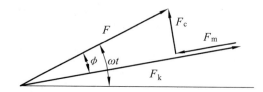

图 8.44　实际作用力和测量测力装置的惯性力、阻尼力以及弹性力的关系

2）注意减少交叉干扰

一个理想的多向测力装置，要求在互相垂直的三个方向中的任何一个方向受到力的作用时，其余两方向上不应有输出。实际上却常常会有微小输出，这种现象称为交叉干扰。为了减小交叉干扰，必须采用相应的措施：精心设计弹性元件，使其受力变形合理；正确选择应变片的粘贴部位并准确地粘贴；最后，还往往利用测力装置标定结果来修正交叉干扰的影响。

3）测力装置频率特性的测定

确定整个测力装置频率特性的具体办法与确定某一系统，特别是机械系统的频率响应特性的方法没有原则差别。但是必须特别强调的是动态特性测定必须在实际工作条件下进行。常用的激励是正弦激励和冲击激励。对于后者，在测得激励力 $x(t)$ 和测力装置的响应 $y(t)$ 之后，一般采用下式来确定其频率响应函数 $H(f)$。

$$Y(f) = H(f) \cdot X(f) \tag{8.42}$$

4. 测力传感器的标定

为确保力测试的正确性和准确性，使用前必须对测力传感器进行标定。标定的精度将直接影响传感器的测试精度。测力传感器在出厂时，尽管已对其性能指标逐项进行过标定和校准，但在使用过程中还应定期进行校准，以保证测试精度。此外，由于测试环境的变化，使得系统的灵敏度亦发生变化。因此，必须对整个测试系统的灵敏度等有关性能指标重新标定。

测力传感器的标定分静态标定和动态标定两个方面。

1）静态标定

静态标定最主要的目的是确定标定曲线、灵敏度和各向交叉干扰度。为此，标定时所施加的标准力的量值和方向都必须精确。加载方向对确定交叉干扰度有着重大影响，力的作用方向一旦偏离指定方向，就会使交叉干扰度产生变化。标定时对测力传感器施加一系列标准力，测得相应的输出后，根据两者的对应关系作出标定曲线，再求出表征传感器静态特性的各项性能指标，如静态灵敏度、线性度、回程误差、重复性、稳定性以及横向干扰等。

静态标定通常在特制的标定台上进行。所施加的标准力的大小和方向都应十分精确，其力值必须符合计量部门有关量值传递的规定和要求。通常标准力的量值用砝码或标准测力环来度量。标定时采用砝码-杠杆加载系统、螺杆-标准测力环加载系统、标准测力机加载等。

2）动态标定

对于用于动态测量的传感器，仅作静态标定是不够的，有时还需进行动态标定。动态标定的目的在于获取传感器的动态特性曲线，再由动态特性曲线求得测力传感器的固有频率、阻尼比、工作频带、动态误差等反映动态特性的参数。对测力传感器或整个测力系统进行动态标定的方法就是输入一个动态激励力，测出相应的输出，然后确定出传感器的频率响应特性等。

冲击法也是获取测力系统动态特性的方法之一。冲击法可获得半正弦波瞬变激励力，此法简单易行。如图 8.45（a）所示，将待定的测力传感器安放在有足够质量的基础上，用一个质量为 m 的钢球从确定的高度 h 自由落下，当钢球冲击传感器时，由传感器所测得的冲击力信号经放大后输入瞬态波形存储器，或直接输入信号分析仪，即可得到如图 8.45（b）所示的波形。图中 $0 \sim t_1$ 为冲击力作用时间，点画线为冲击力波形，实线为实际的输出波形，$t_1 \sim t$ 段为自由衰减振荡信号，它和 $0 \sim t_1$ 段中叠加在冲击力波形上的高频分量反映了传感器的固有特性，对其做进一步分析处理，可获得测力传感器的动态特性。

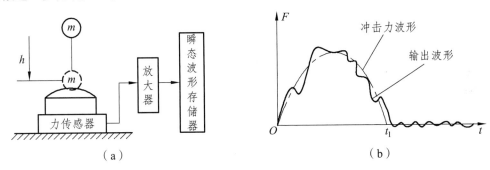

图 8.45　冲击标定系统及冲击波形

8.4　流体参量的测量

压力和流量等流体参量的测量，在众多工程领域中都具有十分重要的意义。

各种压力和流量测量装置尽管在原理或结构上有很大差别，但其共同特点是都有中间转换元件，以便把流体的压力、流量等参量转换为中间机械量，然后再用相应的传感器将中间机械量转换成电量输出。中间转换元件对测量装置的性能有着重要的影响。另一特点是在压力和流量测量中，测量装置的测量精确度和动态响应不仅与传感器本身及由它所组成的测量系统的特性有关，而且还与由传感器、连接管道等组成的流体系统的特性有关。

8.4.1　流体压力的测量

物理学中将单位面积上所受到的流体作用力定义为流体的压强，而工程上则习惯于称其为"压力"，本书采用"压力"这个名词。

由于参照点的不同，在工程技术中流体的压力常分为：绝对压力——相对于绝对真空（绝对零压力）所测得的压力；差压（压差）——两个压力之间的相对差值；表压力（表压）——高于大气压力的绝对压力与大气压力之差；负压（真空表压力）——当绝对压力小于大气压力时，大气压力与该绝对压力之差。压力测量装置大多采用表压或负压作为指示值，而很少采用绝对压力。图 8.46 所示为压力不同表示方式之间的关系。

工程上，按压力随时间的变化关系分为：静态压力，指不随时间变化或随时间变化缓慢的压力；动态压力，指随时间作快速变化的压力。

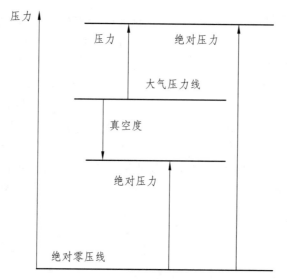

图 8.46　压力表示方式

在国际单位制中,压力是由质量、长度和时间三个基本量得出的导出量,其单位为 Pa(帕),$1\ Pa = 1\ N/m^2$。虽然已经有非常精确的压力表来提供压力的基准量,但是这些基准量最终必须依靠上述三个基本量的基准量来保证其精确度。

作用在确定面积上的流体压力能够很容易地转换成力,因此压力测量和力测量有许多共同之处。常用的两种压力测量方法是静重比较法和弹性变形法。前者多用于各种压力测量装置的静态定度,而后者则是构成各种压力计和压力传感器的基础。

1. 弹性式压力敏感元件

某种特定形式的弹性元件,在被测流体压力的作用下,将产生与被测压力成一定函数关系的机械变位(或应变)。这种中间机械量可通过各种放大杠杆或齿轮副等转换成指针的偏转,从而直接指示被测压力的大小。中间机械量也可通过各种位移传感器(以应变为中间机械量时,则可通过应变片)及相应的测量电路转换成电量输出。由此可见,感受压力的弹性敏感元件是压力计和压力传感器的关键元件。

通常采用的弹性式压力敏感元件有波登管、膜片和波纹管三类（见图 8.47）。

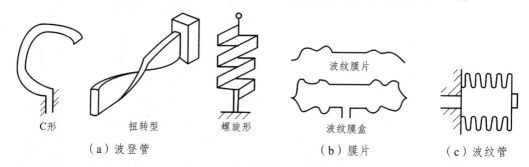

C形	扭转型	螺旋形	波纹膜盒	
（a）波登管			（b）膜片	（c）波纹管

图 8.47　弹性压力敏感元件

1）波登管

波登管是大多数指针式压力计的弹性敏感元件,同时也被广泛用于压力变送器（用于稳态压力测量,其输出量为电量的压力测量装置）中。图 8.47（a）所示的各种结构形式的波登管，其横截面都是椭圆形或平椭圆形的空心金属管子。当这种弹性管一侧通入有一定压力的流体时，由于内外侧的压力差（外侧一般为大气压力），迫使管子截面的短轴伸长、长轴缩短，使其发生由椭圆形截面向圆形变化的变形。这种变形导致 C 形和螺旋形波登管的自由端产生变位，而对于扭转型波登管来说，其输出运动则是自由端的角位移。

虽然采用波登管作为压力敏感元件，可以得到较高的测量精确度，但由于它尺寸较大、固有频率较低以及有较大的滞后，故不宜作为动态压力传感器的敏感元件。

2）膜片与膜盒

膜片是用金属或非金属制成的圆形薄片[见图 8.47（b）]。断面是平的，称为平膜片；断面呈波纹状的，称为波纹膜片；两个膜片边缘对焊起来，构成膜盒；几个膜盒连接起来，组成膜盒组。平膜片比波纹膜片具有较高的抗振、抗冲击能力，在压力测量中用得较多。

中、低压压力传感器多采用平膜片作为敏感元件。这种敏感元件是周边固定的圆形平膜片，其固定方式有周边机械夹固式、焊接式和整体式三种。

尽管机械夹固式的制造比较简便；但由于膜片和夹紧环之间的摩擦要产生滞后等问题，故较少采用。

以平膜片作为压力敏感元件的压力传感器，一般采用位移传感器来感测膜片中心的变位或在膜片表面粘贴应变片来感测其表面应变。

3）波纹管

波纹管是外周沿轴向有深槽形波纹状皱褶、可沿轴向伸缩的薄壁管子，一端开口，另一端封闭，将开口端固定，封闭端处于自由状态，如图 8.47（c）所示。在通入一定压力的流体后，波纹管将伸长，在一定压力范围内其伸长量即自由端位移与压力成正比。

波纹管可在较低的压力下得到较大的变位。它可测的压力较低，对于小直径的黄铜波纹管，最大允许压力约为 1.5 MPa。无缝金属波纹管的刚度与材料的弹性模量成正比，而与波纹管的外径和波纹数成反比，同时刚度与壁厚成近似的三次方关系。

2. 常用压力传感器

1）应变式压力传感器

目前，常用的应变式压力传感器有平膜片式、圆筒式和组合式等，其共同特点是利用粘贴在弹性敏感元件上的应变片，感测其受压后的局部应变而测得流体的压力。

（1）平膜片式压力传感器。图 8.48 所示为平膜片式压力传感器结构示意图。它利用粘贴在平膜片表面的应变片，感测膜片在流体压力作用下的局部应变，从而确定被测压力值的大小。

对于周边固定，一侧受均匀压力 P 作用的平膜片，若膜片应变值很小，则可近似地认为膜片的应力（或应变）与被测压力成线性关系。

平膜片式压力传感器的优点是结构简单、体积小、质量小、性能价格比高；缺点是输出信号小、抗干扰能力差、精度受工艺影响大。

（2）圆筒式压力传感器。如图 8.49 所示，它一端密封并具有实心端头，另一端开口并有法兰，以便固定薄壁圆筒。当压力从开口端进入圆柱筒时，筒壁将产生应变。

圆筒的外表面粘贴有 4 个相同的应变片 R_1、R_2、R_3、R_4 组成四臂电桥。当筒内外压力相同时，四个桥臂电阻相等，输出电压为零；当筒内压力大于筒外压力时，R_1、R_4 发生变化，电桥输出相应的电压信号。这种圆柱形应变筒式压力传感器常在高压测量时应用。

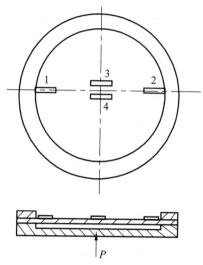

图 8.48　平膜片式压力传感器

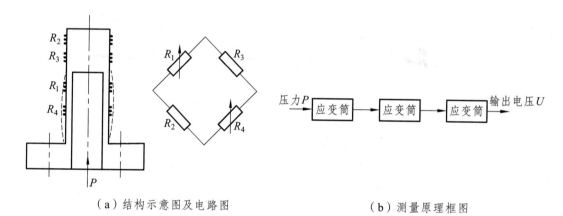

（a）结构示意图及电路图　　　　　　　（b）测量原理框图

图 8.49　圆筒式压力传感器

（3）组合式压力传感器。此类传感器中的应变片不直接粘贴在压力感受元件上，而采用某种传递机构将感压元件的位移传递到贴有应变片的其他弹性元件上，如图 8.50 所示。图 8.50（a）利用膜片 1 和悬臂梁 2 组合成弹性系统。在压力的作用下，膜片产生位移，通过杆件使悬臂梁变形。图 8.50（b）利用悬链式膜片 1 将压力传给弹性圆筒 3，使之发生变形。

2）压阻式压力传感器

压阻式压力传感器的敏感元件（见图 8.51）是在某一晶面的单晶硅平膜片上，沿一定的晶轴方向扩散上一些长条形电阻。硅膜片的加厚边缘烧结在有同样膨胀系数的玻璃基座上，以保证温度变化时硅膜片不受附加应力。当膜片受到流体压力或压差作用时，膜片内部产生应力，从而使扩散在其上的电阻的阻值发生变化。它的灵敏度一般要比金属材料应变片高 70 倍左右。

一般这种压阻元件只在膜片中心变位远小于其厚度的情况下使用。

有的传感器使用隔离膜片将被测流体与硅膜片隔开，隔离膜片和硅膜片之间充填硅油，用它来传递被测压力。

这类传感器由于采用了集成电路的扩散工艺，尺寸可以做得很小。例如，有的直径只有

1.5~3 mm，这样就可用来测量局部区域的压力，并且大大改善了动态特性（工作频率可从 0 到几百千赫）。由于电阻直接扩散到膜片上，没有粘贴层，因此零漂小、灵敏度高、重复性好。测量范围在 0~0.000 5 MPa，0~0.002 MPa 至 0~210 MPa，其精确度为±0.2%~±0.02%。

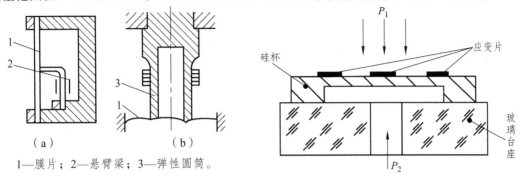

1—膜片；2—悬臂梁；3—弹性圆筒。

图 8.50　组合式压力传感器　　　　图 8.51　压阻式压力传感

3）压电式压力传感器

图 8.52 所示的膜片式压电压力传感器是目前广泛采用的一种结构。3 是承压膜片，只起到密封、预压和传递压力的作用。由于膜片的质量很小，而压电晶体的刚度又很大，所以传感器有很高的固有频率（可高达 100 kHz 以上）。因此它是专门用于动态压力测量的一种性能较好的压力传感器。这种结构的压力传感器有较高的灵敏度和分辨率，且易于小型化。缺点是压电元件的预压缩应力是通过拧紧壳体施加的，这将使膜片产生弯曲变形，导致传感器的线性度和动态性能变坏。且当环境温度变化使膜片变形时，压电元件的预压缩应力将会变化，导致输出不稳定。

为克服压电元件在预加载过程中引起膜片的变形，可采用预紧筒加载结构，如图 8.53 所示。预紧筒 8 是一个薄壁厚底的金属圆筒，通过拉紧预紧筒对压电晶片组施加预压缩应力。

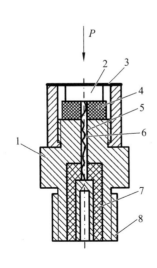 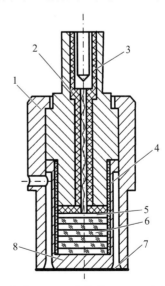

1—壳体；2—压电元件；3—膜片；4—绝缘圈；
5—空管；6—引线；7—绝缘材料；8—电极。

图 8.52　膜片式压电压力传感器

1—壳体；2,4—绝缘体；3,5—电极；
6—压电片堆；7—膜片；8—预紧筒。

图 8.53　多片层叠压电晶体压力传感器

在加载状态下用电子束焊将预紧筒与芯体焊成一体。感受压力的膜片是后来焊接到壳体上去的，它不会在压电元件的预加载过程中发生变形。预紧筒外的空腔内可以注入冷却水，以降低晶片温度，保证传感器在较高的环境温度下正常工作。采用多片压电元件层叠结构是为了提高传感器的灵敏度。

压电压力传感器可以测量几百帕到几百兆帕的压力，并且外形尺寸可以做得很小（几毫米直径）。这种压力传感器和压电加速度计及压电力传感器一样，需采用有极高输入阻抗的电荷放大器作前置放大，其可测频率下限是由这些放大器决定的。

由于压电晶体有一定的质量，故压电压力传感器在有振动的条件下工作时，就会产生与振动加速度相对应的输出信号，从而造成压力测量误差。特别是在测量较低压力或要求较高的测量精确度时，该影响不能忽视。图 8.54 所示为带加速度补偿的压力传感器。在传感器内部设置一个附加质量和一组极性相反的补偿压电晶体，在振动条件下，附加质量使补偿压电晶片产生的电荷与测量压电晶片因振动产生的电荷相互抵消，从而达到补偿目的。

4）电容式压力传感器

图 8.55 所示为一种电容式差压传感器的结构示意图。感压元件是一个全焊接的差动电容膜盒。玻璃绝缘层内侧的凹球面形金属镀膜作为固定电极，中间被夹紧的弹性测量膜片作为可动电极，从而组成一个差动电容。被测压力 P_1、P_2 分别作用于左右两片隔离膜片上，通过硅油将压力传递给测量膜片。在压差的作用下，中心最大位移为 ±0.1 mm。当测量膜片在差压作用下向一边鼓起时，它与两个固定电极间的电容量一个增大一个减小，测量这两个电容的变化，便可知道差压的数值。这种传感器结构坚实、灵敏度高、过载能力大；精度高，其精确度可达 ±0.25~±0.05%；仪表测量范围在 0~0.000 01 MPa 至 0~70 MPa。

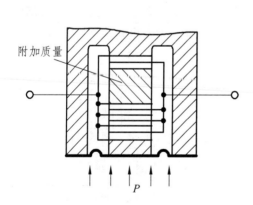

图 8.54　用附加质量补偿加速度的影响

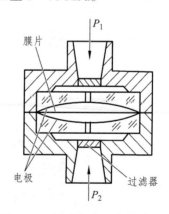

图 8.55　差动电容压力传感器

5）霍尔式压力传感器

霍尔式压力传感器一般由两部分组成，一部分是弹性元件（波登管、膜盒等），用来感受压力并把压力转换成位移量，另一部分是霍尔元件和磁路系统。通常把霍尔元件固定在弹性元件上，当弹性元件在压力作用下产生位移时，就带动霍尔元件在均匀梯度的磁场中移动，从而产生霍尔电势。图 8.56 所示为采用波登管的霍尔式压力传感器的结构原理。它是用霍尔元件把波登管的自由端位移转换成霍尔电势输出。霍尔式压力传感器结构简单、灵敏度较高，可配用通用的仪表指示，还能远距离传输和记录。

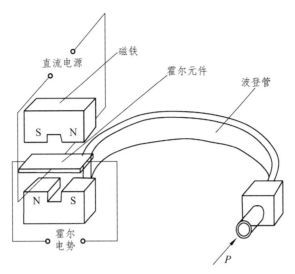

8.56 采用波登管的霍尔式压力传感器

6）电感式压力传感器

电感式压力传感器一般由两部分组成，一部分是弹性元件，用来感受压力并把压力转换成位移量，另一部分是由线圈和衔铁组成的电感式传感器。可分为自感型和差动变压器型。图 8.57 所示为由膜盒与变气隙式自感传感器构成的压力传感器，流体压力使膜盒变形，从而推动固定在膜盒自由端的衔铁上移引起电感变化。

7）光电式压力传感器

利用弹性元件和光电元件可组成光电式压力传感器，如图 8.58 所示。当被测压力 P 作用于膜片时，膜片中心处位移引起两遮光板中的狭缝一个变宽，一个变窄，导致折射到两光敏元件上的光强度一个增强，一个减弱。把两光敏元件接成差动电路，差动输出电压可设计成与压力成正比。

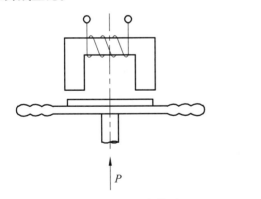

图 8.57 电感式压力传感器

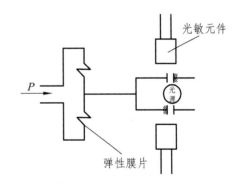

图 8.58 光电式压力传感器

在压力测量中，微压及微差压力的传感技术一直是一个难题，特别是为获得与其相应的灵敏度及可靠性方面存在一些难点。采用光纤传感器技术可得到较好的效果。图 8.59 所示为一种光纤式压力传感器的结构原理图。将一个具有一定反射率且质地柔软的反射镜贴在承受压力（压差）的膜片上，当压（差）力使膜片发生微小变形时，便会改变反射镜所反射的入射光的光强，从而测得其压（差）力。

8）振频式压力传感器

振频式压力传感器利用感压元件本身的谐振频率与压力的关系，通过测量频率信号的变化来检测压力。有振筒、振弦、振膜、石英谐振等多种形式，以下以振筒式压力传感器为例说明。

振筒式压力传感器的感压元件是一个薄壁圆筒，圆筒本身具有一定的固有频率，当筒壁受压张紧后，其刚度发生变化，固有频率相应改变。在一定压力作用下，变化后的振筒频率可以近似表示为

$$f_{\mathrm{P}} = f_0 \sqrt{1 + \alpha p} \tag{8.43}$$

式中，f_p 为受压后的振筒频率；f_0 为固有频率；α 为结构系数；p 为被测压力。

传感器由振筒组件和激振电路组成，如图 8.60 所示。振筒用低温度系数的恒弹性材料制成，一端封闭为自由端，开口端固定在基座上，压力由内侧引入。绝缘支架上固定着激振线圈和检测线圈，二者空间位置互相垂直，以减小电磁耦合。激振线圈使振筒按固有的频率振动，受压前后的频率变化可由检测线圈检出。

这种仪表体积小、输出频率信号、重复性好、耐振；精确度为±0.1%和±0.01%；测量范围为 0~0.014 MPa 至 0~50 MPa；适用于气体测量。

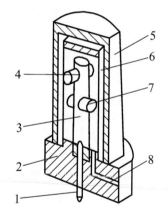

1—引线；2—底座；3—支柱；4—激振线圈；
5—外壳；6—振动筒；7—压力线圈；
8—压力入口。

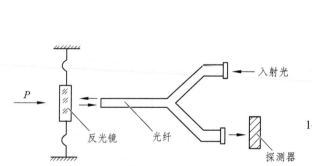

图 8.59　光纤式压力传感器的结构原理

图 8.60　振筒式压力传感器结构示意图

3. 压力测量系统的动态特性

传感器安装到测压点上之后，其动态特性自然还要受到被测流体的性质和安装情况的影响。为了使压力测量系统具有最佳的动态性能，传感器与测压点处的连接应该像图 8.61（a）那样，即传感器膜片与测压点周围的壁面处于"齐平"的状态。传感器膜片与测压点间的任何连接管道及容腔将在不同程度上降低测量系统的动态性能。然而在许多情况下要实现"齐平"安装是困难的，往往要采用图 8.61（b）所示的管道-容腔安装方式。工作介质为液体、安装方式为管道-容腔型的压力测量系统可以简化成二阶系统来研究其动态特性。

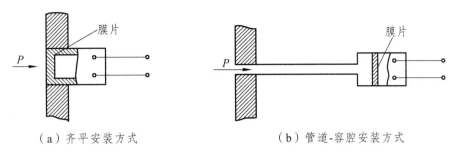

（a）齐平安装方式　　　　　　　　　　（b）管道-容腔安装方式

图 8.61　传感器的安装方式

4. 压力测量装置的标定

一般用静态标定来确定压力传感器或压力测量系统的静态灵敏度及各种静态误差，而用动态标定来确定其动态响应特性。

1）压力测量装置的静态标定

压力测量装置的静态标定一般采用静重比较法，即标准砝码的重力通过已知直径和重量的柱塞，作用于密闭的液体系统，从而产生如下的标准压力

$$P = \frac{4g_n(M_1 + M_2)}{\pi D^2} \tag{8.44}$$

式中，P 为标准压力（Pa）；g_n 为当地的重力加速度（m/s²）；M_1 为标准砝码的质量（kg）；M_2 为柱塞的质量（kg）；D 为柱塞直径（m）。

此标准压力作用于压力传感器的敏感元件上，实现静态标定。

2）压力测量装置的动态标定

通常压力测量系统的动态标定有两个目的：一是确定压力测量系统的动态响应，以便估计动态误差，必要时可进行动态误差修正；二是考虑有些压力测量装置的动态灵敏度与静态灵敏度不同，因此必须由动态标定确定灵敏度。

所谓动态压力标定，就是利用波形和幅值均能满足一定要求的压力信号发生装置，向被标定的压力测量装置输入动态压力，通过测量其响应，而得到输入和输出间的动态关系。压力信号发生装置一般有正弦压力信号发生器和瞬态压力信号发生器两类。前者测量及信号处理都比较简单，但它仅适用于低压和低频的情况；后者则是目前应用最广泛的动态压力信号发生装置，瞬态压力信号发生器是指能产生阶跃或脉冲压力信号的装置。脉冲压力信号装置是指机械装置撞击被标定传感器，产生一个瞬时撞击力，记录数据，求得压力传感器的动态特性。脉冲压力信号装置结构简单、使用方便，但误差较大。对于动态压力标定而言，目前阶跃压力信号发生装置用得较为成功。

8.4.2　流体流量的测量

流体的流量分为体积流量和质量流量，分别表示某瞬时单位时间内流过管道某一截面处流体的体积数或质量数，单位符号分别为 m³/s 和 kg/s。

显然，液体体积流量可用标准容器和秒表（或电子计时装置）来测量，也就是测量液体充满某一确定容积所需的时间。这种方法只能用来测量稳定的流量或平均流量。由于它在测量稳定的流量时可以达到很高的精度，因此也是各种流量计静态标定的基本方法。

一般工业用或实验室用液体流量计的基本工作原理是通过某种中间转换元件或机构，将管道中流动的液体流量转换成压差、位移、力、转速等参量，然后再将这些参量转换成电量，从而得到与液体流量成一定函数关系（线性或非线性）的电量（模拟或数字）输出。

1. 常用的流量计

1）差压式流量计（流量-差压转换法）

差压式流量计是在流通管道上设置流动阻力件，当液体流过阻力件时，在它前后形成与流量成一定函数关系的压力差，通过测量压力差，即可确定通过的流量。因此，这种流量计主要由产生差压的装置和差压计两部分组成。产生差压的装置有多种形式，包括节流装置（孔板、喷嘴、文杜里管等）、动压管、均速管、弯管等。其他形式的差压式流量计还有转子式流量计、靶式流量计等。

（1）节流式流量计。图 8.62 所示的差压流量计是使用孔板作为节流元件。在管道中插入一片中心开有锐角孔的圆板（俗称孔板），当液体流过孔板时，流动截面缩小，流动速度加快，根据伯努利方程，压力必定下降。分析表明，若在节流装置前后端面处取静压力 p_1 和 p_2，则流体体积流量为

$$q_V = \alpha A_0 \sqrt{\frac{2}{\rho}(p_1 - p_2)} \tag{8.45}$$

式中，q_V 为体积流量（m^3/s）；A_0 为孔板的开口面积（m^2）；ρ 为液体的密度（kg/m^3）；α 为流量系数，一个与流道尺寸、取压方式和流速分布状态有关的系数，无量纲量；p_1-p_2 为节流口前后的压差（Pa）。

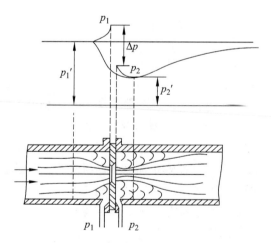

图 8.62　差压流量计原理

上面的分析表明，在管道中设置节流元件就是要造成局部的流速差异，得到与流速成函数关系的压差。在一定的条件下，流体的流量与节流元件前后压差的平方根成正比，采用压力变送器测出此压差，经开方运算后便得到流量信号。在组合仪表中有各种专门的职能单元。若将节流装置、差压变送器和开方器组合起来，便成为测量流量的差压流量变送器。

上述流量-压差关系虽然比较简单，但流量系数 α 的确定却十分麻烦。大量的实验表明，只有在流体接近充分紊流时，即雷诺数 Re 大于某一界限值（约为 10^5 数量级）时，α 才是与

流动状态无关的常数。

流量系数除了与孔口对管道的面积比及取压方式有关之外，还和所采用的节流装置的型式有着密切关系。目前，常用的节流元件还有压力损失较小的文杜里管[图 8.63（c）]和喷嘴[图 8.63（b）]等。取压方式除上述在孔板前后端面处取压的"角接取压法"外，还有在离孔板前后端面各 1 英寸处的管壁上取压等。方式不同的取压方式流量系数也不同。此外，管壁的粗糙程度、孔口边缘的尖锐度、流体的黏度、温度以及可压缩性都对此系数值有影响。由于工业上应用差压流量计已有很长的历史，对一些标准的节流装置做过大量的试验研究，积累了一套十分完整的数据资料。使用这种流量计时，只要根据所采用的标准节流元件、安装方式和使用条件，查阅有关手册，便可计算出流量系数，无须重新定度。

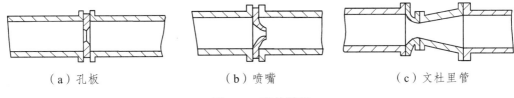

（a）孔板　　　　　　　（b）喷嘴　　　　　　　（c）文杜里管

图 8.63　节流装置

差压流量计是目前各工业部门应用最广泛的一类流量仪表，约占整个流量仪表的 70%，在较好的情况下测量精确度为±1%～±2%。但实际使用时，由于雷诺数及流体温度、黏度、密度等的变化以及孔板孔口边缘的腐蚀磨损程度不同，精确度常远低于±2%。

（2）弯管流量计。当流体通过管道弯头时，受到角加速度的作用而产生的离心力会在弯头的外半径测与内半径测之间形成差压，此差压的平方根与流体流量成正比。只要测出差压就可得到流量值。弯管流量计如图 8.64 节流装置所示。取压口开在 45°角处，两个取压口要对准。弯头的内壁应保证基本光滑，在弯头入口和出口平面各测两次直径，取其平均值作为弯头内径 D。弯头曲率 R 取其外半径与内半径的平均值。弯管流量计的流量方程式为

$$q_V = \frac{\pi}{4}D^2k\sqrt{\frac{2}{\rho}\Delta p} \tag{8.46}$$

式中，D 为弯头内径；ρ 为流体密度；Δp 为差压值；k 为弯管流量系数。

流量系数 k 与弯管的结构参数有关，也与流体流速有关，需由实验确定。

弯管流量计的特点是结构简单、安装维修方便；在弯管内流动无障碍，没有附加压力损失；对介质条件要求低。其主要缺点是产生的差压非常小。它是一种尚未标准化的仪表。由于许多装置上都有不少的弯头，可用现有的弯头作为测量弯管，所以成本低廉，尤其在管道工艺条件限制情况下，可用弯管流量计测量流量，但是其前直管段至少要长 10D。弯头之间的差异限制了测量精度的提高，其精确度在±5%～±10%，但其重复性可达±1%。有些厂家提供专门加工的弯管流量计，经单独标定，能使精确度提高到±0.5%。

2）转子流量计（流量-位移转换法）

在小流量测量中，经常使用图 8.65 所示的转子流量计。它也是利用流体流动的节流原理工作的流量测量装置。与上述差压流量计不同之处是它的压差是恒定的，而节流口的过流面积却是变化的。如图 8.66 所示，一个能上下浮动的转子被置于圆锥形的测量管中，当被测流体自下向上流动时，由于转子和管壁之间形成的环形缝隙的节流作用，在转子上下端出现压

差Δp，此压差对转子产生一个向上的推力，克服转子的重量使其向上移动，这就使得环形缝隙过流截面积增大，压差下降，直至压差产生的向上推力与转子的重量平衡为止。因此通过的流量不同，转子在锥管中悬浮的位置也就不同，测出相应的悬浮高度，便可确定通过的流体流量。

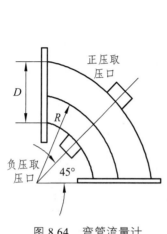

图 8.64　弯管流量计

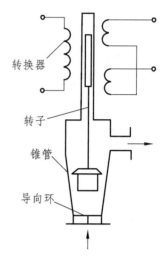

图 8.65　转子流量计

若 Δp、ρ 和 α 均为常数，则流量 q_V 与环形节流口的过流面积 A_0 成正比，对于圆锥形测量管，面积 A_0 与转子所处的高度成近似的正比关系，故可采用差动变压器式等位移传感器，将流量转化为成比例的电量输出。

实际上流量系数 α 等是随工作条件变化的，因此这种流量计对被测流体的黏度或温度也是非常敏感的，并且有较严重的非线性。当被测流体的物性系数（密度、黏度）和状态参数（温度、压力）与流量计标定流体不同时，必须对流量计指示值进行修正。

3）靶式流量计（流量-力转换法）

图 8.66 所示为靶式流量计的工作原理图。这种流量计是在管道中装设一圆靶（靶置于管道中央，靶的平面垂直于流体流动方向）作为节流元件。当液体流过时，靶上就受到一个推力的作用，其大小与通过的流量成一定函数关系，测量推力（或测量管外杠杆一端的平衡力）即可确定流量值。

靶式流量计的流量与检测信号（力）之间的关系是非线性的，这就给使用带来很大的不便，并且限制了流量计的测量范围。近年来出现了一种新型的自补偿靶式流量计，它使用测量控制网络和专门的电控元件，使靶上所受到的推力被自动平衡，于是输出的控制电流值与体积流量成线性关系。

4）涡轮流量计（流量-转速转换法）

涡轮流量计的结构如图 8.67 所示，涡轮转轴的轴承由固定在壳体上的导流器所支承，流体顺着导流器流过涡轮时，推动叶片使涡轮转动，其转速与流量成一定的函数关系，通过测量转速即可确定对应的流量。

由于涡轮是被封闭在管道中，因此采用非接触式磁电检测器来测量涡轮的转速在不导磁的管壳外面安装的检测器是一个套有感应线圈的永久磁铁，涡轮的叶片是用导磁材料制成的。

若涡轮转动，叶片每次经过磁铁下面时，都要使磁路的磁阻发生一次变化，从而输出一个电脉冲。显然输出脉冲的频率与转速成正比，测量脉冲频率即可确定瞬时流量，若累计一定时间内的脉冲数，便可得到这段时间内的累计流量。

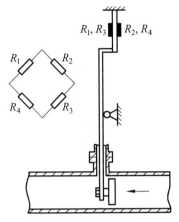

图 8.66　靶式流量计的工作原理图

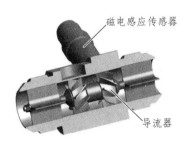

图 8.67　涡轮流量计

涡轮流量计出厂时是以水标定的。以水作为工作介质时，每种规格的流量计在规定的测量范围内，以一定的精确度保持这种线性关系。当被测流体的运动黏度小于 $5 \times 10^{-6} m/s$ 时，在规定的流量测量范围内，可直接使用厂家给出的仪表常数，不必另行定度。但是在液压系统的流量测量中，由于被测流体的黏度较大，在厂家提供的流量测量范围内上述线性关系不成立（特大口径的流量计除外），仪表常数随液体的温度（或黏度）和流量的不同而变化。在此情况下流量计必须重新标定。对每种特定介质，可得到一组定度曲线，利用这些曲线就可对测量结果进行修正。由于这种曲线族组以温度为参变量，故在流量测量中必须测量通过流量计的流体温度。当然，也可使用反馈补偿系统来得到线性特性。

就涡轮流量计本身来说，其时间常数为 2~10 ms，因此具有较好的响应特性，可用来测量瞬变或脉动流量。涡轮流量计在线性工作范围内的测量精确度约为 0.25%~1.0%。

5）容积式流量计（流量-转速转换法）

容积式流量计实际上就是某种形式的容积式液动机。液体从进口进入液动机，经过一定尺寸的工作容腔，由出口排出，使得液动机轴转动。对于一定规格的流量计来说，输出轴每转一周所通过的液体体积是恒定的，此体积称为流量计的每转排量。测量输出轴的平均转速，可得到平均流量值；而累计输出轴的转数，即可得到通过液体的总体积。

容积式流量计有椭圆齿轮流量计、腰形转子流量计等。另外，符合一定要求的液动机也可用来测量流量。

（1）椭圆齿轮流量计。椭圆齿轮流量计的工作原理如图 8.68 所示。在金属壳体内，有一对精密啮合的椭圆齿轮 A 和 B，当流体自左向右通过时，在压力差的作用下产生转矩，驱动齿轮转动。例如齿轮处于图 8.68（a）所示位置时，$p_1 > p_2$，A 轮左侧压力大，右侧压力小，产生的力矩使 A 轮作逆时针转动，A 轮把它与壳体间月牙形容积内的液体排至出口，并带动 B 轮转动；在图 8.68（b）所示位置上，A 和 B 二轮都产生转矩，于是继续转动，并逐渐将液体封入 B 轮和壳体间的月牙形空腔内；到达图 8.68（c）所示位置时，作用于 A 轮上的转矩为零，而 B 轮左侧的压力大于右侧，产生转矩，使 B 轮成为主动轮，带动 A 轮继续旋转，并将月牙形容积内的液体排至出口。如此继续下去，椭圆齿轮每转一周，向出口排出 4 个月牙形容积的液体。累计齿轮转动的圈数，便可知道流过的液体总量。测定一定时间间隔内通过的液体总量，便可计算出平均流量。

由于椭圆齿轮流量计是由固定容积来直接计量流量的，故与流体的流态（雷诺数）及黏度无关。然而，黏度变化要引起泄漏量的变化，从而影响测量精确度。椭圆齿轮流量计只要加工精确，配合紧密，并防止使用中腐蚀和磨损，便可得到很高的精确度。一般情况下测量精确度为 0.5%~1%，较好的可达 0.2%。

应当指出，当通过流量计的流量为恒定时，椭圆齿轮在一周内的转速是变化的，但每周的平均角速度是不变的。在椭圆齿轮的短轴与长轴之比为 0.5 的情况下，转动角速度的脉动率接近 0.65。由于角速度的脉动，测量瞬时转速并不能表示瞬时流量，而只能测量整数圈的平均转速来确定平均流量。

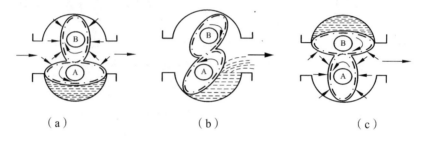

图 8.68　椭圆齿轮流量

椭圆齿轮流量计的外伸轴一般带有机械计数器，由它的读数便可确定通过流量计的液体总量。这种流量计同秒表配合，可测出平均流量。但由于用秒表测量的人为误差大，因此测量精确度很低。有些椭圆齿轮流量计的外伸轴带有测速发电机或光电测速孔盘。前者是模拟电量输出，后者是脉冲输出。采用相应的二次仪表，可读出平均流量和累计流量。

（2）腰轮转子流量计。图 8.69 所示为腰轮转子流量计原理。壳体中装有经过精密加工、表面光滑无齿但能做密切配滚的一对转子，腰轮转子流量计对流体的计量过程，同椭圆齿轮流量计相类似，是通过腰轮（转子）与壳体之间所形成的固定计量空间来实现的。每当腰轮转过一圈，便排出 4 个固定计量体积的流体，只要记下腰轮的转动转数，就可得到被测流体的体积流量。腰轮的转动也是靠流体的入口和出口的压差 $\Delta p = p_1 - p_2$ 来实现的。由于转子的各处配合间隙会产生泄漏，从而使得这种流量计在小流量测量时误差较大。

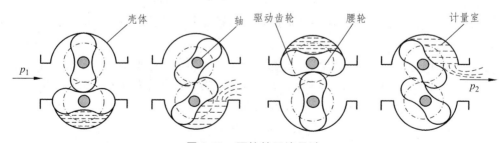

图 8.69　腰轮转子流量计

6）电磁流量计

电磁流量计是根据电磁感应原理制成的一种流量计，用来测量导电液体的流量。测量原理如图 8.70 所示，它是由产生均匀磁场的磁路系统、用不导磁材料制成的管道及在管道横截面上的导电电极组成。磁场方向、电极连线及管道轴线三者在空间互相垂直。

当被测导电液体流过管道时，切割磁力线，便在和磁场及流动方向垂直的方向上产生感应电动势，其值与被测流体的流速成正比，即

$$E = BDv \tag{8.47}$$

式中，B 为磁感应强度（T）；D 为管道内径（m）；v 为液体平均流速（m/s）。

由式（8.48）可得被测液体的流量为

$$q_V = \frac{\pi D^2}{4}v = \frac{\pi DE}{4B} = \frac{E}{K} \tag{8.48}$$

式中，K 为仪表常数，对于固定的电磁流量计，K 为定值。

电磁流量计的测量管道内没有任何阻力件，适用于有悬浮颗粒的浆流等的流量测量，而且压力损失极小；测量范围宽，可达 100∶1；因感应电动势与被测液体温度、压力、黏度等无关，故其使用范围广；可以测量各种腐蚀性液体的流量；电磁流量计惯性小，可用来测脉动流量；要求测量介质的导电率大于 0.002~0.005 Ω/m，因此不能测量气体及石油制品。

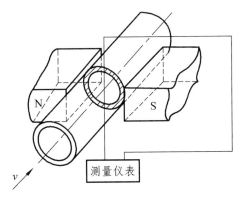

8.70　电磁流量计

7）超声波流量计

超声波流量计利用超声波在流体中的传播特性实现流量测量。超声波在流体中传播，将受到流体速度的影响，检测接收的超声波信号可测知流速，从而求得流量。测量方法有多种，按作用原理分为传播速度法、多普勒效应法、声束偏移法、相关法等，在工业应用中以传播速度法最普遍。

传播速度法利用超声波在流体中顺流传播与逆流传播的速度变化来测量流体流速。具体方法有时间差法、频差法（测量原理见图 8.71）和相差法。在管道壁上，从上下游两个作为发射器的超声换能器 T_1、T_2 发出超声波，各自到达下游和上游作为接收器的超声换能器 R_1、R_2。流体静止时的超声波声速为 c，流体流动时顺流和逆流的声速将不同。超声波从 T_1 到 R_1，和从 T_2 到 R_2 的时间分别为 t_1 和 t_2。

$$t_1 = \frac{L}{c+v}, \ t_2 = \frac{L}{c-v} \tag{8.49}$$

式中，L 为两探头间距离；v 为流体平均流速。

一般情况下 $c \gg v$，则时间差与流速的关系为

$$\Delta t = t_2 - t_1 \approx \frac{2Lv}{c^2} \qquad （8.50）$$

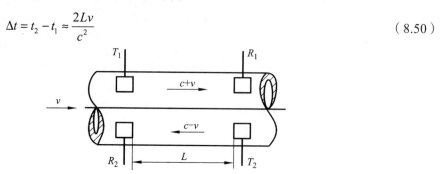

图 8.71　时间差法与频差法原理

测得时间差就可知流速。

采用频差法时，列出频率与流速的关系式为

$$f_1 = \frac{1}{t_1} = \frac{c+v}{L}, \quad f_2 = \frac{1}{t_2} = \frac{c-v}{L} \qquad （8.51）$$

则频率差与流速的关系为

$$\Delta f = f_1 - f_2 = \frac{2v}{L} \qquad （8.52）$$

采用频差法测量可以不受声速的影响，不必考虑流体温度变化对声速的影响。

超声流量计可夹装在管道外表面，仪表阻力损失极小，还可以做成便携式仪表，探头安装方便，通用性好。可测量各种流体的流量，包括腐蚀性、高黏度、非导电性流体。尤其适合大口径管道测量。缺点是价格较贵，目前多用在不能适于其他流量计的地方。近年来测量气体流量的仪表也已问世。

8）相关流量计

相关流量测量技术是运用相关函数理论，通过检测流体流动过程中随机产生的浓度、速度或是两相流动的密度不规则分布而产生的信号，测得流体的速度，从而计算流量。

相关流量计实际上是一个流速测量系统，其工作原理如图 8.72 所示。

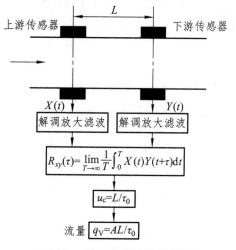

图 8.72　相关流量计测量原理

两个相同特性的传感器（光学、电学或声学传感器）安装在被测流体的管道上，二者的中心间距为 L。当被测流体在管道内流动时，流体内部会产生随机扰动，例如，单相流体中的湍流涡漩不断产生和衰减，两相流体中离散相的颗粒尺寸和空间分布的随机变化等，将会对传感器所发出的能量束（如光束）或它们所形成的能量场（如电场）产生随机的幅值调制或相位调制，或两者的混合调制作用，并产生相应的物理量（如电压、电流、频率等）的随机变化。通过解调、放大和滤波电路，可以分别取出被测流体在通过上、下游传感器之间的敏感区域时所发出的随机信号 $X(t)$ 和 $Y(t)$。如果上、下游传感器之间的距离 L 足够小，则随机信号 $X(t)$ 和 $Y(t)$ 彼此是基本相似的，仅下游信号 $Y(t)$ 相对于上游信号 $X(t)$ 有一个时间上的滞后。将二者做相关运算

$$R_{xy}(\tau) = \lim_{T \to \infty} \frac{1}{T} \int_0^T Y(t) X(t-\tau) \mathrm{d}t \qquad (8.53)$$

互相关函数图形 $R_{xy}(\tau)$ 的峰值位置 τ_0 就是该时间滞后值的度量。

在理想的流动情况下，被测流体在上下游传感器所在的管道截面之间的流动满足 G.I. Taylor 提出的"凝固"流动图形假设时，相关速度 u_c 可按下式计算

$$u_c = L / \tau_0 \qquad (8.54)$$

相关速度和被测流体的截面平均速度 u_{cp} 相等，即

$$u_{cp} = q_V / A = u_c = L / \tau_0 \qquad (8.55)$$

则被测流体的流量为

$$q_V = AL / \tau_0 \qquad (8.56)$$

相关流量计既可测洁净的液体和气体的流量，又能测污水及多种气-固和气-液两相流体的流量；管道内无测量元件，没有任何压力损失；随着微电子技术和微处理器的发展，在线流量测量专用的相关器价格便宜、功能齐全而且体积小。所以相关流量测量技术将会得到更快的发展。

9）质量流量检测方法

上面介绍的流量计都是用来测体积流量的，由于流体的体积是流体温度、压力和密度的函数，在流体状态参数变化的情况下，采用体积流量测量方式会产生较大误差。因此，在工业生产过程参数检测和控制中，以及对产品进行质量控制、经济核算等方面的要求，需要检测流体的质量流量。

质量流量计可分为直接式质量流量计和间接式质量流量计两大类。

（1）直接式质量流量计。直接式质量流量计的输出信号直接反映质量流量，目前用得较多的有科里奥利质量流量计和热式质量流量计。

① 科里奥利质量流量计是通过测量流体流过以一定频率振动的检测管时，所受科里奥利力的变化来反映质量流量的仪表。测量精度高、受流体物性参数影响小是其主要特点。

② 热式质量流量计是利用测量加热流体或加热物体被流体冷却的速度与流速之间的关系，或测量加热物体时温度上升一定值所需的能量与流速之间的关系来测量流量的仪表。热式质量流量计一般用来测量气体的质量流量，适用于微小流量测量。当需要测量较大流量时，要采用分流方法，仅测一部分流量，再求得全流量。它结构简单、压力损失小。缺点是灵敏

度低，测量时还要进行温度补偿。

（2）间接式质量流量计。间接式质量流量计是通过不同仪表的组合来间接推知质量流量的量值。它采用密度或温度、压力补偿的方法，在测量体积流量的同时，测量流体的密度或流体的温度、压力值，再通过运算求得质量流量。现在带有微处理器的流量传感器均可实现这一功能，这类仪表又称为推导式质量流量计，主要有 3 种：

① 测量体积流量的仪表（体积流量计）和密度计的组合。其计算式为

$$q_{\mathrm{m}} = \rho q_{\mathrm{V}} \tag{8.57}$$

② 反映流体动能（ρq_{V}^2）的仪表（如差压式流量计）和密度计的组合。其计算式为

$$q_{\mathrm{m}} = \sqrt{\rho q_{\mathrm{V}}^2 \rho} = \rho q_{\mathrm{V}} \tag{8.58}$$

③ 反映流体动能（ρq_{V}^2）的仪表（如差压式流量计）和体积流量计（其他类型的体积流量计）的组合，其计算式为

$$q_{\mathrm{m}} = \frac{\rho q_{\mathrm{V}}^2}{q_{\mathrm{V}}} = \rho q_{\mathrm{V}} \tag{8.59}$$

间接式质量流量计构成复杂，因为包括了其他参数仪表误差和函数误差等，其系统误差通常低于体积流量计。

2. 流量计的标定

流量计在出厂前必须逐个标定。使用单位也需对流量计定期校验，校准仪表的指示值和实际值之间的偏差，以判定其测量误差是否仍在允许范围之内。

流量计的标定一般有直接测量法和间接测量法两种方法。

1）直接测量法

直接测量法也称实流校验法，是用实际流体流过被校验流量计，再用别的标准装置（标准流量计或流量标准装置）测出流过被校验流量计的实际流量，与被校验流量计所指示的流量值做比较，或将待标定的流量计进行分度。这种校验方法也称为湿式标定法。该法获得的流量值既可靠又准确，是目前许多流量计校验时所采用的方法。

2）间接测量法

间接测量法是以测量流量计传感器的结构尺寸或其他与计算流量有关的量，并按规定方法使用，间接地校验其流量值，获得相应的精确度。这种方法也称为干式标定法。该法获得的流量值没有直接法准确，但它避免了必须要使用流量标准装置特别是大型流量装置带来的困难，故也有一些流量计采用了间接测量法。例如，差压式流量计中已经标准化了的孔板、喷嘴、文杜里管等都积累了丰富的试验数据，并有相应的标准，所以通过标准节流装置的流量值就可以采用检验节流件的几何尺寸与校验配套的差压计来间接地进行。

实流校验法始终是最重要的流量校验方法，即使是已经标准化了的标准节流装置，有时使用条件超越了标准规定的范围，或为了获得更高的测量精度，仍需采用实流校验法进行校验。

液体流量标定是基于容积和时间基准或者质量和时间基准之上的。前者用于体积流量定度，后者则用于质量流量定度。显然，二者之间可通过液体密度的测量值进行换算。流量计标定时，首先要有一个稳定的流量源，然后测量在某个精确的时间间隔内通过流量计的液体

体积或质量的实际值，并读出被定度流量计的指示值。由此确定流量计示值与实际值之间的关系。任何精密流量计经这样的一次标定之后，它本身就成为一个二次流量标准，其他精确度较低的流量计就可用它来进行对比标定。与其他测量装置的标定一样，如果使用条件与标定条件相差很大，将使标定结果失去意义。使用条件一般包括所使用的流体的性质（密度、黏度和温度）、工作压力、流量计的安装方向以及流体的流动干扰等。在使用已有的标定数据时，必须注意这些问题。

8.5 噪声测量

当机械振动系统在弹性介质（气体、液体、固体）中振动时，其周围的介质也会振动起来，且将振动向四周传播开去。声音就是弹性介质中的一种振动过程，当产生振动的振源频率在 20 ~ 20 kHz 时人的耳朵可以听到它，称为声波。低于 20 Hz 的波动称为次声波，高于 20 kHz 的波动称为超声波，人的耳朵无法听到次声波和超声波。

振动在弹性介质中引起波动，振动和波动的区别在于：振动是指质量在一定的位置附近作来回往复运动，也称振荡；波动是振动的传播过程，即振动状态的传播。各质点的振动方向与波的传播方向相同，这种波称为纵波。声音是声波以纵波形式在空气介质中的传播。声源的振动形成了声压，噪声测量就是将声压信号变换为相应的电信号。

声音有乐音和噪声之分，在人类生活中起着非常重要的作用。根据物理学的观点，称协调音为乐音，不协调音为噪声。就这个意义而言，噪声是由许多频率不同和强弱程度各异的声波无规则地杂乱组合而成，它给人以烦躁、不安和厌恶的感觉。随着现代工业的高速发展，工业和交通运输业的机械设备都向着大型、高速、大动力方向发展，所引起的噪声越来越大，已成为环境污染的主要公害之一。噪声对人体的危害也很大，长时期受噪声刺激可导致耳鸣、耳聋，引起心血管系统、神经系统和内分泌系统的疾病，甚至会引起操作事故。此外，一定频率和声压级的噪声还会影响高精度机电产品的工作性能。

噪声的起源很多，就工业噪声而言，主要有机械性噪声、空气动力性噪声及电磁性噪声等。因此，对噪声进行正确的测试、分析，以便进行产品质量的控制和监测、故障诊断和可靠性分析、军事上用于寻找军事目标等。总之，防治噪声和利用噪声是噪声研究与测试的两大课题。

8.5.1 噪声评价指标

噪声是振动能量在空气中的传播，是声波的一种，具有声波的一切特性。和声音一样，噪声的强弱采用声压级、声强级和声功率级来评价；由于人耳对声音的感受不仅和声压有关，而且还与频率有关，一般对高频声音感觉灵敏，而对低频声音感觉迟钝。换言之，声压级相同而频率不同的声音，人们听起来是不一样响的；而两声压级不同、频率也不同的声音，有时听起来却一样响。为了使测量结果能与人们的主观感觉相一致，因此对声音的高低与强弱还必须有主观评价的量。噪声一般含有多种频率成分并占据相当宽的频带，即所谓宽带噪声。对它的评价要比纯音的评价复杂得多，常用的主观评价方法有 A 声级，等效连续 A 声级，噪声评价数 NR 等。工程中还常常做噪声的频谱分析，用占有的频率成分和频谱表示其高低，并据此寻找噪声源和设法控制噪声。

1. 噪声的物理度量

1）声压和声压级

物体的振动使其周围的空气质点也在它们各自的平衡位置附近振动，从而使空气的密度出现疏密相间的变化，造成空气压力的波动。质点密集的地方其压力大于静态大气压，质点稀疏的地方其压力小于静态大气压。空气中有声波传播时的波动压强与没有声波传播时的静压强之差值称为声压强，简称声压，用 p 表示，单位符号 Pa。由于声音是波动的，故声压也是波动的，通常以方均根（有效值）来衡量一段时间内波动声压的大小，即有效声压。

$$p = \sqrt{\frac{1}{T}\int_0^T p(t)\mathrm{d}t} \tag{8.60}$$

式中，$p(t)$ 为瞬时声压（Pa）；t 为时间；T 为一段时间。

一般正常人双耳刚能听到的 1 000 Hz 纯音的声压为 2×10^{-5} Pa，称之为听阈声压，此值常作为基准声压，记为 p_0；使人耳刚刚产生疼痛感觉的声压为 20 Pa，并称之为痛阈声压。由此可知，人耳能感觉出来的声压的变化幅度为 10^6 倍。

声压随声源距离而变化，只有那些无明显来源的环境噪声的声压可视为与距离无关。

声音的强弱变化和人的听觉范围非常宽广，用声压的绝对值来衡量声音的强弱很不方便。工程中为了评价的方便，常采用一种相对量值来衡量声压，即声压级，以符号 L_p 表示。声压级的数值等于声压有效值 p 与基准声压力 p_0 比值的常用对数乘以 20，单位为分贝（dB），即

$$L_p = 20\lg(p/p_0) \tag{8.61}$$

2）声强和声强级

声波是一种波动形式，具有一定的能量，因此也常用能量的大小来表征其强弱，即用声强和声功率来表示。声强是在传播方向上单位时间内通过单位面积的声能量，用 I 表示，单位符号是 W/m^2。

声压和声强有着内在的联系。当声波在自由场中传播时，在传播方向上声强 I 与声压 p 关系见式（8.62）

$$I = \frac{p^2}{\rho_0 c} \tag{8.62}$$

式中，p 为有效声压（Pa）；I 为声强（W/m^2）；ρ_0 为空气密度（kg/m^3）；c 为声音速度（m/s）。

相应于听阈声压的声强为 10^{-12} W/m^2，此值常用作基准声强，记为 I_0；而相应于痛阈声压的声强值为 1 W/m^2。

声强级 L_1 也是一种相对量值，等于实际声强 I 与基准声强 I_0 比值的常用对数的 10 倍，以分贝（dB）为单位，即

$$L_1 = 10\lg(I/I_0) \tag{8.63}$$

对于球形声源，假设声源在传播过程中没有受到任何阻碍，也不存在能量损失，当声压 p_a 为常数时两个任意距离 r_1 和 r_2 处的声强为 I_1 和 I_2，则有

$$p_a = I_1 \times 4\pi r_1^2 = I_2 \times 4\pi r_2^2 \tag{8.64}$$

即

$$I_1 / I_2 = r_2^2 / r_1^2 \qquad (8.65)$$

这表明，在声场中，不同点处的声强是不同的，它与离开声源的距离平方成反比。

3）声功率和声功率级

声功率也是用来评价声波能量的。与声强不同，它是声源在单位时间内辐射出来的总能量，用 W 表示，单位符号是 W。对声源来说，声功率是恒量，与测量环境无关。

一般声功率不能直接测量，而要根据测量的声压级来换算确定。表 8.5 列出了一些具有实际价值的声源输出功率的峰值，可作为实测的参考。如果把这些声源的声功率与一些常用的小型设备所消耗的能量进行比较，如 40 W 日光灯、500 W 烘炉、60 W 台式电风扇、100 W 小搅拌器、1 W 小手电筒等，显然可以看出，人的耳朵是一种灵敏度特别高的声音探测器。

表 8.5　通用语言与若干乐器输出声功率值的近似值

声源	峰值功率/W	声源	峰值功率/W
男生会话	2×10^{-3}	钢琴	27×10^{-2}
女生会话	4×10^{-3}	管乐器	31×10^{-2}
单簧管	5×10^{-2}	37 in×36 in 的低音鼓	25.0
低音提琴	16×10^{-2}	75 件乐器的交响乐	$70 \sim 100$

声功率级 L_W 是声功率 W 与基准声功率 W_0 的比值取常用对数再乘以 10 的值，单位符号仍为 dB，即

$$L_W = 10 \lg(W / W_0) \qquad (8.66)$$

式中，基准声功率 $W_0 = 10^{-12}$ W。

4）响度和响度级

声压级相同而频率不同的声音听起来不一样响。为了用人的主观感觉来评价噪声的强弱，引出了一个与声强、频率和波形都有关的物理量，称作响度，以字母 N 表示，单位是宋（sone）。规定频率为 1 kHz、声压级比听阈声压级大 40 dB 的纯音所产生的响度为 1 sone（即 1 kHz 的纯音其声压级为 40 dB 时的响度为 1 sone），且声压级每增加 10 dB，响度增加 1 sone。

响度的相对度量是响度级，以符号 L_N 表示，单位为方（phon）。以 1 000 Hz 的纯音作为基准声音，若某噪声听起来与该纯音一样响，则该噪声响度级的方值就等于该纯音声压级的分贝值。例如，某内燃机的噪声听起来与频率为 1 kHz，声压级为 70 dB 的基准声音一样响，则该内燃机的响度级为 70 phon。响度级是表示声音响度的主观量，它把声压级和频率用一个单位联系了起来，既考虑了声音的物理效应，又考虑了人听觉的生理效应，是人对声音主观评价的一个基本量。

响度和响度级都是人们通过纯音对噪声的主观反应，两者之间的换算关系如下：

$$\begin{cases} N = 2^{(L_N - 40)/10} & \text{(sone)} \\ L_N = 40 + 33.3 \lg N & \text{(phon)} \end{cases} \qquad (8.67)$$

式中，N 为响度（sone）；L_N 为响度级（phon）。

响度与响度级之间的关系也可用图 8.73 表示。

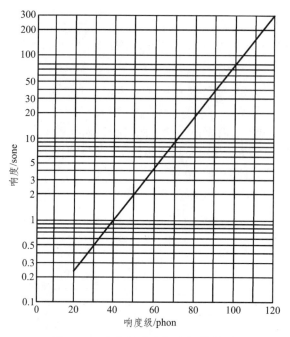

图 8.73　响度与响度级之间的关系

5）等响曲线

声音客观存在的物理量和人耳感觉的主观量的差异主要是由声波频率的不同而引起的，与波形也有一定的关系。为使在任何频率条件下主客观量都能统一起来，通过人耳的听力试验，根据大量典型听者认为响度相同而得到的纯音的声压级与频率关系曲线称为等响曲线，如图 8.74 表示。

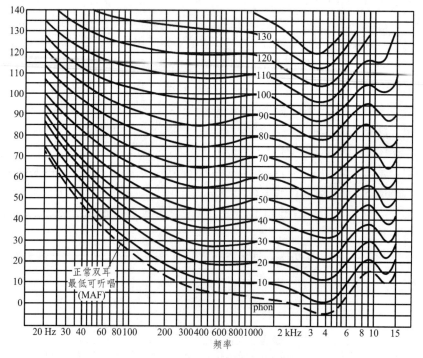

图 8.74　纯音的等响曲线

　　由于人耳对不同频率声波的主观感觉不同，所以不同频率的纯音都有各自不同的听阈声压级和痛阈声压级。把它们各自连接起来便是听阈等响曲线和痛阈等响曲线。等响曲线已被国际标准化了，在听阈曲线和痛阈曲线之间按响度级的不同，规定划分为 13 个响度级，单位为方（phon）。听阈曲线为零方响度曲线，痛阈曲线为 120 phon 响度曲线。凡在同一条曲线上的各点，虽然它们代表着不同频率和声压级，但其响度级是相同的，故称等响曲线。每条等响曲线所代表的响度级（phon）的大小，是由该曲线在 1 kHz 时的声压级的分贝值而命名的，即习惯上选取 1 kHz 的纯音作为基准音，如某等响曲线的响度级为 1 kHz 纯音的声压级为 40 dB，则该等响曲线序号为 40 phon 等响曲线。相邻两条等响曲线的声压级相差 10 dB。

　　等响曲线的变化起伏反映了人耳对各种频率的声音的敏感程度。可以看出，人耳听觉最敏感的声音频率范围为 2 ~ 5 kHz，而对低频声音反应较为迟钝。例如同样的响度级 60 phon，对于 3 ~ 4 kHz 的声音而言，其声压级为 52 dB，对于 100 Hz 的声音，其声压级为 67 dB，而对于 30 Hz 的声音，则声压级就要高达 87 dB。

　　从曲线还可发现，当声音的声压级为 100 dB 左右时，其相应的 100 phon 等响曲线近似呈水平线，此时频率变化对响度级影响不太明显，也说明了此时声压级的分贝值和响度级的方值相一致。

　　等响曲线是许多声学测量仪器设计的依据。

　　6）频带声压级与声压谱级

　　声音的高低主要与其频率有关，而噪声往往包含有复杂的频率结构。因此，对工程噪声的测量，不仅要测得总声压级，而且还要弄清噪声的频率成分、产生原因及其影响，即要对噪声做频谱分析。一般没有必要对每个频率逐个测量声压级，而是把声频的变化范围划分成若干较小段落，即频程，测量这些段落上的声压级。频程是一段频率范围，也称为频段或频带。频程中最高频率为上限截止频率 f_U，最低频率为下限截止频率 f_L。两者之差 $B = f_U - f_L$ 称为频带宽度，简称带宽。若 $f_U/f_L = 2^n$ 时称此频程为倍频程。$n = 1$ 时称为 1 倍频程（通常也简称倍频程），$n = 1/3$ 时称为 1/3 倍频程。倍频程的中心频率是上下限截止频率的几何平均值，即 $f_0 = (f_U f_L)^{1/2}$ 称该频带的中心频率；1 倍频程和 1/3 倍频程的中心频率和频率范围见表 8.6 和表 8.7。噪声的频谱分析一般是按一定频带宽度进行的，即分析各频带宽度对应的声压级；在某一频带宽度内声音的声压级称为频带声压级。在噪声测量中，常用的频带宽度是倍频程带宽和 1/3 倍频程带宽。

表 8.6　1 倍频程的中心频率与频率范围　　　　　　　　　　　　　　　　单位：Hz

中心频率	31.5	63	125	250	500	1 000	2 000	4 000	8 000
频率范围	22~45	45~90	90~180	180~355	355~710	7 10~1.4 k	1.4 k~2.8 k	2.8 k~5.6 k	5.6 k~11.2 k

表 8.7　1/3 倍频程的中心频率与频率范围　　　　　　　　　　　　　　　　单位：Hz

中心频率	频率范围	中心频率	频率范围	中心频率	频率范围	中心频率	频率范围
50	45~56	125	112~140	310	280~355	800	710~900
63	56~71	160	140~180	400	355~450	1 000	900~1 120
80	71~90	200	180~224	500	450~560	1 250	1 120~1 400
100	90~112	250	224~280	630	560~710	1 600	1 400~1 800

中心频率	频率范围	中心频率	频率范围	中心频率	频率范围	中心频率	频率范围
2 000	1 800~2 240	4 000	3 550~4 500	6 300	5 600~7 100	10 000	9 000~11 200
2 500	2 240~2 800	5 000	4 500~5 600	8 000	7 100~9 000	12 500	11 200~14 000
3 150	2 800~3 550						

在寻找噪声源时，常采用更窄的恒定带宽声压级，其频带宽度可以有 2 Hz、4 Hz、10 Hz 及 100 Hz 等。若噪声在所考虑的频率范围内有连续频谱，为了比较不同的频带声压级，则可采用声压谱级。噪声的声压谱级是指某一频带噪声所对应带宽 B 的平均声压级。声压谱级 L_{ps} 可以通过式（8.68）计算求得

$$L_{ps} = L_{pB} - 10\lg B \qquad (8.68)$$

式中，L_{pB} 为某一频率为中心频率、带宽为 B 的频带声压级；B 为频带宽度。

实际上声源向四周辐射声音，在同一距离但不同方向上其强弱通常是不一样的，某一方向上可能强一些，另外的方向上可能弱一些，这就是声源具有指向性的概念。与此类似，在测量噪声时所用的传声器（通常为自由场响应传声器）对同一距离但来自不同方向上的声波的响应也是不一样的，这说明传声器也具有指向性。进行噪声测量与噪声控制时都应注意指向性这一因素。

某一方向的指向性用指向性因数或指向性指数来评价。声音的频率越高，则指向性越强。

（1）指向性因数（Q）。

对声源

$$Q = p_d^2 / \overline{p^2} \qquad (8.69)$$

式中，p_d^2 为距声源某一距离处某一方向上的声压平方值；$\overline{p^2}$ 为同一距离各方向上声压平方的平均值。

需要指出的是，距离一定要足够大，使声源可视为点声源。Q 可以是某一频率或某一有限频带内的指向性因数，Q 值无量纲、无单位。

对传声器

$$Q = e_d^2 / \overline{e^2} \qquad (8.70)$$

式中，e_d^2 为传声器对某一方向入射声波的响应电动势的平方值；$\overline{e^2}$ 为传声器对各方向入射声波的响应电动势的平方平均值。

（2）指向性指数（DI）　指向性指数是指向性因数以 10 为底的对数乘以 10，即

$$DI = 10\lg Q \qquad (8.71)$$

由式（8.69）及式（8.71）得声源的指向性指数为

$$DI = L_{pd} - \overline{L_p} \qquad (8.72)$$

式中，L_{pd} 为某一方向上某一距离处的声压级，其值为 $L_{pd} = 10\lg(p_d^2 / p_0^2)$；$\overline{L_p}$ 为同一距离处各方向上的平均声压级，$\overline{L_p} = 10\lg(\overline{p^2} / p_0^2)$。

式（8.72）表明当声源具有指向性时，其某方向上的指向性指数就等于某一距离处该方向上的声压级与同一距离处各方向上的平均声压级的差值。指向性指数可正可负。

7）A 声级（L_A）

噪声测量仪器声级计，其"输入"信号是噪声客观的物理量声压，为使声级计的"输出"符合人耳的特性，仪器内应设计一套滤波器网络对人耳不敏感的某些频率成分进行衰减，从而使仪器的声压级-频率曲线修正为相应的等响曲线。由于每条等响曲线的频率响应各不相同，若想使它们完全符合，声级计内至少需设计 13 套听觉修正电路，这既困难又无必要。为此国际电工委员会标准规定，在一般情况下声级计上只设计三套修正电路，即 A、B、C 三种计权网络（三种计权网络的计权特性见图 8.75），目前还出现有 D（D1、D2）、E 和 SI 几种计权网络。常用的是 A 计权和 C 计权，B 计权已被逐渐淘汰，D 计权主要用于测量航空噪声，E 计权是最近出现的，SI 是用于衡量语言干扰的。有的声级计还设有"线性"开关，用来测量非计权声压级。

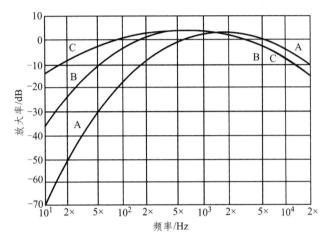

图 8.75　A、B、C 计权网络的计权特性曲线

A 计权网络是模拟人耳对 40 phon 纯音的响应（仿效倍频程等响曲线中的 40 phon 曲线）而设计的，它较好地模仿了人耳对低频段（1 000 Hz 以下）不敏感，而对 1～5 kHz 的声音较敏感的特点，这样，声级计的读数能表达人耳对噪声的感觉。用 A 计权网络测量的声级代表噪声的强弱，称为 A 声级，以 L_A 表示，记作分贝（A）或 dB（A）。由于 A 声级是单一的数值，容易直接测量，并且是噪声的所有频率成分的综合反映，与人主观反映接近，故目前在噪声测量中得到最为广泛的应用，并用作评价噪声的标准。

B 计权网络是模拟人耳对 70 phon 纯音的响应（仿效 70 phon 等响曲线），低频有一定的衰减。

C 计权网络是模拟人耳对 100 phon 纯音的响应（仿效 100 phon 等响曲线），在整个可听频率范围内，具有近乎平直的特点，它让所有频率的声音近乎一样程度地通过，基本未予以衰减。由于 B 声级和 C 声级不能表征人耳对噪声的主观感觉，故一般不用来评定噪声的声压级。但在传声器的校准，粗略判断噪声的频率成分时，需测量 B 声级和 C 声级。C 声级还用于噪声的频谱分析。

声级计的读数虽然均为分贝值，但由于计权网络对声压级已有修正，故它们的读数已不再是声压级的分贝值，且只模仿了 40 phon 和 70 phon 两条特定等响度曲线的频响，故也不是响度级。所以一般把 A 和 B 计权网络的读数称为"声级的分贝数"。显然，由于 C 计权网络基本上未对声压级作衰减（修正），所以 C 声级的分贝值读数仍可视为声压级的分贝值。

8）等效连续 A 声级（L_{eq}）

A 声级仅适用于对稳态连续噪声的评价，对于噪声级随时间变化的非稳态连续噪声，则应采用"等效连续 A 声级"。

在声场中的某一定点位置上，对某段时间内暴露的几个不同 A 声级，采用能量平均的方法，以一个在相同的时间内能量与之相等的稳定连续的 A 声级来表示该段时间内噪声的大小。这个声级即为等效连续 A 声级，常用符号为 L_{eq}，单位为 dB（A），其数学表达式为

$$L_{eq} = 10\lg\left(\frac{1}{T}\int_0^T 10^{0.1L_A}\,dt\right) \qquad (8.73)$$

式中，T 为噪声暴露时间；L_A 为在 T 时间内 A 声级变化的瞬时值。

对于噪声的 A 声级测量值为非连续离散值时，式（8.73）变为

$$L_{eq} = 10\lg\left(\sum_i 10^{0.1L_{Ai}}\Delta t_i \Big/ \sum_i \Delta t_i\right) \qquad (8.74)$$

式中，L_{Ai} 为第 i 个 A 声级；Δt_i 为第 i 个 A 声级所占用的时间。

对于等时间间隔抽样（抽样个数为 N）的情况，式（8.74）变为

$$L_{eq} = 10\lg\left(\frac{1}{N}\sum_i 10^{0.1L_{Ai}}\right) = 10\lg\sum_i 10^{0.1L_{Ai}} - 10\lg N \qquad (8.75)$$

对于时间间隔不相等的抽样的情况，式（8.74）变为

$$L_{eq} = 10\lg\left(\frac{1}{T}\sum_i 10^{0.1L_{Ai}}\Delta t_i\right) = 10\lg\frac{1}{T}\sum_i 10^{0.1(L_{Ai}-80)}\Delta t_i + 80 \qquad (8.76)$$

在实际问题中，噪声往往随时间呈阶梯性的变化，即在一段时间间隔内噪声近似为稳态的，A 声级变化不大，但是在不同的时间间隔内，A 声级往往有较明显的变化。例如，车床运转台数不同，车间内 A 声级的分贝值就会有较明显的差异。

若每个工作日按 8 h 计算，低于 78 dB 的噪声不予考虑，则一天的等效连续 A 声级可近似按式（8.77）计算。

$$L_{eq} = 80 + 10\lg\left(\frac{1}{480}\sum_n 10^{\frac{n-1}{2}}T_n\right) \qquad (8.77)$$

式中，n 为段数；T_n 为噪声暴露时间（min）。

具体做法：根据测量数据，按 A 声级的大小及暴露时间进行整理。将 80~120 dB（A）的声级从小到大分成 8 段，每段相差 5 dB，每段以中心声级表示，各段的中心声级为 80 dB（A）、85 dB（A）、90 dB（A）、95 dB（A）、100 dB（A）、105 dB（A）、110 dB（A）、115 dB（A）。80 dB（A）表示 78~82 dB（A）的声级范围，85 dB（A）表示 83~87 dB（A）的声级范围，以此类推。把一个工作日内各段声级的总暴露时间统计出来，并填入表 8.8，然后将已知的数据代入式（8.77），即可求出一天的等效连续 A 声级。

表 8.8　各段中心声级和相应的暴露时间

n（段）	1	2	3	4	5	6	7	8
中心声级 L_n/dB(A)	80	85	90	95	100	105	110	115
暴露时间 T_n/min	T_1	T_2	T_3	T_4	T_5	T_6	T_7	T_8

9）噪声评价数（NR）

利用噪声评价数评价噪声，是同时考虑了噪声的强度和频率两个主要因素，故比用单一的 A 声级作评价指标更为严格。这一评价指标主要用于评定噪声对听觉的损伤，语言干扰和周围环境的影响。NR 数可由式（8.78）决定。

$$NR = \frac{(L_{pB} - a)}{b} \tag{8.78}$$

式中，L_{pB} 为倍频程声压级（dB）；a、b 为与各倍频程中心频率有关的常数，见表 8.9。

表 8.9　与各倍频程中心频率有关的 a、b 常数值

中心频率/Hz	63	125	250	500	1 000	2 000	4 000	8 000
a	35.5	22.0	12.0	4.8	0.0	−3.5	−6.1	−3.0
b	0.790	0.870	0.930	0.974	1.000	1.015	1.025	1.030

为便于实际使用，将式（8.78）绘制成噪声评价曲线（NR 曲线），如图 8.76 所示。

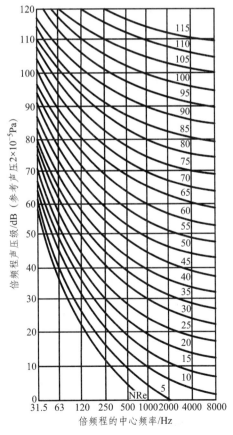

图 8.76　噪声评价曲线

这是一组 NR 值从 $0 \sim 115$ 的噪声评价曲线，NR 值为噪声评价曲线的序号，它是中心频率为 1 kHz 处倍频程声压级的分贝数。NR 曲线的特点是考虑了高频噪声比低频噪声对人的影响更为严重些，因此同一曲线上的各倍频程噪声级对人的干扰程度相同。

噪声评价曲线 NR 值与 A 声级的换算关系为：$NR = \text{A 声级} - 5$。

2. 噪声测量中的有关分贝运算

在噪声测量的实践中，噪声源往往不止一个，有时即使是一个噪声源，其噪声级也常常随其频率和时间而变化。因此，经常需要进行有关的分贝运算。

在处理分贝量值时，必须牢牢掌握一个重要的概念和事实，即分贝是对数的单位，分贝量值不可以直接地进行一般的加减，且零分贝并不意味着没有噪声，它只是说明所讨论的噪声级等于基准声级。

1）噪声的综合运算（分贝的合成）

在某一测点处由两个以上互相独立的声源同时发出来的声功率和声强，可以将它们做代数相加。例如，在声场某测点处有声强 $I_1, I_2, \cdots, I_n$ 和声功率 $W_1, W_1, \cdots, W_n$ 分别为声源 1, 2, $\cdots$, n 发出的相应的声强和声功率，则在该测点处的总的声强 I 和声功率 W 为

$$\begin{cases} I = I_1 + I_2 + \cdots + I_n \\ W = W_1 + W_2 + \cdots + W_n \end{cases} \tag{8.79}$$

由此可得总的声强级和总的声功率级为

$$\begin{cases} L_I = 10\lg\left(\dfrac{I}{I_0}\right) = 10\lg\left(\dfrac{I_1 + I_2 + \cdots + I_n}{I_0}\right) \\ L_W = 10\lg\left(\dfrac{W}{W_0}\right) = 10\lg\left(\dfrac{W_1 + W_2 + \cdots + W_n}{W_0}\right) \end{cases} \tag{8.80}$$

设两个以上的噪声同时存在，其声压和声压级分别为 $p_1, p_2, \cdots, p_n$ 和 $L_{p1}, L_{p1}, \cdots, L_{pn}$，则

$$L_{pi} = 20\lg(p_i / p_0) \quad (i = 1, 2, \ldots, n)$$

式中，p_i 为声压的有效值。

如果由几个声源发出的噪声（或者由同一声源发出的噪声频谱中的各频率成分）各自随机变化，互不干涉，根据式（8.62）和式(8.79)，合成噪声的总声压为

$$p = \sqrt{p_1^2 + p_2^2 + \cdots + p_n^2} \tag{8.81}$$

由此可得几个不同声压级的噪声的综合后的总声压级为

$$\begin{aligned} L_p &= 20\lg\left(\dfrac{p}{p_0}\right) = 20\lg\left(\dfrac{1}{p_0}\sqrt{p_1^2 + p_2^2 + \cdots + p_n^2}\right) \\ &= 10\lg\left(\dfrac{p_1^2 + p_2^2 + \cdots + p_n^2}{p_0^2}\right) \end{aligned} \tag{8.82}$$

而由几个相同噪声级的声源在离声源等距离的一测点上所产生的总噪声级为

$$\begin{aligned} L_p &= 10\lg\left(\dfrac{p_1^2 + p_2^2 + \cdots + p_n^2}{p_0^2}\right) = 10\lg\left(\dfrac{np_1^2}{p_0^2}\right) \\ &= 10\lg n + 20\lg(p_1 / p_0) = L_1 + 10\lg n \end{aligned} \tag{8.83}$$

式中，L_1 为其中一个声源的噪声级。

当有两个噪声级相同的机械设备同时工作时，由于 $10\lg 2 \approx 3$，所以它们的总噪声级 $L = L_1 + 3$，只比一台机械设备的噪声增加 3 dB。

当有两个不同噪声级 L_1 和 L_2 同时作用时，且 $L_1 > L_2$，则从噪声级 L_1 到总噪声级 L 的增加量为

$$
\begin{aligned}
L - L_1 &= 10\lg\left(\frac{p_1^2 + p_2^2}{p_0^2}\right) - 10\lg\left(\frac{p_1^2}{p_0^2}\right) \\
&= 10\lg\left(\frac{p_1^2 + p_2^2}{p_1^2}\right) = 10\lg(1 + p_2^2 / p_1^2)
\end{aligned}
\tag{8.84}
$$

又　　　　$10\lg(p_2^2 / p_1^2) = 10\lg(p_2^2 / p_0^2) - 10\lg(p_1^2 / p_0^2) = L_2 - L_1$

即　　　　$p_2^2 / p_1^2 = 10^{\frac{-(L_1 - L_2)}{10}}$

代入式（8.84）得

$$
L - L_1 = \Delta L = 10\lg\left(1 + 10^{\frac{-(L_1 - L_2)}{10}}\right)
$$

故

$$
L = L_1 + \Delta L
\tag{8.85}
$$

式中，$\Delta L = 10\lg\left[1 + 10^{\frac{-(L_1 - L_2)}{10}}\right]$ 为附加值，它是两噪声级差的函数，其值可由表 8.10 查得或由图 8.77 和图 8.78 查出。

表 8.10　噪声合成时声级的附加值　　　　　　　　　　单位：dB

噪声级差($L_1 - L_2$)	0	1	2	3	4	5	6	7	8	9	10	11	12	13	14	>15
附加值 ΔL	3	2.5	2.1	1.8	1.5	1.2	1.0	0.8	0.6	0.5	0.4	0.3		0.2		0.1

式（8.85）告诉我们，欲求两个不同噪声级合成后的总噪声级 L，应是由两噪声中噪声级较大的值 L_1 再加上一个附加值 ΔL。

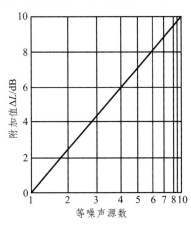

图 8.77　等声压级噪声综合运算图

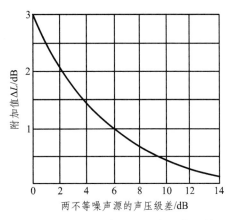

图 8.78　不等声压级噪声综合运算图

可归纳出以分贝为单位的噪声综合运算法则如下：

有几个不同噪声级的噪声同时作用时，首先应找出其中两个声级的分贝差 $\Delta = L_1 - L_2$，再由表 8.10 或从图 8.78 中查出对应的附加值 ΔL，然后把它加到分贝数较大的级值 L_1 上，就得两者合成后的级值 L。顺次进行，重复该法则进行合成运算就可求出两个以上的级值合成后的总声级值，直至两个噪声级差为 10 dB 以上时为止。

2）噪声的分离运算（分贝的相减）

在噪声的实际测量中，除了被测声源发出的噪声外，还会有其他声源的噪声存在。通常把某一噪声列为被测对象时，与该被测对象存在与否无关的干扰噪声的总和称为相对于被测对象的背景噪声。背景噪声会影响噪声测量的准确性，为单独测得被测声源的声压级，就必须从总噪声中排除背景噪声的影响，即把被测噪声从总噪声中分离出来。求噪声级差应按能量相减的原则，这种噪声运算称为噪声的分离运算。

为要测量某一噪声源的声压级，应先测出该噪声源未发出噪声时的背景噪声的声压级 L_{pg} 和该噪声源发出噪声时包括背景噪声在内的总噪声声压级 L_{pt}。

因为 $\qquad L_{pt} = 10\lg(p_t / p_0)^2$，$L_{pg} = 10\lg(p_g / p_0)^2$

所以 $\qquad (p_t / p_0)^2 = 10^{(L_{pt}/10)}$，$(p_g / p_0)^2 = 10^{(L_{pg}/10)}$

被测声源的声压级为

$$L_{pd} = 10\lg[(p_t / p_0)^2 - (p_g / p_0)^2] \qquad (8.86)$$

或

$$L_{pd} = 10\lg[10^{(L_{pt}/10)} - 10^{(L_{pg}/10)}] \qquad (8.87)$$

在实际测试中，首先要分别测量 L_{pt} 和 L_{pg}，然后由下式求得被测对象的声压级

$$L_{pd} = L_{pt} - \Delta L' = L_{pt} - 10\lg\left[1 + \frac{1}{10^{(L_{pt} - L_{pg})/10} - 1}\right] \qquad (8.88)$$

式中，$\Delta L'$ 为背景噪声的扣除值，背景噪声的扣除值是总噪声级和背景噪声级之差（$\Delta L = L_{pt} - L_{pg}$）的函数，可按表 8.11 或由图 8.79 查得。

表 8.11　背景噪声的扣除值　　　　　单位：dB

$\Delta L = L_{pt} - L_{pg}$	1	2	3	4	5	6	7	8	9	10
扣除值 $\Delta L'$	6.90	4.40	3.00	2.30	1.70	1.25	0.95	0.75	0.60	0.45

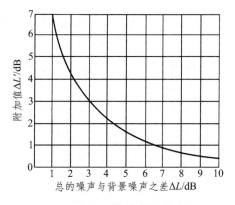

图 8.79　噪声分离运算图

3）噪声的平均运算

在噪声测量的某些场合往往要求进行噪声的平均运算。例如，有时要求测定距噪声源等距离而不同测点处噪声的平均声压级；有时希望计算某一测点处多次连续测得的噪声的平均声压级。噪声的平均运算方法如下：

设 n 次（或 n 个测点）所测得的声源的声压级分别为 L_{p1}, L_{p2}, $\cdots$, L_{pn}，则由分贝求和公式可得

$$L_{pt} = 10\lg\left(\sum_{i=1}^{n} \frac{p_i^2}{p_0^2}\right) = 10\lg\left(\sum_{i=1}^{n} 10^{L_{pi}/10}\right) \tag{8.89}$$

将上式括号中的和除以声压级的数目 n，即得 n 次测得的声压级的平均值 $\overline{L_p}$ 为

$$\overline{L_p} = 10\lg\left(\frac{1}{n}\sum_{i=1}^{n} 10^{L_{pi}/10}\right) \tag{8.90}$$

为方便起见，在工程上当逐点（或多次）测得的声压级的离散分布范围在 10 dB 以内时，平均声压级可做如下近似运算：

（1）若逐点（或多次）测得的声压级的波动分布范围小于或等于 5 dB，即 $L_{pi\max} - L_{pi\min}$ ≤5 dB，则平均声压级 $\overline{L_p}$ 可近似取算术平均值：

$$\overline{L_p} = \frac{1}{n}\sum_{i=1}^{n} L_{pi} \tag{8.91}$$

式中，n 为测点数（或次数）；L_{pi} 为第 i 点（或次数）测得的声压级（dB）。

（2）若逐点（或次数）测得的声压级的波动分布范围在 5 ~ 10 dB，即 $5\text{dB} < L_{pi\max} - L_{pi\min}$ ≤10 dB，平均声压级 $\overline{L_p}$ 可近似为

$$\overline{L_p} = \frac{1}{n}\sum_{i=1}^{n} L_{pi} + 1 \tag{8.92}$$

8.5.2　噪声测量仪器

声压信号是空气或其他媒质的振动信号，一般要先用传声器将其转换为电压信号，然后送入声级计就可以进行声级的测量。若再配一组带通滤波器就可以进行噪声的频谱分析。测量和分析的结果可用电平记录仪或磁带记录仪记录下来。

噪声的测量主要是声压级、声功率级及其噪声频谱的测量。一套声压级测量仪器包括传声器、声级计、校准器、频率分析仪、频谱分析仪、自动记录仪和磁带记录仪等。声功率级不是直接由仪器测量出来的，而是在特定的条件下由测量的声压级计算出来的。噪声的分析除利用声级计的滤波器进行简易频率分析外，还可以将声级计的输出接电平记录仪、示波器、磁带记录器进行波形分析，或接信号分析仪进行精密的频率分析。

1. 传声器

传声器是一种声-电转换装置，将声波信号转换为相应的电信号，其原理是由声造成的空气压力推动传声器的振动膜振动，进而经变换器将此机械振动变成电参数的变化。

噪声测量仪器的频率响应特性、灵敏度、测量精度等一般都取决于传声器，因此，传声

器的性能对噪声测量结果起着重要的作用。根据交换器的形式不同，常用传声器有电容式、动圈式、压电式和永电体式。其中，电容式传声器的性能最好，常与精密声级计配套使用。压电式和动圈式传声器的性能次之，适合与普通声级计配套使用。

1）电容式传声器

在各种传声器中，这种传声器的稳定性、可靠性、耐振性，以及频率特性均较好，是精密测量中最常用的一种传声器。图 8.80 所示为电容式传声器的结构。振膜是一张拉紧的金属薄膜，其厚度在 0.002 5 ~ 0.05 mm，它在声压的作用下发生变形位移，起着可变电容器动片的作用。可变电容器的定片是背极，背极上有若干个经过特殊设计的阻尼孔。振膜运动时所造成的气流将通过这些小孔产生阻尼效应，以抑制振膜的共振振幅。壳体上开有毛细孔，用来平衡振膜两侧的静压力，以防止振膜破裂。然而动态的应力变化（声压）很难通过毛细孔而作用于内腔，从而保证仅有振膜的外侧受到声压的作用。如图 8.80 所示，将传声器的可变电容和一个高阻值的电阻 R 与极化电压 e_0 串联，e_0 为电压源，e_t 为输出电压。当振膜受到声压作用而发生变形时，传声器的电容量发生变化，从而使通过电阻 R 的电流随之变化，其输出电压 e_t 也随之变化。根据需要对 e_t 进行必要的中间变换。电容式传声器幅频特性平直部分的频率范围为 10 Hz ~ 20 kHz。

2）动圈式传声器

动圈式传声器的结构如图 8.81 所示，轻质振膜的中部有一个线圈，线圈放在永久磁场的气隙中，在声压的作用下，振膜和线圈移动并切割磁力线，产生感应电势 e_t。e_t 同线圈移动速度成正比。

这种扬声器精度较低，灵敏度也较低，体积大，其突出特点是输出阻抗小，所以接较长的电缆也不降低其灵敏度。此外，温度和湿度的变化对其灵敏度也无大的影响。

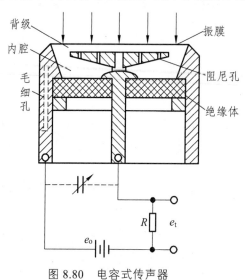

图 8.80 电容式传声器

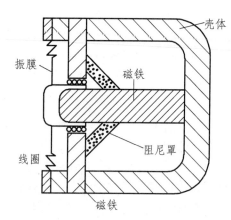

图 8.81 动圈式传声器

3）压电式传声器

图 8.82 所示为压电式传声器的原理图。图中金属箔形膜片与双压电晶体弯曲梁相连，膜片收到声压作用而变位时双压电元件产生变形，在压电元件梁端面出现电荷，通过变换电路便可以输出电信号。压电式传声器膜片较厚，其固有频率较低、灵敏度较高、频响曲线平坦、

结构简单、价格便宜，广泛用于普通声级计中。

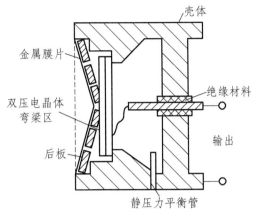

图 8.82　压电式传声器

此外，还有永电体式传声器（又称驻极体式），工作原理与电容式传声器相似，其特点是尺寸小、价格便宜，可用于高湿度的测量环境，也可用于精密测量。

2. 声级计

传声器输出的交变电压信号要经过放大、衰减、计权、检波等处理。将上述处理电路与传声器、指示器、电源结合在一起，即组成测量声压的声级计。

声级计是噪声测量中测量声压级的主要仪器，是用一定频率和时间计权来测量噪声的一套仪器，是噪声测量中最常用、最简便的测试仪器，体积小、重量轻、便于携带，可应用于环境噪声、机械噪声、车辆噪声等测量，也可用于建筑声学、电声等测量。如果把电容传声器换成加速度计，还可以用来测量振动的加速度、速度和振幅。声级计还可以配合倍频程和 1/3 倍频程滤波器，进行噪声的倍频程频谱分析。声级计的工作原理是被测的声压信号通过传声器转换成电压信号，该电压信号经衰减器、放大器以及相应的计权网络、滤波器，或者输入记录仪器，或者经过均方根值检波器直接推动以分贝标定的指示表头。

声级计的种类很多，如调查用的声级计（三级）只有 A 计权网络；普通声级计（二级）具有 A、B、C 计权网络；精密声级计（一级）除了具有 A、B、C 计权网络外，还有外接滤波器插口，可进行倍频程或 1/3 倍频程滤波分析。此外，还有脉冲声级计等。常用的声级计分普通声级计和精密声级计两种。

精密声级计的工作频率为 20 ~ 12 500 Hz，整机灵敏度小于 1 dB，其工作原理如图 8.83 所示。传声器输出的电压信号先经过适当衰减和输入电压放大后，送入具有一定频率响应的计权网络；然后再经过输出衰减和放大，送入均方根值检波器得到相应的声压级，转换成分贝值后由表头显示。对信号进行两级衰减和放大处理，是为了适应不同量级信号的测量，同时也能提高信噪比。输出放大器的交流信号还可以直接送入其他记录器或频谱分析设备。有的声级计还备有外接滤波器插孔，便于用其他滤波器来进行频谱分析。如果增加一个模/数转换器，则测量结果可以用数字显示出来。

为了保证噪声的测量精度和测量数据的可靠性，使用声级计测量声级时，必须经常校准，否则将带来不同程度的误差。

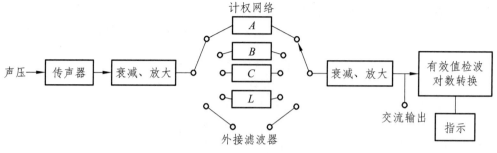

图 8.83　声级计工作原理框图

3. 声级计的校准

使用声级计测量声压时必须经常校准，以确保声压计读数的精确度。某些行业的标准规定，每次测量开始和结束都必须进行校准，两次差值不得大于 1 dB。目前，常用的校准方法有以下几种。

1）活塞发生器校准法

活塞发生器校准法是一种现场常用的精确、可靠且简便的方法，它主要适用于低频校准（几赫兹到几十赫兹）。其原理是由电池供电的电动机通过凸轮使两个对称的活塞作正弦移动、造成空腔中气体体积的变化，使腔内产生标准的正弦变化的声压，被校的传声器置于空腔的一端。

2）扬声器校准法

这是一种更为简单而便宜的校准方法。用一个精确标定过的扬声器，在一个声耦合空腔中产生 1 000 Hz 的精确给定声压级的声压，作为作用在传声器振膜上的标准信号。

3）互易校准法

互易校准法适用于中频范围可听声的传声器校准，该方法准确度高，声学测量实验室普遍采用。互易校准法既可测定传声器的压力响应，也可以测定其自由场响应。

4）静电激励校准法

该方法适用于较高频率的扬声器校准。将一个绝缘的栅状金属板置于传声器振膜之前，并使两者之间的距离尽量小。在栅状金属板和振膜之间加上高达 800 V 的直流电压使两金属板极化，从而使两者之间互相作用着一个稳定的静电力。另外，再加上 30 V 左右的交流电压使相互作用一个交变力，其值等于 1 Pa 的声压。和电磁激振器一样，若没有直流电压，所产生的交变压力的频率就是交变电压频率的两倍。静电激振器产生的力和频率无关，因此可用来测量电容传声器的响应。

5）置换法

置换法是用一个已知频率响应的精确基准声级计来校准使用的声级计。校准时，将两个声级计分别测量同一声压，从两声级计测量结果的差别可以确定待校声级计的频率响应。

4. 频谱分析仪

频谱分析仪是用来分析噪声频谱的仪器，它主要由测量放大器和滤波器构成。若噪声通过一组 1 倍频程带通滤波器，则得到 1 倍频程噪声频谱；若通过一组 1/3 倍频程带通滤波器，则得到 1/3 倍频程噪声频谱；若通过一组窄带滤波器，则得到窄带噪声频谱。

倍频程分析常用来评价机械设备的噪声容许标准和噪声控制标准，根据倍频程分析的不同要求及场合，可供选择的频谱分析仪还有恒定百分比带宽的窄带连续扫描分析仪、外差式连续扫描分析仪以及实时分析仪。

5. 自动记录仪和磁带记录仪

在现场测量中，为了迅速而准确地测量、分析和记录噪声频谱，将分析仪与会动记录仪联用，进行噪声级和频谱的自动测量和记录工作。

在现场测量中，如果没有频谱分析仪和自动记录仪时，可先用磁带记录仪把测试的噪声记录下来，然后在实验室用适当的仪器进行频谱分析。所选用磁带记录仪应具有良好的频率响应，较宽的动态范围和较大的信噪比，并有良好的稳定性，以免失真。应根据测试目的和噪声频谱特性，选择合适的通道和带速。

8.5.3　噪声测量方法

噪声测量结果与测量方法密切相关，如测试环境的声响特性、测量点的选择、机械的安装方法和运行状态、所用的测试仪器及其应用条件等。为了得到可靠的可以进行比较的数据，必须按统一的测试方法进行噪声检查和标定。我国已制定了《城市环境噪声测量方法》和各种机电产品的噪声测量方法的国家标准，如内燃机噪声测定方法等，为噪声测量提供了规范和标准。

噪声测量项目视测量目的而定。例如为调查、监视和控制城市环境的噪声污染，需对城市和工矿企业的环境噪声进行测量，这时主要测量一定时间间隔的 A 声级瞬时值和倍频程的声压级。又如有关机械设备噪声的测量项目主要是声压级和噪声频谱。机械设备的噪声的声功率则只能在规定的测量条件下，由实测到的声压级换算得到，其不能直接测得。

1. 噪声测量应注意的问题

测量环境对噪声测量结果的影响甚大，为使测量准确、可靠，对测量环境应注意以下问题。噪声的产生原因是各种各样的，噪声测量的环境和要求也不相同。精确的噪声性能数据，不但与测量方法、仪器有关，而且与测量过程中的时间、环境、部位等也有关，这里提出以下几点注意的问题。

1）测点的选取

传声器与被测机械噪声源的相对位置对测量结果有显著影响，在进行数据比较时，必须标明传声器离开噪声源的距离。测点一般按下列原则选取：

（1）根据我国噪声测量规范，一般测点选在距机械表面 1.5 m，并离地面 1.5 m 的位置。若机械本身尺寸很小（如小于 0.25 m），则测点应距所测机械表面较近，如 0.5 m 处，但应注意测点与测点周围反射面相距在 2～3 m 以上。

（2）机械噪声大时，测点宜选在相距 5～10 m 处；对于行驶的机动车辆，测点应距车体7.5 m，并高出地面 1.2 m 处。

（3）当机械的各个噪声源相距较近时，如小型液压系统的液压泵及其驱动电动机是两个相距很近的噪声源，测点应很接近所需测量的噪声源，如相距 0.2 m 或 0.1 m。

（4）如果研究机械噪声对操作人员的影响，可把测点选在工作人员经常所在的位置。传声器放在操作人员的耳位，以人耳的高度（平均取 1.5 m）为准，选择数个测点，如工作台、机器旁等位置。

（5）作为一般噪声源，测点应在所测机械规定表面的四周均布，且不少于 4 点。如相邻测点测出声级相差 5 dB 以上，应在其间增加测点，机械的噪声级应取各测点的算术平均值。如果机械噪声不是均匀地向各个方向辐射，除了找出 A 声级最大的一点作为评价该机械噪声的主要依据外，同时还应当测量若干点（一般多于 5 点）作为评价的参考。

2）测量时间的选取

当测量城市街道的环境噪声时，白天的理想测定时间为 16 h，即从早上 6 时至 22 时。测夜间的噪声，取 8 h 为宜，即从 22 时至第二天 6 时。有的国家还选取一天中最吵闹的 5 h 作为测量的参考时间，有的进一步简化，确定高交通密度（即每小时通过机动车数目超过 1 000 辆），测 15 min 的平均值即可代表交通噪声值；如果交通密度整天都很小，取 0.5 h 的测量值也是可靠的。

测量各种动态设备的噪声，当测量最大值时应取起动开始时或工作条件变动时的噪声；当测量平均正常噪声时应取平稳工作时的噪声；当周围环境的噪声很大时，应选择环境噪声最小时（比如深夜）测量。

3）背景噪声的修正

所谓背景噪声，是指被测定的噪声源停止发声时周围环境的噪声。测量时应当避免背景噪声对测量的影响。

对被测对象进行噪声测量，所测得的总噪声级是被测对象噪声和背景噪声的合成。在存在背景噪声的环境里，被测对象的噪声无法直接测出，可由测到的合成噪声减去背景噪声得到。背景噪声应低于所测机器噪声 10 dB 以上，否则应在所测机器噪声中扣除环境噪声修正值 $\Delta L'$，见表 8.11。

4）干扰的排除

噪声测量所用电子仪器的灵敏度与供电电压有直接关系。电源电压如达不到规定范围，或者工作不稳定，将直接影响测量的准确性，这时应当使用稳压器或者更换电源。

进行噪声测量时要避免气流的影响。若在室外测量，最好选择无风天气，风速超过 4 级时可在传声器上戴上防风罩或包上一层绸布。在管道中测量时，在气流大的部位（如管壁口）也应采取以上措施。在空气动力设备排气口测量时，应避开风口和气流。

测量时，还应注重反射所造成的影响，应尽可能地减少或排除噪声源周围的障碍物，不能排除时要注意选择测点的位置。

用声级计进行测量时，其话筒取向不同，测量结果也有一定的误差，因而各测点都要保持同样的入射方向。

5）实验室的修正

当选取一般生产车间或其他建筑物作为机械噪声现场测量的场所时，需使声音的混响小于 3 dB(A)。为此，要求现场测量的实验室容积 V（m³）与机器规定表面积 A（m²）之比足够大。所谓规定表面就是布置测点的假想表面，其表面积 A 按式（8.93）计算。

$$A = 2ac + 2bc + ab \tag{8.93}$$

式中，a 为有效长度，即机器长度加两倍的测点距离（m）；b 为有效宽度，即机器宽度加两倍的测点距离（m）；c 为有效高度，即机器高度加测点距离（m）。

为修正试验室对机械噪声测量的影响，即需在实测值中减去试验室的修正值 L_2。L_2 值与试验室内壁吸声效果以及 V/A 值有关，见表 8.12。

表 8.12　机械噪声试验室修正值 L_2 与 V/A 值的关系　　　　单位：dB

实验室声学特性	实验室容积与规定表面积之比（V/A）								
	32	50	80	125	200	320	500	800	1 250
	25	40	62	100	160	250	400	630	1 000
容积大，并带有强反射壁面，如砖砌墙、平滑的混凝土、瓷砖、打蜡地面等					$L_2=3$		$L_2=2$	$L_2=1$	$L_2=0$
一般性房间，既无强反射壁面，也未经吸声处理			$L_2=3$		$L_2=2$		$L_2=1$	$L_2=0$	
四周全部或部分经简易的吸声处理		$L_2=3$		$L_2=2$			$L_2=1$	$L_2=0$	

2. A 声级的测量

A 声级的测量现场一般声源多，空间有限，很难达到自由声场条件而多为混响声场。为了尽量减小周围反射声的干扰，对工业产品噪声的测量一般多采用近声场测量法，即传声器应尽量接近被测声源，以获取足够大的直射声音，但传声器也不能距被测声源太近。以免声场不稳定。一般而言，对于放置在地面上的机器设备，若其轮廓尺寸大于 1 m，则传声器与机器轮廓之间的距离取为 1 m；若轮廓尺寸小于 1 m，则测量距离可取为 0.5 m；传声器距地面高度约为 1.5 m。机器周围的测点不应太少，应能表征机器噪声在各方向上的分布情况，即声源的指向性。

若为了解噪声对人体健康的影响，则应在操作者操作位置或经常操作活动的范围内，以人耳高度（平均取 1.5 m）为准选择数个测点；若需要了解机器噪声对周围环境的污染，则测点应选在需要了解的地点处。

在我国的一些产品噪声标准中，常以噪声最大方向上所取测点的 A 声级值作为对该产品的噪声评价，对于有噪声检测规范规定的某些产品，其噪声测量应按相应检测规范进行。

3. 声功率级的测量和计算

为了克服声级或声压级测量受测量距离和测量环境影响较大的缺点，提出了声功率参量的测量。在一定的条件下，机器辐射的声功率是一个恒定的量，从本质上来说和测点的距离无关，能够客观地表征机械噪声源的特性。但声功率参量不能直接测出，而是在特定条件下，由测得的声压级计算而得。声功率级的测量和计算常用方法有自由场法、混响场法和标准声源法三种。

1）自由场法

把被测机器放置在室外空旷没有噪声干扰的地方或在消声室内，即自由声场中，测量以机械为中心的半球面上（机器基本上是各向同性时，见图 8.84）或半圆柱面上（长机械）若干均匀分布的点上的声压级 L_{p1}、L_{p2}、…、L_{pn}，此时机械的噪声功率级 L_W 为

$$L_{\mathrm{W}} = \overline{L_{\mathrm{p}}} - 10\lg S \qquad (8.94)$$

式中，S 为测试半球面或半圆柱面的面积（m^2）；$\overline{L_{\mathrm{p}}}$ 为 n 个测点的平均声压级，其值为

$$\overline{L_{\mathrm{p}}} = 10\lg\left[\frac{1}{n}(10^{0.1L_{\mathrm{p}1}} + 10^{0.1L_{\mathrm{p}2}} + \cdots + 10^{0.1L_{\mathrm{p}n}})\right]$$

如果 $L_{\mathrm{p}1}$、$L_{\mathrm{p}2}$ 等的差异在 6 dB 以内，$\overline{L_{\mathrm{p}}}$ 可以简单地取其各声压级分贝数算术平均值。

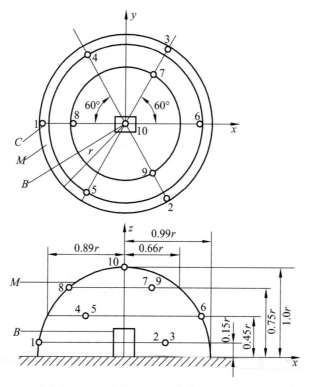

r—球半径；M—测量面；B—基准面；C—主测面。

图 8.84 以机器为中心半球面上的噪声测点布置

如机器在消声室或其他较理想的自由声场中，声源以球面波发射，则式（8.94）化成

$$L_{\mathrm{W}} = \overline{L_{\mathrm{p}}} + 10\lg(4\pi r^2) = \overline{L_{\mathrm{p}}} + 20\lg r + 11 \qquad (8.95)$$

式中，$\overline{L_{\mathrm{p}}}$ 为以 r 为半径的球面上数个测量点测得的平均声压级。

如机器放置在室外坚硬的地面上，周围无反射，这时透声面积为 $2\pi r^2$，则式（8.95）化成

$$L_{\mathrm{W}} = \overline{L_{\mathrm{p}}} + 10\lg(2\pi r^2) = \overline{L_{\mathrm{p}}} + 20\lg r + 8 \qquad (8.96)$$

式中，$\overline{L_{\mathrm{p}}}$ 为以 r 为半径的半球面上数个测点测得的平均声压级。

相应地，距离中心为 r_1 和 r_2 两点的声压级满足 $L_1 = L_2 + 20\lg(r_2/r_1)$。

2）混响场法

此方法是将机器放置在混响室内，测量室内的平均声压级。已知室内声强

$$I = 4W / A \qquad\qquad (8.97)$$

式中，I 为声强（W/m^2）；W 为机器的声功率（W）；A 为室内总吸收量（m^2），A 和室内混响时间 T 有关，即 $T = 0.16V / A$，V 是混响室体积（m^3）。

从上述两式消去 A，得

$$W = 0.04IV / T$$

取对数

$$L_W = L_p + 10 \lg(V / T) - 14 \qquad\qquad (8.98)$$

或

$$L_W = L_p + 10(\lg V - \lg T) - 14$$

测量得 L_p 和 T 就可以算出声功率级 L_w。式（8.98）适用于各频带。而测 L_p 和 T 须用几个不同位置的声源和传声器，并加以平均。

以上两种方法都是在特殊实验室内进行，一般不能在现场应用。

3）标准声源法

标准声源是在一定的频带内辐射足够均匀的声功率谱的专门声源。在有限吸声的房间（如工厂、车间）内测量噪声，自由场法要求的条件很难得到满足。这时，可采用一个已知声功率级 L_p 的标准声源与被测噪声源相比较来测定机器的声功率。在相同的条件下，噪声源的声功率级 L_W 可用式（8.99）表示。

$$L_W = L_p + \bar{L} - \bar{L}_r \qquad\qquad (8.99)$$

式中，$\bar{L}$ 为以机器为中心，半径为 r 的半球面上测出的噪声源的平均声压级；$\bar{L}_r$ 为关掉噪声源，标准声源置于噪声源的位置，在同样测点上测得的平均声压级。

这种测量方法的特点是测量可能在直达声场内进行，或在混响场内进行，但可能性最大的是既有直达声也有混响声，但因测点相同，故式（8.98）对任何声场，或有任何反射面时都是对的。

测点的选择和自由场相同，在半球面或半圆柱面上平均分布若干测点。

标准声源的使用方法有下列几种：

（1）替代法。把被测机器移开，用标准声源代替它进行测量。标准声源的位置最好是在机器的声源中心，测点相同。

（2）并摆法。被测机器如不便移动，可把标准声源放置在机器旁边或上面，这样两种声源的位置不完全相同，但由于测点相对较远，影响不大。

（3）比较法。被测机器若不便移动，采取并摆法又可能引起较大误差，也可以选择比较法。比较法就是把标准声源放在厂房的另一点，周围反射面的位置和机器旁相似，而没有机器。就这样作相似点的测量，用式（8.99）算出功率级。

国际标准化组织（ISO）发布了一系列关于测定机器声功率的不同方法的国际标准。我国也已制定了《声学 噪声源声功率级的测定基础标准使用指南》（GB/T 14367—2006），可供在实际工作中加以应用。

8.5.4　噪声测量应用——发动机的安装和噪声测量工况

噪声的测试与诊断在机械工程、航空航天、国防爆破、城市建设、房屋建筑、环境保护等方面都有很大的应用价值，随着工业技术的发展，越来越占有更重要的地位。现以发动机噪声的确定，简单说明其应用情况。在研究柴油发动机的作用力和所发出噪声之间的关系时，考虑柴油机气缸内形成的两种极端情况：①压力突然升高；②压力平稳升高。

频谱分析的结果表明，在这两种情况中气体的频谱有明显的不同。对于故障性的压力升高，在 800 ~ 2 000 Hz 声压增高了 15 ~ 20 dB，整个频率范围都被燃气作用力所控制。对于平稳压力升高曲线，占优势的作用力分布在不同的频率范围内，即

（1）整个低频和中频范围内（800 Hz 以下），燃气作用力为占优势。

（2）在 800 Hz 以上，主要的噪声激发是由于在活塞间隙中的活塞冲击所造成的。由活塞撞击所引起的噪声，不受燃气和活塞冲击力的影响。

对于各式各样的发动机部件，从不同的噪声频谱可以判别汽缸内的压力变化是否正常，其作用力和噪声之间的关系如图 8.85 所示，图中 v 表示发动机的速度。

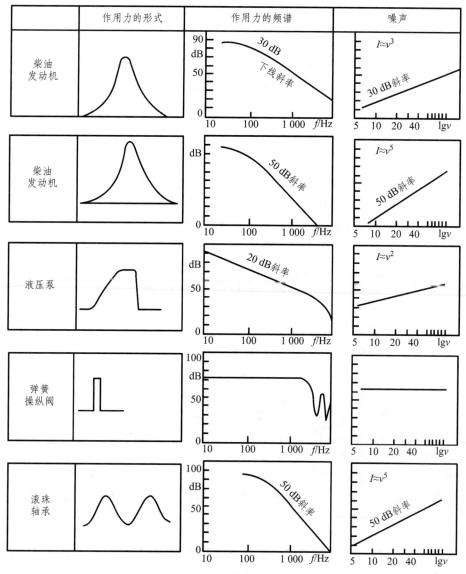

图 8.85　作用力、频谱和噪声之间的关系

本章内容要点

机械相关量的测量，如振动、位移、应力、应变、力、流体参量以及噪声的测量，在国民经济各个领域应用非常广泛，在工程设计、科研及各生产实际中起着重要的作用；通过这些测量可以分析零件或结构的受力状态及工作状态的可靠性程度，验证设计计算结果的正确性，确定整机在实际工作时负载情况等。本章主要讲述了振动、位移、应力、应变、力、流体参量以及噪声测试的基本原理、方法及其应用。

1. 机械振动测试与分析

振动的幅值、频率和相位是振动的三个基本参数，称为振动三要素。

振动测量的内容包括：测量机械或结构在工作状态下的振动；对机械或结构施加某种激励，测量其动态特性参数。

振动的激励包括稳态正弦激振、随机激振和瞬态激振。

测振传感器是振动测量用传感器，也称为拾振器，它是将被测对象的机械振动量转换为与之有确定关系的电量的装置。

测振参数测量方法包括振幅、频率、同频简谐振动相位差、固有频率以及阻尼的测量方法。

测试系统的校准常用灵敏度标定方法，包括绝对法、相对法和校准器法。

2. 位移测量

位移测量是线位移和角位移测量的统称。

常用的位移测量传感器包括光栅式传感器、光电盘传感器、编码盘传感器以及激光干涉仪等。

3. 应力、应变和力的测量

应力测量原理实际上就是先测量受力物体的变形量，在弹性范围内，根据胡克定律换算出待测力的大小。该方法具有结构简单、性能稳定，是当前技术最成熟、应用最多的一种测力方法，能够满足机械工程中大多数情况下对应力应变测试的需要。

应变测量是通过电阻应变片，先测出构件表面的应变，再根据应力、应变的关系式来确定构件表面应力状态的一种试验应力分析方法。

弹性物体在力的作用下产生变形时，在弹性范围内，物体所产生的变形量与所受的力值成正比。通过一定手段测出物体的弹性变形量，就可间接确定物体所受力的大小。常用的测力传感器主要有弹性变形式的力传感器、差动变压器式力传感器、压磁式力传感器、压电式力传感器等。

4. 流体压力和流量的测量

常用的两种流体压力测量方法是静重比较法和弹性变形法。常用的压力测量传感器主要有应变式压力传感器、压阻式压力传感器、压电式压力传感器、电容式压力传感器、霍尔式压力传感器、电感式压力传感器、光电式压力传感器、振频式压力传感器等。

流体的流量测量的基本工作原理是通过某种中间转换元件或机构，将管道中流动的液体流量转换成压差、位移、力、转速等参量，然后再将这些参量转换成电量，从而得到与液体流量成一定函数关系的电量输出。常用的流量计主要有差压式流量计、转子流量计、靶式流量计、涡轮流量计、容积式流量计、电磁流量计、超声波流量计、相关流量计等。

5. 噪声的测量

声源的振动形成了声压，噪声测量就是将声压信号变换为相应的电信号。按照国家标准规定的噪声测量方法，使用合适的噪声测量仪器，测量噪声信号并将其转换成相应的电信号；对噪声信号进行分析，将分析结果与噪声评价指标进行比较，判断噪声的产生原因及危害程度。

思考与练习

1. 简述振动的危害。

2. 振动测试有哪几种类型？

3. 如测量目的不同，在振动测量中应如何选择所测振动参数。

4. 机械振动系统固有特性如何测试？

5. 若要测量 40~50 Hz 的正弦振动信号，应选用速度传感器还是加速度传感器？为什么？如用速度传感器测量，则输出/输入信号幅值比是增大还是减小？如果用加速度传感器又如何？

6. 选用位移传感器应该注意哪些问题？

7. 简述光栅传感器的基本原理。

8. 莫尔条纹有哪些重要特性？

9. 简述单频激光干涉仪的原理。

10. 说明应变式压力和力传感器的基本原理。

11. 有一个应变式力传感器，弹性元件为实心圆柱，直径 $D = 40$ mm，在其上沿轴向和周向各贴两片应变片（灵敏度系数 $S = 2$），组成全桥电路，桥压为 10 V。已知材料弹性模量 $E = 2.0 \times 10^{11}$ Pa，泊松比 $\upsilon = 0.3$，试求该力传感器的灵敏度，单位符号用 μV/kN。

12. 常用的弹性式压力敏感元件有哪些类型？就其中两种说明使用方式。

13. 应变式压力传感器和压阻式压力传感器的转换原理有何异同点？

14. 分别简述电容式压力传感器、电感式压力传感器的测压原理。

15. 简述流量测量仪表的基本工作原理及其分类。

16. 简述几种差压式流量计的工作原理。

17. 节流式流量计的流量系数与哪些因素有关？

18. 以椭圆齿轮流量计为例，说明容积式流量计的工作原理。

19. 分别简述靶式流量计、超声波流量计的工作原理和特点。

20. 简述电磁流量计的工作原理，这类流量计在使用中有何要求？

21. 评价噪声的主要技术参数是什么？各代表什么物理意义？

22. 举例说明如何确定宽带噪声的总响度？

23. A、B、C 三种不同计权网络在测试噪声中各有什么用途？

24. 噪声测试中主要用到哪些仪器、仪表？

25. 噪声测试中应注意哪些具体问题？

26. 在车间的某一特定位置，3 台机器所产生的声压级分别为 90 dB、93 dB 和 95 dB，如果 3 台机器同时工作，问总的声压级是多少分贝？

27. 某一车间内测量某一机床开动时的声压级为 101 dB，停车后测量的背景噪声为 93 dB，问机床本身的声压级是多少分贝？

28. 某车间的一指定操作岗位上每 2h 测量声压级一次，一个班所测得的 4 个声压级分别为 79 dB、91 dB、89 dB 和 84 dB，问该操作岗位的平均声压级为几何？

29. 相同型号的机器，单独测其中一台的声压级为 65 dB，几台同时开动后为 72 dB，试求开动的机器共有几台。

30. 对某交通路口进行噪声测量，每小时测量一次，全天共测量 24 次。白天规定为从 7 时至 22 时，共测 15 次，A 声级的测量值分别为 8 dB、67 dB、69 dB、71 dB、73 dB、75 dB、76 dB、70 dB、72 dB、74 dB、75 dB、69 dB、68 dB、67 dB、66 dB；夜间规定为从 22 时至次日 7 时，共测量 9 次，A 声级的测量值分别为 63 dB、6l dB、60 dB、58 dB、58 dB、60 dB、62 dB、65 dB、67 dB。分别计算白天和夜里的等效连续 A 声级。

[1] 熊诗波.机械工程测试技术基础[M]. 4 版. 北京：机械工业出版社,2022.

[2] 陈花玲. 机械工程测试技术[M]. 3 版. 北京：机械工业出版社,2022.

[3] 孙红春，李佳，谢里阳. 机械工程测试技术[M]. 2 版. 北京：机械工业出版社,2022.

[4] 许同乐. 机械工程测试技术[M]. 2 版. 北京：机械工业出版社,2022.

[5] 胡向东. 传感器与检测技术[M]. 4 版. 北京：机械工业出版社,2022.

[6] 叶湘滨. 传感器与检测技术[M]. 北京：机械工业出版社,2022.

[7] 刘培基. 机械工程测试技术[M]. 北京：机械工业出版社,2019.

[8] 祝海林. 机械工程测试技术[M]. 2 版. 北京：机械工业出版社,2017.

[9] 施文康，余晓芬. 检测技术[M]. 4 版. 北京：机械工业出版社,2015.

[10] 刘泉，江雪梅. 信号与系统[M]. 北京：高等教育出版社,2006.